景观设计学

（第2版）

徐 清 编著

同济大学出版社
TONGJI UNIVERSITY PRESS
·上海·

内 容 提 要

本书结合景观设计学专业特点，立足本土，放眼国际，旨在推动景观设计学从理论到教育实践的结合，促进景观设计专业和满足专业课程教学的需要，补充和完善景观设计学的理论体系。本书共有十章，分别从基本概念、景观设计要素、学科理论基础介绍至景观设计学的历史发展、应用领域和设计方法程序进行阐述。从城市绿地系统、城市开放空间、居住区环境景观、道路交通景观、城市景观照明等各个层面深入浅出地对景观设计内容和实际案例进行讲解，从宏观和微观角度深度探讨了景观设计学的相关理论体系。

本书内容全面、系统、精练，理论体系完善，重点突出，强调内容的可持续性，具有鲜明的时代性和丰富的实践性，书中不仅传承了中国具有上千年历史的传统园林的精髓，更大量运用了符合中国国情和与国际接轨的景观设计学最新的理论研究成果，以提高本书对理论和实践的指导作用。

图书在版编目（CIP）数据

景观设计学 / 徐清编著. —2 版. —上海：同济大学出版社，2014.7(2023.12重印)

ISBN 978-7-5608-5556-1

Ⅰ.①景… Ⅱ.①徐… Ⅲ.①景观设计 Ⅳ.①TU986.2

中国版本图书馆 CIP 数据核字(2014)第 139311 号

景观设计学(第 2 版)

徐 清 编著

责任编辑 陈佳蔚 责任校对 徐春莲 封面设计 潘向蓁

出版发行 同济大学出版社 www.tongjipress.com.cn

(地址：上海市四平路 1239 号 邮编 200092 电话 021-65985622)

经　销 全国各地新华书店

印　刷 常熟市华顺印刷有限公司

开　本 787 mm×1092 mm 1/16

印　张 27

印　数 6 301—6 800

字　数 674 000

版　次 2014 年 7 月第 2 版

印　次 2023 年 12 月第 4 次

书　号 ISBN 978-7-5608-5556-1

定　价 58.00 元

前　言

景观设计是在大工业、城市化和社会化背景下的产物，是在现代科学与技术基础上发展起来的。景观设计学（Landscape Architecture，简称 LA）是一门关于景观的分析、规划布局、设计、改造、管理、保护和恢复的科学和艺术，是建立在广泛的自然科学和人文艺术学科基础上的应用学科。

景观设计学是近十几年来国内兴起并逐渐发展起来的一门学科和技术。在我国，曾因为 LA 的中译名到底为“园林”“风景园林”“景观建筑”，还是“造园”等引起学术界的一场讨论。2011 年，国务院学位委员会、教育部公布的《学位授予和人才培养学科目录（2011 年）》显示，“风景园林学”正式成为一级学科，标志着风景园林行业从国家层面得到了充分重视和认可，预示着风景园林教育春天的到来。但是，风景园林学作为人居环境科学的三大支柱之一，基于中国国情发展和国际接轨的学科体系尚未得到深入提升和完善。正如被誉为“园林建筑设计思想家”的顾正大师认为，作为一门正在发展的跨领域新兴学科，景观设计学涉及视觉形态艺术、建筑、风景园林、生态环境，等等，它们之间互成纽带关系、互相影响、互相制约，不仅密不可分，而且其研究深度和范围都较传统单科更广泛，极具发展前途。因此，从解决中国当前所面临的人地关系危机问题上，本书更倾向于国际接轨的以协调人与自然关系为核心的景观设计学内涵，以俞孔坚博士的观点为基础，认为“LA 的过去叫‘园林’或‘风景园林’，现在叫‘景观设计学’，未来是‘土地设计学’”。

景观设计学作为学科专业在国际上发展已有百年历史，自从在美国创立和发展之后，20 世纪初便迅速地被其他西方国家借鉴和引进，并得到了迅速的发展。加拿大、英国、德国、澳大利亚等国结合本国的国情和文化，先后建立了各具特色的景观设计学科教育体系，并开展了丰富的景观设计实践，创造了大量举世瞩目的现代景观设计作品。

近几年，景观设计学从理论到实践在我国都有了一定的发展和重视，也结合了国外一些先进的教育理念和专业知识，学科教育正处于起步阶段。但是，与西方发达国家相比，我国还远没有形成具有自身特色的景观设计学理论，景观设计专业教育还跟不上时代发展的步伐，学科教育滞后。2000 年 8 月，美国的约翰·O·西蒙兹所著《Landscape Architecture》中译本曾一度被国内高校相关专业作为教材使用，给学科专业建设带来了很大的帮助。但从我国社会经济发展和城市化水平不断加速的客观实际出发，一味地照搬西方国家的先进理论是不符合国情的，而停留于中国传统，不和国际接轨也是不明智之举。

基于此，我们需要大量的职业化人才来设计和重建和谐的人与自然的关系，这就为景观设计学科教育带来了发展机遇，尤其是面临历史性的大量工程实践发展机遇的同时，景观设计学也经历着最为艰难的学科专业创立及转型时期。作为一门具有广阔发展潜力的学科，国内很多高等院校相继开设了这一专业，但景观设计学科还没有形成完善的教学系统和体系，从而也导致学生和专业技术人员的学习不知道如何着手和深入，这也是制约学科发展的重要因素之一。时代的发展迫切需要景观设计学教材来指导教学，因此，本着推动景观设计学从理论到教育实践的结合，促进景观设计专业和满足专业课程教学的需要，补充和完善景观设计学的理论体系，《景观设计学》一书的编写还是非常有意义的。

本书结合景观设计学专业特点，立足本土，放眼国际，从基本概念、景观设计要素至学科理论基础介绍，从景观设计学的历史发展、应用领域至设计方法程序阐述，从各个层面的景观设计内容至实际案例的讲解，从宏观和微观角度深入探讨了景观设计学的相关系统理论。

本书的特点在于全面、系统、精练，理论体系完善，重点突出，强调内容的可持续性，且能结合丰富的工程案例深入浅出地引证，具有鲜明的时代性和丰富的实践性，书中不仅传承了中国具有上千年历史的传统园林的精髓，更大量运用了符合中国国情和与国际接轨的景观设计学最新的理论研究成果，提高了本书对理论和实践的指导作用。

本书在写作过程中，参考或引用了国内外大量资料，部分在书末“参考文献”中列出，但仍有相当一部分因种种原因未能列出，谨此一并向这些资料的作者致以衷心的感谢！

本书不仅适合高等院校景观设计（风景园林）、城市规划、建筑学、环境艺术等相关专业的课程教学，对相关专业的从业人员同样具有参考价值。

鉴于编者的业务水平和实践经验有限，书中论述不妥、征引疏漏之处难免存在，期待着设计界同仁和师生读者的批评指正，以便进行完善和修订，使本书真正成为景观设计（风景园林）专业学习、教育的有效服务者。

徐 清

浙江工商大学人文地理与城乡规划系

2014 年 5 月于西子湖畔

目　　录

第1章 绪　论

提到“景观”或“景观设计师”，人们往往容易和“园艺师”、“园丁”或“造园师”混为一谈，将景观设计定位于简单的艺术创作，如花园设计、苗圃种植等单一的活动层面上。实际上，景观设计是一项设计内容丰富的，融科学理性分析与艺术灵感创作于一体的，关于对土地设计的综合创作，并旨在解决人们一切户外空间活动的问题，为人们提供满意的生活空间和活动场所。景观设计可以说是一门古老而崭新的学科，它的存在和发展一直与人类的发展息息相关，包括人们对生存生活环境的追求，以及对生活环境无意识和有意识的改造活动。这种活动孕育了景观设计学的产生。我们回顾相关的历史，可以隐约窥视到景观设计的发展历程，或者说是这种追求和改造活动形成的众多的学科，如建筑、景园设计、绘画等一起促成了景观设计的诞生。因此，在介绍景观设计的基本理论和实践领域之前，要解决以下几个问题：

(1) 景观设计的相关概念；

(2) 景观设计学与相关学科的关系；

(3) 景观设计学的发展；

(4) 景观设计的活动领域。

1.1 景观设计的相关概念

1.1.1 景观的含义

景观，无论在西方国家还是在中国都是一个被广泛使用而又难以说清的概念。

1989 年缩印本《辞海》中景观一词解释为：地理学名词。

一般概念：泛指地表自然景色。

特定区域概念：专指自然地理区划中起始的或基本的区域单位，是发生上相对一致和形态结构同一的区域，即自然地理区。

类型概念：类型单位的通称，指相对隔离的地段，按其外部的特征的相似性，归为同一类型单位，如荒漠景观、草原景观等。景观学中主要指特定区域概念。

在欧洲，“景观”一词最早出现在希伯来文本的《圣经》旧约全书中，它被用来描写梭罗门皇城（耶路撒冷）的瑰丽景色。这时，“景观”的含义同汉语中的“风景”、“景致”、“景色”相一致，等同于英语中的“Scenery”，都是视觉美学意义上的概念。

我国从东晋开始，山水画（风景画）就已从人物画的背景中脱颖而出，独立成门，风景（山水）很快就成为艺术家们的研究对象，丰富的山水美学理论堪称举世无双，因此，也才有中国山水园林的臻美。景观的这种含义（作为风景的同义语）一直被文学艺术家们沿用至今。

地理学家把景观作为一个科学名词，定义为一种地表景象，或综合自然地理区，或是一种类型单位的通称，如城市景观、森林景观等。

艺术家把景观作为表现与再现的对象，等同于风景；生态学家把景观定义为生态系统；旅游学家把景观当作资源；建筑师则把景观作为建筑物的配景或背景。

更常见的是景观被城市美化运动者和开发商等同于城市的街景立面、霓虹灯、园林绿化和小品。

目前，对景观的理解一般有以下几个方面：

（1）某一区域的综合特征，包括自然、经济、人文诸方面。

（2）一般自然综合体：是指地理各要素相互联系、相互制约、有规律地结合而成的具有内部相对一致性的整体，大如地圈（即景观圈，是由构成地理的组成部分所构成的一个完整的综合体），小如生物地理群落（是地表自然条件最单一的地段，通过能量交换和物质交换使生物群落同它所赖以生存的环境组成了一个相互制约的综合体），他们均可分为不同等级的区域或类型单位。

（3）区域概念：是个体区域单位，相当于综合自然区划等级系统中最小一级的自然区，是相对一致发生和形态结构同一的区域。

(4) 类型概念：用于任何区域分类单位，指相互隔离的地段按其外部特征的相似性，归为同一类型的单位，如草原景观、森林景观等。这一概念认为区域单位不等于景观，而是景观的有规律的组合。

俞孔坚教授在《景观设计：专业学科与教育》一书中指出：景观是指土地及土地上的空间和物体所构成的综合体。它是复杂的自然过程和人类活动在大地上的烙印。景观是多种功能（过程）的载体，因而可被理解和表现为如下内容。

风景：实质上是在一定的条件之中，以山水景物，以及某些自然和人文现象所构成的足以引起人们视觉审美与欣赏的景象。

栖居地：是指人类在生活过程中，享受的周围空间和自然环境。

生态系统：是指由生活中的各种元素组成的具有结构和功能、内在和外在联系的有机系统。它是一种维系自身稳定的开放的系统。

符号：是指一种记载人类过去、表达希望与理想，赖以认同和寄托的语言和精神空间。

1.1.2 景观设计学

景观设计学是关于景观的分析、规划布局、设计、改造、管理、保护和恢复的科学和艺术综合的学科。

景观设计学是一门建立在广泛的自然科学和人文与艺术科学基础上的应用学科。它尤其强调土地的设计，即通过对有关土地及一切人类户外空间问题进行科学理性的分析，设计问题的解决方案和解决途径，监督设计的实现。根据解决问题的性质、内容和尺度的不同，景观设计学包含两个专业方向，即景观规划（Landscape Planning）和景观设计（Landscape Design）。景观规划是指在较大尺度范围内，基于对自然和人文过程的认识，协调人与自然关系的过程，具体说是为某些使用目的安排最合适的地方和在特定地方安排最恰当的土地利用，而对这个特定地方的设计就是景观设计。

景观设计具有两个属性：一是自然属性，它作为一个可感因素，具有一定的空间形态，是一个较为独立的并易从区域形态背景中分离出来的客体；二是社会属性，它必须具有一定的社会文化内涵，有观赏功能、改善环境及使用功能，可以通过其内涵引发人的情感、意趣、联想、移情等心理反应，即所谓景观效应。

1.1.3 景观设计师

景观设计师是以景观的规划设计为职业的专业人员，其终生目标是让建筑、城市和人的一切活动与生命和谐相处。

景观设计师的称谓由美国景观设计之父奥姆斯特德于 1858 年非正式使用，1863 年被正式作为职业称号。奥姆斯特德坚持用景观设计师而不用在当时盛行的风景花园师（或风景园林师），不仅仅是职业称谓上的创新，而且是对该职业内涵和外延的一次意义深远的扩充和革新。

景观设计师有别于传统造园师、园丁（对应于 Gardening）和风景花园师（或称风景园林师，对应于 Landscape Gardening）的根本之处在于以下几个方面：

（1）景观设计职业是大工业、城市化和社会化背景下的产物，是在现代科学与技术（而不仅仅是经验）的基础上发展出来的。

（2）景观设计师所要处理的对象是土地综合体的复杂的综合问题，决不是某个层面的问题（如视觉审美意义上的风景问题）。

（3）景观设计师所面临的问题是土地、人类、城市和土地上的一切生命的安全与健康以及可持续发展的问题。他们以土地的名义，以人类和其他生命的名义，以及以人类历史与文化遗产的名义，来监护、合理地利用、设计脚下的土地及土地上的空间和物体，他们的终生目标就是要帮助人类同周围的建筑物、社区、城市以及与他们生活的具有生命的地球和谐共处。

1.2 景观设计学的发展

1.2.1 中国园林景观的发展

中国古典园林历史悠久，大约从公元前 11 世纪的奴隶社会末期直到 19 世纪末封建社会解体为止，在 3 000 余年漫长的、不间断的发展过程中形成了世界上独树一帜的风景式园林体系——中国园林体系。这个园林体系并不像同一阶段上的西方园林那样，呈现为各个时代迥然不同的形式、风格的此起彼落、更迭变化和各个地区迥然不同的形式、风格的互相影响、复合变异，而是在漫长的历史进程中自我完善，外来的影响甚微。因此，它的发展表现为极度缓慢、持续不断的演进过程。中国古典园林得以持续演进的契机便是经济、政治、意识形态三者之间的平衡和再平衡，它的逐渐完善的主要动力亦得之于此三者的自我调整而促成的物质文明和精神文明的进步。根据这个情况，我们可以把中国古典园林的全部发展历史分为四个时期。

1.2.1.1 生成期

生成期是中国古典园林产生和成长的幼年期，相当于殷、周、秦、汉。殷、周为奴隶制国家，奴隶主贵族通过分封采邑制度获得其世袭不变的统治地位。贵族的宫苑是中国古典园林的滥觞，也是皇家园林的前身。秦、汉的政体演变为中央集权的郡县制，确立皇权为首的官僚机构的统治，儒学逐渐获得正统地位。以地主小农经济为基础的封建大帝国形成，相应的，皇家的宫廷园林规划宏大、气魄雄伟，成为这个时期造园活动的主流。

1. 殷、周朴素的囿

中国最早见之于文字记载的园林是《诗经·灵台》篇中记述的灵囿。灵囿是在植被茂盛、鸟兽孳繁的地段，掘沼筑台（灵沼、灵台），作为游憩、生活的境域。

2. 秦汉建筑宫苑和“一池三山”

秦始皇统一中国后，营造宫室，规划宏伟壮丽，这些宫室营建活动中也有园林建设，如“引渭水为池，筑为蓬、瀛”。汉代，在囿的基础上发展出新的园林形式——苑，其中分布着宫室建筑。苑中养百兽，供帝王射猎取乐，保存了囿的传统。苑中有宫、有观，成为以建筑组群为主体的建筑宫苑。汉武帝刘彻扩建上林苑，地跨五县，周围三百里，“中有苑二十六，宫二十，观三十五”。建章宫是其中最大的宫城，“其北治大池，渐台高二十余丈，名曰太液池，中有蓬莱、方丈、瀛洲，壶梁象海中神山、龟鱼之属”。这种“一池三山”的形式，成为后世宫苑中池山之筑的范例。

3. 西汉山水建筑园

西汉时已有贵族、富豪的私园，规划比宫苑小，内容仍不脱囿和苑的传统，以建筑组群结合自然山水，如梁孝王刘武的梁园。茂陵富人袁广汉于北邙山下筑园，构石为山，反映当时已用人工构筑石山。园中有大量建筑组群，园中景色大体还是比较粗放的，这种园林形式一直延续到东汉末期。

1.2.1.2 转折期

中国古典园林转折期相当于魏、晋、南北朝。小农经济受到豪族庄园经济的冲击，北方落后的少数民族南下入侵，帝国处于分裂状态。而在意识形态方面则突破了儒学的正统地位，呈现为诸家争鸣、思想活跃的局面。豪门士族在一定程度上削弱了以权为首的官僚机构的统治，民间的私家园林异军突起。佛教和道教的流行，使得寺观园林也开始兴盛起来，形成造园活动从产生到全盛的转折，初步确立了园林美学思想，奠定了中国风景式园林发展的基础。

1. 南北朝自然山水园

魏、晋、南北朝长期动乱，是思想、文化、艺术上有重大变化的时代。这些变化引起园林创作的变革。早在东汉桓帝时大将军梁冀大起第舍，“又广开园囿，采土筑山，十里九阪，以象二崤，深林绝涧，有若自然，奇禽驯兽，飞走其间”。这已开山水园的先河。十六国时期，后燕帝慕容熙在平城（今大同）“筑龙腾苑，广袤十余里……起景云山于苑内，基广五百步，高十七丈”。这时期的筑山以仿真山为主，所以山必求其宏大，峰必求其高峻。西晋时已出现山水诗和游记。当初，对自然景物的描绘，只是用山水形象来谈玄论道。到了东晋，例如在陶渊明的笔下，自然景物的描绘已是用来抒发内心的情感和志趣。反映在园林创作上则追求再现山水，有若自然。

南朝地处江南，由于气候温和，风景优美，山水园别具一格。南齐文惠太子（萧长懋）开拓元圃园，多聚奇石，妙极山水。湘东王（梁元帝萧绎未登位前封号）造湘东苑，穿池构山，跨水有阁、斋、屋。斋前有高山，山有石洞，蜿蜒潜行200余步。山上有阳云楼，楼极高峻，远近皆见。这个时期的园林穿池构山而有山有水，结合地形进行植物造景，因景而设园林建筑。在北朝，北魏官吏张伦在宅园中模仿自然造景阳山。这个时期对于植物、建筑的布局也发生了变化。如北魏官吏茹皓营华林园，“经松楼馆，列于上下。树草栽木，颇有野致”。从这些例子可看出南北朝时期园林形式和内容的转变，园林形式由粗略地模仿真山真水转到用写实手法再现山水；园林植物由欣赏奇花异木转到种草栽树，追求野致；园林建筑不再徘徊连属，而是结合山水，列于上下，点缀成景。南北朝时期园林是山水、植物和建筑相互结合组成的山水园，这时期的园林可称作自然山水园或写实山水园。

2. 佛寺丛林和游览胜地

南北朝时佛教兴盛，广建佛寺。佛寺建筑采用宫殿形式，宏伟壮丽并附有庭园。尤其是不少贵族官僚舍宅为寺，原有宅园成为寺庙的园林部分。很多寺庙建于郊外，或选山水胜地营建。这些寺庙不仅是信徒朝拜进香的圣地，而且逐渐成为风景游览胜地。此外，一些风景优美的胜区，逐渐有了山居、别业、庄园和聚徒讲学的精舍。这样，自然风景中就渗入了人文景观，逐步发展成为今天具有中国特色的风景名胜区。

1.2.1.3 全盛期

中国古典园林全盛期相当于隋、唐。帝国复归统一，豪族势力和庄园经济受到抑制，中央集权的官僚机构更为健全、完善，在前一时期诸家争鸣的基础上形成儒、道、释互补共尊，儒家仍居正统地位。唐王朝的建立开创了帝国历史上一个意气风发、勇于开拓、充满活力的全盛时代。从这个时代，我们能够看到中国传统文化曾经有过的何等闳放的风度和旺盛的生命力。园林的发展也相应地进入了盛年期，作为一个园林体系，它所具有的风格特征已经基本上形成了。

1. 隋代山水建筑宫苑

隋炀帝杨广即位后，在东京洛阳大力营建宫殿苑囿。别苑中以西苑最著名，西苑的风格明显受到南北朝自然山水园的影响，采取了以湖、渠水系为主体，将宫苑建筑融于山水之中。这是中国园林从建筑宫苑演变到山水建筑宫苑的转折点。

2. 唐代宫苑和游乐地

唐朝国力强盛，长安城宫苑壮丽。大明宫北有太液池，池中蓬莱山独踞，池周建回廊400多间。兴庆宫以龙池为中心，围有多组院落。大内三苑以西苑最为优美，苑中有假山、湖池，渠流连环。长安城东南隅有芙蓉园、曲江池，一定时间内向公众开放，实为古代一种公共游乐地。唐代的离宫别苑，比较著名的有麟游县天台山的九成宫，是避暑的夏宫；临潼县骊山北麓的华清宫，是避寒的冬宫。

3. 唐代自然园林式别业山居

盛唐时期，中国山水画已有很大发展，出现了寄兴写情的画风。园林方面也开始有体现山水之情的创作。盛唐诗人、画家王维在蓝田县天然胜区，利用自然景物，略施建筑点缀，经营了辋川别业，形成了既富有自然之趣，又有诗情画意的自然园林。中唐诗人白居易游庐山，见香炉峰下云山泉石胜绝，因置草堂，建筑朴素，不施朱漆粉刷。草堂旁，春有绣花谷（映山红），夏有石门云，秋有虎溪月，冬有炉峰雪，四时佳景，收之不尽。唐代文学家柳宗元在柳州城南门外沿江处，发现一块弃地，斩除荆丛，种植竹、松、杉、桂等树，临江配置亭堂。这些园林创作反映了唐代自然式别业山居，是在充分认识自然美的基础上，运用艺术和技术手段来造景、借景而构成优美的园林境域。

4. 唐宋写意山水园

从中晚唐到宋，士大夫们要求深居市井也能闹处寻幽，于是在宅旁葺园地，在近郊置别业，蔚为风气。唐长安、洛阳和宋开封都建有第宅园池，宋代洛阳的第宅园池多半就隋唐之旧。从《洛阳名园记》一书中可知唐宋大都是在面积不大的宅旁地里，因高就低，掇山理水表现山壑溪池之胜，点景起亭，揽胜筑台，茂林蔽天，繁花覆地，小桥流水，曲径通幽，巧得自然之趣。这些名园各具特色，这种根据造园者对山水的艺术认识和生活需求，因地制宜地表现山水真情和诗情画意的园，称之为写意山水园。

1.2.1.4 成熟时期及成熟后期

中国古典园林成熟时期相当于两宋到清初，继隋唐盛世之后，中国封建社会发育定型，农村的地主小农经济稳步成长，城市的商业经济空前繁荣，市民文化的兴起为传统文化注入了新鲜血液。封建文化的发展虽已失去了汉、唐的闳放风度，但在转化为日益缩小的精致境界中实现着从总体到细节的自我完善。相应的，园林的发展亦由盛年期而升华为富于创造进取精神的完全成熟的境地。

成熟后期相当于清中叶到清末，清代的乾隆朝是中国封建社会的最后一个繁盛时代，表面的繁盛掩盖着四伏的危机。道、咸以后，随着西方帝国主义势力入侵，封建社会盛极而衰逐渐趋于解体，封建文化也愈来愈呈现衰颓的迹象。园林的发展，一方面继承前一时期的成熟传统，而更趋于精致，表现了中国古典园林的辉煌成就；另一方面则暴露出某些衰颓的倾向，已多少丧失前一时期的积极、创新精神。清末民初，封建社会完全解体，历史发生急剧变化。西方文化大量涌入，中国园林的发展亦相应地产生了根本性的变化，结束了它的古典时期，开始进入世界园林发展的第三阶段——近现代园林阶段。

1. 北宋山水宫苑

北宋时建筑技术和绘画都有发展，出版了《营造法式》，兴起了界画。宋徽宗赵佶先后修建的诸宫，都有苑囿。政和七年（1117）始筑万岁山，后更名艮岳。艮岳主山寿山，岗连阜属，西延为平夷之岭，有瀑布、溪涧、池沼形成的水系。在这样一个山水兼盛的境域中，树木草花，群植成景，亭台楼阁因势布列。这种全景式的表现山水、植物和建筑之胜的园林，称为山水宫苑。

2. 元、明、清宫苑

元、明、清三代建都北京，大力营造宫苑，历经营建，完成了西苑三海、故宫御花园、圆明园、清漪园、静宜园、静明园及承德避暑山庄等著名宫苑。

这些宫苑或以人工挖湖堆山（如三海、圆明园），或利用自然山水加以改造（如避暑山庄、颐和园)。宫苑中以山水、地形、植物来组景，因势因景点缀园林建筑。这些宫苑中仍可明显地看到“一池三山”传统的影响。清乾隆以后，宫苑中建筑的比重又大为增加。

这些宫苑是历代朝廷集中大量财力物力，并调集全国能工巧匠精心设计施工的，总结了几千年来中国传统的造园经验，融会了南北各地主要的园林风格流派。在艺术上达到了完美的境地，是中国园林的主要遗产。大型宫苑多采用集锦的方式，集全国名园之大成。承德避暑山庄的“芸径之堤”仿自杭州西湖苏堤，烟雨楼仿自嘉兴南湖，金山仿自镇江，万树园模拟蒙古草原风光。圆明园的100处景区中，有仿照杭州的“断桥残雪”、“柳浪闻莺”、“平湖秋月”、“雷峰夕照”、“三潭印月”、“曲院风荷”；有仿照宁波“天一阁”的“文源阁”，有仿照苏州“狮子林”的假山等。这种集锦式园林，成为中国园林艺术的一种传统。

这时期的宫苑还吸收了蒙、藏、维吾尔等少数民族的建筑风格，如北京颐和园后山建筑群、承德外八庙等。清代中国同国外的交往增多，西方建筑艺术传入中国，首次在宫苑中被采用。如圆明园中俗称“西洋楼”的一组西式建筑，包括远瀛观、海宴堂、方外观、观水法、线法山、谐奇趣等，以及石雕、喷泉、整形树木、绿丛植坛等园林形式，就是当时西方盛行的建筑风格。这些宫苑后来被帝国主义侵略者焚毁了。

明清时期，江浙一带经济繁荣，文化发达，南京、湖州、杭州、扬州、无锡、苏州、太仓、常熟等城市，宅园兴筑，盛极一时。这些园林是在唐宋写意山水园的基础上发展起来的，强调主观的意兴与心绪表达，重视掇山、叠石、理水等技巧，突出山水之美，注重园林的文学趣味，称为文人山水园。

1.2.2 国外园林景观的发展

从世界范围看，景观设计有三大起源，即中部文明（起源于美索不达米亚）、东部文明（起源于印度、中国、日本和东南亚）和西部文明（起源于埃及）。这些景观设计的风格虽然在一定程度上有些相互借鉴和影响，但从整体上来说都自成体系。尽管自1700年以后，各种文明的交流和杂糅变得非常普遍，文化之间的传播和世界大同成为趋势，但是，景观设计相对于建筑设计来说，全球化的进程并不非常迅速，仍然较多地保持了各自文化的特色。对于世界其他范围景观发展的学习就成了景观研究的重要部分。

1.2.2.1 古埃及的景观设计

地处西非的古埃及几乎成了欧洲文明的摇篮。无论是建筑、景观还是其他文化现象，古希腊和罗马都以各种方式将之纳入自己的本土文化现象之中，并与之融合来丰富自身的文化内涵。

古埃及是人类文明最早的发源地，其文明史可上溯至公元前4 000多年。贯穿南北的尼罗河是古埃及文明的摇篮，每年定期泛滥的尼罗河，肥沃了其下游的平原地区，也孕育了灿烂的古埃及文化。由于地理原因，埃及少有广袤的森林，加之气候的炎热、阳光的暴烈，所以埃及人很早就开始重视人工种植树木和其他植物，这使得埃及人的园艺技术发展得很早。埃及的本土植物主要有棕榈、埃及榕、无花果、葡萄、芦苇等。

埃及人居住的房屋大多是低矮的平顶屋，富人的住宅周边建造着精美的庭院。在底比斯第十八王朝的陵墓中，可以看到描绘这种庭院的绘画，庭院中有矩形蓄水池，池旁还有凉亭供人休息，树木大多成行种植，在庭院中心处还有成排的拱形葡萄架。整个庭院基本上采取规则的几何形对称布局，其中水池是庭院中必不可少的，水池中还种有水生植物，饲养着水禽和鱼类，这可能和古埃及炎热的气候有关。在埃及仍然残留的文化遗迹中，最为雄伟壮观的当属金字塔这类大型的人类景观构筑物。在古埃及哲学中，法老的身体之中有着永恒和现实之间的精神纽带，在法老的陵墓建设中，巨大的类似山岳的入土砌体便是这种精神纽带的物质体现。

埃及的金字塔举世闻名，它不仅仅体现了古埃及人对于法老的尊重和敬畏，同时也是迄今为止人类最为壮观的人造景观之一。孕育了埃及文明的尼罗河，蜿蜒穿越大地，其周边点缀着巨大的石头纪念性建筑，吉萨（Gizeh）金字塔群是其中的典型实例，如图 1-1 所示。

图 1-1　埃及吉萨金字塔群

在三角洲和第二大瀑布之间的尼罗河形成了超越自然的连续直线型景观，巨大的人工构筑体和稳定涨落的尼罗河水共同形成了埃及人心目中永恒的秩序，这一切都成为埃及文明存在的最可靠的证据。金字塔多采用简洁的几何体形，其中吉萨金字塔群可以说是最为简洁的。在吉萨，法老建造了三座大金字塔，它们都是精确的正方锥形，胡夫金字塔高 146.6 m，底边长 230.35 m；哈夫拉金字塔高 143.5 m，底边长 215.25 m；门卡乌拉金字塔高 66.4 m，底边长 108.04 m。这三座金字塔尺度远远超过了周边的祭祀厅堂和附属建筑，其简洁体形因为尺度的巨大更加显现出来。金字塔的入口处理渲染出浓重的神秘气氛，封闭、狭窄、漫长而黑暗，但是穿过入口狭道进入阳光灿烂的院子后，巨大的金字塔前端坐着的帝王雕像给人心理感受上的反差极大。

金字塔建筑实际的使用空间是很小的，其真正的艺术感染力在于原始的人造体量和周边环境形成的尼罗河三角洲的独特风光。这种简洁的造型和埃及人对于山岳等自然景观的崇拜有关。从现代景观的设计思维去分析，在这样大尺度的高山大漠之中，巨大的、简洁的体形能够形成独特性和协调性的统一。

1.2.2.2 两河流域的景观设计

在古代埃及文明发展的同时，幼发拉底与底格里斯两河流域的美索不达米亚文明也在兴起。两河上游山峦重叠，人们在那里学会了驯化动物，栽培植物，并且开始将聚居区从山区迁往两河流域。和埃及的尼罗河周期性的泛滥不同，幼发拉底河与底格里斯河给苏美尔人头脑中留下深刻印象的是洪水泛滥的不确定性，在他们眼中，洪水之神不是慈善的而是恶毒的神。自然环境的不安全和不可预见使美索不达米亚人的人生观带有恐惧和悲观的色彩。他们自己试图努力消除这种恐惧和不安全感，汉穆拉比法典是当时最为杰出的一部法典，目的便是让人民在令人不安的自然环境中能够体验到一丝来自社会和人类自身的稳定和秩序。同样，苏美尔人也在不断地改善自然环境，他们组织起来进行水利建设，这种组织超越了原有的家庭或村庄单位，从而促进了城邦的形成。而后分散的城邦又结合成单一的帝国，建都于巴比伦。两河流域的气候及地理条件和埃及不同，对环境的改造方式也有所不同。埃及的自然环境不适于森林生长，很多绿地景观都是人为建设的，形态是规则的。而两河流域的植被相当多样和发达，人们崇拜较为高大的植物。我们从亚述帝国时代的壁画和浮雕上可以看到当时较为盛行的猎苑，这是一种以狩猎为主要目的的自然林区。在山冈上建有各式各样的建筑——宫殿、神殿等，有成片的松树和柏树。此外，亚述王还从国外引进了雪松、黄杨和南洋杉等植物种类。

说到美索不达米亚地区的景观，不得不谈谈巴比伦的空中花园，如图 1-2 所示。新巴比伦城（New Babylon）是公元前 7 世纪至公元前 6 世纪在原巴比伦城基础上扩建而成的。整个城市横跨幼发拉底河，厚实的城墙外是护城河，城内中央干道为南北方向，城门西侧就是被誉为世界七大奇迹之一的空中花园。空中花园的现存资料很少，我们只能从后人的

图 1-2　巴比伦的空中花园①

① 百度空间. http://hi. baidu. com/www051214/album/item/ac867736078e91c6a3cc2ba9. html.

推测和文字记载中对这一奇迹进行了解。空中花园毁于公元前 3 世纪，整个花园是建在一个台地之上，高 23 m 或更高，面积约 1.6 hm^2，每边 120 m 左右，台地底部有厚重的挡土墙，厚墙的主要材料是砖，外部涂沥青，可能是为了防止河水泛滥时对墙的破坏。在台地的某些地方采用拱廊作为结构体系，柱廊内部有功能不明的房间。整个台地被林木覆盖，远处看去就像自然的山丘。

空中花园的遗址已经无处可寻了，但现在仍可以看到美索不达米亚文明的另外一个壮观的文明遗址——乌尔山岳台，如图 1-3 所示。前面提到两河流域的居民是从山地迁移来的，他们认为雄伟的山岳支撑着天体，山是神的居所，也是人和神灵交流的媒介。山岳台就是这种类似山体的高台建筑，有坡道和阶梯通达台顶，顶上有神堂等祭祀建筑。乌尔山岳台建造于公元前 2250 年左右，高 21 m，外墙由砖砌筑而成，墙面分两层，底层装饰为黑色，上层装饰为红色，神殿贴蓝色釉面砖，上面穹顶覆盖呈金色，似乎象征着黑暗的地狱、可居住的地球、天国和太阳。

图 1-3 乌尔山岳台①

1.2.2.3 古希腊的景观设计

1954 年在维也纳召开的世界园林联合会上，英国园林学家杰里科认为：世界园林史上的三大景观原动力是中国、古希腊和西亚。古希腊是欧洲文明的发源地，她不仅孕育了古希腊的科学和哲学，其建筑和其他艺术还影响到整个欧洲甚至全世界。古希腊特有的地理条件和人们开放的胸怀，使之兼收古埃及和美索不达米亚的文明，并最终形成以爱琴海文化为核心的古希腊文明。

克里特岛位于地中海东部，是爱琴海文化的典型代表，其地理位置对于商业贸易来说极为理想。公元前 3 世纪初叶，来自小亚细亚的外来移民迁到了这个盛产鱼、水果和橄榄油的岛屿，并随之带来了两河流域的文化。历史学家认为：克里特岛人和外界的距离是近的，近到可以受到美索不达米亚和埃及的各种影响；然而同时也是远的，远到可以无忧无虑地

① 哈尔滨君子兰网. http://www.hrbjzl.com/bbs/viewthread.php? tid=2761.

保持自己的特点。这使他们获得了极大的成功，也使克里特岛的文明成为古代社会最优美、最有特色的文明。这种特色从建筑中也可看出，克里特岛的建筑是敞开式的，面向景观，并建有美丽的花园，显示出和平时代的特点，如图 1-4 所示。科诺索斯城的王宫规模宏大，估计是几个世纪里陆续建成的，除了国王的宫殿、起居室，还有众多的仓库和手工业作坊。在城市里，克里特人安装了巧妙的给排水系统。雨季时，雨水顺利地通过下水道流走，下水道的入口很大，足够工匠进去检修。和埃及人不同，克里特岛人似乎没有给他们的神址建设巨大的纪念碑和雄伟的神庙，而仅仅是在居室中留出数尺见方的场地作为祈祷处。

图 1-4　克里特岛风光①

与克里特岛相比，爱琴海文化的另一个代表地迈锡尼，如图 1-5 所示，它更加军事化，其中最多见的建筑形式是军事堡垒。在希腊地区由于没有丰富的自然资源，也没有肥沃的沉积平原，因此无法进行高效率的农业生产，地理条件的制约使它不能采取和埃及、中国一样的方式进行农业发展。于是其发展的进程没有将原来的村落形态打破，倒是出于防卫的需要，很多村落建在易于防卫的高地附近。并且在高地上建造神庙，以获得神的庇护。这种村落不断地扩大就演变成“城邦”。所以，和埃及、西亚完全不同，我们看到的希腊人工景观遗址多是“卫城”。

图 1-5　迈锡尼风光②

① 中国徒步网. http://www.chinawalking.net.cn/ChineseFootNet/ClassicLineList.aspx? id=69，百度空间. http://hi.baidu.com/si% CC% B8% BA% CE% C8% DD% D2% D7/album/item/7cde6435e6aa5b730a55a9b9.html#，到到网. http://www.daodao.com/ReviewPhotos-g189413-r15884744-Crete.html#17890108.

② 互动百科. http://www.hudong.com/versionview/X,Q,gBRCUcEWl5Ea1NHA1YOQQ.

雅典卫城是当时雅典城的宗教圣地，同时也是我们现在意义上的城市中心，如图1-6所示。雅典卫城位于今雅典城西南的小山岗上，山顶高于平地70～80 m，东西长约280 m，南北最宽处为130 m，由雕刻家费地负责其中的建筑和雕塑。卫城中主要的建筑有山门、胜利神庙、帕提农神庙、伊瑞克先神庙和雅典娜雕像。卫城中的建筑和雕塑不是遵循简单的轴线关系，而是因循地势，并且充分考虑了祭祀盛典的流线走向，考虑到人们从四周观赏时的景观效果而建造的。无论从海上、从城市中或者卫城周边的地方去观赏它，卫城中建筑体量之间的组合，以及卫城和周围平原、山丘之间的关系都是独具匠心的。整个卫城是在一段时间里逐渐建设完成的，其中积累了大量希腊人视觉艺术和景观的直觉和创造力。

图1-6　雅典卫城①

古希腊的民主思想盛行，促使很多公共空间的产生，圣林就是其中之一。所谓圣林就是指神庙和周边的树林以及雕塑等艺术品形成的景观，如图1-7所示。树木最早运用到神庙周边可能是起到围墙的作用，阿波罗神庙的周围宽60～100 m的裸露地被确认为圣林的遗址。在某些地方，祭祀活动当天还要举行运动比赛，优胜者可以获得将自己的雕像装饰在圣林中的荣誉。希腊人的环境审美观是一流的，这就导致希腊的大部分建筑与环境取得了良好的协调甚至是互补关系。

图1-7　古希腊圣林

希腊人的民主思想的另一个显著体现就是公共体育场地的建设。公元前776年，在奥林匹亚的运动场上，各城邦达成一致的协议，相互之间不应再有战争，而应采用体育比赛

① 设计师家园. http://boke.cool-de.com/space.php?uid=376821&do=album&picid=34408.

这种形式作为和平、竞争的象征，胜利者将冠以橄榄枝编成的花环。体育场地多建造于平整地带，周边橡树、白杨和悬铃木茂密成荫。没有体育竞赛的时候，这里便成为公众的消夏之所，这也是现代公园的雏形。柏拉图创建的学院（Academy）后来也成为公共开放领地，它的道路两旁种植灌木，以悬铃木为行道树，学院内设有祭坛、坐凳和园亭等。体育场对公众开放使环境变得吵闹，使很多人开始向往私人领地的庭院，柏拉图、伊壁鸠鲁等人也将其学院迁到了自己的私园。于是，私家花园和园林的概念开始蔓延开来。从现存的运动场的遗址来看，其与周边环境的关系、自身表达的秩序所形成的优美风景和所表达的古希腊民主和开放的魅力都使它成为古希腊时期非常重要的景观。

1.2.2.4 古罗马的景观设计

古罗马在奴隶制国家历史当中显得格外辉煌，它的城市规划、建筑、景观比起以往有了巨大的发展，所有这些都成为丰富的文化遗产。奥古斯都的军事工程师维特鲁威所著的《建筑十书》是当时建筑技术发展的证明。《建筑十书》除了总结建筑设计原理、建筑材料、建筑构造等内容外，还提到了建筑物和城市、道路、地形、朝向、光照、风向、水质等诸多因素的关系，并且谈到了城市规划的基本原理。

罗马鼎盛时期，其版图内的城市数以千计，形成了多样化的城市景观。古罗马城是帝国时期最伟大的城市，占地 2 023 hm^2。人口一度超过 100 万，人口密度很大，这样的规模在当时是非常少见的。城市里的贫富差距也极大，穷人居住在拥挤的房屋里，没有任何卫生设备，街道上没有照明设备。富人大多有自己的别墅，有精心设计的庭院。在考勒米拉所著的《林泉杂记》中描述了他在卡西努姆别墅的情况，有小桥流水，河中有小岛，岸边有整洁的园路，极富自然情趣。建筑物有书斋、禽舍、柱廊和园厅。古罗马庭院植物多用马鞭草、水仙、罂粟等，在庭院中还大量地建有喷泉和设计精巧的雕塑。

兰奇阿里教授认为奥古斯都曾对罗马城市作过初步规划，将罗马划分为四个地带：建筑物密集的地区为第一地带；在其外围是建筑物稍少，但有充分余地可供建造庭院的第二地带；能建造更大住宅，地处都市外缘的别墅地带是第三地带；第四地带则是可供建造大型别墅所用的地带。在第四地带，兴建了很多富豪官僚、诗人学者的别墅。

整个罗马城供水的渠道有 11 条，大部分供给富人的别墅、公共浴室和喷泉。古罗马诸多给排水工程中最引人注目的是大型输水道，古罗马时期在法国普罗旺斯省境内建起的加尔大桥（Pont du Gard）是三层拱桥形输水道，长约 274 m，水槽高出河面 48 m，是 50 km 长的输水道的一部分，它将水以 1∶3 000 的坡度引向尼姆斯，整个大桥用方石砌成，虽然体量庞大，但是运用了拱券技术使大桥轻盈地跨过了山谷。虽然它并非是以观赏为主要目的的建筑物，但是它的造型给人们留下了无与伦比的美感。

古罗马时期城市建设中一个非常重要的内容是广场建设。古罗马广场的发展经历了从简单开放场地到有完整围合空间的过程，如图 1-8 所示。最初广场的功能是买卖和集众，偶尔也作为体育活动场地。刘易斯·芒福德在《城市发展史》中写道：“庙宇无疑是罗马广场最早的起源和最重要的组成部分，因为自由贸易所不可缺少的‘市场规则’，是靠该地区本身的圣地性质来维持的。”维特鲁威在《建筑十书》中就已经提出了广场设计的若干准则，例如，广场的尺度需要满足听众的需要，可以将广场设计为长宽比为 3∶2 的长方形。柱廊、记功柱、凯旋门将古罗马的广场装扮得富丽堂皇，广场集中体现了那个年代严整的秩序和宏伟的气势。罗马市中心的广场群就是这样一个空间，它充分利用柱廊、纪功柱、凯旋门等元素塑造了威严的气氛，而成为帝王个人崇拜的场所。

图 1-8　古罗马广场①

1.2.2.5　中世纪欧洲的景观设计

公元 330 年，罗马皇帝君士坦丁将都城迁至东部的拜占庭，并将其命名为君士坦丁堡。公元 395 年，罗马分裂为东西两个帝国，西罗马帝国定都拉文纳（Ravenna），后为日耳曼人所灭；东罗马帝国以君士坦丁堡为中心，几经盛衰，1453 年为土耳其人所灭。

从罗马灭亡到公元 1000 年左右的 500 余年间，整个欧洲笼罩在宗教的统治之下，此时政教合一，宗教成为主宰一切的力量。教会极力宣扬禁欲主义，并且不允许任何异己的东西存在，对那些反映人性的美好和科学真理的艺术和其他意识形态更是严加打击。这导致了在漫长的中世纪，不仅人类文明发展的进程受到严重阻碍，而且还磨灭了许多古代文明。有人称这个时期为“黑暗的年代”。

由于人类宣泄情感的渠道异常狭窄，这反而有助于中世纪的城市建设和环境景观的建设。虽然因为国家和地域的不同而千差万别，但是总体水平却有了很大的发展。从单体建筑上看，中世纪的欧洲诞生了两个著名的建筑风格——拜占庭和哥特风格，如图1-9 所示。单就这两种建筑风格已经足够改变欧洲的城市风貌了。所有城市的标志物，不是哥特式教堂就是拜占庭式教堂，这种情况就连乡村也毫无例外。就城市整体环境而言，中世纪的城市形成了与古罗马情趣各异的城市景观，就像阿尔贝蒂所说的：“中世纪的街道像河流一样，弯弯曲曲，这样较为美观，避免了街道显得太长，城市也显得更加有特色，而且遇到紧急情况时也是良好的屏障，弯曲的街道使行人每走一步就看到不同外貌的建筑物。这种城市的情趣的确是古希腊和古罗马城市无法比拟的。”这种情景的出现得益于人们把

① 百度图片网. http://image. baidu. com/i? tn=baiduimage&ct=201326592&lm=-1&cl=2& word=%B9%C5%C2%DE%C2%ED%B9%E3%B3%A1#pn=0.

建筑、环境、规划设计作为宣泄个人情感的唯一渠道。同样的情景发生在景观建设之上则导致了欧洲中世纪自由、和平和宁静的景观风貌。刘易斯·芒福德描述了当时城市绿地和公园中那种惬意的气氛：“中世纪城镇可用的公园和开阔地的标准远比后来任何城镇都要高，包括19世纪浪漫色彩的郊区。这些公共绿地保持得很好的像英格兰中部小城莱切斯特，后来就成为能与皇家苑囿媲美的公园……人们在屋外玩球、参加赛跑、练习射箭。”可见，中世纪的很多小城镇在发展规模和环境质量之间求得了一个非常好的平衡。但是人口密度的增加、城市的扩张最终破坏了这一平衡。

(a) 哥特式大教堂　　(b) 拜占庭式大教堂

图 1-9　中世纪欧洲的著名建筑风格①

乔弗瑞（Geoffrey）认为当时的宗教气氛给予很多景观以象征主义的意味。非理智的中世纪景观对于未来有两个方面的主要影响：一是成为18、19世纪浪漫主义的灵感；二是成为非对称构图的美学标准及指导。

中世纪的城市中，教堂成为最主要的公共建筑，也成为最能体现当时建筑成就的遗产，诸多的教堂对丰富城市景观起到了很大的作用。

1.2.2.6　文艺复兴时期的景观设计

随着欧洲资本主义的萌芽，生产技术和自然科学得到了巨大的发展，物质财富的增加和丰富也导致了思想意识和文化方面的发展突飞猛进，以意大利为中心的“文艺复兴运动”便是其间最具影响力的人文主义运动。文艺复兴虽然表面上是知识分子对古典文化的重新审视和复兴，但其实质却是资本主义萌芽带来的思想文化变革。人们逐渐摆脱了教会和封建贵族的束缚，人文主义成为很多思想家和艺术家所倡导的意识形态。他呼唤尊重人性、尊重传统文化、尊重古代先贤们的完美人格。思想和个性从多年宗教的权威压迫下解放出来，人们重新审视古代希腊和罗马给人们留下的文化遗产，也注意到了自然界所具有的蓬勃生机，在这种历史背景下无论是城市建设、建筑设计还是景观设计都上升到了一个

---

① 中华人民共和国驻米兰总领事馆. http://milano. chineseconsulate. org/chn/bjzl/lqbycs/t96333. htm，百度图片网. http://image. baidu. com/i? ct = 503316480&z = 0&tn = baiduimagedetail&word = %B0%DD%D5%BC%CD%A5%CA%BD+%B4%F3%BD%CC%CC%C3&in=29037&cl=2&lm=-1&pn=35&rn=1&di=43928927160&ln=956&fr=&fmq=&ic=0&s=0&se=1&smo=0&tab=&width=&height=&face=0.

全新的高度，对今天依然有着深刻的影响力。

文艺复兴的中心是意大利的佛罗伦萨，如图 1-10 所示。这是一个 14 世纪后因毛纺织业发达而繁荣的城市。很多意大利富裕的新兴阶层成了这座城市的主角，文艺复兴期间是美迪奇家族主宰着这个城市，他们召集和培养了相当一批人文主义学者和艺术家，但丁、彼特拉卡、卜伽丘、米开朗基罗、达·芬奇就是其中的佼佼者。

图 1-10　佛罗伦萨风光①

在城市建设方面，阿尔贝蒂重新审视了维特鲁威的城市理论，主张应从城市的环境因素如地形、土壤、气候等，综合地考虑城市的选址和选型，主张用理性原则来考虑城市建设。与此同时，富有阶层大量地建造私有别墅，这种行为也刺激了园艺学的发展。古罗马的园艺成果成为设计师们学习、效仿和总结的模式。13 世纪末，克里申吉所著的《田园考》被翻译成意、德、法几种文字广为流传。这本书中将庭院分为三个等级，并且详尽说明了上层社会的园林设计。他提出庭院面积以 8 hm^2 较恰当，周围应有围墙，南侧要设置美丽的宫殿，成为有花坛、果园、鱼池的安适住所，北侧要有绿荫，还可以防止风暴的袭击。

阿尔贝蒂在 1434 年所著的《论建筑》中也谈到了他对理想状态的庭院构思："用直线将方形庭院分割成几个小区，满铺草坪，用修剪成型的黄杨、夹竹桃、月桂等植物围边；树木种成直线状的一列或三列；在园路的末端建造古老式样的凉亭；以蔓藤缠绕的拱廊来形成绿荫；沿园路散布石质和陶土烧制的花瓶；花坛中央用黄杨做成庭院主人的名字；绿篱每隔一定距离修剪成壁龛状，里面设置雕塑；中央路的交叉处建有祈祷堂，周围为月桂绿篱；祈祷堂附近有迷园，其式样是由大马士革蔷薇的藤蔓缠绕成的绿荫；在有落水的山腰，造成凝灰岩洞窟，洞窟对面设有鱼池、牧场、果园和菜园。"从中可以看出，阿尔贝蒂的理想庭院模式或多或少受到了古罗马别墅式样的影响。这一时期的城市景观杰作中最为引人注目的就是威尼斯水城，其城市景观、自然景观都以河流为线索串联起来，一切都显得开朗活泼。形成于文艺复兴时期的圣马可广场为世界上最卓越的城市开放空间，广场东段是 11 世纪建造的拜占庭式的圣马可主教堂，北侧是旧的市政大厦，南侧为斯卡莫奇设计的新市政大厦，底下两层仿造圣马可图书馆的式样，上面的三层和旧市政大厦相呼应。主广场是梯形的，长 175 m，东边宽 90 m，西边宽 56 m，面积 1.8 hm^2，与之相连的

① 建龙网. http://news.firstbd.com/news-f/20080219/2008021909581522.htm.

是总督府和圣马可图书馆之间的小广场，南端向大运河口敞开。两个广场相交的地方有一座方形的 100 m 高的塔，这座塔成为圣马可广场乃至整个威尼斯的象征。和我们国内的很多广场相比，圣马可广场的面积和规模都不大，但是广场上总是洋溢着节日般亲切热烈的气氛，似乎保持了永久的活力。这可能就是这个“欧洲最漂亮的露天客厅”的迷人之处，如图 1-11 所示。

图 1-11　圣马可广场风光①

16 世纪下半叶，人们的审美情趣也发生了转变，在设计上出现了和严谨的古典样式相对照的巴洛克风格。这种倾向追求繁琐的细部表达，追求一种豪华感，打破整齐划一的形式，追求运动的充满戏剧色彩的效果。这种戏剧效果的追求是以观赏者的视线为基础的，常常运用空间造型手法使观赏者产生错觉，那个时期的设计师醉心于光影和透视的变换带来的乐趣。在城市开放空间设计上，米开朗基罗的卡比多广场是这种风格的先驱，罗马的圣彼德广场也是杰出的实例，如图 1-12 所示。另外，在庭院设计方面，巴洛克时期很多水景的营造手法是独创的，喷泉的种类和造型更加多样化，有些还利用水的声响追求戏剧效果，和游者开玩笑。这一时期的树木修剪也和以往不同，更加追求动感和变化，更多采用不规则的修剪，使植物变得光怪陆离、新奇有趣。

(a) 卡比多广场　　(b) 圣彼德广场

图 1-12　城市开放空间设计②

巴洛克式的景观给观赏者带来了戏剧般的视觉效果，同时，它对光学和透视的灵活运

① 万花筒旅行网. http://www.uutuu.com/fotolog/photo/289246/.

② 百度空间. http://hi.baidu.com/pistil/album/item/0f9864d9def9ae0911df9bfd.html#.

用对现代景观设计而言，仍然是很好的范例。

1.2.2.7　16—18 世纪法国的景观设计

法国政治和文化的中心是巴黎，塞纳河和罗瓦河贯穿了巴黎盆地，整个盆地属于起伏平缓的谷地，气候属于大西洋-欧洲气候，夏日温暖而适于植物生长。15—16 世纪，法国几次入侵意大利北部，接触到了意大利文艺复兴文化，他们带回了大量的文艺复兴时期的艺术品，甚至工匠和艺术家。这些作品和人对于接下来 100 多年法国的文化和艺术变革起到了很大的作用。17 世纪下半叶，法国文化艺术的主流是古典主义，以培根和霍布士为代表的唯物主义经验论和笛卡儿为代表的唯理论在当时有深刻的影响。

在建筑风格上，相当长的一段时间内，古典主义和巴洛克风格的相互交锋使这段历史饶有意味。17 世纪 60 年代卢浮宫设计竞赛中，法国宫廷放弃了大名鼎鼎的贝尔尼尼的巴洛克风格方案，而采取了勒伏、勒勃亨等设计的古典主义作品，这一事件象征着法国古典主义建筑的胜利。而卢浮宫东立面，也就成了法国最伟大的古典主义作品和那个时代的见证。

在 16 世纪末和 17 世纪初的法国庭园设计中，风格还是意大利风格的延续。虽然很多城堡的总体布局和建筑风格并没有向开放型转变，但庭院的细部还是受到了意大利风格的影响。例如，一些城堡界河变成了有装饰意味的水体，驳岸也经常被植被装饰起来。很多别墅的庭院设计则更好地和建筑结合了起来。当时，庭院的中轴线往往是建筑轴线的延伸，当园艺设计师不能很好地领会建筑风格的精髓时，很多雇主宁愿让建筑师来进行一体化设计。在法国的北部，在地形允许的情况下，意大利的台地式园林被大量采用。

17 世纪的法国，仍然有很多园林表现了人们对巴洛克风格的偏爱，通过喷泉、灌木来表现一种透视和运动的态势。与意大利不同的是，法国很多园林在设计手法上更加统一和细致，许多被分割成单元的绿地周边都用修剪整齐的花卉加以绿化或者用沙石加以限定，绿地往往被装饰成蔓藤图案。波斯人将这些花卉和植物组成的图案编织在地毯上，摆放在室内，而法国人则运用真实的植被材料将其装饰在庭院的中央。

这一时期对后世景观设计影响最大的应当数 17 世纪法国勒·诺特式造园风格的形成。法国的景观在意大利的影响下延伸出了自己特有的风格，这种风格代替了意大利台地园而成为欧洲景观设计的典范。

勒·诺特出生在巴黎的一个造园世家，早期在绘画方面的训练和与艺术家们的接触，使他对于庭院艺术有了独特的见解，而从小就浸泡在园林世界，使他对于园艺知识也非常了解。加之有机会接触到当时的达官显贵，使他非凡的才华得以施展。其处女作是孚·勒·维贡府邸的庭院设计，如图 1-13 所示。庭院工程早于建筑设计，可见当时庭院设计对于整个府邸的风格和布局都举足轻重。他的才华在这个作品中得到了充分的发挥，但是府邸主人却因为过于奢华而断送了政治前程。

此后，这位设计师的才华得到了路易十四的赏识，并委任他为宫廷造园师。在勒·诺

图 1-13　孚·勒·维贡府邸的庭院设计①

特担任宫廷造园师期间，他主持设计了凡尔赛宫的庭院设计，如图 1-14 所示。在这个项目中，景观园林作为一个独立统一的整体出现在人们眼前，整个设计最为醒目的是平面上的大三角和十字运河。这种轴对称的布局渲染出了法国帝王的权威和辉煌。在浓郁的树林中还点缀着很多名家精雕细刻的雕塑和喷泉，这一切都使凡尔赛宫成为当时最为伟大的杰作，并且使法国勒·诺特式景观园林以不可抗拒的魅力征服了整个欧洲。

图 1-14　凡尔赛宫风光②

① 百度空间. http://hi.baidu.com/altar/blog/item/2fd873cff6ef8b3df9dc616a.html.

② 百度空间. http://hi.baidu.com/sununsy/blog/item/6276c4d026c0f6da572c84c2.html.

乔弗里教授总结了勒·诺特在景观园林构图上的原则：

(1) 花园不再仅仅是宅邸的延伸，其本身已成为大片用地构图的一部分；

(2) 三维实体与中心对称的二维几何平面相对应，并兼顾地形；

(3) 用修剪过的篱笆作为空间限定，树木有秩序地排列；

(4) 通过水中倒影和向外无限延伸的林荫大道，将天空和周围环境融为一体，符合巴洛克式建筑特点；

(5) 尺度随着退离宅邸的距离而放大；

(6) 用雕塑和喷泉等艺术品来增添节奏感，并突出空间重点；

(7) 利用视觉心理引导人的视线积聚，而不是强加于人，利用引起视错觉的装置使视觉变得饶有趣味；

(8) 外观具有整体感，引人入胜，注重花园各部分细部的对比。

1.2.2.8 英国的景观设计

18 世纪之前，英国人的园林设计大多采用法国的古典主义风格，严整的几何构图、经修剪过的绿色植物雕塑，再加上草坪和砾石铺成的步道似乎就是规范的园林设计了。尽管在此之前英国已经种植了大量的树木，但那似乎只是为储备木材而进行的实践，还没有人把它上升到美学的高度。

18 世纪初，受 17 世纪风景画家克劳德、王白辛等人绘画作品的影响，陆续有些园林设计师采用了不规则的自然形式进行园林设计，但并未形成风尚。

被称为天才设计师的威廉·肯特，早年曾赴意大利学过绘画。当他被邀请去对斯托威花园进行修缮和扩建时，第一次作为景观园艺师的他就屏弃了传统的绿色雕塑概念，并采用了完全直线的花园形式。该花园作为肯特最好的设计范例被完整地保留至今天。在意大利期间，那些美妙的植物和光与影的处理手法曾深深打动了他年轻的心，这也是他拒绝采用完全的自然主义设计手法的原因所在。肯特认为：由于英国的气候特征，我们不得不拱手让出光与影的运用，我们的光影效果不可能像那些阳光灿烂的国家具有戏剧性的效果，但是我们无论如何也要处理好高大的树木和它们的阴影。

肯特 1734 年设计了切斯维克住宅的庭院。在这个庭院中，他大量地运用蜿蜒的流水和不规则的步道。这种更加令人轻松的景观设计风格在英国发展得相当快。白金汉郡的斯道园就是这一风格变迁的实例，斯道园最初被圈定成规则的形状，在而后的进一步设计中，慢慢地被调整为自然形态。在斯道园中树木呈自然形态生长，水汇集成自然形态的湖泊，最终形成了规则式中央大道和田园趣味兼备的园林。

英国式自然风景园林的兴起和发展加速了英国景观从古典主义向浪漫主义的转化，在当时受到了很高的评价。其代表人物威廉·肯特被尊称为“现代造园之父”。他所创造的是一种综合的设计手法，这种手法后来演化成很多相异的流派。将其总结为以下几类：

(1) 装饰性农场，将有使用价值的场景上升到艺术的领域；

(2) 森林园，连环画式的风景园，这是画家学者和艺术爱好者的天地；

（3）与庄园园圃连接的花园。

“能人”布朗继承和发扬了肯特的自然风景式园林，并将其变得更为理性。布朗之所以被称为“能人”，是因为他在很多方面表现出一种完善和改进的能力。他非常注重景观中自然优美的曲线，此外，还经常会在设计中通过一些小雕塑和少量建筑的运用强化起伏绵延的曲线。他的很多作品中包含了大面积的草坪、不规则的水体以及自由分布的、单株的和丛植的树木。他的贡献还在于成功地将原来的小池塘和喷泉改为湖泊和水道，向人们展示了大水面和周边的山丘、石积层以及华丽的建筑之间的巨大审美价值，并形成了全新的景观概念。

与此同时，布朗的自然美学受到了以威廉·古尔平为首的一些景观设计师的抨击。很多新英国园艺学校的拥护者反对几何规则的构图形式，但是对布朗的自然主义也不以为然。他们认为布朗的设计和规则几何形同样不自然，浪漫主义的精神使他们更加关注景观所表现出来的戏剧性和怪诞。他们认为景观设计的目标是创造意外和惊喜，通过各种手法来唤起人的各种视觉感触，例如，庄严、崇高和恐惧。这种思潮导致了在18世纪的一些园林作品中出现了很多猎奇元素，诸多流派杂糅一体，成为一种非常流行的风格。

这种风格1760年后就在英国销声匿迹了，但是在欧洲其他国家却受到了欢迎。意大利人不惜破坏文艺复兴式风格的园林去营造这种趣味。在法国，雕塑阿波罗与西蒂斯的仙女被从古典的平台上挪到了一个装饰成土耳其风格的帐篷下面，是为了使其看起来更像是置于粗糙的山洞之中。

欧洲的景观设计多元化的倾向似乎在这一时期显露无遗，虽然存在各种美学倾向和地域性的因素，但也显示出欧洲整体风格的倾向。尽管如此，景观设计相比建筑设计仍然很好地保留了自身的独特性，吸取异域的营养较为多见，完全照搬其他风格的还是很少，这可能与园艺技术的差异性有很大关系。

1.2.2.9　19世纪的景观设计

19世纪似乎是一个非常复杂的时期。法国大革命以及滑铁卢事件给社会带来了变革。一些自然科学，如地质学、生物学和化学飞速发展；大机器的生产开始慢慢地给社会结构带来改变；人类与自然之间的关系发生了微妙的变化；一些反叛传统体制的思想也慢慢地滋生。

18世纪晚期，世界贸易的高速发展和旅游热的兴起似乎唤起了人们逃避现实，追求浪漫环境的幻想，各个国家都充满了各种奇特的和杂糅了各种风格的建筑物。同时，在欧洲兴起了一种在园林设计中追求异国情调的潮流。在此之前，无论意大利的文艺复兴式园林、法国的巴洛克式园林、17世纪英国那些布满大草坪和卵石步道的园林，抑或是布朗式的经过精心设计的公园都很少会大量地运用花卉植物。但随着园艺科学发展的成熟，园林里出现了很多形态各异的花卉，这种花园式的景观要求设计者对植物的维护和特性有足够的专业知识。于是，以前大量地由建筑师、画家、知识分子等业余爱好者来担任的景观设计师，这时就迫切需要更专业的园艺师去补充了。

在追求异国情调的过程中，我们不得不谈中国园林风格对欧洲的影响。18 世纪中叶，英国人威廉·钱伯斯作为赴中国的政府考察团成员，在考察期间被中国的艺术风格深深地折服了。回国后他写了大量介绍中国艺术的文章，这些文章对后来“中国风”的兴盛起到非常关键的作用。虽然在此之前，另一个英国人威廉·坦普尔爵士在其《伊壁鸠鲁的花园》(Gardens of Epicurus）一书中就曾对中国园林大加赞赏。他这样写道：“在那个国度，人们的思维具有同欧洲人一样的广度……他们嘲笑我们的道路和植物种植就像士兵在操练一样，一个紧挨着一个，并保持严格的间距。他们能将想象力发挥到极致，他们知道哪儿最美，哪儿的形态打眼，根本用不上任何的次序、局部的部署，而且很容易就达成。尽管我们搜尽全部有关美的理论，也不能发现这种美。他们有一句话来表达这种感觉——第一感觉好的东西，其必然有内在的形式美……。”在 18 世纪的英国，中国变成了一个充满幻想的名词。其中，“中国塔”变成了中国风格的象征物，钱伯斯本人就曾亲自设计过位于基沃的中国塔。

1.2.3 现代景观设计的产生与发展

1.2.3.1 现代景观设计的产生

19 世纪，西方城市工业化发展非常迅速，也使城市聚居条件迅速恶化。刘易斯·芒福德的《城市发展史》中详细地描述了当时欧洲的城市面貌：一个街区挨着一个街区，排列得一模一样。街道也是一模一样，单调而沉闷。胡同里阴沉沉的，到处是垃圾，到处都没有供孩子游戏的场地和公园。当地的居住区也没有各自的特色和内聚力。窗户通常是很窄的，光照明显不足。某些收入较高的人住在较为体面的居住区里，也许住在一排排的住房中，或者住在半独立的住宅里，宅前有一块不太干净的草地，或者在狭窄的后院有一棵树，整个居住区虽然干净，但是有一种使人厌烦的灰色气氛。比这更为严重的是城市的卫生状况极为糟糕，缺乏阳光，缺乏清洁的水，缺乏没有污染的空气，缺乏多样的食物。

面对城市聚居环境的恶化，郊区和乡间村镇成为人们心中理想的居住环境，在那里可以呼吸新鲜的空气，享受家庭生活，可以钓鱼、聚会、散步。怎样改善城市居住环境、防止城市居民大量地涌入乡村、真正地保持城市和郊区的平衡和稳定持久的结合，成为城市规划学者面临的最为紧迫的问题。

霍华德在《明日的花园城市》中把“有机体或组织的生长发展都有天然限制”的概念引入到了城市规划中来。他认为城市的生长应该是有机的，一开始就应对人口、居住密度、城市面积等加以限制，配置足够的公园和私人园地，城市周围有一圈永久性的农田绿地，形成城市和郊区的永久结合，使城市如同一个有机体一样，能够协调、平衡、独立自主地发展。

在美国，城市开敞空间也在被侵蚀，郊区的自然风景也同样吸引着城市居民。郊区墓园风景在 19 世纪中叶成为一种时尚。美国造园先驱唐宁（A. J. Downing）指出：“这些墓园对城市居民的吸引力在于它们固有的美和利用艺术手法和谐组织起来的场地……这种景色有一种自然和艺术相统一的魅力。”在浪漫郊区设想中，他表达了对工业城市的逃避和突破美国方格网道路格局的意愿。他在新泽西公园规划中设计了自然型的道路，住宅处于植被当中，住宅区中建有公园。这种所谓的城市-乡村连续体对20世纪现代景观设计产生了很大的影响。

在19世纪的自然主义运动中，出现了美国现代景观设计的创始人奥姆斯特德。他的景观设计实践使景观设计从一个试验性初步设想阶段发展成为具有确定意义的新学科。100多年来，奥姆斯特德和英国建筑师沃克斯合作设计的纽约中央公园，已成为纽约城中的一块绿洲，极具先见之明地给城市提供了大片的绿地和休憩场所。在此之后，中央公园得到了公众的赞赏，美国把公园建设当作促进城市经济和提供自然景色的一项公益活动，兴起了城市公园运动，奥姆斯特德成为这场运动的领导人。

总的说来，欧美的城市公园运动是现代景观设计的一个序幕，公园不再是为少数人服务的，而是面向大众的，成为对于城市意义重大的新型景观。这要求景观设计必须考虑更多的因素，包括功能与使用、行为与心理、环境艺术与技术等。对于景观设计的研究也不仅仅是停留在风格、流派以及细部的装饰上，而是更强调其在城市规划和生态系统中的作用。

1.2.3.2 现代景观设计的发展

长期以来，国外的景观设计作为一门独立的学科在不断发展完善，而我国的景观学科主要依附于传统园林园艺，置于农学、林学、建筑学、规划和文学等学科之中，发展缓慢。景观设计含义和研究范围模糊不清，经常被人们误解。仅“Landscape Architecture”一词的译名就有十多种，概念混淆不清。毋庸置疑，现代景观设计是在传统的园林园艺基础上发展而来的，但它与传统园林园艺有很大不同。

现代景观设计是大工业、城市化和社会化的产物，是在现代科学技术基础上成长发展起来的。它所关注的对象，已扩展到人居环境，甚至是人类的生存问题，其广度和深度远远超出了传统风景园林的范畴。20世纪末，景观生态学、可持续发展的理念被引入景观设计行业，突出说明了人与自然环境之间的矛盾日益紧张，曾经一度，人类只想一味征服自然。但是，在取得了辉煌成就的同时，也给自身带来了很多困扰。经济水平提高了，却破坏了自然环境，使生活质量下降。人们开始意识到自然环境的重要性。我们所有的生活资料、生产资料等都来源于自然环境，如果说哪一天自然因破坏而消失，人类也将无法生存。

这也从一个方面阐明了景观设计行业在全世界范围内迅速发展的原因。在美国，景观设计被评为21世纪发展最热、人才最紧缺的行业之一。在中国，景观设计行业也有着强大的生命力和发展市场。近年来，中国经济迅猛发展，其建设规模和速度都是前所未有的：但城市化严重、人口密度高、环境污染，也成了很明显的负面问题。这些都为景观设计行业提供了新的机遇。

21世纪的景观设计涉及内容广泛，包括国土资源、城市风貌保护和历史文化区、生态旅游区、休闲度假区、大学校园、高科技产业园区、公共园林、城市道路系统、居住区环境、街头绿地等各种环境的规划建设，社会需求广泛，专业前景非常乐观。但是，我国景观设计学科的发展却让人担忧，概念和学科设置混乱不清，学科理论难以深入，专业实践缺乏让人满意的设计实例。在美国，景观设计师注册制度早已实行。仅在过去的5年中，平均每年就有1 000多人获得注册景观设计师资格证。目前全美的注册景观设计师已达近两万人，而景观设计师注册制度现今仍未在中国实施。

1.2.4 中国景观设计专业所面临的挑战和机遇

1.2.4.1 中国现实社会对景观设计专业的需求

中国目前处在一个工业化与后工业化过程并存的社会时段。不必讳言，五六十年代发生在美国和其他发达国家的城市与环境问题不幸地在中国大地上重演了，而且更为严重。中国景观设计专业所面临的城市与环境问题归结起来包括：

(1) 城市人口急速膨胀，居民的基本生存环境受到严重威胁；

(2) 户外体育休闲空间极度缺乏，广大劳动者的身心再生过程不能满足；

(3) 土地资源极度紧张，因此通过大幅扩大绿地面积来改善环境的途径较难实现。通过郊区化来改善居民环境的道路在中国难以行得通；

(4) 财力有限，难以实现高投入的城市园林绿化和环境维护工程；

(5) 自然资源有限，生物多样性保护迫在眉睫，整体自然生态系统十分脆弱；

(6) 欧美文化侵入，乡土文化受到前所未有的冲击。

所有这些问题都已不言而喻。这里想强调的是，中国景观设计专业应如何在解决这些重大问题中发挥不可替代的作用，在为社会作贡献的同时，确立中国现代和未来景观设计专业的发展方向，树立景观设计专业及专业人员的形象，是值得深思的问题。

1.2.4.2 摆脱小农意识，志在整体人类生态系统

20世纪初如果不坚持与传统的“造园”决裂，把自己所从事的专业称为“景观规划设计”，把自己称为“景观规划设计师”而不是“园丁”，美国的景观设计专业就不可能有近百年的辉煌。同样，20世纪中叶，如I. McHarg不摆脱Olmsted所确定的美国传统园林专业领地的束缚而勇敢地面对当时工业化带来的资源、环境和人类生存问题，承担起大地景观规划和人类生态系统设计的重任，景观设计专业就不可能使“自然设计”的思想渗透到各个领域，使自己成为在不同层次、不同尺度上处理人与自然关系的中坚。生物学家Willson如是说：“在生物多样性的保护中，景观设计将起决定性的作用。”旅游学家Gunn如是说：“在所有设计学专业中，最适合于进行旅游环境设计的是景观规划设计师。”McHarg是美国历史上，恐怕也是世界上第一位直接受到总统及国家重要领导人进行决策咨询的园林工作者，并使景观设计专业人员自豪地在全球、周围和区域上承担其他专业所不能胜任的任务。

1.2.4.3 挑战与机会同在：中国景观设计专业广阔的潜在空间

要克服中国景观设计目前发展之不足，景观设计专业人员必须在更大的空间中承担起改变整体人类生态系统的重任。具体地讲，在目前中国景观设计活动的范围基础上，景观设计专业人员应勇敢地承担以下几个领域的工作。

(1) 居住社区的规划设计：包括从总体布局、道路组织到绿地系统的布局和设计。国际的经验证明，只有景观设计师才最有资格设计良好的人居环境。景观设计师领导组织建筑和市政工程的设计。

(2) 城市设计：这是一个景观与建筑交叉的领域。美国有专门的城市设计专业（硕士学位），分别在景观设计专业和建筑学专业基础上发展。中国这一领域是空白的，是一个建筑专业、园林专业、城市规划专业之间的真空地带，要解决中国的城市环境问题，景观设计专业应成为城市设计的中坚。

(3) 城乡与区域景观及生态规划：在区域尺度上研究景观综合体之间的相互关系，这在中国仍是一块空白，非景观设计专业莫属。

(4) 自然与文化保护地规划设计：只有景观设计专业才最有能力实现保护地的宗旨，体现自然与文化精神。

(5) 旅游地规划：正如国际旅游学者所说的，在所有设计学专业中，唯有景观设计专业最能胜任此工作。

除此之外，中国的高速公路系统、新开发区的规划等，都有景观设计专业所不可替代的重要岗位。

1.2.5 世界主要景观设计学学术和专业组织

1.2.5.1 国际景观设计师协会

国际景观设计师协会（International Federation of Landscape Architecture），简称IFLA。

1. 成立及宗旨

随着各国人民的长远健康、福利和快乐越来越依赖于与自然环境的和谐以及对资源的明智利用，并且在快速发展的技术的助推下，人口的增长产生在社会、经济和物质上的对各种资源的日益增长的需求，同时能够满足人类需求而又不会危害环境和浪费资源的未来的发展需要专门的知识、技能和经验，与自然系统、物质过程和人类社会发展相关，这些通常在景观设计学的专业实践中可以找到。

因此，1935 年在布鲁塞尔，1937 年在巴黎，1938 年在柏林，各个国家景观设计师协会的代表一直在讨论并关注这些情况，并于 1948 年 9 月在英国剑桥成立了国际景观设计师协会。而在 1945 年联合国成立，1946 年联合国教科文组织成立，1948 年《世界人权宣言》发表，同年 IFLA 的姊妹组织世界建筑师协会（UIA）成立。通过与这些重要的国际组织的合作，国际景观设计师协会能够使自己涉足发展中国家以及发达国家的重要问题和事务。

2. 目标

IFLA是个非营利、非政治性的和非政府的民主性（democratic）组织。它具有如下目标：

（1）发展和提高景观设计学职业和学科教育，以及与其相关的各种艺术门类和科学；

（2）建立景观设计学作为在美学成就和社会进步方面提供公共福利的工具的持续地位；

（3）致力于鉴别和保留人类文化在未来所依赖的生态系统的错综复杂的平衡；

（4）建立高水平的职业实践标准，建立景观的规划与设计、管理、保护和发展，以及因为人为改变等方面的应当承担的责任；

（5）提高景观设计学在教育和职业两方面的知识、技能和经验的国际交流。

为达到这些目标，IFLA通过其管理部门——世界委员会，采取所有必要和适当的措施：

（1）建立区域委员会；

（2）举办大会、研讨会以及其他形式的会议，并且出版这些会议文集；

（3）组成委员会、工作团体、任务机构以及相似的实体；

（4）为景观设计职业发展、提升和保持世界范围的教育标准；

（5）鼓励和支持与景观设计实践的各个方面相关的科学研究；

（6）支持国家或多国景观设计师协会的成立和目前的协会的发展；

（7）帮助各层次政府建立和改善与景观设计职业相关的立法；

（8）与相关的团体和职业组织合作；

（9）准备、公布和分发与研究、职业学习有关的文献、论文和其他相关信息；

（10）为政府、非政府的和国家与国际的机构准备、阐明和传播策略，制定合适的陈述；

（11）鼓励和支持与景观设计学实践与理论相关的，并且为达成IFLA目标的各种国际计划和项目；

（12）采取任何有益于景观设计学专业在世界范围内的实践的措施。

3. 成员范围

IFLA包含以下类别的会员：

（1）类别A：国家和多国景观设计师协会。

应是其章程和体制被IFLA世界委员会所批准的国家的或者跨国景观设计师协会，而且一个国家或跨国的协会只能有一个被接受为A类。

（2）类别B：成立会员。

成立会员是终身的，是1948年在剑桥签署声明，建立国际景观设计师协会的签字代表，这些会员不能被选举或转让。

（3）类别 C：个人会员。

个人会员是其资格和经历被 IFLA 所接受，在以下两种情况下生效：

① 无国家或跨国景观设计师协会存在；

② 国家或跨国协会还没有被 IFLA 所接受，或失去了其资格。

（4）类别 D：荣誉会员。

荣誉会员是 IFLA 所希望授予的荣誉，对象为在艺术和科学方面的杰出个人代表，或者是一致受到关注，对景观设计学专业做出了杰出贡献的个人。

（5）类别 E：社团会员。

社团会员是指与景观设计学有关的科学、教育和职业机构、职业协会或团体，以及希望改善IFLA的目标和期望的专业、商业或工业组织。

1.2.5.2 美国景观设计师协会

美国景观设计师协会（American Society of Landscape Architecture），简称 ASLA。

1. 成立及发展

美国景观设计师协会是代表美国景观设计学专业的全国性职业协会，创建于 1899 年，总部设在华盛顿特区，代表着全国范围内 3 万名景观设计师。从开始的 11 名成员，美国景观设计师协会已经发展到拥有 1.35 万名成员，有 48 个分会，范围包括了所有美国的 50 个州，以及世界上的 42 个国家。私有、公共和学术界以及开业者都以美国景观设计师协会为职业之家，相关专业的国际开业者和成员也是如此。美国景观设计师协会通过倡导、教育、交流和传播来发展景观设计学专业并提升其实践水平。

2. 主要宗旨

景观设计学是对土地（包括自然和建成环境）进行分析、规划、设计、管理、保护和恢复的科学和艺术。这一职业的范围包括了场地规划、花园设计、环境恢复、市镇或城市规划、公园和休闲区规划、区域规划和历史保护。开业者在对保护、利用与管理国家的资源方面达成一种平衡，共同承担义务。

景观设计师的工作范围可以从大众公园和公园道路的设计到办公建筑的场地规划，从住宅花园设计到大规模野生区域的管理或对退化景观如矿山、垃圾填埋场的复垦。进入这一职业需要高等教育、相关训练和在五个州的开业许可以及专门技能。

景观设计学、建筑学、土木工程和城市规划都是与环境建设有关的专业。其区别如下：

（1）景观设计师（Landscape architects）从事设计和利用室外空间和土地的任何工作。其职业范围包括场地规划、市镇或城市规划、公园和休闲规划、区域规划、花园设计和历史保护。

（2）建筑师（Architects）从事各种功能的建筑物和设施的设计，如住宅、办公建筑、学校和工厂。

（3）土木工程师（Civil engineers）运用科学原理进行公共设施如道路、桥梁和设施等设计和建造。

(4) 城市规划师（Urban planners）对整个城市和区域的全面发展树立广泛的、综合的观点。较早阶段的城市规划领域与景观设计学和建筑学密切相关，但是城市规划已经发展成为一门与众不同的专业，具有其自身的课程和学位体系。今天许多景观设计师也在从事城市规划的工作。

3. 主要活动

主要活动包括了国家年度会议和展览会、景观设计学杂志、景观设计学资讯摘要、在线电子服务、职业工作室和讨论会、领导能力培训、职业举荐、工程示范和奖励计划。而且美国教育部已经授权美国景观设计师协会对美国各大学和学院的景观设计学专业进行专业评估。

4. 公共事务

美国景观设计师协会是对专业的认证、扩展、环境管理、保护及经营等相关事务的积极倡导者。美国景观设计师协会持续监管立法和管理活动，参与国家或当地法律制定者的政策讨论。美国景观设计师协会进一步协调景观设计师在创造安全、健康和有魅力的社区中担当的重要角色，来努力满足景观设计师和所服务的公众的需要和利益。

5. 成员范围

美国景观设计师协会成员坚持建立设计标准和职业道德，以确保顾客、公众以及职业领域内的景观设计师同行致力于高标准的职业实践的努力。美国景观设计师协会的全资格成员是已经从拥有资格的院校获得景观设计学学士或硕士学位，并且获得了相当的专业训练和经验的景观设计师。合作成员是已经获得学位或景观设计资格认证的人员。关联会员是相关的职业如规划师、土木工程师、景观承包人以及苗圃专业人士等。

1.2.5.3 美国景观设计教育委员会

美国景观设计教育委员会（Council of Educators in Landscape Architecture），简称CELA。

1. 成立及发展

美国景观设计教育委员会的历史可追溯到1920年，已经关注于景观设计学职业教育的内容与质量达70多年之久。美国景观设计教育委员会的官员是在完全志愿的基础上工作。美国景观设计教育委员会通过其出版物——《景观学报》和电子版的《设计之网》发表景观设计专业最高水准的相关研究成果。

2. 主要宗旨

面向其各个成员和学术界，美国景观设计教育委员会在努力成为一个动态的和可信赖的组织的工作中已经取得巨大进步。与其姊妹组织——ASLA，LAAB，LAF，CLARB的合作已经确保了教育界的呼声没有被忽视。

3. 主要活动及公共事务

美国景观设计教育委员会年会在每年的秋季召开，集中讨论近来的研究和学术动向。

年会的主要内容是教授及学者在会上向同行们公布其论文，论文收录进会议论文集中。

4. 成员范围

美国景观设计教育委员会由所有的美国和加拿大的景观设计学教育项目组成。本机构的成员构成是通过被邀请而加入的。

(1) 成员性质的机构必须具有景观设计学教学计划，并且拥有三个或更多的全职教员在执行教学任务；

(2) 准成员性质机构是具有景观设计学教学计划，并且拥有少于三个全职教员在执行教学任务的机构；

(3) 外部会员机构是一些教育机构、公共或私人的团体、职业组织，或者其他参与、关注或对景观设计学教育有兴趣的组织，但并不符合成员或准成员资格者；

(4) 国家会员机构是在北美地区之外的一些教育机构，已经具有教学计划或景观设计学或课程，或者是其他参与、关注或对景观设计学教育有兴趣的公共或私人机构；

(5) 通讯会员是一些对景观设计学教育有兴趣的个人成员。

1.2.5.4 欧洲景观教育大学联合会

欧洲景观教育大学联合会（European Council of Landscape Architecture School），简称ECLAS。

1. 成立及发展

(1) 欧洲景观教育大学联合会的起源可以追溯到欧洲的景观设计教育的开始时期。第一个景观设计学课程是于1919年在挪威建立的，随后是1929年德国的柏林。

(2) 在建立了景观学院的国家，如英国和德国，国家教育机构已经存在了一段时间。英国景观教育机构于1970年建立，而德国的相关组织Hochschulkonferenz Landschaft可以追溯到这一时期的晚些时候。

(3) 在斯堪的纳维亚国家之间有很长的合作历史，来自于丹麦、挪威和瑞典的景观学院的人员多年来定期地召开国际性会议。

(4) 第一届泛欧洲景观院校会议是于1989年在德国柏林技术大学召开的，随后的会议于1990年在维也纳召开。

(5) 欧洲景观教育院校大会是在德国和维也纳的会议成功的背景下促成召开的，首次会议是于1991年在荷兰的Wageninge召开的，从此每年都会有一系列的会议。

(6) 2000年在克罗地亚的Dubrovnik会议上，一项关于欧洲景观教育院校大会的活动应超越年会限制，并且改名为欧洲景观教育大学联合会扩展的决议得到通过。

注："景观设计学院校"是指在景观设计学领域内具有大学或其他相同的资格，进行教学和研究的高级教育机构中的任何学院、系和教学研究中心或者组织单位。

2. 主要宗旨

欧洲景观教育大学联合会是一个国际性的、非营利性的组织，其建立是基于科学、文化和教育的目标。ECLAS认为景观设计学既是职业活动，也是学术研究。它包括了城市和乡村、地方和区域范围内的景观规划、景观管理和景观设计。涉及保护和增强景观以及从现在和将来的人类的利益出发的相关景观价值。

3. 成员范围

(1) 全面成员：对于从事教学和研究，以及具有景观设计学广泛意义上的荣誉学位的欧洲景观设计学院校；

(2) 合作成员：对于从事景观设计学教育或研究，但不提供课程学位的高等教育机构；

(3) 个人成员：对于没有在ECLAS成员院校中从事全面教学，但是对景观设计学教育或科研具有兴趣的景观设计学者或开业者。

4. 目标与任务

通过加强交流和丰富欧洲景观学术团体之间的对话，通过表达这些团体在更广范围欧洲的社会和机构体制内的利益，欧洲景观教育大学联合会的建立是为了培育和发展欧洲范围内的景观设计学学术。欧洲景观教育大学联合会力求在欧洲丰富的景观遗产和文化传统基础上达成这一目标。

(1) 加速欧洲景观设计学学科内的信息、经验和思想的交流，通过增加定期的国际会议，尤其是年度会议，激发欧洲景观设计院校之间的讨论，鼓励其合作；

(2) 通过提供建议和举办交流课程教育和学科发展经验的论坛，以及支持合作教学发展，培育和发展欧洲景观设计学教育的最高标准；

(3) 通过发展共同研究章程和建立合作研究项目，促进在景观设计学学科内学术和研究者之间的相互作用，由此推动欧洲范围内景观学术团体的发展；

(4) 在欧洲教育系统中代表景观设计学的学术利益，鼓励学科间了解，加强学科的公共理解；

(5) 激发欧洲景观设计师实践和其他推动景观学科发展的国际组织的对话。

5. 主要活动

ECLAS工作组的目标如下：

(1) 在年会之外扩展组织活动；

(2) 向那些还没有机会定期参加年会的景观设计学教师和研究者开放ECLAS的活动；

(3) 为具有相似的兴趣来交换思想和经验的教师和研究者提供论坛；

(4) 发起欧洲教学和研究合作项目；

(5) 推动欧洲的功能性的景观设计学学术社团的发展。

1.2.5.5 欧洲景观设计协会

欧洲景观设计协会(European Foundation for Landscape Architecture)，简称EFLA。

1. 成立及发展

欧洲景观设计协会于1919年10月25日在比利时注册，在1954年11月6日修改。它是只在欧洲范围内的景观设计学职业组织，集中面向欧盟。欧洲景观设计协会的成员资格只对欧盟、欧洲经济区、瑞士以及中欧国家内的国家景观设计师职业协会开放。

欧洲景观设计协会包括国家景观设计师协会，属于欧洲经济区的成员。它只承认每个国家的一个国家级协会。这种承认并不等同于国际景观设计师协会对各个国家的协会的承认。

2. 主要宗旨

协会的宗旨是推动欧洲范围内的景观设计学专业发展，向欧盟以及其他欧洲机构进行职业宣传，并且提供一个在专业内外积极宣传景观设计师的信息框架，尤其确保高等级的和可比较的教育与职业实践标准。

3. 目标与任务

欧洲景观设计协会树立如下目标：

(1) 代表有效的欧盟成员资质；

(2) 代表欧盟各个成员协会的利益；

(3) 在关于各种自然和人工环境的决策上与欧盟进行协商；

(4) 改善专业学习和研究以及知识和信息技术的交流；

(5) 调整且改善实践，并在不同的成员国家之间进行交流；

(6) 改善景观设计学教育，鼓励景观课程在高级机构的发展，同时确保高等级的标准，与协会的目标相一致；

(7) 整体上来改善景观设计学。

4. 成员范围

欧洲景观设计协会代表欧盟内的 14 个成员国家的景观职业协会。每一个国家协会派一名代表参与教育与职业实践委员会的工作。每一个国家的协会主席与各个代表在联合大会期间会面进行商谈。

5. 主要活动

(1) 对各国的职业状况进行调查；

(2) 欧洲景观大会；

(3) 夏季课程、会议和研讨会；

(4) 可持续景观设计研究小组。

1.2.5.6 澳大利亚景观设计师协会

澳大利亚景观设计师协会（Australian Institute of Landscape Architects），简称AILA。

1. 成立及发展

澳大利亚景观设计师协会是一个非营利的职业机构，以服务其全澳的成员的共同利益为建立宗旨。位于堪培拉的全国办公室负责协调成员资格的发放，协会决策的执行以及与作为 AILA 地方成员的各州团体的合作。

澳大利亚景观设计师协会提供主要的领导、框架和网络，从而有效地管理和集中澳大利亚景观设计师的学术能力，用于创造一个更有意义的、更令人愉快的、公正的和可持续的环境。服务包括倡导、教育，持续的职业发展、交流、环境和社区联络。这些通过《澳大利亚景观》、AILA、国家和各州网站、《地标》，以及国家会议、国家和各州的奖项等方式来进行。

AILA已经建立了澳大利亚的景观设计职业注册委员会，力图提供一个独立的评估组织，目的是保持最高的职业标准。AILA并通过国际景观设计师协会（IFLA）和澳大利亚建筑设计职业委员会（BDP）的成员资格来激发其成员的兴趣。BDP是一个代表建筑师、工程师、规划师、质监员和景观设计师的联合组织。

2. 主要宗旨

AILA具有如下共识：

景观设计学作为一个职业，致力于创造有意义和令人愉快的户外空间，进行环境的可持续管理。景观设计师结合艺术与科学来提供创造性的土地设计和管理策略，满足顾客和环境的专门要求。一个职业景观设计师具有专门的技能和训练，通过艺术和设计的结合，并且考虑物质的、社会的、经济的、政治的和文化的因素，来形成我们户外环境的创造性解决方案。

通过对自然景观和建成环境的理解，通过为户外环境提供平衡的、革新的规划和设计方案，景观设计师致力于提高我们的生活质量。

(1) 住所和工作环境中的日常活动；

(2) 商业和交通活动；

(3) 户外休息和娱乐活动；

(4) 地方和区域中有效的土地利用和自然资源保护。

今天，大多数建设项目都有景观设计师作为设计小组的重要成员，提供以下技能和服务：

(1) 场地总体规划；

(2) 设计、合同文件和景观工程监督；

(3) 项目管理；

(4) 应用生态可持续设计来保护和管理自然资源以及修复如矿山等受干扰场地；

(5) 应用计算机辅助设计技术和地理信息系统；

(6) 对风景区和遗产景观进行视觉评估和管理。

景观设计师设计我们的邻里、市镇的建成环境，同时他们也保护和管理自然环境，如森林、山脉、河流和海岸线。景观设计师通过为人们进行最佳的场地设计来承担改善我们的生活质量的责任。

3. 目标和任务

(1) 推动景观设计学和相关艺术与科学的研究；

(2) 在景观设计的原则下提高和促进城市与乡村区域的发展；

(3) 在澳大利亚及其他地方，使影响景观设计学发展的各个方面得到国家、地方政府和其他机构、公众团体和协会及官员的重视；

(4) 提高景观设计学的品质和地位并且保护和提高其专业利益；

(5) 通过本机构对设计师的景观设计学理论与实践是否完备的认可，来提高社区选择景观设计师时的信心；

(6) 改善致力于或准备从事于景观设计学职业人士的整体和技术上的知识，并且出于此目的而通过考试或其他方法来测试他们的能力、资质，并提供这些资质的持有者的注册；

(7) 与其他和本机构目标相同或类似的机构、协会或团体进行合作；

(8) 校正职业差异，决定所有关于职业的道德规范、使用或礼节性的问题；

(9) 促进成员之间的良好关系的形成、工作氛围和友好交流；

(10) 提供、资助、支持或帮助与本机构的任何目标相关的研究、学习、资料贡献及其他努力，如演讲、学术活动、奖项或其他荣誉。

4. 价值取向

(1) 职业性：追求获得最高行动的职业水准；

(2) 完整性：在成员资格和广泛的社区支持方面争取全面完整性和客观性；

(3) 成员焦点：致力于提供可以满足成员要求的高水准服务；

(4) 质量服务：致力于对所提供的服务进行持续的评估和改善；

(5) 责任与义务：全部的承诺对所有成员完全负责。

AILA 通过以下途径来促进澳大利亚景观设计学实践活动：

(1) 鼓励该职业在设计、创造和管理自然和建成环境领域获得杰出成果；

(2) 将景观设计职业的贡献和技能在社区和相关职业中进行宣传；

(3) 鼓励公共和私人领域的法规与政策制定者成员的职业兴趣；

(4) 提供给成员广泛的讨论机会以交流思想、信息和观点，并且获得职业同行的总结和支持。

5. 成员范围

AILA 的成员要求是：

(1) 具有从 AILA 的评估课程获得的景观设计学学术资格；

(2) 通过了一定时期的训练，获得相关经验；

(3) 通过了职业实践面试。

包括如下成员：

(1) 特别会员 (Fellows) 是指通过了委员会的认可，被选入成员之列；

(2) 准会员 (Associates) 是指至少具有两年景观设计实践经验，或者具有一个承认资质，或已成为某一与景观设计学相关的协会、机构或团体委员会所承认的成员，或者在完成了一段时间的实践后已经通过了景观设计学的相关考试；

(3) 荣誉特别会员 (Honorary fellows) 是指具有杰出的科学、艺术、文献或其他重要成果的人士，其活动提高或已经推动了本机构的目标和宗旨；

(4) 毕业会员 (Graduates) 是指已经通过了一个专业的考试，但还没有被承认为成员的人士；

（5）学员会员（Students）致力于委员会所认可的景观设计学研究，拥有全部成员所拥有的权利，除了拥有办公场所和选举权。

1.3 景观设计的内容、地位与作用

1.3.1 景观设计的活动领域

景观设计与风景园林学、建筑学、环境设计、城市规划等学科相互联系，相互促进，学科的发展不断融合。今天世界各地的人们都开始关注城市的健康发展，关注如何营造一个良好的居住环境和生活空间，这也是景观设计与景观建筑学、城市规划学、风景园林学共同的追求目标之一。因此，在以上各学科中都不同程度地采用绿化、城市空间设计等手法，在庭院设计、城市开放空间等领域体现了这种思想。这也是景观设计为何在相关的专业领域都有其发展的原因。

一般来讲，在城市规划中体现在城市园林绿地系统规划方面；在园林专业中体现在景园规划设计等方面；在建筑学中体现在景观建筑学方面；在城市设计中如城市广场设计、城市滨水区设计、城市公园设计等都有许多的专业人士在从事着景观设计的工作。

目前，景观规划与设计不仅取得了很大的进步，在运用新技术方面也取得了一定的进展，包括场地设计、景观生态分析、风景区分析等方面都开始了对 RS、GIS 和 GPS 的运用和研究。

一般而言，景观设计或景观工程实践的整体框架大致应该包括以下层次和内容。

（1）国土规划：自然保护区规划，国家风景名胜区保护开发；

（2）场地规划：新城建设，城市再开发，居住区开发；河岸、港口、水域利用，开放空间与公共绿地规划、旅游游憩地规划设计；

（3）城市设计：城市空间创造，校园设计，指导城市设计研究，城市街景广场设计；

（4）场地设计：科技工业园设计，居住区环境设计，校园设计；

（5）场地详细设计：建筑环境设计，园林建筑小品，店面、灯光。

景观规划与设计的概念和实践范畴是随着社会的发展在不断演变和扩充的。而且，在不同的国家其具体的实践领域也有所差别，这不仅和学科本身的发展关系紧密，和当地实际的经济发展状况也有密切的关系。

1.3.2 景观设计的内容

在我国，景观设计所蕴含的内容涉及美术、建筑、园林和城市规划等专业。景观设计

最通俗的解释就是美化环境景色。可以说它是以塑造建筑外部的空间视觉形象为主要内容的艺术设计。这是一个综合性很强的环境系统设计。

（1）它的环境系统是以园林专业所涵盖的内容为基础；

（2）它的设计概念是以城市规划专业总揽全局的思维方法为主导；

（3）它的设计系统是以美术与建筑专业的构成要素为主体。

1.3.2.1 以园林为基础的环境系统

人类同自然环境和人工环境是相互联系、相互作用的。园林学是研究如何合理运用自然因素（特别是生态因素）、社会因素来创建优美的、生态平衡的人类生活境域的学科。因此将景观设计建立在以园林学为基础的环境系统上，是符合景观设计基本概念的。

园林是在一定的地理境域中以工程技术和艺术手段，通过筑山、叠石、理水、绿化、建筑、置路、雕塑来创造美的环境。园林的环境系统是以土地、水体、植物、建筑这四种基本要素构成的。在这四种要素中前三种原本属于自然环境的范畴，在经过了人为的处理后，形成了造园的专门技艺，从而使其转化为人工环境。而后一种要素，即建筑，本身就是人工环境的主体。

园林有着自己悠久的历史，作为研究园林技术和艺术的专门学科——园林学则是近代才出现的。由于社会环境的影响，东西方的文化传统呈现出不同的形态。园林也由此产生出东西方的差异。东方古典园林以中国为代表，崇尚自然，讲究意境，从而发展出山水园；西方古典园林则以意大利台地园和法国园林为代表，以建筑的概念出发追求几何图案美，从而发展出规整园。

近代以后城市化的速度加快，人工建筑对自然环境的破坏，促使人们日益重视自然和人工环境之间的平衡，园林以其自然要素占绝对优势的地位，很快在城市规划系统中占据了重要的位置。以绿化为主，协调城乡发展的“大地景观”（Earth Scape）概念，使有计划地建设城市园林绿地系统，成为现代城市规划设计中最重要的基础环节之一。

我们在这里所讲的景观设计，实际上也是立足于城市规划系统之上的。它的设计虽然涉及建筑、园林、美术等艺术门类，但其基本的环境系统要素却是构成园林专业的基础要素。只不过景观设计的特定区域性更强。一般来讲，景观设计是以建筑组成的特定环境为背景（如广场、街区、庭院），有一个标识性强的主体艺术品作为该环境的中心，而形成的具有一定审美意趣可供观赏的人工风景。因此景观设计是以协调主体观赏点与所处环境的关系为主旨的。它研究的内容并不是环境系统本身，它只是以园林专业的基础要素作为自己的环境系统。在对自然因素的研究方面远没有达到园林学所涉及的深度和广度。

1.3.2.2 以城市规划为主导的设计概念

景观设计既然是一门涉及面极广的设计学科，那么它的设计必然是建立在自己环境系统之上的总体综合性系统概念。要树立起这样的设计概念显然不能以一般造型艺术的设计方法作为立意的出发点。因为景观设计中标识性强的主体艺术品通常都是以协调环境中实体与虚形关系的砝码出现的。只有单体造型能力，但缺乏总体环境意识，是很难做好景观设计的。因此，了解城市规划专业的一般知识，以城市规划设计的概念去主导景观设计，就成为设计概念确立的重要环节。

城市的发展是人类居住环境不断演化的过程，也是人类自觉和不自觉地对居住环境进行规划安排的过程。虽然在古代也有不少城市规划的典范，如古罗马的罗马城、中国明清的北京城。但是，城市规划学科的形成则是在工业革命之后。大工业的建立使农业人口迅速向城市集中。城市的规模在盲目的发展中不断扩大，由于缺乏统一的规划使得城市居住环境日益恶化。在这样的形势下人们开始从各方面研究对策，从而形成了现代的城市规划学科。城市规划理论、城市规划实践、城市建设立法成为构成现代城市规划学科的三个部分。

在建筑学的所有门类中，城市规划是一个较为宏观的专业，同时也是一个相对年轻的发展中专业，很多问题在学术界尚无定论。尤其是在出现了超大城市集团群落的当代，城市规划专业更多的是探讨研究课题，以求能够解决实际问题。于是，城市布局模式、邻里和社会理论、城市交通规划、城市美化和城市设计、城市绿化、自然环境保护与城市规划、文化遗产保护与城市规划等课题，就成为构成现代城市规划设计的全部内容。

从城市规划所包含的内容来看，更多的是属于总体性的战略宏观设计问题，虽然也有涉及实物的具体详细规划，但从城市规划设计的具体运作方式来看，规划设计部门所扮演的主要是政府的政策性宏观调控作用，很难直接影响到对建筑物、街道、广场、绿化、雕塑等具体要素的造型设计协调。这类工作往往由建筑师、园艺师、市政工程师承担，由于现代城市的庞大尺度以及城市功能、建筑功能的日趋复杂，这些专业设计师往往自顾不遐，远不能深入到具体的环境景观设计中。建筑内外、建筑与建筑、建筑与道路、建筑与绿化、建筑与装饰之间的空间过渡部分几乎处于设计的空白。只有以城市规划为主导设计概念的景观设计，才能从环境景观设计的角度出发，对这些被遗漏的边缘空间进行设计，担当起环境美化的重任。

1.3.2.3　以美术和建筑作品为主体的设计系统

由于景观设计通常是以标识性强的造型实体作为设计的主体。所以在一个特定的环境区域中，往往是以美术作品和建筑物的构成要素作为环境的主体，同时在环境系统的空间构图、尺度比例、色彩质感等方面注意协调与周边景物的关系。从而形成景观设计自己完整的设计系统。

美术和建筑同属于空间造型艺术。美术亦称“造型艺术”，通常指绘画、雕塑、工艺美术、建筑艺术等。它的特点是通过可视形象创造作品。可见建筑艺术属于美术的范畴。但是建筑艺术又有着自身的特殊性。建筑是建筑物和构筑物的通称，工程技术和建筑艺术的综合创作。建筑学在研究人类改造自然的技术方面和其他工程技术学科相似。但是建筑物又是反映一定时代人们的审美观念和社会艺术思潮的艺术品，建筑学有很强的艺术性质，在这一点上和其他工程技术学科又不相同。建筑在提供了人们社会生活的种种使用功能之外，又以其自身空间和实体所构成的艺术形象，在构图、比例、尺度、色彩、质感、装饰等方面，通过视觉给人以美的感受。

在以往的建筑和园林设计系统中虽然也应用绘画和雕塑。但是往往由于美术创作者的个性太强，缺乏环境整体意识，最后完成的作品不能形成完美的景观。这与景观设计以美术和建筑作品为主体的设计系统有着本质的区别。因为在景观设计中主体与环境的关系是互为依存的，它的设计系统是建立在景观艺术设计概念之上的。这个设计系统非常强调设计的整体意识。

整体意识同样也是景观设计创作最基本的法则。因为设计本身就是艺术与科学的统一体，审美因素和技术因素综合体现在同一件作品上，使美观实用成为衡量艺术设计成败的标准。艺术审美的创作主要依据感性的形象思维；科学技术的设计主要依据理性的逻辑思维。而艺术设计恰恰需要融合两种思维形式于一体。如果没有整体意识，以美术和建筑作品为主体的设计系统是很难进入景观设计创作思维的。

在单项的艺术和艺术设计创作中具有整体意识，并不意味着具备了景观设计的环境整体意识。由于创新和个性是艺术创作的生命，每一个艺术家和设计师在进行创作时总是尽可能地标新立异。尽管在完成的每一件作品中创作的整体意识很强，却不一定能与所处的环境相融合。一件具象的古典主义雕塑，尽管本身的艺术性很强，造型的整体感也不错，而且人物的面部表情塑造得非常丰富，细部处理也很精致。但是却把它安放在高速公路边的草坪里，人们坐在飞驰的汽车里一晃而过，根本就不可能有时间细心地观赏。一件很好的艺术品放错了地方，说明公路规划的设计者缺乏设计的环境整体意识。城市街道两旁的绿地经常可以看到用铸铁件做成的栅栏，往往要被设计成梅兰竹菊之类具有一定主题的图案，如果单看图案本身也许很漂亮，但是安装在赏心悦目生机勃勃的绿色植物周围，不免喧宾夺主大煞风景。诸如此类不但不为环境生色反而影响环境整体效果的例子还很多。所有这些都是缺乏环境整体意识的表现。

确立环境整体意识的设计概念，关键在于设计思维方式的改变。在很长一段时间里，艺术家和设计师总是比较在意自己作品的个性表现，注重于作品本身的整体性，而忽视其在所处环境中的作用。以主观到客观的思维方式进行创作，期冀环境客体成为作品主体的陪衬，而不是将作品主体融合于环境客体之中。是艺术作品和设计实体服从于环境，还是凌驾于环境之上，成为时代衡量单项艺术和艺术设计创作成败的尺子。因此具备环境意识，具备环境整体意识的设计概念，处理好美术和建筑作品主体与环境系统客体之间的关系，就成为景观设计的关键。

1.3.3 景观设计的地位与作用

1.3.3.1 景观设计的地位

19 世纪以来，科学技术的发展给人类的生活水平和生活方式带来了前所未有的巨变，同时也给人类赖以生存的生活环境带来了巨大的破坏。给人类提供一个多层次、多方位的生存空间，自然生态、文化生态平衡的环境空间，气候宜人、快捷方便的生活空间已是这个时代的呼唤。随着人类认识能力的不断提高，环境意识的不断觉醒，人们开始重新审视日趋恶化的生活环境，并越来越意识到环境与人类的紧密关系和维护环境的重要性。解决社会发展和环境生态之间的关系，使各种现代环境设计更好地满足当代人的精神文化需求和物质需求成为当前人类最迫切的需求。如何解决环境与人类的平衡关系，合理使用土地等方面的问题，成为人类社会的重要议题。而此时，景观设计的出现对于改善人居环境建设成为了可能，它的形成和发展促进了人类的生活环境质量的提高，改进了人类和自然环境的平衡，因此在社会发展史上，景观设计有着举足轻重的地位。

1.3.3.2 景观设计的作用

美化环境，改善人类生存空间的质量，创造人与自然、人与人之间的和谐是景观设计的最终目的也是最重要的作用。景观设计具有美化环境的功能，而优美的环境能够促进人和自然以及人和人之间的和谐相处，从而创造可持续发展的环境文化。合理的空间尺度，完善的环境设施，喜闻乐见的景观形式，让人更加贴近生活，缩短心理距离。这不仅能决定某个地区的品位和发展潜力，还很好地体现了一个地区的精神状态和文明程度。景观设计的另一个作用则是给人类带来最大程度美的享受。优良的景观设计，可以使杂乱无章的生活环境变得井井有条，舒适宜人，给人以美好的精神享受，并提供人们娱乐休闲、广泛交流的开敞空间。大量的绿化种植、水池设置，可以创造一个健康、舒适、安全，具有长久发展潜力的自然生态良性循环的生活环境，可以调节人的情感与行为，幽雅、充满生机的环境使人愉悦、欣慰、满足、充满生气。景观设计的另一个作用是让生活在喧闹城市中的人们亲近自然，走进自然，它是衔接都市生活与自然的桥梁，同时又可以给城市提供回归自然的场所，给农村提供某种城市的精神和使用的空间职能，满足人们多元化的需求，使人们的生活活动空间更为广阔，更加自由，更加完善。

“景观设计”一词最早于 1828 年提出，1868 年作为专业术语开始引用。在 19 世纪，造园家就是施工人员，景观设计师就是设计人员。美国景观设计协会（ASLA）对景观设计一词的解释不断发展变化。20 世纪 50 年代，协会章程将景观设计定义为：景观设计就是土地安排，目标是满足人们的使用和娱乐需要。1975 年，协会章程将景观设计定义修改为：景观设计师设计、规划和土地管理的艺术，通过文化和科学知识来安排自然与人工元素，并考虑资源的保护与管理。到 1983 年又有了发展，景观设计被定义为：通过艺术和科学手段，对自然与人工场地进行研究、规划、设计和管理的学科。

第 2 章　景观设计的理论基础

景观设计这一行业，是在大工业化、城市化和社会化的背景下产生的，是在现代科学与技术的基础上发展起来的。

因此，景观设计师需要处理的对象，是与土地相关的综合问题，而不是单单局限于某个层面上。现代景观设计面临的挑战，是土地、人类、城市以及土地上的一切生命的安全与健康以及它们的可持续发展问题。景观设计师服务的对象是大众，是每一个人。他们关心的是全人类的生存、生活和发展，而不像古代那样，主要是为贵族权势或者名流文人服务。景观设计的对象，不仅仅局限于花园、宅院、庭院和公园，而是扩展到像国土资源规划那样大范围的地域。景观设计师的目标，就是营造一个良好的人居环境和生活空间，使人类与自然和谐共处。

2.1 景观设计的职业要求

《国际景观设计师联盟/联合国科教文组织关于景观设计教育的宪章》（*IFLA/UNESCO Charter for Landscape Architectural Education*）中，对景观设计师所应掌握的知识也具体地提出了以下要求。

（1）文化形态历史以及景观设计的正确理解；

（2）文化系统和自然系统；

（3）植物材料及园艺应用；

（4）场地工程，包括材料、方法、工艺技术、建造规范、管理及实施；

（5）规划设计理论、方法；

（6）在各种尺度和各种设计类型中进行景观设计、管理、规划和科学研究；

（7）信息技术和计算机软件应用；

（8）公共政策、规则；

（9）沟通能力和吸引公众参与能力；

（10）职业道德规范和职业价值观。

景观设计学科综合性极强，融合了美学艺术素养和工程技术知识，并且还要具有丰富的课外知识和生活阅历，方能设计出震撼人心的作品。在技能上，景观设计师应具备的能力可概括为三个方面，即专业知识（Knowledge）、规划设计能力（Ability）和工程技能（Skill），简称KAS。

专业知识，即景观设计学科专业知识背景。学科专业知识，包括人类社会学、心理学、行为学、管理学、旅游学、环境科学、城乡规划、建筑学、艺术学、地理学、林学、生态学、土壤学和气象学等诸多学科。这种专业知识背景，比传统意义上的“园林”、“风景”和“花园”要宽泛得多，涉及整个人类的生存大环境，即人居环境的保护和设计。对于景观设计师来说，在进行设计时，不仅仅是多门学科的简单综合，而且还包括语言、意义、复杂事物和多元文化的探索，构建“开放式设计”，反映系统的复杂性和自然的本质变化。只有这样，才能设计出鼓舞人心的作品，促进人类和整个自然界向着光明的方向发展。

规划设计能力和工程技能是景观设计师必备的能力与经验技巧。这是对一名合格景观设计师的最起码要求，两者都需要通过实践锻炼来熟练掌握。具体来说，主要包括以下几方面。

（1）读图：地图、规划设计图、航片以及有关的专业图形符号；

（2）基础资料数据分析：收集、综合规划资料数据，包括摄影技巧；

（3）基地分析判断：道路交通、建筑布局、人口等；

(4) 规划设计筹划：周期、投资、基地潜力、不利因素与有利因素的分析判断；

(5) 规划设计方案交流：形象交流、文字交流、与用户和委托方的交流、公众演讲、模型制作；

(6) 规划设计技术：针对特定项目，确定恰当的尺度比例。在三维空间组织考虑各规划设计要素，包括场地平整、道路交通、市政管线、排水灌溉、照明、材料选取等专项规划设计，景观建筑小品单体与环境设计等。从多个规划设计方案中，选取最佳方案；

(7) 施工建造技术：造价估算、选配材料、材料质量评价等。

上述知识和技巧的熟练和灵活掌握，需要长时间的培养。学生毕业后，还需要几年的景观设计工作实践，才能逐渐掌握。景观设计师的就业范围很广，贯穿于景观建设的全过程，包括政策参与制定、方案构思、规划设计、工程绘图、工程主持和教育等。

2.2 景观设计的理论基础

2.2.1 景观生态学

2.2.1.1 生态学

生态学（Ecology）一词源于希腊文“Oikos”，原意是房子、住所、家务活生活所在地，“Ecology”是生物生存环境科学的意思。1866 年，德国动物学家 Haeckel 首次将生态学定义为：研究有机体与其周围环境（包括非生物环境和生物环境）相互关系的科学。生态学由于其综合性和理论上的指导意义而成为现今社会无处不在的科学。

2.2.1.2 景观生态学

景观生态学是工业革命后一段时期人类聚居环境生态问题日益突出，人们在追求解决途径的过程中产生的。1939 年德国生物地理学家 Troll 指出：景观生态学由地理学的景观和生物学的生态学两者组合而成，是表示支配一个地域不同单元的自然生物综合体的相互关系分析。这使人们对于景观生态的认识上升到了一个新的层次。后来，德国另一位学者 Buchwaid 进一步发展了景观生态的思想，他认为景观是个多层次的生活空间，是由陆圈、生物圈组成的相互作用的系统。

美国景观设计之父奥姆斯特德虽然很少著书立说，但他的经验生态思想、景观美学和关系社会的思想却通过他的学生和作品对景观规划设计产生了巨大的影响。

二次大战后，工业化和城市化的迅速发展使城市蔓延，生态环境系统遭到破坏。Lan Lennox Mcharg 作为景观设计的重要代言人，和一批城市规划师、景观建筑师开始关注人类的生存环境，并且在景观设计实践中开始了不懈的探索。他的 *Design With Nature 1969*

奠定了景观生态学的基础，建立了当时景观设计的准则，标志着景观规划设计专业勇敢地承担起后工业时代重大的人类整体生态环境设计的重任，使景观规划设计在奥姆斯特德奠定的基础上又大大扩展了活动空间。他反对以往土地和城市规划中功能分区的做法，强调土地利用规划应遵从自然固有的价值和自然过程，即土地的适宜性。Mcharg 的理论关注了景观单元内部的生态关系，忽视了水平生态过程，即发生在景观单元之间的生态流。

现代景观规划理论强调水平生态过程与景观格局之间的相互关系，研究多个生态系统之间的空间格局及相互之间的生态系统，并用“斑块—廊道—基质”来分析和改变景观。景观规划以此为基础开始了新的发展与进步。

斑块、廊道和基质是景观生态学用来解释景观结构的基本模式，普遍适用于各类景观，包括荒漠、森林、农业、草原、郊区和建成区景观，景观中任意一点或是落在某一斑块内，或是落在廊道内，或是在作为背景的基质内。这一模式为比较和判别景观结构，分析结构与功能的关系和改变景观提供了一种通俗、简明和可操作的语言。这种语言和景观与城乡规划师及决策者所运用的语言尤其有共通之处，因而景观生态学的理论与观察结果很快可以在规划中被应用，这也是为什么景观规划能迅速在规划设计领域内获得共鸣，特别在一直领导世界景观与城乡规划设计新潮流的哈佛大学异军突起的原因之一。美国景观生态学奠基人 Richard F. T. Forman 与国际权威景观规划师 Carl Steinitz 紧密配合，并得到地理信息系统教授 Stephen Ervin 的强有力的技术支持，从而在哈佛开创了又一代规划新学派。目前，哈佛大学设计研究院的高级研究中心（包括设计学博士计划）中已专门设有景观规划与生态这一方向，使景观生态学真正与规划设计融为一体。

2.2.1.3 景观安全格局途径

大地景观是多个生态系统的综合体，景观生态规划以大地综合体之间的各种过程和综合体之间的空间关系为研究对象，解决如何通过综合体格局的设计，明智地协调人类活动，有效地保障各种过程的健康和安全。

景观生态学的发展为景观生态规划提供了新的理论依据，景观生态学把水平生态过程与景观的空间格局作为研究对象，同时，以决策为中心的和规划的可辩护性思想又向生态规划理论提出了更高的要求。

基于以上几方面的认识，俞孔坚于 1995 年提出了景观生态规划的生态安全格局（Security Patterns）的方法。该方法把景观过程（包括城市的扩张，物种的空间运动，水和风的流动，灾害过程的扩散等）作为通过克服空间阻力来实现景观控制和覆盖的过程。要有效地实现控制和覆盖，必须占领具有战略意义的关键性的空间位置和联系。这种战略位置和联系所形成的格局就是景观生态安全格局，他们对维护和控制生态过程具有异常重要的意义。要根据景观过程之动态和趋势，判别和设计生态安全格局。不同安全水平上的安全格局为城乡建设决策者的景观改变提供了辩护战略。因此，景观生态安全格局理论不但同时考虑到水平生态过程和垂直生态过程，而且满足了规划的可辩护要求。

景观安全格局理论尤其在把景观规划作为一个可操作、可辩护的而非自然决定论的过程，和在处理水平过程诸方面显示其意义。它克服了 McHarg 的“设计适应自然”模式中的两个致命的弱点：其一，不能有效地处理景观的水平过程，如城市的空间扩张，物种的水平空间运动；其二，把规划当作一个自然决定论的过程，而无法将决策过程中人的行为考虑进去。如在传统的生物保护规划中，生物往往被保护在一个划定的保护区内。事实上，即使是世界上最大的保护区也很难维持保护对象的长久延续。而景观安全格局理论则认为生物对整体景观都具有利用和控制的潜能，而景观中存在着某些潜在的格局，它们对生物的运动和维持过程有关键的影响，如果生物能占据这些格局并形成势力圈，生物便能最有效地利用景观，使景观具有功能上的整体性和连续性，最有效地维护生物和生态过程。因此，识别、设计和保护景观生态安全格局是现代生物保护的重要战略。

景观安全格局理论把博弈论的防御战略，城市科学中的门槛值，生态与环境科学中的承载力，生态经济学中的安全最低标准等数值概念体现在空间格局之中，从而进一步用图形和几何的语言或理论地理学的空间分析模型来研究景观过程的安全和持续问题，并与景观规划语言相统一。各个层次的安全格局则是土地利用辩护的战略防线和景观空间“交易”的依据。

在此理论基础上，提出了景观安全格局识别方法和模型，包括将水平过程，如火灾蔓延、城市的扩张、物种的空间运动表达为三维潜在表面（Potenitial Surface），潜在表面反应过程在景观中所遇到的阻力或控制景观的潜在可能性，结合理论地理学的表面分析模型，特别是 Warntz 的点、线、面分析模型根据潜在表面的空间特征如峰、谷、鞍、坡等，再应用地理信息系统和图像处理技术识别安全格局。

多层次的景观安全格局，有助于更有效地协调不同性质的土地利用之间的关系，并为不同土地的开发利用之间的空间“交易”提供依据。某些生态过程的景观安全格局也可作为控制突发性灾害，如洪水、火灾等的战略性空间格局。景观安全格局理论与方法为解决如何在有限的国土面积上，以最经济和高效的景观格局，维护生态过程的健康与安全，控制灾害性过程，实现人居环境的可持续性等提供了一个新思维模式。对在土地有限的条件下实现良好的土地利用格局、安全和健康的人居环境，特别是恢复和重建中国大地上的城乡景观生态系统，或有效地阻止生态环境的恶化有潜在的理论和实践意义。近年来，在北京大学景观规划设计中心的多个研究项目中都对景观安全格局理论和方法进行了多方面的探讨。

2.2.1.4 景观生态学的度量体系与景观生态规划

景观生态度量体系被认为是将生态知识应用于规划的有效工具，特别是景观生态学的形式语言和景观规划语言是可以相通的。

对景观生态学来说，景观结构由两个基本要素组成，即成分和构建。成分不包含空间关系信息，而是由数目、面积、比例、丰富度、优势度和多样性指标如 Shannon 和 Simpson 指数来衡量。而景观构建则是表现景观地物类型空间特征的，即与斑块的几何特征和空间分布特征相联系的，如尺度和形状、适应度、毗邻度等。连续性是景观生态学的一个重要的结构（也是功能）的衡量指标，它尤其在生态网络概念上非常有意义，而网络的连续性可以根据图论的原理来进行衡量。

景观生态学对景观有上百种度量方法，但许多度量方法都是相关联的。以下是几种核心度量，它们被认为可以应用在景观生态规划中。

（1）景观成分度量：斑块的多度（PR）和类型面积比例（CAP）；斑块数目（PN）和密度（PD）；斑块尺度（MPS）；

（2）景观构建度量：斑块形状，即边长面积比（SHAPE）；边缘对比（TECL）；斑块紧密性（RGYR）；相关长度（I）；最近毗邻距离（MNN）；平均毗邻度（MPI）；接触度（CONTAG）。

这些生态度量对景观规划及管理和决策具有重要意义，但就当前来说，在景观生态学的定量分析基础上的景观规划还远没有成熟，从这个意义上来说，景观生态规划才刚刚开始，任重而道远。

2.2.2 行为地理学

一个地方特有的地形地貌和与之俱来的居民的风土人情或性格之间有着一定的联系，如草原人的豪爽、黄土地人的憨厚纯朴、江南人的精明能干等。环境对人的性格的塑造在某种程度上起着一定的作用。因此，环境和人的行为、心理之间存在着一定的联系，其研究最早起源于行为地理学。

行为地理学是研究人类在地理环境中的行为过程、行为空间、区位选择及其发展规律的科学。它是20世纪60年代末西方人文地理学发展中出现的新分支学科，也有的学者把其作为一种新的人地关系的思想观点和人文地理学的基本方法论。行为地理学是人文地理学工作者借鉴心理学、行为科学、哲学和社会学等学科的研究成果。在人文地理学研究范畴开辟的新研究领域，主要是从人类行为的角度，采用非规范和非机械的整体方法，研究人类对不同地理环境的认识过程和行为规律。

行为地理的研究成果被许多领域关注、借鉴，如城市学家、社会学家、建筑设计师，等等。1960年前后，E. T. Hall提出了“空间关系学”的概念，并在一定程度上将这种空间尺度加以量化：密切距离（0～0.45 m），个人距离（0.45～1.20 m），社交距离（1.20～3.60 m），公共距离（7～8 m）。20世纪60年代后，这种理论开始对设计学起到指导作用。如挪威建筑学教授Christain Norbergshulz写的《存在、建筑与空间》对于空间的理解和分析比过去前进了一大步。美国加州建筑学教授Christopher Alexander在20世纪60—70年代的论文和著作用了很多心理学的观点来分析探讨建筑中的形式问题。1960年KavinLynch的《城市意向》尝试如何找出人们头脑中意向的方法，并将之描绘表达出来，将之应用于城市景观设计。他通过收集尝试居民回答的问题和一些城市意向图资料发现其中有许多不断重复着的要素、模式。这些要素基本上可以分为五类：道路（Path）、边界（Edges）、区域（Distinct）、中心与节点（Nodes）、标志物（Landmarks）。

环境空间会对人的行为、性格和心理产生一定的影响，进而会影响到一个民族和国家的气质，同时人的行为也会对环境造成一定的影响，尤其是体现在城市居住区、城市广场、城市公园街道、工厂企业园区、城市商业中心等人工环境的设计和使用上。

2.2.2.1 人类活动的行为空间

行为空间是指人们活动的地域界限，它包括人类直接活动的空间范围和间接活动的空间范围。直接活动空间是人们日常生活、工作、学习所经历的场所和道路，是人们通过直接的经验所了解的空间；间接活动空间是指人们通过间接的交流所了解到的空间，包括通过报纸、杂志、广播、电视等宣传媒体了解的空间。人们的间接空间活动范围比直接活动空间的范围大得多。直接活动空间与人们的日常行为活动关系极为密切，间接活动空间则极力推荐人们进一步的空间探索，从而产生迁移行为活动。

2.2.2.2 人们的活动行为是景观设计时确定场所和流动路线的基础

行为地理学将人类的日常活动行为分为以下三个方面。

(1) 通勤活动的行为空间；

(2) 购物活动的行为空间；

(3) 交际与闲暇活动行为空间。

我们考虑以上三种行为与景观设计的关系。通勤活动的行为空间主要是指人们的上学、上班过程中所经过的路线和地点。这时，人们包括外地游览观光者在内对景观空间的体验是对由建筑群体组成的整体街区的感受。景观设计在这个层面上应当把握局部设计与整体的融合。

购物活动的行为空间受到消费者的特征影响，商业环境的影响，居住地与商业中心的距离的影响。因此，在这个层面上主要考虑商业环境及其设施的设计，除了可以完成人们身心愉悦的购物行为外，还要在一定程度上满足人们的休息、游玩等功能。商业环境的成功营造不但可以改变城市地价，提升城市活力，还会抬升城市的品牌。在这个意义上讲，良好的景观设计是经营城市的重要途径之一。

交际与闲暇活动行为空间。朋友，同事，邻里和亲属之间的交际活动是闲暇活动的重要组成部分。这些行为的发生往往会在住宅的前后、广场、公园、体育活动场所以及家里进行。因此，这些行为所设计的场所是景观设计的重要内容。

以上三种行为空间及其相应的景观设计实践领域不是截然分开的，它们之间存在着密切的联系。在具体的项目设计时要通盘考虑，突出重点。

有另外的观点，将人类行为简单分为以下三类。

(1) 强目的性行为。即设计时常常提到的功能性行为，如商店的购物行为、展览馆的展示功能、公园的游览观赏功能等。

(2) 伴随主目的的行为习性。典型的是抄近路。我们来分析对抄近路的处理方式。一般来讲，在到达目的点的前提下，人会本能地选择最近的道路。这是人固有的行为决定的。因此，在住区道路、游园设计、街头广场绿地的设计时都要考虑这点。

处理方法：按照传统的观点对抄近路的处理方式是利用围墙、绿化、高差进行强行调整。这种处理方法，很明显地可以解决问题，但给人的感受是场地使用的不方便。因此，良好的处理方法是充分考虑人的行为习性，按照人的活动规律进行路线的设计。这里有一个大家都很熟悉的例子我们再次来借鉴一下。有一公园的线路设计，在公园的主体建设完成后，剩下部分草坪中的碎石路还没有铺完。他们的做法是等冬天下雪后，观察人们留下最多的脚印痕迹确定碎石的铺设线路，如图 2-1 所示。这既充分考虑了人的行为，又避免了不合理铺设路线的财力、物力的浪费。因此，在很多地方我们可以发现，游园或草坪中铺设了碎石或各种材质的人行道，但在其周围不远的地方常常有人们踩出来的脚印。这说明我们设计铺设的线路存在一定的不合理性。

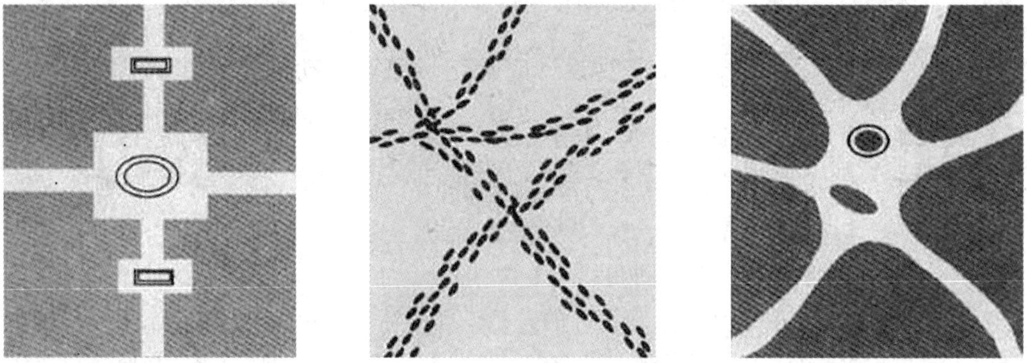

（a）几何形态的中心绿地　（b）下雪天观察到人的行为轨迹　（c）受到欢迎的中心绿地

图 2-1　公园线路设计

（3）伴随强目的的行为的下意识行为。这种行为比前面两种更加体现了一种人的下意识和本能。如人们的左转习惯，人们虽然意识不到为什么左转弯，但是实验证明，如果防火楼梯和通道设计成右转弯，疏散的速度会减慢。这种行为往往不被人重视，但却是非常重要的。

2.2.2.3　人类对其聚居地和住所的需求

1. 安全性

安全是人类生存的最基本的条件，包括生存条件和生活条件，如土地、空气、水源、适当的气候、地形等因素。这些条件的组合要能满足人类在生存方面的安全感。

2. 领域性

领域性可以理解为在保证有安全感的前提下，人类从生理和心理上对自己的活动范围要求有一定的领域感，或领域的识别性。确定的领域性使人们产生安全感。在住区、建筑等具有场所感的地方，领域性体现为个人或家庭的私密或半私密空间，或者是某个群体的半公共空间。一旦有领域外的因素入侵，领域感受到干扰，领域内的主体就会产生不适或戒备因素。领域性的营造可以通过植被的设计运用来实现。

3. 通达性

无论是远古人们选择居住地还是修建一个实在的住所，都希望有观察四周的视线和危险来临时迅速撤离的通道。现在，人们除了有安全舒适的住所外，一般来讲，没有自然灾害的情况下，人们一样会选择视线开阔，能够和大自然充分接触的场所。即在保证自己的领域性的同时，希望能和外界保持紧密的联系。

4. 对环境的满意度

人们除了心理和生理上的需求外，还有一种难以描述清楚的对环境的满意度。可以理解为周围的树林、草坪、灌木、水体、道路等因素的综合视觉满意程度。人们虽然无法提出详细、具体的要求目标，但对居住地和住所有一个模糊的识别或认可的标准，比如可以为：喜欢、不喜欢、厌恶；满意、一般、不满意等。

了解人类的基本空间行为和对周围环境的基本需求，在景观设计时心里就有一个框架或一些原则来指导具体的设计思路和设计方案。因此，行为地理学是景观设计过程中内在的原则之一，它只是方案并不直接指导具体的设计思路，仅仅是简单的构图，不能很好地给使用者提供舒适的活动空间和场所。此外，简单的构图创作除了不能满足使用功能外，还会造成为了单纯的构图效果浪费大量项目建设资金以及由于管理不善引起的资金流失。

2.2.3 艺术美学

艺术美学是横跨美学与艺术学的交叉性人文学科，它主要研究艺术活动中的审美现象和审美规律。艺术美的创造和欣赏对主体条件有特定的要求，其过程以审美为核心。景观设计是一门随着时代发展而产生的学科，也是一门艺术性的美学学科，处理好艺术美学与景观设计的关系是关键所在。

2.2.3.1 景观审美的内涵

从 19 世纪末 20 世纪初的“新艺术”运动开始，现代设计发展时间跨度为从 1880 年至 1910 年的近 30 年时间，覆盖的领域包括了建筑、工业设计、园林艺术及建筑装饰艺术。这一运动是传统审美观与工业化发展进程中所折射出的、新的审美观念之间矛盾的产物。它们均受到了当时的抽象绘画艺术的影响。其哲学上否定传统与固有的形式，宣扬非理性主义与世界主义；在造型语汇与形式上，追求简洁与明快，由大界面、大曲面、大色块代替传统冗繁的精细装饰。这些新的形式美学观念，也反映到了当时的园林设计、城市景观规划中，先后创造了许多新的园林形式。形式和功能的审美价值观作为景观审美主流贯穿了整个 20 世纪，但在不同的历史发展阶段，尤其是 20 世纪下半期，还充斥着很多其他的价值观，从而构成了上一世纪的审美价值观多元化。生态价值观取向关注人类与自然的关系，和谐共生即是美的，因此在有过人类活动的废弃地中，自然生长的杂草、废渣、旧设备都能构成景观的元素；促使艺术大众化、生活化的审美价值观取向，则将日常生活的物品或过程都是作艺术的素材，彻底抛弃了经典的权威。从现代到后现代的过程中，审美历史价值观表现为多元化，未来主义声称，19 世纪的时空已经腐朽，必须彻底打碎，而后现代则强调借鉴历史传统，恢复了对历史的延续。在后现代阵营中，对历史的态度也各有不同，有后现代主义的拼贴，有类型学、结构主义的提取，也有解构主义的“消解”。面对现代主义的单一的、国际化的审美文化价值观，多元化的文化价值观强调地方文脉，使不同历史、不同地域、不同风格的文化得以共生和弘扬。

2.2.3.2 景观设计的艺术要素

艺术具有穿透人类灵魂的能力，在创造的同时重新认识其本身。因此，艺术代表它的创作者对生活最深的理解和最高的渴望。与此同时，艺术家们还充当着演说者的角色，用流行的形式表达出我们共同笃信的人生信仰和价值。一项杰作，或者说一件艺术作品，能够帮助我们更进一步地了解生命，同时又把我们深深地打动。另外，艺术可以经受最严格的检查和时间的考验。一部可称其为艺术的景观设计作品必须具备五个至关重要的要素：想象、创造力、原创性、内涵和表现风格、自我表达和受观众喜爱。

景观艺术的价值不仅在于装饰环境，点缀空间，更在于通过自身的艺术语言调动人的精神情绪，唤起人们心底深处对美好事物的追求向往，让过往者能透过它感受到当地的人文气息，感受到独具一格的艺术魅力，可以说它是城市之中最具代表性的标点符号。因此，景观设计一定要有着力建设有自我特色的文化艺术网络，形成一个巨大的磁场，紧紧抓住人们关注的目光和焦点。

景观设计是一种立体艺术，它的高度、宽度、深度及各组成部分的大小、位置、形状、色彩、质地的适当安排组合，可以表达三度空间的美，从而达到静态美，加上植物生长上的变化，更能表现动态美。如优雅可爱的小桥、流水、柳树的组合能表达一种柔和的美；而庄严排列的行道树、整形的榕树、山崖景观则能表达一种刚劲的美。

景观设计在艺术表现方式上有所不同，有形象的美，即利用实体景物创造赏心悦目的环境形象，如设置雕塑、地毯式花草坛、建筑小品；还有意境的美，即利用各种景观元素如树木、水体、和风、细雨、阳光、天空、铺地、墙体、栏杆、建筑物造成某种意境，使所见者依经验、情感、灵性、修养感受到心灵的触动，如有特色的东方庭园（暮鼓晨钟、小桥流水、雨打芭蕉）。

2.2.3.3 现代艺术美学对景观设计的启迪

美国学者麦克·特瑞博（Marc Treib）曾评价说，从艺术探索和实践的步伐来看，现代景观设计比现代建筑晚 15 年，而后者又比现代艺术晚 15 年。艺术家的创造力总是比设计师要丰富得多，他们对时代精神的反应也比设计师要敏感得多，他们总是走在整个艺术大潮的前列。对于寻找能恰当表达 20 世纪的科学、技术和人类意识活动的形式语汇的设计师来说，现代艺术是现代景观设计最根本的形式源泉和重要的思想源泉。

20 世纪现代艺术的发展，可分为两条线索。第一条线索，注重新的艺术母题思维方式与纯形式语言的学术性研究，强调人类的理性知觉性，这一条线索由“现代艺术之父”

塞尚挑起，从野兽派、立体主义走向构成主义及几何抽象，这是冷静的理性抽象主义。它们纯粹的理性思维，表达了简洁而富有逻辑性的思想，最终创造了一种独立于客观自然的抽象艺术；另一条线索则是作为达达主义的代表人物杜尚挑起，他从根本上颠覆了艺术的固有概念。沿着杜尚指引的方向，二战后西方艺术家创造了波普艺术、新现实主义、集成艺术和装置艺术等，这些艺术都是“现成品”的陈列、重组或复制。艺术家由此进一步推出了大地艺术、环境艺术、行为艺术、偶发艺术和过程艺术等，这类艺术力求打破艺术与生活、艺术家与大众的界限，重视的是创作的过程、行为和体验，而不是创作的结果，总体说来更强调非理性思维的抽象。

1. 理性抽象艺术的影响

在整个 20 世纪，理性抽象艺术基本上遵循着抒情的抽象和几何的抽象两个方面发展，只是在各个阶段有所变化而已。英国风景园林师唐纳德（Christopher Tunnard）指出抽象艺术在设计形态和色彩运用的相互关系上，拓宽造园家的眼界。理性抽象艺术为现代景观设计提供了丰富的、可借鉴的形式语言。美国的罗斯（James C. Rose）1938 年在《园林中的自由》一文中也提出：“决定现代（园林）形式的要素，最好是求助于抽象艺术家。”

1）野兽主义

较为明显的现代主义绘画风格首先是在法国野兽主义画家们的作品中出现的，以马蒂斯为代表，作品风格狂野、艺术语言夸张、变形而颇有表现力的，野兽主义艺术语言标志着现代主义已进入自我确立的阶段。有深厚艺术功底的巴西景观设计师马尔克斯（Roberto Max），善于将抽象绘画的构图形式运用到景观设计之中，多以无规律的曲线样式作为设计框架，以南美热带植物材料进行配置，用深浅不同的植物色阶作基调，通过强烈的色彩对比，以及简约的构图结构等现代设计手法，组成自由的色块形式，取得了强烈对比下的和谐统一。在地面的处理上采用具有葡萄牙传统的瓷砖或彩色马赛克，以各种自由变化的大曲面形态作为平面图形。运用无规律的曲线样式作为设计框架的设计还有很多，如斯蒂里 1931 年设计的瑙姆科吉庄园（Naumkeag）的平台花园、丘奇设计的“加州花园”之一——唐纳花园的“肾形”游泳池等，如图 2-2 所示。

图 2-2　托马斯·丘奇的唐纳花园①

① 景观砖家网. http://www.usablock.com/resource/resourceview.jsp? id=4845.

2）立体主义和构成派

以毕加索（Pablo Picasso）、G·布拉克为代表的立体主义用块面的结构关系来分析物体，表现体面的重叠、交错的美感。抽象主义的先驱康定斯基用点、线、面的组合、构成，用绘画来传达观念和情绪，他的著作为抽象主义奠定了一定基础。真正奠定几何抽象主义理论基础和在艺术实践上有突出贡献的是荷兰画家P·蒙德里安创建的风格派。

20世纪20年代建筑师盖伍莱康（Gabriel Guevrekian）设计的“光与水”的三角形花园和Noailles别墅的三角形小庭园，是早期受到抽象艺术形式的影响的景观作品。古氏打破传统的规则式布局，融入现代构成的艺术手法，对原有三角形框架进行编排与组织，分别采用三角形和方（矩）形母题，采用重复、并置等平面关系构成图形，竖向高低错落，通过花篱与铺装设计，形成当时令人耳目一新的“立体派园林”，如图2-3所示。

（a）“光与水”花园

（b）三角形庭院

图2-3　“立体派园林”①

蒙德里安的几何抽象主义理论基础无疑影响到现代造型艺术的所有门类，现代建筑平面、空间的理性设计深受其启发，一些现代建筑大师也将这些理论带入景观设计领域。1931年柯布西耶在萨伏伊别墅的屋顶花园的设计中做了初步尝试，而引人注目的当属墨西哥建筑大师巴拉甘（Luis Barragan）。1959年巴拉甘规划开发了一个以骑马和马术为主题的居住区——拉斯阿博雷达斯（Las Arboledas）。在居住区入口处他设计了著名的饮马槽广场（Plaza del Bebedero Los Caballos）。他在浓郁的桉树林中自由布置了蓝色、黄色和白色（墨西哥当地的标志色彩）的墙体，墙在满盈的长水槽中投下倒影，水槽中的水沿池边跌入狭窄的水沟，产生的水声被巴拉甘称为“景观的音乐”，如图2-4所示。在另一个称为“俱乐部”（Los Clubes）的社区，他设计一个著名的喷泉作品“情侣之泉”（Fuent-ede Los Amantes）。富有色彩张力的墙自由布置，与规则式的水池相映成趣，形成浓郁的抽象色彩和抒情氛围，如图2-5所示。

① 北京北林地平线景观规划设计院. http://www.horizonlandscape.cn/pub_2_2.html.

图 2-4　饮马槽广场①

图 2-5　“情侣之泉”②

3）未来主义

未来主义在现代工业科技的刺激下，用分解物体的方法来表现运动的场面和运动的感觉，热衷于形体的重叠、并置、变形、运动、增生。从构图形式上看，哈普林在 1960 年为波特兰市设计的系列广场表现出未来主义的特征。在爱悦（Lovejoy）广场中，他用不规则的折线解决了台地的高程变化，它是自然等高线的简化，如图 2-6 所示。

图 2-6　爱悦广场③

而在演讲堂前的广场中，他改用了规则的折线。混凝土台地边沿折线的组合，或并置、或重叠，产生出大尺度的韵律感和动势，与层层跌落的水瀑交织在一起，相得益彰，如图 2-7 所示。

女艺术家塔哈（Athena Tacha）从 1970 年开始，一直从事“特定场地的建筑性雕塑”的创作，产生了独特的室外雕塑与景观结合的作品。她的作品大多基于各种形式的复杂台地，曲线的、直线的、折线的、层层叠叠，形成有趣的和独特的硬质景观，也表现出未来主义的风格，如图 2-8 所示。

①② 园林公社. http://yuanlinkj.lvhua.com/blog/blogdetail.asp? id=3225.

③ 园林公社. http://yuanlinkj.lvhua.com/blog/blogdetail.asp? id=3227.

图 2-7　演讲堂前庭广场①

4）极简主义

图 2-8　塔哈设计的新泽西州绿亩园

“极简主义”（Minimal Art）这个口号和标签在 20 世纪 60 年代的美国逐渐流传开来。早在 20 世纪早期俄国的画家马列维奇创建的至上主义，探讨了艺术的虚、空、无方面的尝试，应该说对极简主义有启发意义。极简主义作为现代主义的最后一个重要流派也是现代主义的终结。艺术到了极简主义手中就蜕变为一种观念和无所不在的几何形体。极简主义阵营中的代表人物唐纳德·贾德（Donald Judd）是个非常严肃的艺术家，他的作品《无题》是一系列相同形状的长方体的串联，如图 2-9 所示。对此，他解释说：“形状和材料不应为内容的牵强附会所改变。任何单个的物体或一个系列都有它们的安排秩序，都是一种排列，仅仅是秩序而已。”

图 2-9　唐纳德·贾德的《无题》②

贾德的“顺序”理念在以彼得·沃克（Peter Walker）为代表的景观设计师的作品中被完整地表现出来。沃克 1979 年设计的位于哈佛大学的泰纳喷泉堪称一个经典，如图

① 园林公社. http://yuanlinkj. lvhua. com/blog/blogdetail. asp? id=3227.

② 网易博客. http://liu5200036. blog. 163. com/blog/static/71280083200912243574 99/.

2-10 所示。

图 2-10　哈佛大学泰纳喷泉①

在折衷主义风格的传统教堂前的一块空地上，沃克将一批大小和质感相仿的石块，围成一个个间断的、放射状圆圈，石缝中的雾状喷泉使石块似乎飘浮起来。这种略带原始主义的极简手法营造出特别的场地精神。德国慕尼黑工业大学的拉兹（Peter Lats）教授在杜伊斯堡北部风景公园（Duisburg Nord Landscape Park）设计中，用铁板铺成的“金属广场”，也有极简风格的表现。

2. 非理性抽象艺术的影响

第一次世界大战期间出现的达达主义的虚无主义和反传统的精神，贯穿在整个西方现代文艺的进程之中。把偶然性、机遇性运用在艺术创作中，是达达对现代美术的贡献，也因此而引出非理性抽象艺术倾向的一系列景观设计理论及实践。

1）表现主义

表现主义指艺术中强调艺术家的主观精神和强烈的感情表现，而导致对客观形态的夸张、变形乃至怪诞的处理的一种思潮。西班牙天才建筑师高迪（Antoni Gaudi）的居尔公园似乎是这一思想的景观表现。1900 年设计的居尔公园（Parque Guell）中，高迪以超凡的想象力，将建筑、雕塑和大自然环境融为一体。整个设计充满了波动的、有韵律的、动荡不安的线条和色彩、光影、空间的丰富变化。围墙、长凳、柱廊和绚丽的马赛克镶嵌装饰表现出鲜明的个性。这种超凡的创造力、夸张的设计使人仿佛置身于梦幻之中，如图2-11 所示。

2）超现实主义

超现实主义是从达达内部分化出来的。它直接从弗洛伊德的潜意识学说中汲取思想养料，致力于探讨人类经验的先验层面，试图突破现实观念，把现实观念与本能、潜意识和梦的经验相揉合，以达到一种绝对的和超现实的境界。

超现实主义者常常采用出其不意的偶然结合、无意识的发现、现成物的拼集等手法。1982 年，由乔治·哈格里夫斯完成的位于美国丹佛市的哈乐昆广场，被尊称为美国景观设计的分水岭，它标志着超现实主义设计形式的极大成功。哈氏认为任何传统的设计元

① 中华园林网. http://www.yuanlin365.com/news/48795.shtml.

图 2-11　西班牙居尔公园①

素，都会被围合广场的建筑的玻璃幕墙所形成的环境所淹没，因此采用了包括镜面材料在内的硬质景观来反衬、强化这一环境特征。办公楼入口两侧的通气、散热管道被装饰成高低渐变的白色柱体。位于地下停车场上的广场采用了黑白相间的方块铺装，两堵具有透视变形的墙体将广场一分为二，红色墙体的一端放置了一个玻璃锥形金字塔，另一墙体也覆以镜面材料，强化了广场映射、反射的超现实主义视幻觉效果，如图 2-12 所示。

图 2-12　美国丹佛市的哈乐昆广场②

3）波普艺术

波普艺术可以追溯到 20 世纪初，杜尚早年给蒙娜丽莎加胡子和直接取用小便器的现成物作为艺术的行为。波普艺术的主题就是日常生活，反映当代文化现实，揭示这种文化上的深刻变化。在艺术表现上利用令人感到刺激的行为，藐视经典审慎的魅力。这种变化的实质影响也表现在人际关系和社会价值方面，甚至使“每人都是艺术家”都成为可能。在 20 世纪 60 年代，波普艺术以极快的速度发展而成气候，进入 70 年代，艺术发展更多元化，不断扩展媒介和技术手段。电脑和因特网加速了信息流通，这使得几乎一切领域都染上波普色彩，波普化的景观设计也可能变得可以理解，其中玛莎·施沃兹是少见的波普景观设计的急先锋。波普景观设计从历史、现实生活取材，取消历史的含义，或使日常题材变成艺术题材。波普化不带有任何批判意味，只是与现实生活的互动，其表现形式有拼

① 新浪博客. http://blog. sina. com. cn/s/blog_4a54bb410100idip. html.

② http://sky. gxkiss. com/tag-%BD%A8%D6%FE. html.

贴与重复两类。

玛莎·施沃兹在剑桥怀特海德生化所屋顶花园拼合园（The Splice Garden）设计中，拼贴了法国树篱园和日本枯山水两种原型，出人意料的是她还用染成绿色的塑料泡沫塑造了树篱、花球，石砂也被染成绿色，如图 2-13 所示。1988 年，她将凡尔赛花园的拉托娜喷泉的镀金青蛙，引入到亚特兰大的里约购物中心庭院中，与白色的钢网架和砾石带拼合在一起，形成一种奇特的视觉环境。

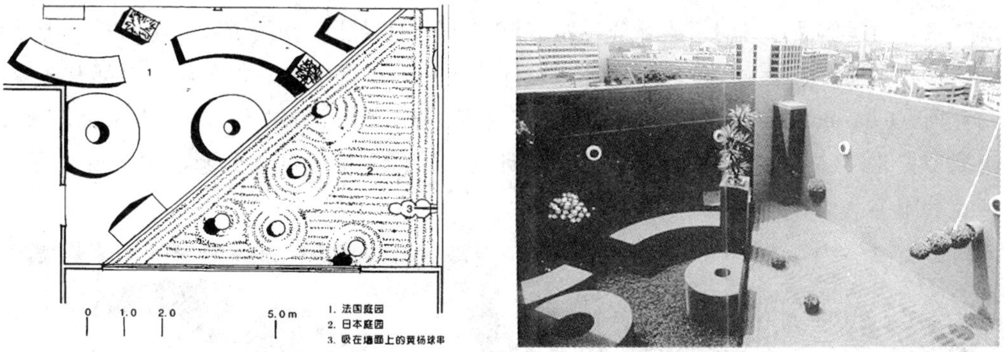

图 2-13　剑桥怀特海德生化所屋顶花园拼合园设计①

1979 年施沃兹在自家门前布置了“面包圈花园”，如图 2-14 所示。在花园的紫色碎石地面上，她均匀、重复布置了 96 个防水处理的面包圈，希望通过这种廉价的食物营造出家庭的亲情。有趣的是这个景观不久就被猫破坏了，这也反映了波普艺术放弃永恒的企图。1991 年，在加州科莫恩由轮胎厂改造的综合楼中心广场中，施沃兹用白色混凝土制作了 250 个“轮胎圈”种植池，在每个池中种植一株椰枣，表达出波普景观的重复意趣。

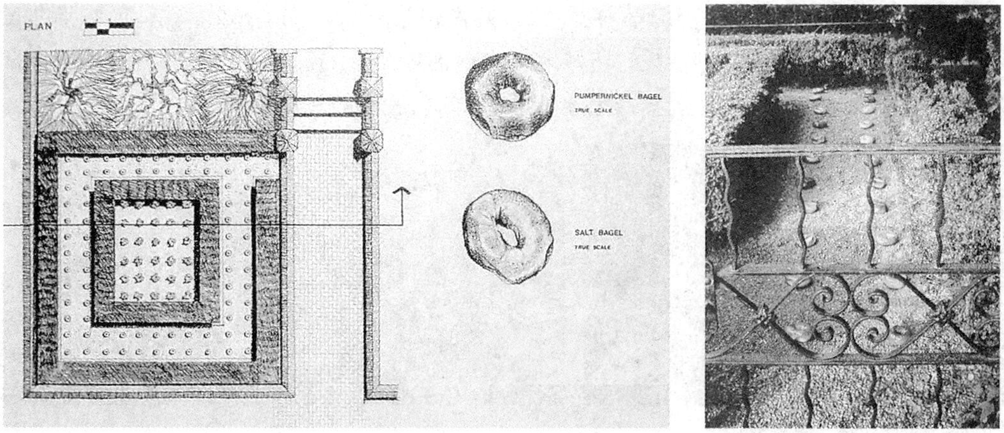

图 2-14　施沃兹的“面包圈花园”②

① 中国建筑文摘. http://www.archdig.com/Construction/LandLl/200611/12765_2.html.

② 中国风景园林网. http://www.chla.com.cn/html/c74/2009-06/37562.html.

4）大地艺术

20 世纪 60 年代末起源于美国的大地艺术（Land Art）创造性地将艺术与大地景观紧密地结合在一起。早期有代表性的当属罗伯特史密斯（Robert Smith）于 1970 年设计的美国犹他州大盐湖（Great-Saltlake）的螺旋形防波堤。“大地艺术”的介入，扩展了景观艺术的含义，使其能在更广阔的空间中找到灵感的源泉。

美国最具有影响之一的雕塑家、景观设计师野口勇（Isamu Noguchi），早在大地艺术产生之前的 20 世纪初期，就已成功地将雕塑概念扩展到风景空间，使大地不再是展示作品的背景，而是作品自身的组成部分，如于 1941 年设计位于纽约的游戏场，如图 2-15 所示。这种将大地作为超大尺度的雕塑进行设计的手法，在近年来的很多作品中都有体现，如詹克斯（Charles Jencks）夫妇 1990 设计的自家花园，1992 由建筑师、艺术家合作设计的巴塞罗拉北站广场，哈格里夫斯事务所设计的葡萄牙里斯本滨水公园，2000 年悉尼奥林匹克公园等。

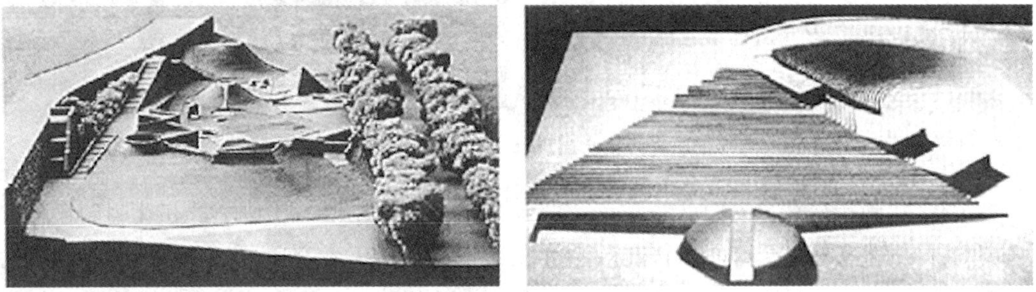

图 2-15　纽约游戏场设计①

带有生态意义的大地艺术景观探索，揭示出人与其生存环境的关系也是一种文化的体验。由赫伯特·贝耶尔（Herbert Bayer）设计的肯特公园中大地艺术作品，重复使用了一系列圆形设计元素，在技术指导下的坡度设计，不仅解决了防洪与水土流失问题，还创造了娱乐休闲空间。20 世纪 90 年代，荷兰设计师高伊策（Adriaan Geuze）在荷兰东斯尔德（Oosterschelde）围堰旁设计的沙丘，巧妙地将当地渔业废弃的深色、白色两种贝壳，间隔布置成对比强烈的条纹和方块图案，充分考虑了汽车行驶时的观赏效果，如图 2-16 所示。

图 2-16　东斯尔德工程景观②

① 野口勇. 1966—2006 年美国儿童游戏场的变化[J]//中国园林. 2007(10).

② West8. http://www.west8.nl/projects/landscape/landscape_design_eastern_scheldt_storm_surge_barrier/.

从过去的100多年发展来看，20世纪艺术对现代景观的启迪是建立在人本主义哲学美学的基础上的。正是资本主义生产力和社会的大发展，使人类得以巨大的解放，艺术上的个性追求变得扩大化，甚至到了泛滥的程度。景观设计作为一种实用的艺术，相对于其他姊妹艺术发展较晚，这种“慢半拍”的节奏在20世纪70年代后有加快的趋势；不同艺术思潮的生命力各有不同，对景观设计的影响的程度也不尽相同，有的是直接的，有的是间接的，不能片面地把景观设计与艺术门派直接对立；不同的设计师对艺术思潮和风格的倾向不是唯一的，很多设计师经常执著于不同风格的尝试和创新，随着时代变迁也不断汲取新的艺术营养，调整自己的设计思维；设计师对历史、社会责任感的取舍各不相同，但都不妨碍他们的艺术风格和价值。总之，现代艺术的启迪使景观设计呈现出极大的多元化。

2.2.4 环境心理学

20世纪60年代末期到70年代初期，环境心理学这一确定的研究领域开始出现了，许多心理学家逐渐习惯把自己认同为环境心理学家。普罗夏斯基（1987）观察到，在这一时期有许多因素促使心理学分化出环境心理学。例如，对于越来越迫切的社会问题如人权问题、环境问题及妇女运动，研究者转向从社会心理学的角度来解决这些困扰社会的问题，遗憾的是这些尝试的效果并不明显。一贯依赖于人为创设的实验室研究的社会心理学家，对突然出现在他们面前的一系列复杂、令人迷惑的问题感到束手无策。社会变化带来的强大压力，要求放宽严格的传统实验方法。环境心理学这一新领域则更折衷，与理论的联系不很严格，而且更具有跨学科的特点。这些都为环境心理学的出现作好了准备，结果，第一批环境心理学家结合社会心理学和灵活的方法来解决社会问题。

当今，环境心理学中社会心理学的痕迹仍很明显，因为许多环境心理学家都受过社会心理学的训练。然而，这种“联姻”也造成了一些麻烦。传统上，社会心理学依赖于由理论构建的实验和接近科学的假设检验方法。普罗夏斯基（1976）曾多次声明，社会心理学的理论和研究方法最终会被证明是环境心理学家的巨大财富。社会心理学对环境心理学的影响无疑很大，但我们相信，当一批在某些领域（发展心理学、艺术、建筑、社会学）受过训练的环境—行为研究者成长起来时，这种影响将会减弱。

毋庸置疑，环境心理学作为一门学科的出现，应归功于20世纪40年代末巴克等人对自然定居点中居民行为的生态学研究，20世纪50年代霍尔从文化人类学角度对个体使用空间的研究，以及20世纪60年代城市规划师林奇（K. Lynch）对城市表象和环境认知的研究。在这些研究基础上，加上当时环境恶化、自然资源减少等现实困境，20世纪60年代科学家对人类的生态环境产生了特别的兴趣，心理学家也更加重视环境对个体心理、行为的影响，纷纷研究与环境心理学有关的课题。1961年和1966年在美国犹他大学举行了最初的两次环境、心理学会议，1968年建立了代表美国研究潮流的环境—行为学术组织，即环境设计研究学会（EDRA），这个学会每年都举行年会。同年，纽约大学建立了第一个环境心理学博士点，两年后，伊特尔森（W. Ittelson）和普罗夏斯基等人合编的《环境心理学》正式出版，同年，代表欧洲研究潮流的“国际建筑心理学会”在英国金斯顿（Kingston）成立。1971 年，美国建筑学会费城分会等团体组织了“为人的行为而设计”讨论会。1975 年有了第一个环境心理学的博士。第一批环境心理学的杂志也是在 20 世纪 60 年代后期创刊的，最著名的《环境和行为》杂志创办于 1969 年。因此，一般认为作为心理学一个分支的环境心理学首先在北美兴起，继而在全欧洲和世界其他地区迅速传播和发展。在 20 世纪 60 年代末期至 70 年代初期环境心理学发展成为独立的领域。

所谓环境心理学是研究实质环境与人类行为及经验相互关系的科学，它以研究人与环境关系的最适性（human-environment optimization）为主要课题。其中与建筑学关系密切的是环境行为现象、使用者需求及行为场所的研究。在对于环境行为现象的研究中，通过研究环境知觉、环境认知、人的活动与空间及设备的尺度关系、空间行为学——私密性、公共性、领域、拥挤感等来把握使用者的普遍心理现象。在对使用者需求的研究中探讨不同人群的心理需求以期从基本方面乃至最细微处为使用者提供适宜的环境。在行为场所的研究中，把握在特定环境中可能出现的各种行为模式，通过使用者参与及使用后评价等修正反馈方式来建立环境设计的参考准则。

环境心理学因其具有多学科交叉性质，涉及心理学、社会学、建筑学、城市规划、人文地理学、文化人类学、生态学等，一时还无法形成独特的理论体系，大多只停留在描述水平。大致有六种理论框架，即唤醒理论、环境负荷理论、应激与适应理论、私密性调节理论、生态心理学和行为情境理论、交换理论等。环境心理学可以说是“人类和环境关系”这一大学科中的一部分，在现实生活中具有广阔的应用前景，其发展势头一直看好。

环境心理学主要有五个基本特点：

（1）把环境—行为关系做为一个整体加以研究；

（2）强调环境—行为关系是一种交互作用；

（3）几乎所有的研究课题都以实际问题为取向；

（4）具有多学科性质；

（5）以现场研究为主，采用来自多学科的、富有创新精神的折中研究方法。

2.2.5 遥感与地理信息系统

2.2.5.1 遥感与地理信息系统概述

遥感（RS）和地理信息系统（GIS）是 20 世纪 70 年代蓬勃发展起来的新兴技术领域。它集中了空间、电子、光学、计算机、通讯和地球科学、生物学等学科的最新成就，在地球系统科学、资源与环境科学以及农业、林业、地质、水文、城市与区域开发、海洋、气象、测绘等科学和国民经济的重大领域，发挥着越来越大的作用。

遥感、地理信息系统技术和最近发展起来的全球定位技术为地球科学提供了全新的研究手段，导致了地球科学的研究范围、内容、性质和方法的巨大变化，标志着地球科学的一场革命。环境与资源是地球科学的主要应用研究领域，也是以遥感技术为核心的对地观测技术最具有应用潜力的领域之一。我国正面临着日益严重的环境与资源问题，如果处理不好，必将影响到国民经济的持续发展。因此，遥感技术已被列为国家20世纪90年代国民经济发展的35项关键技术之一。遥感技术在解决我国资源与环境问题、促进国民经济持续发展的作用是：

(1) 为制定国民经济发展计划提供资源与环境动态基础数据；

(2) 为国家重大的资源、环境突发性事件提供及时准确的监测评估数据，保证国家对这些重大问题做出正确、快速的反应；

(3) 生物量估测，包括农作物产量、产草量、水面初级生产力预估和评价；

(4) 为国家的重要经济领域提供信息服务。

遥感应用的综合性是其重要的技术特征和技术优势。遥感技术在地质矿产和水资源的勘探，森林、草场资源调查与评价，海洋渔场调查，城市的规划，气象、海洋预报等领域均发挥着重要作用。它的技术发展将推动国民经济各领域信息技术进步，更好地为国家发展决策服务。

2.2.5.2 地理信息系统技术发展与景观规划设计

1993年夏，McHarg在哈佛大学开设了一个生态规划课程，以美国东海岸的Acadia国家公园规划为例，将其"千层饼"模式用GIS来完成。这次课程虽然暴露了其在方法论上的缺陷和对水平生态过程分析方面的缺乏，却显示了GIS的强大功能。当时McHarg就曾感慨他当年那复杂的系统分析过程今天竟可以如此方便地通过GIS来完成。而从近年来在哈佛大学设计学院的Steinitz教授领导下的一系列景观和区域规划案例研究中所显示的GIS功能，已远非简单的土地分类和地图叠加。空间分析、多解方案的预景（Scenario）模拟等技术将景观规划，特别是基于景观生态学研究的规划大大推进了一步。这些富有影响的案例包括：宾州Monrou县的多解规划，加州Camp Pendelton的生态规划等。

哈佛大学作为景观设计学的摇篮，麻省理工学院作为计算机的发祥地，当它们结合在一起的时候，奇迹便发生了，那就是地理信息系统和空间分析技术的发展及其与景观规划的结合。从此，景观规划在方法和手段的发展上获得了另一个飞跃，它将极大地改变景观数据的获取、存储方式和利用方式，并将使规划过程的效率大大提高，在景观和生态规划史上可以被认为是一场革命。

这场革命始于20世纪60年代中期。1965年，哈佛大学设计学院获得福特基金的赞助，与麻省理工学院联合成立计算机图像实验室（Laboratory for Computer Graphics），由Howard Fisher主持，汇聚一批富于创新和智慧的年轻人，并在很短时间内研制出数字计算机地图绘制方法和技术。

实验室的研究基本上分为两个部分，第一部分主要是计算机图像研究，尤其是在Fisher的SYMAP软件基础上进行计算机数字地图的研究，使其成为当时国际上最广泛使用的软件。而就在Fisher刚刚完成SYMAP最初的编写，准备从芝加哥大学调往哈佛工作时，当时还在麻省理工学院跟随城市设计之父凯文·林奇攻读博士学位并正在完成博士论文的 Carl Steinitz 敏锐地意识到这一十分初步的计算机地图程序的深刻含义，当即请求在其城市社会行为和城市印象的认知研究中进行应用，这也是对林奇关于城市印象研究的深入，也是目前所知最早应用计算机进行地图绘制的案例之一。

实验室的第二项工作是对与区域规划、景观设计和建筑设计相关的空间分析方法进行基础研究，重点进行计算机在分析、设计、模拟和评价诸方面的应用前景。除此之外，实验室在 William Warntz 的领导下开展理论地理学的研究，并在表面理论、社会经济的宏观地理显现和中心地理论有许多非常有价值的成果。在将近 30 年后，这些关于表面的研究为后来在景观安全格局的判别方面的研究提供了理论基础。

1966 年，Steinitz 在哈佛大学设计学院开设了一门区域尺度的规划课程，并应用 SYMAP 在得拉维尔、马里兰和弗吉尼亚半岛（DELMARVA）开展景观规划研究。这被认为是大规模应用地理信息系统技术进行景观规划的第一个实例。即使在这一个 GIS 应用的最初步尝试中，已经包含了许多复杂的分析工作，包括引力模型、地图叠加分析、加权评价，以分析土地单元对植被或农业种植的适宜性，等等。这一最早的 GIS 与景观规划的结合课程对哈佛乃至世界的 GIS 发展具有关键的作用。此后，1967 年，Steinitz 的研究组，包括 Peter Rogers，Doug Way 和 Richard Toth 开展了一系列基于 GIS 的评价和规划工作。在 New Hampshire 的一项规划研究中，他们利用 GIS 进行多个评价模型的测试，最后获得多个关于洪水控制和一个公园建设的方案，进而应用 GIS 通过线性编程算法来求得优化方案。这个研究显示了 GIS 在多解规划中的应用潜力，对以后多解规划实践产生了深远的影响，特别对在 20 世纪 60 年代末和 70 年代初的有关城市化进程的研究中有很大影响。在 1966 至 1968 年间，计算图像实验室通过对本校和社会提供技术服务和举办各种研讨会，将最新研究成果介绍给社会，对 GIS 技术的推广起到了非常重要的作用。从此期间直到 80 年代中期，实验室研究出了一系列的 GIS 和计算机图像处理软件，包括 SYMAP、CALFORM、SYMVU、POLYVRT、ODYSSEY、IMGRID、MacGIS 等。在研究和教学过程中培养了一批 GIS 研究的先驱和当代 GIS 及图像处理行业的重要人物，他们当中包括 Intergraph 的 David Sinton，ESRI 和 ARC/INFO 的创办人 Jack Dangermond，ERDAS 的创办人 Lawrie Jordan 和 Bruce Rado 等。

根据 Steinitz（1993）的五阶段说，我们不妨将从 20 世纪 60 年代中期至今，从 GIS 发展和其在规划中，特别是在景观的生态规划中的应用的发展划分为六个阶段。

第一阶段，20 世纪 60 年代中期，应用计算机和计算机图像处理方法来处理我们已经知道并可以用非计算机方法进行的简单工作，如景观分类、生态因子筛选或地图叠加，所有这些都可以用手工方法来完成。空间分析和统计分析工作很难完成。

第二阶段，20 世纪 60 年代末到 70 年代初，开始注重更为复杂的 GIS 分析，包括将统计分析与地图绘制相结合，引入更为复杂的空间分析技术和不限于两维图像的更丰富的表现方法。

第三阶段，20 世纪 70 年代中期，GIS 与其他学科和专业开始相互作用，认识到信息影响决策的意义，开始转而强调规划的作用在于组织和利用信息为决策服务，而不是决策本身。这也意味着对当时景观规划方法论的一种自我批判，也是对 McHarg 的自然决定论规划思想的反思。

第四阶段，20 世纪 70 年代末到 80 年代中期，微型计算机引入 GIS，发展了更加友好的人机界面出现，操作命令英语化，更方便的数据获得及丰富多样的分析功能。计算机的使用已不再是一件特殊的技能。

第五阶段，20 世纪 80 年代中期到 90 年代中期，GIS 成为成功地进行景观规划的必须，计算机成为规划师的合作伙伴。这不但因为计算机的速度和功能在不断增加，数据的数字化日益普遍，还因为规划的高效性和存储及成果展示的方便性，都日益使 GIS 和计算机成为景观规划工作的必须。

第六阶段，20 世纪 90 年代末到可预计的未来，网络技术与 GIS 结合，特别是宽带网将以每年 300％的速度增长，数据的可获得性和数字化程度的提高，GIS 本身的分析功能将更加强大和复杂化，同时，使用界面将更加简单、友好，GIS 的利用社会化，GIS 对规划的辅助作用和分析及解决问题的功能使其成为真正方便的工具，从而使掌握它的人比没有掌握这一工具的人处于更大的优势地位。

2.2.6　生物多样性

20 世纪 80 年代以后，人们在开展自然保护的实践中逐渐认识到，自然界中各个物种之间、生物与周围环境之间都存在着十分密切的联系，因此自然保护仅仅着眼于对物种本身进行保护是远远不够的，往往也是难于取得理想的效果的。要拯救珍稀濒危物种，不仅要对所涉及的物种的野生种群进行重点保护，而且还要保护好它们的栖息地。或者说，需要对物种所在的整个生态系统进行有效的保护。在这样的背景下，生物多样性的概念便应运而生了。

生物多样性是一个描述自然界多样性程度的一个内容广泛的概念。对于生物多样性，不同的学者所下的定义不同。根据联合国《生物多样性公约》，生物多样性是指所有来源形形色色的生物体，这些来源包括陆地、海洋和其他水生生态系统及其所构成的生态综合体；这包括物种内部、物种之间和生态系统的多样性。

生物多样性是概括性的术语，一般来说，包括遗传多样性、物种多样性、生态系统多样性和景观多样性四个层次。

2.2.6.1　遗传多样性

遗传多样性是生物多样性的重要组成部分。广义的遗传多样性是指地球上生物所携带的各种遗传信息的总和。这些遗传信息储存在生物个体的基因之中。因此，遗传多样性也就是生物的遗传基因的多样性。任何一个物种或一个生物个体都保存着大量的遗传基因，因此，可被看作是一个基因库。一个物种所包含的基因越丰富，它对环境的适应能力越强。基因的多样性是生命进化和物种分化的基础。

狭义的遗传多样性主要是指生物种内基因的变化，包括种内显著不同的种群之间以及同一种群内的遗传变异。此外，遗传多样性可以表现在多个层次上，如分子、细胞、个体等。在自然界中，对于绝大多数有性生殖的物种而言，种群内的个体之间往往没有完全一致的基因型，而种群就是由这些具有不同遗传结构的多个个体组成的。

在生物的长期演化过程中，遗传物质的改变（或突变）是产生遗传多样性的根本原因。遗传物质的突变主要有两种类型，即染色体数目和结构的变化以及基因位点内部核苷酸的变化。前者称为染色体的畸变，后者称为基因突变（或点突变）。此外，基因重组也可以导致生物产生遗传变异。

2.2.6.2 物种多样性

物种是生物分类的基本单位。对于什么是物种一直是分类学家和系统进化学家所讨论的问题。我国学者代表性的定义为物种是繁殖单元，由又连续又间断的居群组成；物种是进化的单元，是生物系统线上的基本环节，是分类的基本单元。在分类学上，确定一个物种必须同时考虑形态的、地理的、遗传学的特征。也就是说，作为一个物种必须同时具备如下条件：

(1) 具有相对稳定的而一致的形态学特征，以便与其他物种相区别；

(2) 以种群的形式生活在一定的空间内，占据着一定的地理分布区，并在该区域内生存和繁衍后代；

(3) 每个物种具有特定的遗传基因库，同种的不同个体之间可以互相配对和繁殖后代，不同种的个体之间存在着生殖隔离，不能配育或即使杂交也不能产生有繁殖能力的后代。

物种多样性是指地球上动物、植物、微生物等生物种类的丰富程度。物种多样性包括两个方面，其一是指一定区域内的物种丰富程度，可称为区域物种多样性；其二是指生态学方面的物种分布的均匀程度，可称为生态多样性或群落物种多样性。物种多样性是衡量一定地区生物资源丰富程度的一个客观指标。

在阐述一个国家或地区生物多样性丰富程度时，最常用的指标是区域物种多样性。区域物种多样性的测量有以下三个指标：

(1) 物种总数，即特定区域内所拥有的特定类群的物种数目；

(2) 物种密度，指单位面积内的特定类群的物种数目；

(3) 特有种比例，指在一定区域内某个特定类群特有种占该地区物种总数的比例。

2.2.6.3 生态系统多样性

生态系统是各种生物与其周围环境所构成的自然综合体。所有的物种都是生态系统的组成部分。在生态系统之中，不仅各个物种之间相互依赖，彼此制约，而且生物与其周围的各种环境因子也是相互作用的。从结构上看，生态系统主要由生产者、消费者、分解者所构成。生态系统的功能是对地球上的各种化学元素进行循环和维持能量在各组分之间的正常流动。生态系统的多样性主要是指地球上生态系统组成、功能的多样性以及各种生态过程的多样性,包括生境的多样性、生物群落和生态过程的多样化等多个方面。其中,生境的多样性是生态系统多样性形成的基础,生物群落的多样化可以反映生态系统类型的多样性。

2.2.6.4 景观多样性

近年来，有些学者还提出了景观多样性（landscape diversity)，作为生物多样性的第四个层次。景观是一种大尺度的空间，是由一些相互作用的景观要素组成的具有高度空间异质性的区域。景观要素是组成景观的基本单元，相当于一个生态系统。景观多样性是指不同类型的景观在空间结构，功能机制和时间动态方面的多样化和变异性。景观要素可分为斑块，廊道和基质。斑块是景观尺度上最小的均质单元，它的大小，数量，形态和起源等对景观多样性有重要意义。廊道成线状或带状，是联系斑块的纽带，不同景观有不同类型的廊道。基质是景观中面积较大，连续性高的部分，往往形成景观的背景。

2.3 与其他相关学科的关系

2.3.1 学科专业知识背景

今天，随着人们对于生活环境深化、细化要求的不断提高，在人类聚居环境规划设计领域，景观规划设计学与建筑学、城市规划已并列为三足鼎立、缺一不可的三大学科。在大众艺术领域，如同已故国际景观规划设计师联盟荣誉主席 G. Geoffrey 所说，作为景观规划设计学的核心，景观规划设计已成为一门最为综合的艺术。

中国景观规划设计尚处于起步阶段。鲜明的个性形象、良好的绿化环境、足够的活动场地，这是中国景观规划设计初级阶段的要求。与国际上领先一步的国家和地区相比，仅仅满足这三方面也许还远远不够，但这毕竟是中国景观规划设计的基础，对于 21 世纪我国景观环境建设的腾飞将起着至关重要的决定性作用。

景观规划设计学作为学科专业在国际上已有百年历史，然而在中国起步、发展不过 20 年。如何看待景观？如何理解全面的景观实践？这一学科专业的理论核心又是什么？这些都是值得景观规划设计师明确的基本问题。

现代景观规划设计是面向生活、贴近生活、大众化非常强的学科专业，但这并不意味着学科专业门槛的大众化、世俗化，恰恰相反，对于从事该学科专业的人员，要完成其学科专业的使命，需要的是综合的科学知识、深厚的生活体验以及感人的艺术想象。

总之，作为一个新兴的学科专业，中国景观规划设计在迎来了历史性的大量工程实践发展机遇的同时，也经历着最为艰难的学科专业创立时期。迷茫、误解、偏见、分歧、争论、是非曲直……盲目照搬西方不行，停留于中国传统也不够，中国的景观规划设计究竟何去何从？要回答这一问题，也许需要的正是应社会发展之需、基于实践的景观规划设计师的理论思索。

2.3.2 与相关学科的关系

景观设计学的产生和发展有着相当深厚和宽广的知识底蕴，如哲学中人们对人与自然之间关系（或人地关系）的认识。在艺术和技能方面的发展，一定程度上还得益于美术（画家）、建筑、城市规划、园艺以及近年来兴起的环境设计等相关专业。景观设计学与建筑学、城市规划、环境艺术、风景园林学、市政工程设计等学科有着密切的联系，而景观设计涵盖的范围更为广泛，且景观设计尤为关注的问题是土地和人类户外空间的问题（仅这一点就有别于建筑学）。它与现代意义上的城市规划的主要区别在于：景观设计学是物质空间的规划和设计，包括城市与区域的物质空间规划设计，而城市规划更关注社会经济和城市总体发展计划。因此，只有同时掌握关于自然系统和社会系统两方面的知识，懂得如何协调人与自然关系的景观设计师，才有可能设计出人地关系和谐的城市。

2.3.2.1 景观设计与建筑学

建筑活动是人类最早的改善生存条件的尝试了，它主要为人类提供生存的庇护所。早期的建筑作品的主持与完成，是由工匠或艺术家来负责的。随着城市的发展，这些工匠和艺术家完成了许多具有代表性的建筑，形成了不同风格的建筑流派。那时，由于城市规模较小，城市建设在某种意义上就是完成一定数量的建筑，建筑与城市规划是融合在一起的。工业化以后，由于环境问题的突显以及 20 世纪的世界大战，促使人们重新审视城市的建设，直到建筑与城市规划逐渐相互分离，各自有所侧重，建筑师的主要职责就专注于设计具有特定功能的建筑物。

建筑学是以建设、管理各类建筑为基本目标，基于人类行为感受，开发利用多种材料，以建筑内部空间组合为核心学科，如图 2-17 所示。它主要侧重于聚居空间的塑造，重在建筑单体及其内部空间组合。

（a）法国蓬皮杜国家艺术文化中心

（b）与自然环境相融合的流水别墅

（c）比萨斜塔

图 2-17 景观设计与建筑学①

① 新浪博客. http://blog.sina.com.cn/s/blog_491061a501000aa2.html，都市世界. http://www.cityup.org/people/focus/20070911/32771.shtml，昵图网. http://www.nipic.com/show/1/73/40a2b16459ab0e2b.html.

建筑设计无论是单体设计还是群体设计，均是景观设计的主要元素和内容。建筑景观在景观设计中所具有的功能和作用是其他科学无法替代的，尤其是城市人工景观则主要依赖建筑环境，世界著名的景观艺术大多数都是建筑景观。

2.3.2.2 景观设计与城市规划

城市规划早期是和建筑结合在一起的，主要为聚落的选址、范围的划定提供依据。但是，无论是欧洲还是亚洲大陆，各个国家都有比较完整的城市规划思想的发展历程，比如最初比较原始的居民点选址和布局问题。中国古籍《周礼·考工记》就对城制做了规定："匠人营国，方九里，旁三门，国中九经九纬，经涂九轨，左祖右社，前朝后市，市朝一夫"，如图 2-18 所示。周王城平面想象图，这作为中国城市建设的主导思想影响了很多朝代。现在，城市规划考虑的是为整个城市或区域的发展制定总体计划。它更偏向社会经济发展的层面，主要为人类资源（土地）与环境合理配置为核心的资源使用、开发、保护，对城市人口、生产、资源、环境进行空间布局与发展政策指导。

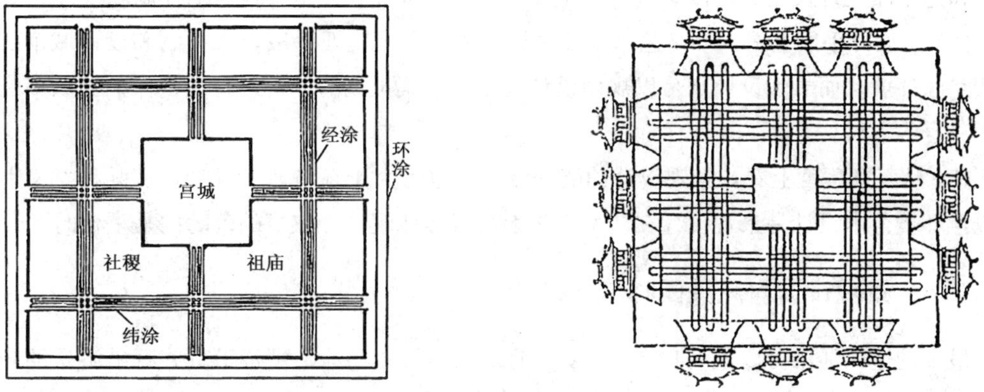

图 2-18　周王城平面想象图①

景观设计与城市规划是相互独立、相互渗透的关系。两者的区别在于基本概念和设计内容不同。城市规划是国家对城市发展的具体战略部署，既包括空间发展规划，又包括经济产业的发展战略，是为城市建设和管理提供目标、步骤、策略的科学。侧重于聚居场所的建设，重在以土地利用、功能分区、交通规划、基础设施为主的城市范围内的场所规划，并受到社会、文化、政治、经济等诸多方面数据分析的制约，需要策划城市的发展方向。而景观设计是一门综合性的艺术学科，主要内容为城市场所空间的设计和管理，对象是城市场所空间形态。

城市规划的对象是城市，有总体规划和详细规划两个层次，其中总体规划的对象为整个城市，详细规划的对象为城市内部的街区。景观设计与城市规划的相互联系非常紧密。对于城市总体规划中的形象风貌，单项规划侧重于对风景面貌的分析、定位、发展构想和

① 中华国学网. http://www.iguoxue.cn/html/87/n-45387.html.

实施措施，详细规划对景观的形成有潜在的控制作用，随着景观意识的增强，景观设计在城市规划体系中的地位逐渐上升，良好的景观成为城市规划的主要目的之一。

2.3.2.3 景观设计与环境艺术设计

“环境艺术设计”是一个较为宽泛的概念，严格地讲，环境艺术设计应该包含所有人工环境部分的设计。正因为其概念过于宽泛，现在中国许多艺术院校开设的环境艺术课程中，特别将环境的范畴缩小至建筑的室内外环境部分。作为艺术设计的一个分支，其室外环境设计的主要对象是室外公共空间的环境艺术设计，它包括公共艺术品设计和室外公共设施的设计。

景观设计与环境艺术（甚至大地艺术）的主要区别在于：景观设计学的关注点是用综合的途径解决问题，关注一个物质空间的整体设计，解决问题的途径是建立在科学理性的分析基础上，而不仅仅是依赖设计师的灵感和艺术创造。具体有以下三个方面。

(1) 从设计内容上看，环境艺术设计主要是城市建筑的室外公共空间部分的空间艺术形态和艺术品设计及创造。而景观设计主要则是对于大面积的地景地貌的控制和设计。

(2) 从设计手段上看，环境艺术设计是以环境美学为主要手段，来控制和设计城市的公共空间环境。而景观设计则是以规划设计为手段，集土地的分析、管理、保护等众多任务于一身的学科。

(3) 从复杂程度上看，景观设计功能的复杂性也远大于环境艺术设计。从某种意义上来说，环境艺术设计是景观设计在艺术思想上的具体体现，在狭义的范畴内是重合的。

2.3.2.4 景观设计与风景园林学

最早的造园活动可以追溯到 2 000 多年前祭祀神灵的场地、供帝王贵族狩猎游乐的园囿和居民为改善居住环境而进行的绿化、栽植等。如公元前 2600 年前，埃及在高阜上神殿周围栽植圣林、中国古代的“园囿”，这些都是园林的雏形。无论是为了追求美好的生活环境，还是为皇宫贵族建筑玩赏场所，景园建造或造园活动经历了长时间的积累，形成了比较成熟的学科和技术，活动领域和景观设计存在着一定程度的交叉，以至于人们往往将景观设计等同于园林设计。与景园设计相应的园丁和风景园林师的工作则主要在于基本的园林设计和养护。

景观设计和风景园林学的区别在于：

(1) 从涉及领域和涉及内容来看，景观设计是多学科交叉的新型设计学科，它涉及诸多领域，目的是通过科学和艺术的手段来对现有的土地进行规划设计，满足公众对室外生活环境的需求。其设计对象是多样化的，包括：城市公共空间、风景区，甚至于整个城市和区域范围内的绿地系统和生态系统的规划等，包含内容繁杂、知识多样性、非传统的风景园林设计等。而风景园林设计的领域相对狭窄，只涉及植物学和美学等，它的设计对象也只是园林环境。

(2) 从设计影响力看，由于景观设计的内容宽泛、受众巨大，其设计影响力也是风景园林设计所无法比拟的。准确地说，景观设计源于风景园林设计，并从中分离出来独立成系。它已经远远跨越了原有的风景园林设计的概念，是新型的边缘型、交叉型学科。现代的风景园林设计只不过是景观设计的一个分支而已。

2.3.2.5 景观设计与市政工程

市政工程主要包括城市给排水工程、城市电力系统、城市供热系统、城市管线工程等内容。相应的市政工程师则为这些市政公用设施的建设提供科学依据。景观设计学，严格意义上讲，其研究领域和实践范围不是界限十分明确的，从定义上理解，它包括了对土地和户外空间的人文艺术和科学理性的分析、规划设计、管理、保护和恢复。景观设计学更善于综合地、多目标地解决问题，而不是单一目标地解决工程问题，当然，综合解决问题的过程有赖于各个市政工程设计专业人员的参与。

在今天的社会，越来越多的工作需要多个行业的从业者紧密合作才能完成。那种传统的割裂式的分工方式是不可能建设好我们的环境的。正确的方法是景观规划人员从开始就参与到城市规划或者区域规划阶段，对其布局、分区和发展，从人与自然的关系上提出规划的建议，这样才有利于创造适宜的城市环境。

景观设计的宗旨就是为人们创造休闲、活动的空间，创造舒适、宜人的环境。而景观设计师的职责就是帮助人类，使人、建筑物、社区、城市及人类的生活同地球和谐共处。因而，景观规划师是协调者和指挥家，是可持续人居环境的规划设计和创造者。

第3章　景观设计的要素

景观设计是一门综合性的复杂工作，在景观设计过程中，只有科学地兼顾各方面要素，才能表现统一协调的整体。景观设计的要素主要包括各种造型要素，例如，点、线、面、体、色彩、质感等，它们是景观设计的基础。同时，在实地考察和施工过程中，各种各样的自然和人工要素是景观设计的重点。一般而言，景观设计的内容主要包括地形、水体、园路、景观建筑、植物等。景观设计师需合理地安排和设计景观空间，才能满足人们生活的各种需求和享受。

3.1 景观设计的造型要素

景观设计的造型要素包括点、线、面、体、色彩、质感等。造景离不开造型，因此学习和掌握造型的基本方法，是学习景观设计的基础。

点，一个简单的圆点代表空间中没有量度的一处位置。

线，当点被移位或运动时，就形成了一维的线。其特征有长度、方向、位置。

面，当线被移位时，就会形成二维的平面或表面，但仍没有厚度。这个表面的外形就是它的形状。其特征有长度、宽度、形状、表面、方位和位置等。

形体，当面被移位时，就形成三维的形体。形体被看成是实心的物体或由面围成的空心物体。其特征有长度、宽度、深度、形式、空间、表面、方位和位置等，如图 3-1 所示。

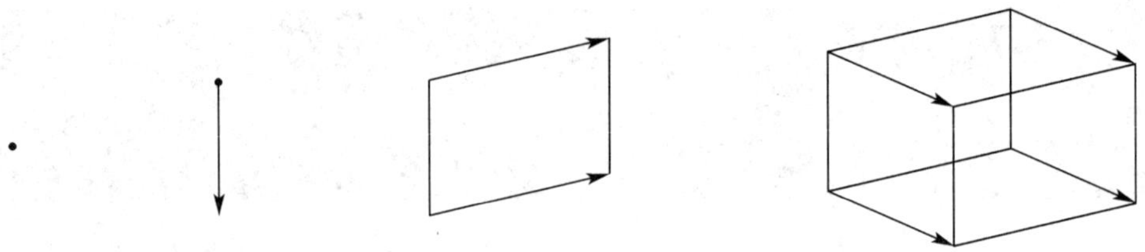

图 3-1 点线面体

3.1.1 点

3.1.1.1 点的特征

点是立体构成的最基本的元素，不管其大小、厚度、形状怎样，只要它同周围其他形态相比具有凝聚视线和表达空间位置的特征，就可以称之为“点”。点是形态中最初的元素，也是形态世界最小的表现极限。几何学中点仅表示位置，不具备面积大小和方向，而在形态构成中，点作为造型要素之一则可大可小，它的面积没有绝对的数值限制。点包括平面的点、立体的点、三角的点和球形的点等，点有长短、宽窄及运动方向，是由各元素相互对应、相互比较而确定的。随着点与块的缩小与扩大，它们之间互相转换。造型语言的不同会在心理上产生不同的感受，如角状点有强烈的冲击力，曲形点则有柔和的飘浮感，如图 3-2 所示。

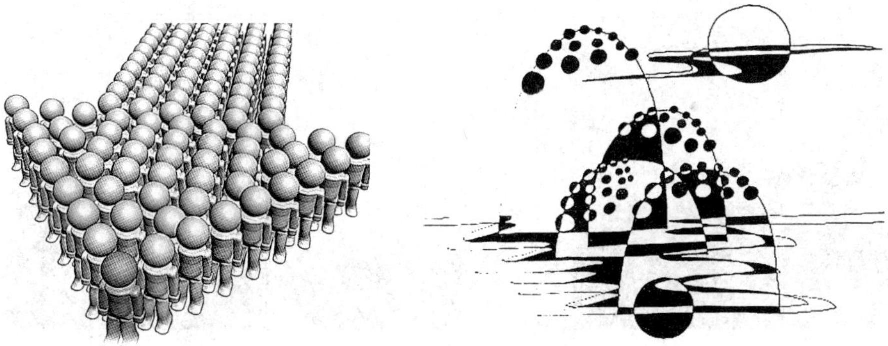

图 3-2　角状点和曲形点①

3.1.1.2　点的造景手法

景观艺术中的植物、亭塔、雕塑、小品、水景、石矶等有一定位置的物体均可以视为点。在景观设计中可以运用点的特性来对景物进行设计和创造，以达到景观设计的目的，主要方法包括以下三种。

1. 运用点的积聚性及焦点特性，创造园林的空间美感和主题意境

点，具有高度积聚的特性，且很容易形成视觉的焦点和中心。点既是景的焦点又是景的聚点，小小的一点成了园林中的主题主景。我们在构思设计时，要极其重视点的这一特性，要画龙“点睛”。这种手法的表现可以运用以下三种方式。

(1) 在轴线的节点或者轴线的终点等位置上，往往设置主要的景观要素，形成景观的重点，突出景观的中心和主题。例如，烈士陵园在轴线上布置主题雕塑，如图 3-3 所示；在西方古典园林轴线上布置大的雕塑和喷泉，如图 3-4 所示。

图 3-3　烈士陵园在轴线上布置主题雕塑②

图 3-4　西方园林在轴线上布置喷泉③

(2) 利用地形的变化，在地形的最突出部分设置景观要素，例如，在山顶上布置亭子、塔等建筑形成景观焦点，如图 3-5 所示。

---

① 百度空间. http://hi. baidu. com/hope556/album/item/f9d0534eaa819c2cb2de05e6. html#，百度空间. http://hi. baidu. com/fengxiao900314/album/item/4fc896254d7d5217d50742e6. html#.

② 井冈山革命博物馆. http://www. jgsgmbwg. com/jjjz/shownews. asp? id=644.

③ 百度空间. http. //hi. baidu. com/sununsy/blog/item/6276c4d026c0f6da572c84c2. html.

图 3-5　山顶上的亭子和塔成为景观焦点①

(3) 在构图的几何中心，如广场中心、植坛中心等布置景观要素，使之成为视觉焦点，如图 3-6 所示。

图 3-6　广场中心的景观要素成为视觉焦点②

2. 运用点的排列组合，形成节奏和秩序美

点的运动、点的分散与密集，可以构成线和面，同一空间、不同位置的两个点，点与点之间会产生心理上的不同感觉，疏密相间，高低起伏，排列有序，作为视觉去欣赏，也具有明显的节奏韵律感。在园林中将点进行不同的排列组合，同样会构成有规律有节奏的造型，表示出特定的意义和意境。例如，排列整齐间隔相等的行道树，迎合了人们所期望的秩序井然的心态，这是一种秩序美；高低起伏，迂回曲折，疏密相间，形状颜色各异的卵石小径，石块犹如乐谱里的音符，欢快翩翩，穿插在各度空间之中，好似一首优美的乐曲，将游人引入诗一般的境界；水面的汀步又仿似在弹奏一首清脆悦耳的钢琴曲。这里的行道树、卵石块、汀步等，就是特定的“点”，它们的排列组合产生了节奏和韵律，给人们带来了愉悦的心情和美的享受，如图 3-7 所示。

3. 散点构成在园林中的视觉美感

散点构成，如同风格多样的散文、旋律优美的轻音乐，在景观环境中布置一些散点，可以增加环境的自由、轻松、活泼的特性，有时由于散点所具有的聚集和离散感，往往可

① 搜狐社区. http://club.it.sohu.com/read_art_sub.new.php? b=zz0222&a=51396&sr=2.

② 大连旅游. http://www.aiyoudalian.cn/Jingdian/Guangchang/xinghaiguangchang/.

图 3-7　特定点的排列组合形成节奏和次序美①

以给景观带来如诗的意境。散点往往采用石头、雕塑、喷泉和植物的形式出现在景观环境当中，如图 3-8 所示。

图 3-8　散点构成的视觉美感②

点具有活泼动感的特征，视觉效果较强，可以营造出活跃的空间氛围，但正是由于这个特点，在景观设计中要谨慎使用，否则可能造成凌乱和繁杂的感觉，从而给人们视觉和心理上造成不愉快的影响。

3.1.2　线

3.1.2.1　线的特征

线存在于点的移动轨迹，面的边界以及面与面的交界或面的断、切、截取处，具有丰富的形状和形态，并能形成强烈的运动感。线从形态上可分为直线（水平线、垂直线、斜线和折线等）和曲线（弧线、螺旋线、抛物线、双曲线及自由线）两大类，在景观设计中有相对长度和方向的园路、长廊、围墙、栏杆、溪流、驳岸、曲桥等均为线。

3.1.2.2　线的造景手法

1. 直线在园林艺术中的应用

直线在造型中常以三种形式出现，即水平线、垂直线和斜线。直线本身具有某种平衡

① 上海华石园林工程公司. http://www.shmmw.com/product_detail.asp? id=2,昵图网. http://www.nipic.com/show/1/47/00d4135beb19c279.html，百度空间. http://hi.baidu.com/chen1961/album/item/05517ca9fa896fc11f17a266.html#.

② 图蛙. http://www.imagewa.com/Photo/358/36002.html.

性，虽然是中性的，但很容易适应环境。由于直线是人抽象出的产物，所以具有表现的纯粹性，在景观中，有时具有很重要的视觉冲击力，但直线过分明显则会使人的视觉产生疲劳感。因此，在景观设计中，常用直线对景进行调和补充。

水平线平静、稳定、统一、庄重，具有明显的方向性。水平线在景观中应用非常广泛，直线形道路、直线形铺装、直线形绿篱、水池、台阶等都体现了水平线的美，如图3-9所示。

图 3-9　直线应用①

垂直线给人以庄重、严肃、坚固、挺拔向上的感觉，园林艺术中，常用垂直线的有序排列造成节奏、律动美，或加强垂直线以取得形体的挺拔有力、高大庄重的艺术效果。如用垂直线造型的疏密相间的园林栏杆及围栏、护栏等，它们的有序排列图案形成有节奏的律动美。园林中的纪念性碑塔，则是典型的垂直造型，刚直、挺拔庄重的艺术特点在这里体现得最充分，如图 3-10 所示。

图 3-10　华盛顿纪念碑②

倾斜线动感较强，具有奔放、上升等特性，但运用不当会有不安定和散漫之感。园林中的雕塑造型常常用到斜线，斜线具有生命力，能表现出生气勃勃的动势，另外也常用于

① 百度空间. http://hi.baidu.com/edmond/album/item/d6b62a381698a13bb9998fe2.html#.
② 万花筒旅行网. http://www.uutuu.com/fotolog/photo/314162.

打破呆板沉闷而形成变化，达到静中有动，动静结合的意境。但由于斜线的个性特别突出，一旦使用，往往处于视觉中心，同时对于水平和垂直线条组成的空间有强烈的冲击作用，因此要考虑好与斜线相配合的景观要素设计，使之与整个环境相协调，如图 3-11 所示。

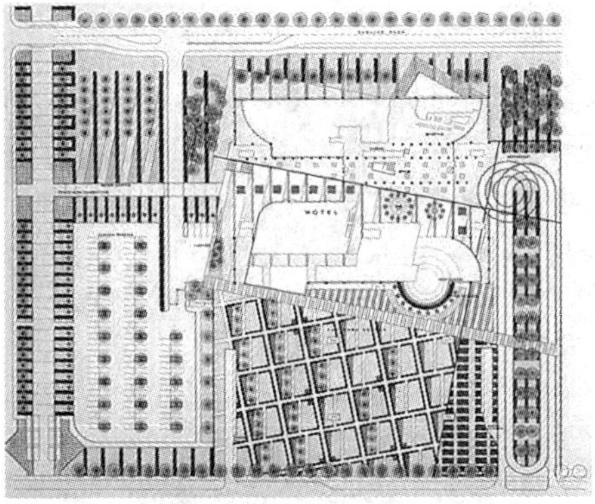

图 3-11　凯宾斯基酒店花园①

由于现代审美趋向于简洁、明快、动感和个性，因此设计中简洁的直线几乎无处不在，表现形式越来越理性和抽象化，各种直线成为艺术中常用的表达要素，这种思想也影响了现代园林景观设计，现代景观设计运用直线创作出许多引人注目的园林景观，直线有时是设计师对自然独特的理解表达。美国景观设计大师彼得·沃克在他的极简主义景观作品中就大量使用了直线，例如，他在福特沃斯市伯纳特公园的设计中，以水平线和垂直线为设计线形，用直交和斜交的直线道路网，长方形的水池和有序排列的直线形水魔杖构架了整个公园，如图 3-12 所示。

图 3-12　伯纳特公园②

美国景观设计师劳伦斯·哈普林的作品中多种直线的运用形成了一大特色，他把自然中的景观用抽象的形式表达在设计中，在波特兰市爱悦广场的设计中，不规则的折线台地

① 网易博客. http://lipin0130. blog. 163. com/blog/static/44635020200710210l2684/.

② 中国风景园林网. http://bbs. chla. com. cn/showtopic. aspx? topicid=2045.

是自然等高线的简化，广场上休息廊的不规则的屋顶则来自落基山山脊线的印象，如图3-13所示。

哈普林独特的水景设计手法经常被其他设计师所借鉴，例如，建筑师菲利普·约翰逊在德克萨斯州沃斯堡市设计的水园中也是采用大的折线形成水景景观，如图3-14所示。

图3-13 爱乐广场①

图3-14 沃斯堡市水园②

2. 曲线在园林艺术中的应用

曲线的基本属性是柔和、变化性、虚幻性、流动感和丰富性。曲线分两类：一是几何曲线，一是自由曲线。几何曲线的种类很多，如椭圆曲线、抛物曲线、双曲线，几何曲线能表达饱满，有弹性、严谨、理智、明确的现代感觉，同时也有机械的冷漠感。自由曲线是种自然的、优美的、跳跃的线形，能表达丰满圆润、柔和、富有人情味的感觉，同时也有强烈的活动感和流动感。曲线在园林设计中运用最广泛，园林中的桥、廊、墙，以及驳岸、建筑、花坛等处处都有曲线的存在。

为了模仿和体现自然，中国古典园林中几乎所有的线都顺应成自然的曲线——山峰起伏、河岸湖岸弯曲、道路蜿蜒，植物配置也避免形成规则的直线，总要高低错落左右参差，形成自然起伏的林冠竖向线（林冠线）和自然弯曲的林冠投影线（林缘线），即使是亭台楼阁等人工的建筑，也把其屋顶起翘形成自由的曲线。另外，园林道路的线形也是自然弯曲的园路，曲线在有限的园林中能最大限度地扩展空间与时间，在园路和长廊中处处展现她的美姿，如图3-15所示。

现代园林设计中，曲线更是以多种形式出现，形成了各具特色的景观，开创了美国"加利福尼亚"学派的美国园林景观设计师托马斯·丘奇对曲线运用更是别具一格，唐纳花园中肾形游泳池的优美曲线堪称典范，为后世许多设计师所效仿，如图2-2所示；女艺术家塔哈所设计的新泽西州Trenton市环境保护局庭院绿亩园就是利用各种叠加在一起的曲线形成的层层叠叠的硬制景观，仿佛大海退潮后在沙滩上留下的层层波纹，如图3-16所示；纽约亚克博·亚维茨广场上的主要景观就是利用流畅的弧线的座椅形成的独特的广

① 园林公社. http://yuanlinkj. lvhua. com/blog/blogdetail. asp? id=3227.

② 我乐. http://www. 56. com/p93/v_NTI3ODk1MjI. html.

场景观，如图 3-17 所示。

图 3-15　苏州拙政园水廊①

图 3-16　绿亩园

图 3-17　亚维茨广场②

人们在紧张工作之余都喜欢轻松和自由地缓和一下生活节奏，希望从紧张的节奏中解放出来，而曲线能带给人们自由、轻松的感觉，并能使人们联想到自然的美景，因此，曲线成为景观设计中人们所偏爱的造型形式。但曲线的弯度要适度，有张力、有弹力，才能显现出曲线的美感，因此，在运用曲线的时候要注意曲线曲度与弯度的设计。

3.1.3　面

3.1.3.1　面的特征

面是线的封闭状态，不同形状的线可以构成不同形状的面。在几何学中，面是线移动

---

① 好游旅游资讯网. http://www. hytrip. net/n67586c1486. aspx.

② 百度图片网. http://image. baidu. com/i? ct = 503316480&z = 0&tn = baiduimagedetail&word = %D1%C7%CE%AC%B4%C4%B9%E3%B3%A1&in = 27207&cl = 2&lm =-1&pn = 1&rn = 1&di = 38154599460&ln=162&fr=&fmq=&ic=0&s=0&se=1&sme=0&tab=&width=&height=&face=0.

的轨迹，点的扩大、线的宽度增加等也会产生面。面可以在平面的基础上形成半立体浮雕感的空间层次，如果通过卷曲延伸，可以成为空间的立体造型。对视觉而言，作为面的效果更强烈，在面的构成中，应考虑面的配置、分割。在园林艺术中综观大小名园，无不是由广场、草坪水面、树林、建筑群等形式的面构成的，完成其功能的却是花、草、石树、建筑、水面等点、线、面组合的具体造型。作为构思，无论哪个处于优先地位，都必须统一成一个整体。

3.1.3.2 面的造景手法

1. 几何形平面在园林中的应用

几何曲线形平面体现了数学性、严谨性和理性，是人工的产物，因此在园林中主要应用于体现同样精神的规则式园林。例如，规则式园林中的空旷地和广场外形轮廓、封闭型的草坪、广场空间均为几何形，常用对称建筑群或规则式林带、树墙等包围，如图 3-18 所示。

几何形水景设计，即整形水池，在西方园林中较普遍，水体的外形轮廓为几何形，多采用整齐的驳岸，常见的有方形、圆形、长方形、椭圆形和多边形等，整形水池的特色是池边较矮而水位高，因而使游人产生亲近感。大型整形水池的设置是为了取得雕塑等建筑的倒影，池中不栽植物，经常保持平如镜的水面，如图 3-19 所示。

图 3-18 规则式园林①

图 3-19 几何形水池②

在西方古典园林中，植物配置也采用几何形平面，如图 3-20 所示，如园内花卉布置以图案式和花丛式花坛为主，并运用大量的绿篱和绿墙形成几何形的空间。几何形曲线园林的布局显得整齐、庄严、富有气魄，且易于与建筑、道路等整齐规则的直线形平面环境

① 百度空间. http://hi. baidu. com/%CE%D2%B2%BB%C8%CF%CA%B6%B5%C4%CE%D2/album/item/932922d7e519196c06088b2a. html#.

② 百度图片网. http://image. baidu. com/i? tn=baiduimage&ct=201326592&lm=-1&cl=2&word=%BC%B8%BA%CE%D0%CE%CB%AE%B3%D8#.

协调一致，刚柔相济，产生秩序安定、温馨的美感。

几何形平面的特例是对称规则形。对称规则形平面大都应用于纪念性质的园林广场，如北京天安门广场、南京中山陵广场等。由于直线形的组合造成一种肃穆、秩序、宽广的庄严气氛，使人们油然地升起一股敬慕感和肃穆感，实现了广场的政治功能与集散功能。另外，公园的出入口等园林集散地大多也是几何形平面的广场，这里的广场功能是供游人休憩、集散、通行之用。几何形平面广场最忌空旷、单调而冷酷无情，这是几何形平面园林中最易出现的毛病，故在园林设计时，应特别注意这一点。我们可用方圆造型的花坛、喷泉、雕塑等来美化装点广场，打破单调、空旷，使游人产生安全、依赖的秩序感和亲切感。

图 3-20　几何形植物配置①

2. 自由曲线形平面在园林中的应用

自由曲线形平面是曲线和面结合的产物，突出了自然、随和、自由生动的特性，一般应用于自然式园林中。例如，以顺应自然、仿效自然、利用自然为主导思想的中国古典园林，就是从自然中提取山水植物的规律，形成顺理成章的布局特点。而自然的面都是自由的曲线形平面，因此，在中国古典园林中无论是园林中的空旷地或广场的轮廓，还是水体的轮廓都为自然形的，形成园林中开朗明净的空间；草地植物的种植形成立面效果和地形平面也是自由曲线形的，如图 3-21 所示。

图 3-21　中国古典园林②

在现代园林中，人们追求的自然生态性和休闲性公园越来越多。因此，很多园林中的草地、水面、树林等形成的面也采用自由的曲线形平面，但现代的使用更为灵活，在很多地方可以和几何形平面结合

① 网易博客. http://lipin0130. blog. 163. com/blog/static/4463502020071021012684/.

② 百度图片网. http://image. baidu. com/i?ct=503316480&z=0&tn=baiduimagedetail&word=%D6%D0%B9%FA%B9%C5%B5%E4%D4%B0%C1%D6&in=11908&cl=2&cm=1&sc=0&lm=-1&pn=1&rn=1&di=605739330&ln=2000&fr=&ic=0&s=0&se=1&sme=0#pn2.

使用、甚至有的自由曲线形平面在某个边结合几何形来设计，将人工和自然完整地结合起来，如图 3-22 所示。

图 3-22　现代休闲公园①

综观上述诸“面”，在平面布局中与点和线共同构成合理的具有现代的艺术概念。

以上从造型要素点、线、面上对园林艺术做了简短的分析。景观设计要想有所突破、创新，就应该结合现代设计理论，去经营各景观组成要素形成的点、线、面在平面上的位置，立体中的构成，空间中的组合，取得最佳的“构成”，作为设计方案来进行造园。

3.1.4　体

一个面展开变成一个体。从概念上讲，一个体有三个量度，即长度、宽度和深度。所有的体都是由点、线、面组成。点（顶点），几个面在此相交；线（边缘），两面在此相交；面（表面），体的界限。形式是体的基本的、可以辨认的特征。它是由面的形状和面之间的相互关系所决定的，这些面表示体的界限。一个体可以是实体，即体量所置换的空间也可以是虚空。即由面所包容或围起的空间。

体，包括长方体、多面体、曲向体、有机形体、不规则形体以及单纯形体、复合形体等，其表情是由轮廓的表情和面的形状决定的。

建筑的形体是内部空间的外部反映，它有尺度、比例、量感、凹凸和空间感、稳重和安定感以及封闭性。宏大的形体由于它们的量强而使人容易注意，犹如巨大的岩石惹人喜欢，使人惊异和恐怖。宫殿、教室的巨大形体从远处就以一种非同寻常的宏大庄严引起人们的注意，使人感到崇高、敬仰，摩天楼的高大玻璃幕墙表现了人战胜自然的伟大力

---

① 百度图片网. http://image. baidu. com/i? ct = 503316480&z = 0&tn = baiduimagedetail&word = %D6%D0%B9%FA%B9%C5%B5%E4%D4%B0%C1%D6%C6%BD%C3%E6%CD%BC&in=22896&cl=2&cm=1&sc=0&lm=-1&pn=1&rn=1&di=19478624430&ln=483&fr=&ic=0&s=0&se=1&sme=0.

量；小的体积有着和宏大体量不同的性质，由于它的尺度更具有人情味，而比大的物体更容易引起人的喜爱，如小鸟、小孩、小工艺品，可谓小巧可爱。如果从物体的量来看，庞大的体积、宽阔的幅度、无限的意境容易激起人们的崇高之感，然而小的东西更容易给人以亲切和美感，两者在环境中各自起着不同的作用，是相辅相成的。设计中将巨大的形体随意缩小或将小巧的东西随意放大，有时将造成滑稽可笑、莫名其妙的结果，如将天坛缩小10倍，它原来特有的意义就不再存在了，这表明体量的大小是具有一定意义的。

体具有被切割、叠加、移动、连接、组合、分离等特性，这是体的一个重要形态特征。体经过切割、叠加、移动、连接、组合后可变成多种形态，体被切割的部分与切出的部分彼此间保持着一定的依附关系，有时是正负的关系，如果再将它们重新组合在一起，将自然形成形体的多样协调性。景观中的形体可以是建筑、树木、石头、地形、水体等，它们多种多样的组合构成了丰富多彩的景观，如图3-23所示。

图3-23　丰富多彩的景观①

3.1.5　色彩

色彩是景观设计最基本的造型要素之一，它能赋予形体鲜明的特征。

任何色彩都有色相、明度、纯度三个方面的性质，又称色彩的三要素。色相即色彩的相貌，是区别色彩种类的名称。明度即色彩的明暗程度，即色彩的深浅差别。明度差别既指同色的深浅变化，又指不同色相之间存在的明度差别。明度越低则色彩给人的感觉就越重，明度越高则越轻盈。纯度即色彩的纯净程度，又称彩度或饱和度。某一纯净色加上白或黑，可降低其纯度，或趋于柔和，或趋于沉重。色调即画面中总是由具有某种内在联系的各种色彩组成一个完整统一的整体，形成画面色彩总的趋向。色性，指色彩的冷暖倾向。暖色是从黄到橙再到红的色调，而从绿到蓝到紫的色调则为冷色。暖色明亮、活泼、引人注目；冷色宁静而收缩。

色彩是园林中能引起形式美感的因素，尤其有强烈的感染力，能够激发丰富的情感，景观要素丰富的色彩对于景观特色的形成是至关重要的，成功的景观色彩可以充分实现情感景观、心理景观和景观特色。

---

① 建工之家. http://jgzj.net/bbs/viewthread.php?tid=210084.

3.1.5.1 色彩与景观功能相适应

不同的景观为了满足不同的需要而设计，而不同的功能对景观空间环境的需求不同，因而对色彩的设计要求也不同。例如，纪念性建筑、烈士陵园等景观场所，营造的气氛是庄重的、肃穆的、严肃的，而这时较为稳重的冷色系中的类似色的色彩设计可以营造出相应的气氛，如图 3-24 所示；而娱乐性空间，例如，主题公园、游乐园等则需要营造出活跃的、热烈的、欢快的气氛，这时就应该充分利用明度和彩度比较高的对比色来形成丰富的视觉感受，如图 3-25 所示；在安静的休息区，需要的是宜人的、舒适的、平和的气氛，这时应该采用以近似色为主，同时较为调和的色彩进行设计，可以以自然环境色彩为主，同时要有一些重点色形成视觉的焦点，从而满足人较长时间休息的心理需要，如图 3-26 所示。

图 3-24　烈士陵园①

图 3-25　游乐场②

图 3-26　休闲公园③

3.1.5.2 色彩突出园林景观的个性

创造富有特色的景观空间，是设计者永远的追求。园林要素丰富的色彩，为景观个性的形成提供了不尽的素材。例如，扬州个园假山的形状与色彩以及植物的色彩配合营造出了“春山淡冶而如笑，夏山苍翠而如滴，秋山明净而如妆，冬山惨淡而如睡”的景观特色，使个园的特色极为突出，如图 3-27 所示。

另外，江南的文人园林建筑采用粉墙黛瓦的色彩配合其追求含蓄典雅的特点，皇家园林通过富丽堂皇的色彩表现其特点等。华裔建筑师林樱所设计的越战纪念碑，在大片草地中切入一道黑色的大理石矮墙，犹如大地上的一道伤痕，使参观者在沿着斜坡而下时，望着两面黑得发光的岩体，犹如在阅读一本叙述越南战争历史的书，如图 3-28 所示。在这

① 百度图片网. http://image. baidu. com/i? ct=503316480&z=0&tn=baiduimagedetail&word=%C1%D2%CA%BF%C1%EA%D4%B0&in=10038&cl=2&cm=1&sc=0&lm=-1&pn=1&rn=1&di=14231050020&ln=2000&fr=&ic=0&s=0&se=1&sme=0#pn44.

② 百度图片网. http://image. baidu. com/i? ct=503316480&z=0&tn=baiduimagedetail&word=%D3%CE%C0%D6%D4%B0&in=22280&cl=2&cm=1&sc=0&lm=-1&pn=53&rn=1&di=27915416850&ln=2000&fr=&ic=0&s=0&se=1&sme=0#pn51.

③ 百度图片网. http://image. baidu. com/i? ct=503316480&z=0&tn=baiduimagedetail&word=%D0%DD%CF%D0%B9%AB%D4%B0&in=9473&cl=2&cm=1&sc=0&lm=-1&pn=17&rn=1&di=11149594335&ln=2000&fr=&ic=0&s=0&se=1&sme=0.

里，代表哀悼的黑色、光滑的岩体表面及在岩体上反映出来的自己的影子，使生者与死者、生者与自己的影像实现了无语的交流。

图 3-27　扬州个园假山①

图 3-28　越战纪念碑②

3.1.5.3　色彩与服务人群主体相和谐

不同的人对色彩的喜爱有不同的偏好，例如，为儿童设计的色彩，应该采取彩度较大的暖色系，符合儿童喜爱鲜艳温暖色彩的心理；为老年人设计的景观，应采用稳重大方调和的色彩，以符合老年人的心理需要；在炎热地区应该采取让人感到凉爽和宁静的色彩，而北方寒冷地区，则应采用温暖鲜艳的色彩。

---

① 六龙网. http://www. 6long. com/lvyou/zhongguo/2009/0319/34908. html.

② 百度图片网. http://image. baidu. com/i? ct＝503316480&z＝0&tn＝baiduimagedetail&word＝%D4%BD%D5%BD%BC%CD%C4%EE%B1%AE&in＝26289&cl＝2&cm＝1&sc＝0&lm＝-1&pn＝31&rn＝1&di＝14966925075&ln＝1620&fr＝&ic＝0&s＝0&se＝1&sme＝0＃pn35.

3.1.5.4 色彩应从场所文化中提炼与表达

根据法国色彩学家蒙朗科洛关于色彩地理学的分析，地域和色彩是具有一定联系的，不同的地理环境有着不同的色彩表现，设计师只有深入了解当地的民俗文化、体验当地的生活，才能领会场所的精神，提炼出场所的“色彩”，并将这种色彩应用到景观设计中来。

从大的范围来讲，这种色彩可以是一种民族的色彩、区域的色彩。例如，中国人认为红色是喜庆的色彩，因此，皇家园林中的墙体和柱子一般都采用红色，另外，在节假日和喜庆的日子里，少量点缀一些红色就可以把气氛烘托出来，如挂上红灯笼，系上红绸子，摆上红色的花坛等，如图 3-29 所示；还有例如墨西哥人热爱阳光，感情热烈奔放，因此墨西哥著名的景观建筑师巴拉甘对各种浓烈色彩的运用是其设计中鲜明的个人特色，如图 3-30 所示，这些后来也成为墨西哥建筑的重要设计元素，他所设计的墙体的色彩取

图 3-29 中国人用红色象征喜庆①

图 3-30 巴拉甘对各种浓烈色彩的运用②

① 百度图片网. http://image. baidu. com/i? tn=baiduimage&ct=201326592&cl=2&lm=-1&fr=&fmq=&pv=&ic=0&z=0&se=1&showtab=0&fb=0&width=&height=&face=0&word=%B9%FD%BD%DA%B5%C6%C1%FD&s=0#.

② 中国风景园林网. http://dict. chla. com. cn/photo/pic_show. aspx? id=144.

自于墨西哥的传统色彩，尤其是民居中的绚烂的色彩，传统的墨西哥文化通过巴拉甘对色彩的应用得以充分表达。

3.1.5.5 景观中应充分利用山、石、水体和动植物等自然色彩美化环境

景观设计应充分利用现有场所中自然景观的色彩，同时这些自然景观在不同程度上也可受人工的调整，使之与景观所营造的气氛相协调。例如，水是无色的，但因水的面积和深浅不同及水的洁净程度的不同呈现出不同的色彩，如图 3-31 所示，人工的水面也可以根据水面的大小和深浅，配上池底的色彩和不同色彩的灯光照明等各种因素营造不同的水面色彩，如图 3-32 所示。而植物的色彩又是景观中最为丰富和最有表现力的色彩要素，如图 3-33 所示，不仅可以利用植物色彩营造出不同景观的基调色彩，还可作为主调和重点色等来应用。同时由于植物季相变化可以根据不同的季节，营造不同的色彩感受，形成丰富的、变化的景观效果。

图 3-31　九寨沟湖面色彩①

图 3-32　照明和水面结合的色彩②

图 3-33　植物色彩形成的景观效果③

3.1.5.6 人为的色彩可在园林中起到画龙点睛和装饰的作用

园林中的一些人工的造景要素，例如，建筑物、构筑物、雕塑、座椅、灯具及垃圾箱等小品和设施大多是人工色彩，这类色彩在景观中所占比例不大，但却至关重要。园林中主题建筑的位置、造型和色彩对景观风景起到画龙点睛的作用，而其中色彩占据重要地位；而小品和设施的色彩可以起到装饰和锦上添花的作用，同时它的色彩比较稳定，持续时间长，因此要谨慎设计，如图 3-34 所示。

① 风向标. http://www. 51fxb. com/2006/8-3/9341. html.

② 百度图片网. http://image. baidu. com/i? ct=503316480&z=0&tn=baiduimagedetail&word=%CB%AE%B3%D8%B5%C6%B9%E2&in=18320&cl=2&cm=1&sc=0&lm=-1&pn=10&rn=1&di=24479856165&ln=2000&fr=&ic=0&s=0&se=1&sme=0.

③ 朝阳区园林绿化局. http://www. chylhj. gov. cn/site/detail. aspx? id=413.

图 3-34　园林景观小品①

3.1.6　质感

3.1.6.1　质感的意义和趣味

质感指视觉或触觉对不同物态（如固态、液态、气态）特质的感觉，是由于感触到素材的结构而产生的材质感。例如，我们从粗糙不光滑的质感中能感受到的是野蛮的、男性的、缺乏雅致的情调；从细致光滑的质感中则感受到的是女性的、优雅的情调。从金属上感受到的是坚硬、寒冷、光滑的感觉；从布帛上感受到的是柔软、轻盈、温和的感觉；从石头上感受到的是沉重、坚硬、强壮等感觉。

质感可以分为人工的和自然的、触觉的和视觉的。不同物态表面的自然特质，称为天然质感，如空气、水分、草木、岩石和土壤等。物体经过人为改造而呈现的表面感觉，称为人工质感，如金属、陶瓷、玻璃、塑胶、呢麻、绸布等。不同质感给人以软硬、粗细、光涩、枯润、韧脆、透明和浑浊等多种感觉形式。质感还根据素材与人们的距离不同而不同。例如，用花岗岩碎石预制的混凝土板嵌砌的外墙，从近处看有粗涩的触觉质感。但从远处看时，由于硅酸盐水泥板的接缝，产生视觉质感。

3.1.6.2　景观设计中质感的表现应遵循的原则

1. 充分发挥素材固有的美

材质本身固有的感受给人一种真实感、细腻感，可以营造出丰富的视觉感受，因此质感是景观设计当中一个重要的创作手段，在设计中应该强化其特征，用简单的材料，创造出不平凡的景观，体现出设计的特色，如图 3-35 所示。

2. 根据景观表现的主题采用不同的手法调和质感

质感调和可以是同一调和、相似调和、对比调和。例如，德国萨尔州立大学庭院，采用碎石英岩、暗色玄武岩和黄杨树丛质感对比，形成了丰富的视觉效果，并赋予庭院独特的景色和趣味。另外，在设计中可在庭园中点缀石头和踏步石，布置在苔藓中，或草坪

① 百度图片网. http://image. baidu. com/i? tn = baiduimage&ct = 201326592&cl = 2&lm =-1&pv = &word=%BE%B0%B9%DB%D0%A1%C6%B7&z=0#.

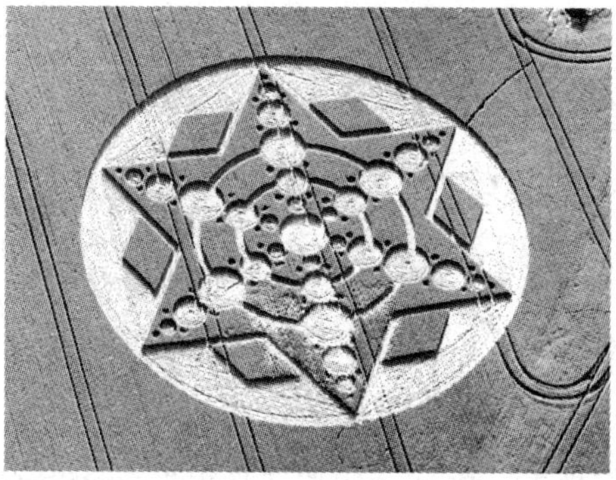

图 3-35　平凡素材的不平凡设计①

中、水中，可根据庭园的环境、规模、表现意图等设计。但在一般情况下，草坪和石头的配合不如苔藓同石头配合更为优美，这是由于石头的坚硬强壮的质感与苔藓的柔软光滑的质感的对比，从不同素材中看到了美。

3. 质感的表现要突出且不留痕迹

根据质感表现所产生的质感美是众所周知的。若能尽量做到看上去像无意识使用的，则其美的程度更要突出。砌石和铺石的接缝似乎应有意地做得明显一些。否则，如接缝过于细弱，则设计意图含糊不清便成了没有着落的东西。园林中的质感要粗糙刚健，砌缝要强而有力，利用石料和木材这类自然素材的，特别应如此。在设计中外部空间中的尺度、模数，要比室内空间扩大 10 倍左右才合适，因此质感也会因粗糙刚健而有良好的配合。在景观设计中，常可利用未经加工的天然石材，这种简单的材料给人以朴实自然之感，给人以无尽的想象。

可以借助材料的硬度、重量、表面肌理、色彩触感和距离等，通过塑造手段来表现不同环境中人的情感。材质永远是景观设计师追求和利用的设计因素，而材料的更新又为景观设计提供了更广阔的空间。

3.2　景观设计的构成要素

3.2.1　地形

地形是所有室外活动的基础，它既是一个美学要素，又是一个实用要素。地形是指地球表面三维空间的起伏变化。简言之，地形就是地表的外观，是外部环境的地表因素。

---

①　一凡图吧. http://www. tu888. cn/tesetuku/caopingyishu/cpd10. html，百度空间. http://hi. baidu. com/%C9%F2%D0%D0%C1%C1/album/item/707927326b18c9cf1a4cffca. html#.

3.2.1.1 地形的类型

就风景区范围而言，地形包括复杂多样的类型，如山谷、高山、丘陵、草原以及平原。从园林范围来讲，地形包含土丘、台地、斜坡、平地，或因台阶和坡道所引起的水平变化等。

1. 平坦地形

平坦地形的定义，就是指任何土地的基面应在视觉上与水平面相平行，如图3-36所示。尽管理论上如此，而实际上在外部环境中，并无这种绝对水平的地形统一体。这是因为所有地面上都有不同程度的甚至是难以觉察的坡度。因此，所谓“平坦地形”指的是那些总的看来是“水平”的地面，即使它们有微小的坡度或轻微起伏，也都算做“平坦”。

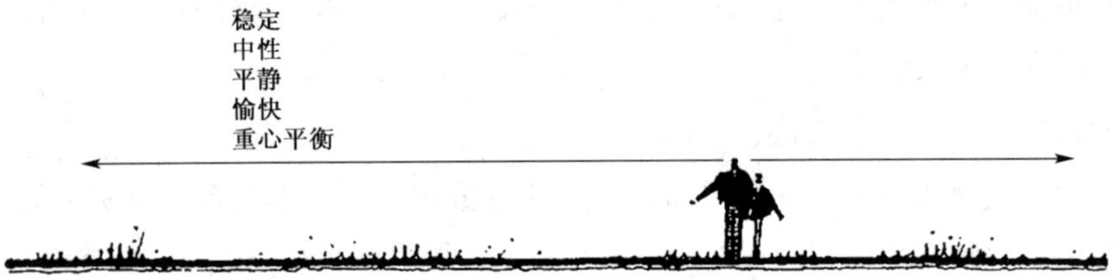

图3-36　水平地形的性质

2. 凸地形

其最好的表示方式，即以环形同心的等高线布置围绕所在地面的制高点。凸地形的表面形式有土丘、丘陵、山峦以及小山峰。凸地形是一种正向实体，同时是一负向的空间，被填充的空间。与平坦地形相比较，凸地形是一种具有动态感和行进感的地形，它是现存地形中，最具抗拒重力同时又代表权力和力量的因素。纵观历史，山头都具有军事上和心理上的意义。占据了山头的军队同时也就控制了周围地区。从情感上来说，上山与下山相比较，前者似乎能产生对某物或某人更强的尊崇感。因此，那些教堂、政府大厦以及其他重要的建筑物，常常耸立在凸地形的顶部，以充分享受这种受“朝拜”的荣耀。它们的权威性也由于其坐落于高处而得到升华。

3. 山脊

与凸面地形相类似的另一种地形叫脊地。脊地总体上呈线状，与凸面地形相比较，其开头更紧凑、更集中。可以这样说，脊地就是凸面地形“深化”的变体，与凸面地形相类似，脊地可限定户外空间边缘，调节其坡度和周围环境中的小气候；脊地也能提供一个具有外倾于周围景观的制高点。沿脊线有许多视野供给点，而所有脊地终点景观的视野效果最佳。这些视野使这些地点成为理想的建筑点。

4. 凹地形

凹地形在景观中被称为碗状洼地，它并非是一片实地，而是不折不扣的空间。当其与凸地形相连接时，它可完善地形布局。在平面图上，凹地形可通过等高线的分布表示出来，这些等高线在整个分布中紧凑严密，最低数值等高线与中心相近。凹地形的形成一般有两种方式：一是地面某一区域的泥土被挖掘而形成；二是两片凸地形并排在一起而形成，如图 3-37 所示。凹地形乃是景观中的基础空间，我们的大多数活动都在其间占有一席之地。它们是户外空间的基础结构。在凹地形中，空间制约的程度取决于周围坡度的陡峭和高度，以及空间的宽度。凹地形是一个具有内向性和不受外界干扰的空间。它可将处于该空间中任何人的注意力集中在其中心或底层。凹地形通常给人一种侵害感、封闭感和私密感。在某种程度上也可起到不受外界侵犯的作用。

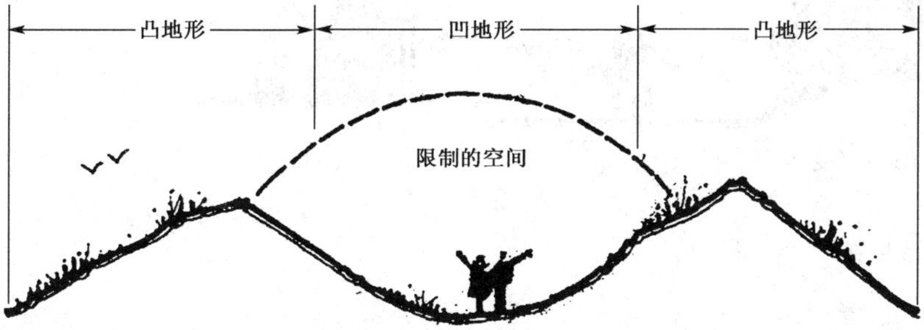

图3-37　两个凸地形创造了一个凹地形

5. 谷地

谷地综合了某些凹地形的特点，与凹地形相似。谷地在景观中也是一个低地，具有实空间的功能，可进行多种活动。但它也与脊地相似，也呈线状，也具有方向性。谷地在平面图上的表现是等高线上的标高点，是向上指向的。

3.2.1.2　地形和视线

地形的起伏不仅丰富了景观，而且还创造了不同的视线条件，形成了不同性格的空间。地形有凸地形和凹地形之分，它们在组织视线和创造空间上具有不同的作用。

1. 平坦地形

缺乏三维空间的平坦地形，可创造一种开阔空旷的、暴露的感觉，没有私密性，更没有任何可蔽挡不悦景物和噪声、遮风蔽日的屏障，如图 3-38 所示。由于平坦地形毫无遮挡，因而视线可以从相当远的距离上一览无余，不受阻挡。这些长距离视野有助于在平坦地形上形成统一协调感，这是因为大多数设计要素能很容易地被观看到，并且彼此间在视觉上有着某种联系。法国文艺复兴时期的花园风格，因其通常建立于相对平坦的地形上，而成为最具魅力的视觉连接体。

2. 凸地形和凹地形

1）凸地形

凸地形因其比周围环境的地形高，所以视线开阔，具有延伸性，空间呈发散状。一般来说，凸地形较高的顶部和陡峭的坡面，强烈限制着空间。它一方面可组织成为观景之地，另一方面因地形高处的景物往往突出、明显，又可组织成为造景之地；另外，当高处的景物达到一定体量时还能产生一种控制感。

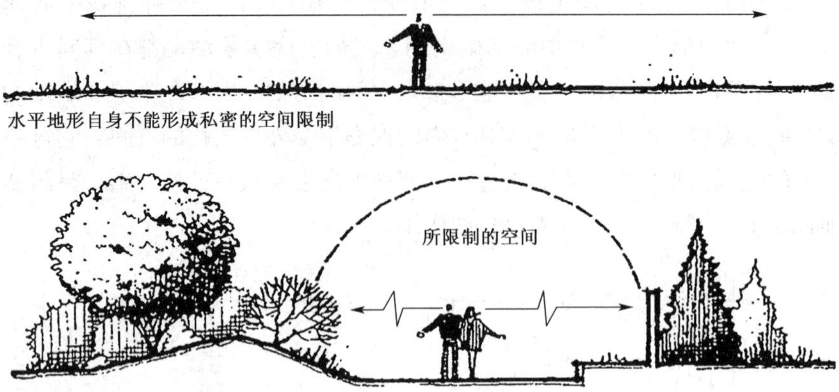

图3-38　平坦地形的视线控制

2）凹地形

凹地形因其比周围环境的地形低，所以视线通常较封闭，且封闭程度取决于凹地的绝对标高、脊线范围、坡面角、树木和建筑物高度等，空间呈积聚性。凹地形的低凹处能聚集视线，可精心布置景物。凹地形坡面既可观景也可布置景物。

3.2.1.3　地形的景观作用

1. 分隔空间

利用地形可以有效地、自然地划分空间，使之形成不同功能或景色特点的区域。在此基础上若再借助植物，则能增加划分的效果和气势。利用地形划分空间应从功能、现状地形条件和造景几方面考虑，它不仅是分割空间的手段，而且还能获得空间大小对比的艺术效果。

2. 控制视线

利用填充垂直平面的方式，地形能在景观中将视线导向某一特定点，影响某一固定点的可视景物和可见范围，形成连续观赏或景观序列，以及完全封闭通向不悦景物的视线。具有一定高差的地形能起到阻挡视线和分隔空间的作用，在设计中使被分隔的空间产生对比，同时通过视线的屏蔽，可安排令人意想不到的景观，从而达到一定的艺术效果。对于过渡段的地形高差，若能合理安排视线的挡引和景物的藏露，也能创造出有意义的过渡地形空间。

3. 美学功能

地表的造型，一方面是景观设计和各功能的基础，另一方面也被认为是一个有效的纯艺术形态。地形不仅可被组合成各种不同的形状，而且还能在阳光和气候的影响下产生不同的视觉效应。地形是构成景观的基本骨架。建筑、植物、水体等景观常常都以地形作为依托。凸、凹地形的坡面可作为景物的背景，通过视距的控制保证景物与地形之间具有良好的构图关系。

3.2.1.4 地形的利用与改造

1. 地形的利用

在地形设计中首先必须考虑的是对原地形的利用。结合基地调查和分析的结果，合理安排各种坡度要求的内容，使之与基地地形条件相吻合，正如《园冶》所论："高方欲就亭台、低凹可开池沼"，利用现状地形稍加改造即成园景。其主要作用为：

（1）利用地形控制视线，如图 3-30、图 3-40 所示；

（2）利用地形排水；

（3）利用地形创造小气候条件。

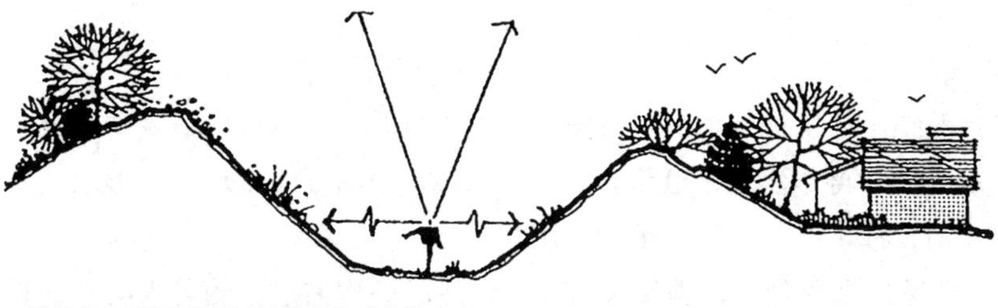

图3-39　利用凹地形控制视线

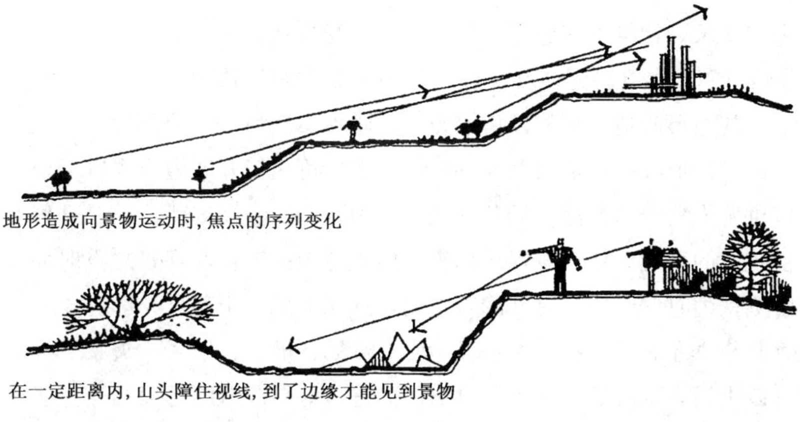

图3-40　利用斜坡地形控制视线

2. 地形的改造

地形设计的另一个任务就是进行地形改造，使改造后的基地地形条件满足造景的需要，并形成良好的地表自然排水，避免过大的地表径流。对原地形中过陡或有大量地表侵蚀现象发生的地段也要进行改造。地形改造应与园林总体布局同时进行，对地形在整体环境中所要起的作用和最终所要达到的效果应心中有数。地形改造都是有的放矢的，地形的微小改造并不意味着没有大幅度改造重要。如平坦地形，为了解决其缺少空间制约物的问题，可以给它加上其他要素，如植被和墙体，将其加以改造；也可将地形改造成土堆的形式，以此来屏蔽不悦物体或景观，如图 3-41 所示。

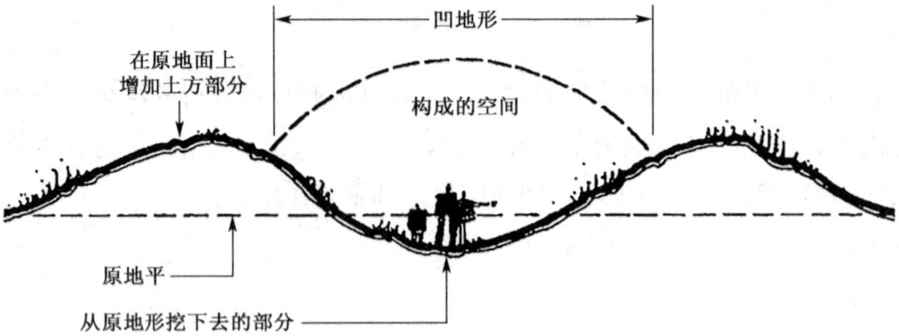

图 3-41　在平地上创造凹地的方法

1）造景中的地形改造

营造景观，首先要对整个环境进行把握，对整个地形进行改造，营造出适合功能要求和氛围的环境。在此基础上，再作建筑、道路、植物、水体、小品等的布局。地形改造对于景观各种功能的实现与发挥，有着举足轻重的作用。

（1）地形改造可方便营造多种景观，满足人们亲近自然的心理需求。随着人类社会进入城市化的迅猛发展，鳞次栉比的高楼大厦和纷繁的城市生活使人们与自然的关系日渐疏远和隔离，人们日益增加亲近自然的需要。因此，在平地造景，挖湖堆山，改造其地形，形成多种水体、地体的形态，产生湖、河、溪、池、涧等水体和山、岭、坡、丘、谷等多种地貌景观，丰富了山水景象，让游人能够充分地亲近和感受自然。

（2）地形改造可分隔空间、丰富游园活动、形成各种游览空间。景物一览无余就会使游人感到索然乏味。适当的地形改造，再配以树木花卉，既可实现空间的分隔围合，又能增添景观的自然气息。经过地形改造而形成的河湖、坡地等，可用于开展内容丰富的娱乐活动。例如，湖池可以供游人划船、游泳、钓鱼、观赏，山地可供登高远眺，或是开展登山活动，适宜的、坡度较大的草地可作滑草娱乐场等。由于地形的变化，观景之点时而在山峦，时而临湖滨，游览视角时仰时俯、时开阔时封闭，从而形成“步移景异”的效果。

（3）地形改造有助于多种造景艺术手法的采用。采用障景、借景、框景、夹景、抑景等多种造景艺术手法，以求提高景观的艺术审美价值。而进行地形改造则可以为这些艺术手法的实现提供条件。如用山体进行障景，用山峦来向园外借景等。

（4）地形改造有利于地表的排水。用地如果一片平坦，雨后往往排水不畅，形成积水。用地按科学的竖向设计来挖湖堆山、改造地形，可以使园林地面形成多个起伏的坡面，便足以排水。自然降雨时，地表雨水就能顺利地汇集而排放到湖中或园外，从而保证园林植物的正常生长以及园内游览交通等各项活动的正常进行。

2）地形改造技巧

（1）外观自然。改造后形成的地形地貌外观应该以自然为宜，既要进行美的提炼，又要尽量与自然界的山水地貌形态近似，避免使人产生假的、非自然的观感。这就要求地形改造应力求合自然之理，使游人得自然之趣。

(2) 形态美观。凡艺术品都应当比它所反映再现的原型更集中、更典型、更具审美价值，景观也如此。经过改造的山水、地形、地貌，也应当源于自然高于自然，力争把自然界的真山真水的美提炼并再现得更为美观，以满足当今人们日益提高的审美需求。

(3) 功能性强、节省经济投入。地形作为植物种植、建筑营造、道路铺设的本体基础和依托，在进行设计和改造时必须为其功能（学习、体验、健身、交往、回归自然、文化娱乐、陶冶情操）的发挥做好必要的铺垫，提供适宜的用地环境条件。即地形改造必须统筹兼顾，使景观的多种功能都能有适宜的地段得以充分有效地发挥和实现，挖湖堆山等地形改造的土方工程量往往很大，需要投入的人力、物力、财力甚多。在满足使用和观赏功能的前提下，应尽量减少挖填的土方量。就低挖湖，高处堆山，便是减少挖填土方量的一个有效方法。另外，还应当注意减少土方的外运量，尽量做到挖、填土方量自相平衡。这样还能缩短园林建造的工期，节省大量的人力、物力、财力。

3.2.2 水体

自由之水是自然景观中的绮丽角色，从潺潺的泉水和山地上的壁泉到飞溅的溪流、激浪、瀑布、淡水湖和微咸的河口，最后流入大海。水对所有人都有不可抗拒的吸引力，在一定程度上，我们与祖先有着相同的本能——急不可待地、不自觉地趋向水边。

3.2.2.1 水体的类型和形式

自然界中的水体按表现形态、水的流动特征和水体周围环境特点，可分为河流、溪流、湖泊、池塘、沼泽（湿地）、瀑布（跌水）、泉水等类型。

水景设计中的水有平静的（如湖泊、水池、水塘）、流动的（如溪流、水坡、水道、水涧）、跌落的（如瀑布、水帘、壁泉、水梯、水墙）和喷涌的（如各种类型的喷泉）四种基本形式，如图 3-42 所示。水的四种基本形式还反映了水从源头（喷涌的）到过渡的形式（流动的或跌落的）、到终结（平静的）运动的一般趋势。

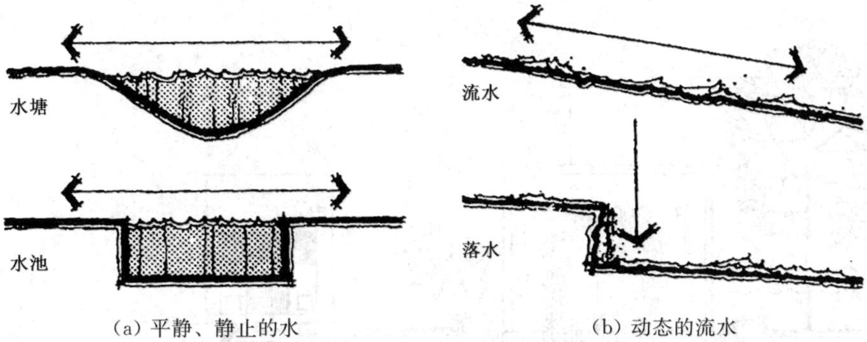

(a) 平静、静止的水　　(b) 动态的流水

图 3-42　水体的基本类型

3.2.2.2 水体的一般特性

水的特性是其本身的形体和变化均要依赖于外在因素。

(1) 可塑性能:水自身无固定形态,水的形态是由一定容器或限定性形态所形成,因此其形状变幻莫测。有止水如镜、涟漪微现、波光粼粼、泉水叮咚、涓涓细流,也有波涛汹涌、波澜壮阔,有千里冰封,也有惊涛骇浪。水的多变性使之成为景观设计中无可比拟的造景要素,可以营造出形式丰富多变的美景,还能与其他环境要素以多种方式进行搭配造景。

(2) 折射性能:水本身透明无色,但水流经台阶或水墙的表面构成水幕时,这些构筑物饰面的色彩会随着水层的折射而变化,使水体呈现不同的色彩。

(3) 倒影性能:宁静的水面具有良好的倒影表达特征,如图 3-43 所示。水面会呈现出环境的色彩。

(4) 波浪性能:当水面被流水冲动或人为触动后,会产生波纹扩散效果。

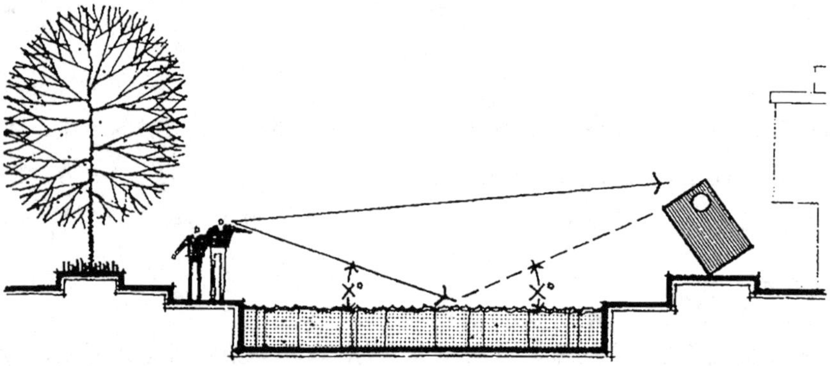

水池放在观赏者与景物之间能形成倒影

图 3-43 利用水的倒影性质增加环境趣味

3.2.2.3 水体的实用功能

水是景观设计中一个重要的设计要素,除此之外,它还有许多实用功能,例如,水可以减少空气中的尘埃,增加空气的湿度,降低空气的温度;水可以降低噪声,如图 3-44

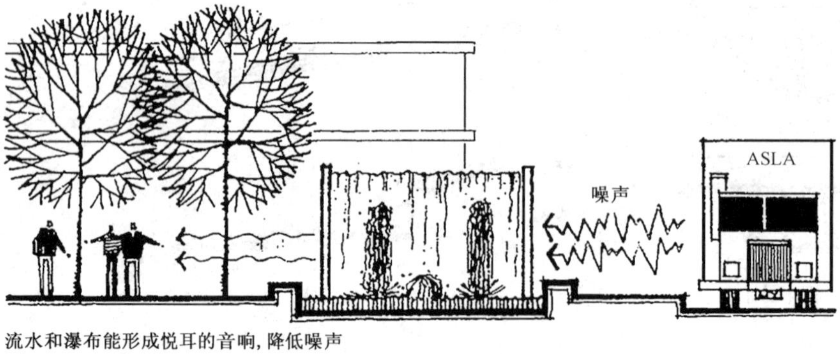

流水和瀑布能形成悦耳的音响,降低噪声

图 3-44 利用水体隔离噪声

所示；灌溉土地；还能提供造景手段；水能作为游泳、钓鱼、帆船、赛艇、滑水和溜冰场所，这些水上活动可以说是对整个国家湖泊、河流、海洋的充分利用；水甚至有着治疗效果，水珠与空气中分子的撞击能产生大景的负氧离子，称为“空气保健素”。观看不同的水景、听不同的水撞击和流动的音响，可以使人心情畅快，有着宁神安眠的效果。

3.2.2.4 水的设计要点

1. 源于自然、高于自然

水体本是大自然的一种物质形式，水景的创造就是将大自然水体的美再现于人工环境中。中国传统理水艺术强调对自然水景特征的概括、提炼和再现，对自然形态的表现不在于规模大小，而在于其特征表现的艺术真实性，突出“虽由人作，宛如天成”的意境。但在水景创作中并不局限于大自然水体的原始美，而是可以创作更为形式多样、姿态奇幻的水景来。但都是以大自然的水态为蓝本来设计的，强调艺术性的塑造和提炼。

1）对自然水态的模仿与提炼

大自然的水态十分丰富，大到湖海，小至溪泉，研究这些水体的形态而加以模仿、提炼，很适合于自然风格的环境中。

2）对水的意境的营造

水作为一种自然物，经过人为的观察和理解，被赋予一种伦理道德或哲理的韵味，从而产生意境。在进行设计时，应结合景观的主题，提炼出水景所要体现的意境，并通过选取水景的形式，水景搭配植物、小品等，创造出水的意境。

2. 参与性的考虑

智者乐水，仁者乐山。人具有亲水性，喜欢和水保持着亲近的距离。在设计中对人的亲水性要充分考虑，以水为主题的环境中，不仅要设计供人们观赏为主的水景观，更要多提供人们直接参与的游泳池、戏水池、旱喷泉广场等，使人们在水中畅游或在水中嬉戏，直接感受水的清澈和纯净。

水环境要素的尺度要以人的生活尺度为基本标准，设计具有亲和力的水景观。首先，要把握好整个环境和水体的关系，这决定了水体是否和环境相协调，以及水体在环境中的地位关系，在设计时应根据功能需求和空间构图需求合理安排水体，使之能融入环境中；其次，要协调好水体中各景观要素的关系，如水池、喷泉、瀑布以及小品雕塑的合理搭配和组织，在水体设计时要做到主次分明、动静有序；最后，就是注意水体能否让人接近，如水池岸的高度、水的深浅以及水的形式能否满足人的亲水性要求。水体若只可观而不可及，是没有意义的。

3.2.2.5 自然水景

自然水景与海、河、湖、溪相关联。这类水景设计必须服从原有自然生态景观、自然水景与局部环境水体的空间关系，正确利用借景、对景等手法，充分发挥自然条件，形成纵向景观、横向景观和鸟瞰景观。应能融合景观内部和外部的景观元素，创造出新的亲水景观形态。水景的构成要素包含水体、沿水和驳岸等，见表 3-1。

表 3-1　　自然水景的构成元素

景观元素	内　容
水体	水体流向、色彩、倒影、溪流和水源
沿水驳岸	沿水道路、沿岸建筑（码头、古建筑等）、沙滩和雕石
水上跨越结构	桥梁、栈桥和索道
水边山体树木（远景）	山岳、丘陵、峭壁和林木
水生动植物（近景）	水面浮生植物、水下植物和鱼鸟类
水面天光映衬	光线折射漫射、水雾和云彩

1. 驳岸

驳岸是亲水景观中应重点处理的部位。驳岸与水线形成的连续景观线是否能与环境相协调，不仅取决于驳岸与水面间的高差关系，还取决于驳岸的类型及用材的选择，如图 3-45 所示。驳岸的高度、水的深浅设计都应满足人的亲水性要求，驳岸（池岸）应尽可能贴近水面，以人手能触摸到水为最佳。亲水环境中的其他设施（如水上平台、汀步、栈桥和栏索等），也应以人与水体的尺度关系为基准进行设计。

图 3-45　驳岸①

2. 景观桥

桥在自然水景和人工水景中都起到不可缺少的景观作用，其功能作用主要有形成交通跨越点；横向分割河流和水面空间；形成地区标志物和视线集合点；眺望河流和水面的良好观景场所，其独特的造型具有自身的艺术价值，如图 3-46 所示。

3. 木栈道

邻水木栈道为人们提供了行走、休息、观景和交流的多功能场所。由于木板材料具有一定的弹性和粗朴的质感，因此行走其上比一般石铺砖砌的栈道更为舒适，如图 3-47 所示。木栈道由表面平铺的面板（或密集排列的木条）和木方架空层两部分组成。

① 中国园林网. http://gc.yuanlin.com/html/list/Project/List_12_6.HTML.

图 3-46　景观桥①

图 3-47　木栈道②

4. 生态水池

生态水池是适于水下动植物生长，又能美化环境、调节小气候供人观赏的水景。在居住区里的生态水池多饲养观赏鱼虫和习水性植物（如鱼草、芦苇、荷花、莲花等），营造动物和植物互生互养的生态环境，如图 3-48 所示。

图 3-48　生态水池③

---

① 百度图片网. http://image. baidu. com/i? tn=baiduimage&ct=201326592&cl=2&lm=-1&fr=&fmq=&pv=&ic=0&z=0&se=1&showtab=0&fb=0&width=&height=&face=0&word=%BE%B0%B9%DB%C7%C5&s=0#pn=15.

② 百度空间. http://hi. baidu. com/% D3% F1% C1% FA% B0% D9% CD% F2/album/item/6001858347d4c88bf703a66d. html#.

③ 百度图片网. http://image. baidu. com/i? ct=503316480&z=0&tn=baiduimagedetail&word=%C9%FA%CC%AC%CB%AE%B3%D8&in=7445&cl=2&lm=-1&pn=0&rn=1&di=32915019525&ln=2000&fr=&fmq=&ic=0&s=0&se=1&sme=0&tab=&width=&height=&face=0.

水池的深度应根据饲养鱼的种类、数量和水草在水下生存的深度而确定，一般为0.3～1.5 m。不足0.3 m深的浅水池，池底可做艺术处理，显示水的清澈透明。池底与池畔宜设隔水层，池底隔水层上覆盖0.3～0.5 m厚土，种植水草。

3.2.2.6 人工水景

1. 跌水

跌水是指有台阶落差结构的落水景观，如图3-49所示。

图3-49 跌水①

2. 水帘

水帘是利用成排的小孔使水从高处直泻下来，形成一个平面的水的帘幕。水帘的形式应用于观赏性门时可形成水帘门。水帘一般起着分隔空间和降温增湿的作用。其所分隔的空间，有似隔非隔、似隐又透的朦胧意象，营造出闲适、雅致、朦胧的气氛，如图3-50所示。

图3-50 水帘②

① 建筑新时代：http://www.jzcad.com/BBS/thread-34408-1-1.html.

② 百度图片网. http://image.baidu.com/i?ct=503316480&z=&tn=baiduimagedetail&word=%CB%AE%C1%B1&in=6375&cl=2&lm=-1&pn=168&rn=1&di=3953282181&ln=2000&fr=&fmq=&ic=&s=&se=&sme=0&tab=&width=&height=&face=.

3. 喷泉

喷泉在现代城市景观设计中十分常见，它利用水泵加压，使水由喷嘴中喷射而出。通过精心设计喷嘴，喷射出的水可形成各种艺术造型，如牵牛花、蒲公英、孔雀开屏、半球、花篮等，此外还可形成水柱和水雾。喷泉可大可小，可高可低，可单一设置，可组合搭配，从而形成高低不同、水态各异、形式多样的水景。一般来说，各种大、中型喷泉适合于大型公园和广场，小型和微型喷泉适合于庭院、校园、屋顶花园等。喷泉中比较有特色的有音乐喷泉，如图 3-51 所示；旱地喷泉，如图 3-52 所示。音乐喷泉集声美、光美、色美、形美于一体，常常用作主景，或配以表演场地，供人们在其中表演、嬉戏，可激起人们遐想、咏叹、惊喜、雀跃的情绪。旱地喷泉具有最直接的亲水界面，可以无任何障碍地接触水。而其平地起水、骤喷骤停的特征，特别是在夏日常常给人带来一份特别的惊喜。

图 3-51　音乐喷泉①

图 3-52　旱地喷泉②

4. 壁泉

壁泉可分为墙壁型壁泉和雕塑型壁泉。水顺着墙壁顺流而下，或从石砌的墙缝中流出称为墙壁型喷泉。在香港某交易广场的电梯上水从电梯两侧石砌缝隙中缓缓流出。发

---

① 百度图片网. http://image.baidu.com/i? tn=baiduimage&ct=201326592&cl=2&lm=-1&fr=&fmq=&pv=&ic=0&z=0&se=1&showtab=0&fb=0&width=&height=&face=0&word=%D2%F4%C0%D6%C5%E7%C8%AA&s=0#pn=90.

② 西安地质矿产研究所. http://www.xian.cgs.gov.cn/wenhuaziyuan/2008/0821/content_2000.html.

出潺潺的水声，乘梯的人仿佛置身于雨水淅沥的山间小道，使人在封闭的建筑物内部也能感受自然界中的美景。雕塑型壁泉则是与镶于墙面的雕塑结合，使水从雕塑的某个部位流出，常见的如狮头吐水、蟠龙吐水、鲤鱼吐水等。可在壁泉下方设置彩灯照射雕塑和泉水。雕塑型壁泉不仅占用空间小，并且形声色俱佳，适应范围十分广泛，如图 3-53 所示。

图 3-53　壁泉①

5. 涌泉

涌泉的水自下而上涌出，不作高喷，故作涌泉。涌泉在自然界中较为常见。通过人工设计不同压力及图形的水头，可产生不同形体、高低错落的涌泉，如图 3-54 所示。

图 3-54　涌泉②

6. 水雾

喷泉由水线化作喷雾，可以定时、定量喷出，借助自然的风而飘浮于空中形成奇幻朦胧的美景，如图 3-55 所示。

---

① 中国定鼎园林网. http://www.ddove.com/picview.aspx? id=7306,天缘景观艺术网. http://www.tysy.com/html/7/2006/0413/3563.html.

② 百度图片网. http://image.baidu.com/i? tn=baiduimage&ct=201326592&cl=2&lm=-1&fr=&fmq=&pv=&ic=0&z=0&se=1&showtab=0&fb=0&width=&height=&face=0&word=%D3%BF%C8%AA&s=0#.

图 3-55　水雾使整个环境虚幻，形成朦胧的美景①

3.2.3　园路

园路是观赏景观的行走路线，是景观的动线，包括道路广场等各种铺装地坪，它是园林不可缺少的构成要素，是园林的骨架、网格。

3.2.3.1　园路的功能

园路和多数城市道路的不同之处在于，除了组织交通、运输之外，其更重要的是在景观上的作用。园路通过对导游路线和风景视线的组织，引导游人按照设计的意图、路线、角度来欣赏景观风景，并按照景观连续构图的展示程序逐渐展示园景，从而让人感受到步移景异的景观特色。因此在景观设计时，应考虑将园路和景观有机结合，同时注意园路与景观节点的结合，使人在行走的过程中也可以体会到优美的景色。另外，园路、广场的铺装、线形、色彩等本身也是园林景观的一部分。

3.2.3.2　园路的类型和尺度

园路和广场的尺度、分布密度应该是人流密度客观、合理的反映。“路是走出来的”，从另一方面说明，人多的地方，尺度和密度应该大一些；休闲散步区域，人流量小的地方要小一些，如果不遵循基本的原则，就不能发挥园路的合理作用，例如，有些地方为了追求开阔的景观效果，故意增加硬制铺装的面积，这不仅增加建设投资，也导致终日暴晒、行人屈指可数，于生态不利。

一般园林的园路，根据性质和功能可分为以下三种。

（1）主要道路。主要道路需联系全园，必须考虑人的通行，以及生产、救护、消防、游览车辆的行驶，宽为 7～8 m，如图 3-56 所示。

（2）次要道路。次要道路需沟通各景点、建筑，通轻型车辆及人力车，宽为 3～4 m，

① 百度图片网. http://image. baidu. com/i? tn=baiduimage&ct=201326592&cl=2&lm=-1&pv=&word=%CB%AE%CE%ED&z=0#pn=0.

如图 3-57 所示。

(3) 休闲小路。双人行走道宽为 1.2～1.5 m，单人行走道宽为 0.6～1 m。休闲小路可在山上、水边和树林中，多曲折自由布置，如图 3-58 所示。

图 3-56　主要道路①

图 3-57　次要道路②

图 3-58　休闲小路③

3.2.3.3　园路的规划设计原则

1. 园路设计的风格应与景观设计的整体风格相一致

直线形的园路适合于规则式园林中，而自由曲线形的园路较适合于自由式园林，因此，首先应分析景观的特点和功能的需要，再进行园路设计。但在现代综合性景观设计中，大多数情况是在园林中采用一种方式为主的同时，也可以用另一种方式补充，当然这也是和局部园路设计所需要的功能和表达的氛围相协调的。例如，许多公园的入口处采用直线形和规整式园路以突出主入口的气势，而在公园的内部游览区域却采用自由式曲线形的园路以体现休闲娱乐的特点。

2. 交通性从属于游览性

园路既有交通作用，又有游览作用，当景观道路肩负以交通为主导的作用时，在景观设计中应考虑其便捷性的原则。例如，校园景观中的道路，如果规划得不合理，就会发现在不希望被踩踏的草地上留下一条践踏出的小路，而这条小路又恰恰是交通最便捷的路线。但从景观总体来看，大多数情况，园路的游览作用应该是占首位的，因此，园路的设计不以便捷为原则，而是根据地形的要求，景点的分布等因素，因地制宜地布置，园路适当的曲折迂回可以增加游览的时间及对景物多视角的观察，曲线形的道路也较适合轻松悠闲的

---

① 百度图片网. http://image.baidu.com/i?tn=baiduimage&ct=201326592&cl=2&lm=-1&fr=&pv=&ic=0&z=0&se=1&word=%BE%B0%B9%DB%D4%B0%C2%B7&s=0&sme=0&pn=0&ln=2000&tab=&width=&height=&face=&fb=#pn=30.

② 百度图片网. http://image.baidu.com/i?tn=baiduimage&ct=201326592&cl=2&lm=-1&fr=&pv=&ic=0&z=0&se=1&word=%D4%B0%C2%B7&s=0&sme=0&pn=0&ln=2000&tab=&width=&height=&face=&fb=#pn=0.

③ 百度图片网. http://image.baidu.com/i?tn=baiduimage&ct=201326592&cl=2&lm=-1&fr=&pv=&ic=0&z=0&se=1&word=%D4%B0%C2%B7&s=0&sme=0&pn=0&ln=2000&tab=&width=&height=&face=&fb=#pn=0.

园景特色，但道路的迂回曲折应有度，不可为曲折而曲折，矫揉造作，让游人走冤枉路。另外，由于游人一般不愿走回头路，因此，主要园路应尽可能布置成环状，如图3-59所示。

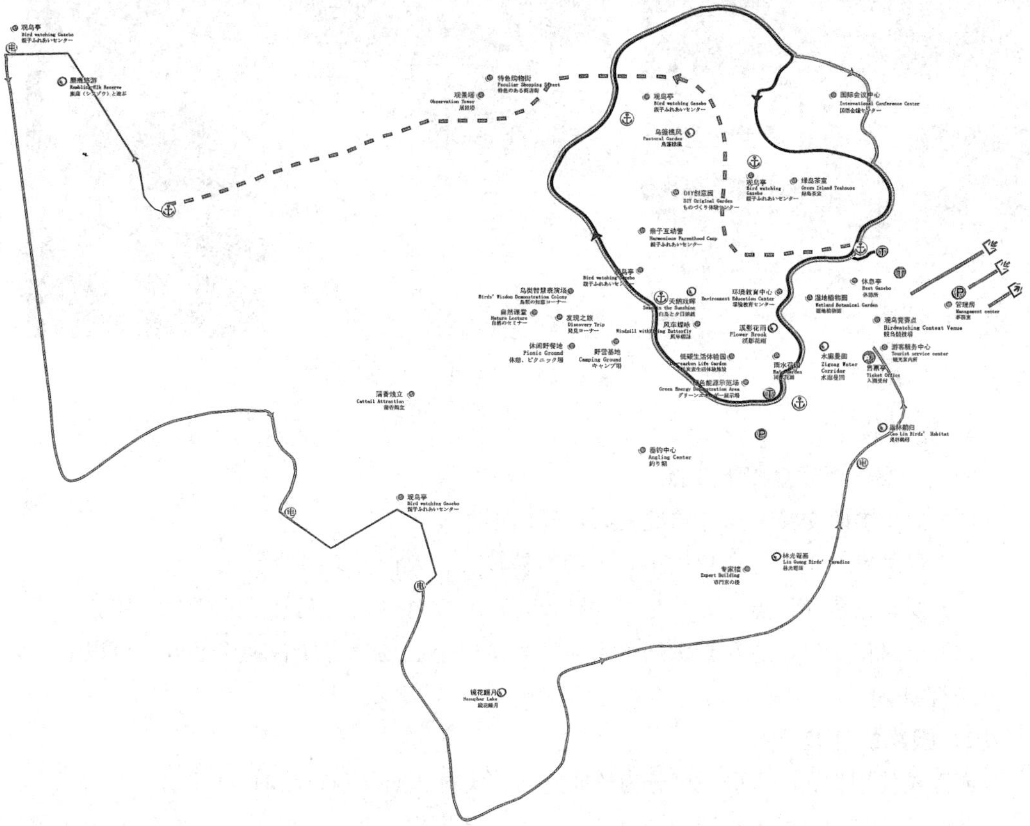

图 3-59　环形园路

园路的游览特性还表现在园路为游览所创造的各种条件上，在满足这些要求的同时，也可以使园路变得更丰富。例如，园路可以根据功能需要采用变断面的形式，如转折处不同宽狭；坐凳、椅处外延边界；路旁安放过路亭；还有园路和小广场相结合等，如图 3-60、图 3-61 所示。这样宽狭不一，曲直相济，反倒使园路多变，生动起来，做到一条路上休闲、停留和人行、运动相结合，各得其所。

3. 园路的布局应主次分明，密度得体

园路系统必须主次分明、方向明确，园路的主次可以通过不同的宽度和不同的路面铺装方式来区分，同时园内主要的景点应与主要园路相联系，从而使大多数人都可以游览到；另外，注意园路设计的方向性，避免引起人们辨别的困难甚至造成迷路。

园路的疏密与景区的性质、地形和游人多少有关，一般景区出入口、娱乐区、展览区等游人较集中的地方，园路密度可大些，而安静休息区或地形较复杂区域，园路密度可低些。考虑到园路所具有的分割空间的特性，因此要结合空间进行设计，园路过密，会使空间分割过碎；而园路密度不够，可能造成容量过大的弊病。

图 3-60　园路宽窄不一①

图 3-61　园路与广场相结合②

4. 园路的交叉

园路的交叉要注意以下几点：

(1) 避免多路交叉。这样路况复杂，导向不明。

(2) 尽量靠近正交。锐角过小，车辆不易转弯，人行要穿绿地。

(3) 要有景色和特点。尤其是三岔路口，可形成对景，让人记忆犹新不易遗忘。

(4) 道路正交时，应在端头处适当地扩大做成小广场，这样有利于通行，可以避免游人过于拥挤。

5. 园路的铺装

园路按使用材料的不同，可分为整体路面、块料路面、碎料路面，如图 3-62 所示。其中主要园路常采用混凝土和沥青的整体路面，次要园路采用天然石块、预制混凝土块等块状路面，游憩小路采用碎石、卵石、砖渣等碎料路面。可根据道路所使用的材料对道路进行分类，例如，主要干道、交通性强的地方，要牢固、平坦、防滑、耐磨，线条简洁大方，便于施工和管理。而小径、小空间、休闲林荫道，可丰富多彩一些。

6. 园路坡度

园路在山坡，坡度不小于 6%时，要顺着等高线作盘山路状，考虑汽车时坡度不大于 15%，考虑自行车时坡度不大于 8%，如果考虑人力三轮车，坡度更小，往往不大于 3%。人行坡度不小于 10%时，要考虑设计台阶。园路和等高线斜交，来回曲折，增加观赏点和观赏面，未尝不是好事。

7. 园路与绿化

与园路、广场有关的绿化形式包括中心绿岛、回车岛、行道树、花钵、花树坛、树阵和两侧绿化。

---

① 中国苗木超市. http://www.mai-miao.com/Web/Info/Detail.aspx? id=2501.

② 筑龙网. http://bbs2.zhulong.com/forum/detail2038593_1.html.

图 3-62　路面铺装①

最好的绿化效果，应该是林荫夹道，如图 3-63 所示。城市绿地则要多几种绿化形式，才能减少人为的破坏。在车行路，绿化的布置要符合行车视距、转弯半径等要求。特别是

图 3-63　林荫夹道②

① 百度图片网. http://image. baidu. com/i? tn=baiduimage&ct=201326592&cl=2&lm=-1&pv=&word=%D4%B0%C2%B7%C6%CC%D7%B0&z=0#.

② 百度图片网. http://image. baidu. com/i? tn=baiduimage&ct=201326592&cl=2&lm=-1&fr=&pv=&ic=0&z=0&se=1&word=%C1%D6%D2%F1%B5%C0&s=0&sme=0&pn=0&ln=2000&tab=&width=&height=&face=&fb=#pn=0.

不要沿路边种植浓密树丛，以防人穿行时汽车刹车不及，伤及行人。郊区大面积绿化，行道树可和两旁绿化种植结合在一起，自由进出，不按间距灵活种植，实现路在林中走的意境，称之为夹景；每隔一定距离在局部稍作浓密布置，形成阻隔，可称为障景，障景往往有"山重水复疑无路，柳暗花明又一村"的意境。

可以把"绿"引申到园路、广场，使硬质景观和软质景观相互交叉渗透，如可以使用空心砌块，目前使用最多的是植草砖，如图 3-64 所示。还可在园路、广场中嵌入花钵、花树坛、树阵。

图 3-64　植草砖①

8. 台阶、步石、汀步

1）台阶

台阶是一种特殊的道路形式，一般当道路坡度达到 15°时，要考虑设台阶，台阶的尺寸，如图 3-65 所示。

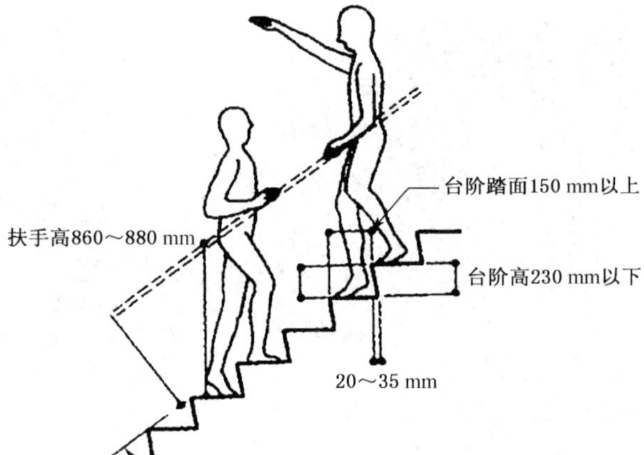

图 3-65　台阶尺寸示意图

2）步石

步石是一种非连续的道路形式，一般主要设置在草坪上，所以也称草坪步石。步石的点状连续性犹如虚线一样，可以创造出更为轻松柔美的景观氛围，步石的形状可以有圆形、椭圆形、长方形、正方形等，如图3-66所示。

① 百度图片网. http://image.baidu.com/i?tn=baiduimage&ct=201326592&cl=2&lm=-1&fr=&pv=&ic=0&z=0&se=1&word=%D6%B2%B2%DD%D7%A9%CD%BC%C6%AC&s=0&sme=0&pn=0&ln=2000&tab=&width=&height=&face=&fb=#pn=0.

图 3-66　步石①

3）汀步

在水中设置的步石称为汀步，汀步可以保证游人平水而过，或站在汀步上欣赏水景。汀步的设置，使人与水的关系更为密切，满足了人的亲水性特点，同时由于点状的人工构筑物，还丰富了水面的景观。汀步的形状也很多，但大体可以分为两种，一种是自然式的，另一种是人工规则形的，如图 3-67 所示。

图 3-67　汀步②

3.2.4　景观建筑

园林中的建筑物一开始就为人们所必需。在景观设计中，建筑物不同于其他设计要

① 百度图片网. http://image. baidu. com/i? tn=baiduimage&ct=201326592&cl=2&lm=-1&fr=&fmq=&pv=&ic=0&z=0&se=1&showtab=0&fb=0&width=&height=&face=0&word=%CD%A1%B2%BD%CA%AF&s=0#pn=0.

② 百度图片网. http://image. baidu. com/i? tn=baiduimage&ct=201326592&cl=2&lm=-1&fr=&pv=&ic=0&z=0&se=1&word=%CD%A1%B2%BD&s=0&sme=0&pn=0&ln=2000&tab=&width=&height=&face=&fb=#pn=0.

素，因为所有的建筑物都有自己的内部空间，建筑物常常是景观设计的重点，也是组景的中心。

3.2.4.1 建筑物与环境的关系

建筑物是文化的重要组成部分，环境与建筑物是不可分割的整体。建筑物无论是个体还是群体，从观赏角度和功能角度上均应与其周围环境联系起来，以便获得一个总体上紧密相接的设计效果。建筑环境的构成因素是多种多样的，如地形地貌、绿化植被、道路地坪、建筑小品等。

1. 建筑物与地形

在将建筑物与其环境相结合时，通常应考虑地形因素。我们知道，地形会影响建筑物与环境之间的观赏和功能关系。

在平坦地形上，建筑物可通过外向扩展而与其场所结合在一起。相对平坦的地形便于挖掘和堆积，使建筑物与其相邻环境的结合成为可能。无论空间还是坚实土地，都能起到完善建筑结构的作用。

在有坡度的地形上建造建筑物时，最常用的一种方式是将地面构筑成梯田状，以使其形如一块平地，如图 3-68 所示。具体实施则是将营造建筑物的高坡部分挖掉，然后将其填入低坡部分，以构成建筑物的平整地基。当坡度增大时，就应在高坡和低坡处筑起挡土墙，以减少用来建立平整地基的土方挖填量。第二种建造建筑物于斜坡上的方式是台阶地形。这种方式允许建筑物被置于台阶式斜坡之中，并使建筑物本身具有一定的倾斜度变

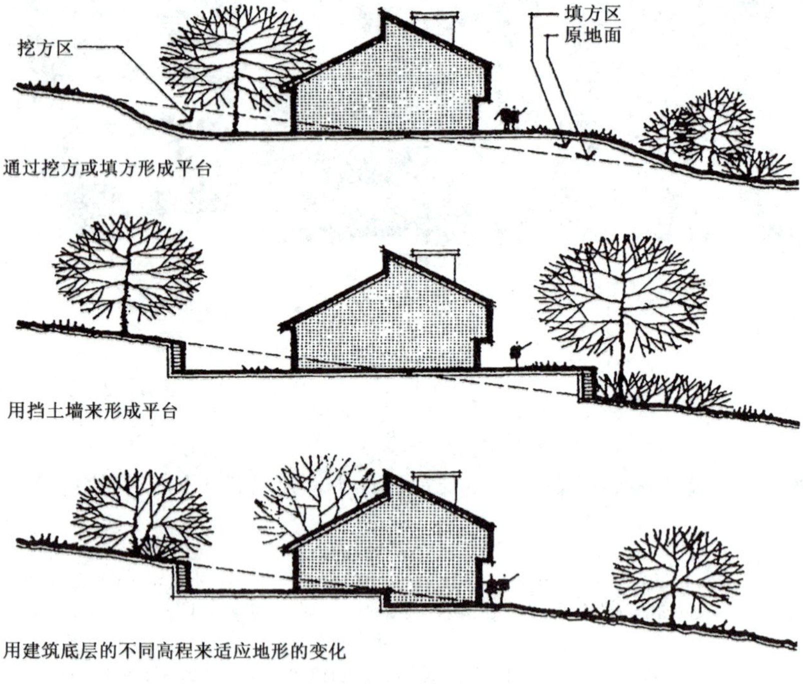

图 3-68 在较平缓斜坡上建造建筑物的方法

化。最后一种在陡坡上建造建筑物的方式是在极低地平面上使用支柱结构，借用柱式结构或其他支撑结构，建筑物就可被升高，达到与原有地平面等高线无差异。这种方法虽然成本较高，但非常适合于那些要么太陡、要么太难平整（如一片林地）的建筑工地。此外，由于使用这种方法能形成建筑物的悬空状，因而极有助于建筑物产生引人注目的奇观。

在将建筑物建造在上述任何坡度的地块上时，设计师应格外注意邻近地基的地面。在任何情况中，环绕地基的地面在一定的距离处应有一定的倾斜度，这样才能使地面的流水远离建筑物，保持建筑围墙和地面的干燥，在具有坡度的建筑土地上，必须在高坡与建筑物之间开凿一洼地或地沟，以便截住从斜坡上流下来的水，并使其围绕建筑物改道流走，如图 3-69 所示。

图 3-69　建在斜坡地形上的建筑排水示意图

2. 建筑物与植物材料

在建筑物与周围环境的结合方面，所涉及的另一个因素是植物。如何选取和种植植物素材，也是影响建筑物与周围环境相互统一的因素。植物素材可被用来完善建筑物的结构，植被能完善建筑物的轮廓、形状及空间，而将建筑物与周围环境统一起来。

在建筑物与植物的相互配合方面，存在着两种情形：一是一幢建筑物或一组建筑物与环境中原有植物相结合；二是利用种植植物而使建筑物与环境协调。

在多树木区域内设计营造建筑物时，必须在设计上做到增高立面而紧缩平面，以免占据过多的地面。所占地面越少，那么被伐树木也就越少。为保证有足够的居住面积，建筑物需按多层分布方式设计成直立状。一幢匀称的高大建筑物，不仅占地较少，而且还能与树木的高度交相辉映。除了其结构紧凑外，建筑物的设计布局还应具有灵活性和机动性，以便与某些特殊树木的种植点相对应。

另外，在多树木区域营造建筑物时，其底层应比地面略高一些。与此相似，与建筑物相配套的过道或户外活动区域也应修建成木质平台，并同样高于地平面。这种结构能减少土方挖掘，减少地表的障碍，而且地面流水可穿过平台下面的地面排走。

当建筑物被建造在开阔地面上时，则应考虑其与环境的组合方式。由于开阔地没有树木的制约，因而在建筑物的设计布局中应尽可能做到灵活多变。修建在开阔地段上的建筑物，只要地形允许，便可在外观上显出较大的扩展性和低矮性。为了使建筑物免于曝晒必须栽植遮荫树以及在建筑物顶部修建大型屋顶。

3. 建筑物本身

建筑物本身的设计和布局同样能影响其与环境的统一。如室内与室外的功能关系，建筑物与环境之间的空间渗透以及窗户的使用等。在设计中必须做到，建筑物某一特定区域的内部作用应与其外在环境中的外部功能相一致。

4. 建筑物与围墙

无论是挡土墙还是独立的围墙，都能从视觉上和功能上连接建筑物及其环境。在这方面具有特效的，便是那些能从建筑物伸向其环境的围墙。这种方式还能消除建筑物末端与环境始端之间的截然分界，使二者“融汇在一起”。挡土墙或独立式围墙的另一作用，便是在整个环境中重现建筑物立面材料，这一作用可以建立起一种视觉“联想”，并从视觉上将建筑物与其环境中的其他围墙连接起来。

5. 建筑物与铺地材料

铺地材料是另一设计要素，它可被用来统一建筑物与其周围环境。要说明的是，靠近建筑物的铺地，其线条轮廓和形状应与建筑物本身所固有的轮廓和形状有直接的联系。铺装的形式可以设计成与建筑的角落、门窗边缘以及窗户竖框相互联系，以便增强建筑物与铺地之间的视觉联系。作为形成统一体的方法来说，铺装材料还可制成与建筑物立面相同的材料。另一个类似的方法，就是在建筑物内地面上和建筑物外部的铺装面上使用同种材料。在建筑物内外部之间仅有玻璃窗或门框作为二者的分界线，这种方法特别奏效。

3.2.4.2 景观建筑的功能

1. 使用功能

建筑都有具体的使用功能。如亭给游客提供歇足、休息的场所，花架给攀缘植物的生长提供了条件。为了取得景观效果，建筑往往要做艺术处理，但一定要符合其使用功能，即符合在技术上、尺度上和造型上的特殊要求。如亭是供游人休息的，其内坐处剖面形状就要符合人体就坐姿势，符合人体尺度，使人坐着感到自然舒适。

2. 装饰功能

景观建筑以点缀装饰环境为主。如湖滨河畔、花间林旁布置古朴的亭廊，会创造出一个优美景点。对于一些独立性较强的建筑，如果处理得好，其自身往往就是造园的一景。

3.2.4.3 景观建筑设计的方法和技巧

景观建筑不同于其他建筑类型，它属于景观的一部分，因此既要满足一定的功能要求，又要求艺术性、观赏性强，很多建筑甚至是在景观中起到点景的作用，因此建筑在设计上更灵活多变，有其强烈的个性符号和独一无二的外形特征，在设计方法和技巧上也与其他建筑类型大相径庭。景观建筑的设计必须注意以下几点：

1. 立意

立意，即确定景观的主题。立意的好坏对整个设计的成败至关重要。一个好的设计首先必须有鲜明的立意，并且还要善于抓住设计中的主要矛盾，较好地解决建筑使用和观赏的问题。我国古代园林中的亭子不胜枚举，但却很难找出格局和式样雷同的，它们总是被设计者赋予特定的含义，因地制宜地选择建筑式样，巧妙配置山石、水景、植物等以构成各具特色的空间。建筑立意强调意境的营造，利用和改造环境条件，如绿化、水源、山石、地形、气候等，从总体空间布局到建筑细部处理细细推敲，达到情景交融的境界。

2. 选址

适宜的位置可以让建筑起到画龙点睛的作用，如果选址不当，不但不利于艺术意境的创造，反而会削弱整个景观的效果。一般来说，景观布局大体分为自然式、规则式和混合式三种。规则式布局的景观中，建筑一般位于对称轴线端点或者中心，风格严谨，大方气派。自然式布局多强调自然的野趣和变化，建筑多傍山依水。傍山的建筑或在山脚，或在山腰，或在山顶，借地势之变化而显自身错落有致，并借山林为衬托，颇具天然风采。而临水建筑或建于水边，或一半伸出水面，或全部临于水上，有波光倒影，视野平远开阔，画面层次丰富、变化灵动之感。混合式布局则为根据场景结合自然式和规则式，其在现代景观设计中运用更为广泛。建筑的选址则较为灵活，但也要注意与周围环境的搭配。

3. 尺度与比例

建筑的尺度是指建筑空间各个组成部分的尺寸，直接决定了建筑的样式和体量。建筑的使用功能、审美和环境特点是决定其尺度的依据。适宜的尺度应和其使用功能、审美要求、周围环境保持一致协调。景观建筑是人们休憩、游乐、赏景所在，因此尺度必须适宜。建筑的尺度除了要推敲建筑本身各组成部分的尺寸和相互关系，还要考虑环境中其他要素，如景石、水池、植物等的影响，即主景与配景之间比例协调。建筑自身一般通过适当缩小构件的尺寸来获得适宜的尺度。除了建筑本身的比例外，还需考虑环境中水、石、树等的形状、体量等比例问题，以达到整体环境协调。

4. 色彩与质感

建筑物的色彩与质感处理得当，能够增强建筑的艺术感染力。景观建筑的主要观赏特征更多表现在形和色上。我国南方建筑体态轻盈精巧，色彩素淡雅致，北方建筑则造型浑厚敦实，色泽鲜艳华丽。随着现代各国各区域的广泛交流，建筑新材料、新技术的运用，建筑风格更趋于形式丰富，风格多样，富于表现力。质感表现在景物外形的纹理和质地两方面，而纹理有曲直、宽窄、深浅之分，质地有粗细、刚柔、隐显之别。不同质地的材料建造出来的建筑给人风格迥异的感觉。色彩与质感是建筑材料表现上的双重属性，二者相辅共存。只要掌握各种材料在色彩、质感上的特点，并利用它去组织节奏、韵律、对比、均衡、层次等各种变化，就可以获得各种不同的艺术效果。

3.2.4.4 景观建筑与构筑物的内容

园林中建筑有十分重要的作用。它可满足人们享受生活和观赏风景的愿望。中国自然式园林，其建筑一方面要可行、可观、可居、可游，一方面要起着点景、隔景的作用，使园林移步换景、渐入佳境、以小见大，又使园林显得自然、淡泊、恬静、含蓄。这是与西方园林建筑很不相同之处。中国自然式园林中的建筑形式多样，有亭、廊、榭、舫、桥、雕塑、假山置石等。

1. 亭

亭，是供游人休息和观景的建筑。它的特点是周围开敞，在造型上相对小而集中，常与山水、绿化等结合起来组景。亭的体量虽然不大，但形式多样，在建筑中占有相当的比重。亭的造型主要取决于它的平面形状、平面组合、屋顶形状及建造材料等。亭具有多变的屋顶形象和轻巧、空灵的屋身以及可随意布置的特点，很适合观景和点景建筑的需要。单体亭的形式有四方亭、五角亭、六角亭、八角亭、圆亭、半亭、蘑菇亭等，亭还能与亭、廊、墙、房屋结合，形成各种样式和风格的建筑组合。亭多布置于主要的观景点上，或作为主体建筑陪衬。在规模较小的景观中，亭常常成为组景的主体和艺术构图的中心。在一些大型景观中，则成为景观中灵活多变的重要点缀。

2. 廊

廊一般指屋檐下的过道或独立有顶的通道。廊不仅能够联系室内外空间，还常成为各个建筑之间的联系通道。它既有遮阴、避雨、休息、交通联系的功能，又起到组织景观、分隔空间、增加景观层次的作用。现代景观中的廊，其形式和设计手法日趋丰富。廊与亭或花架结合，能形成造型多样、功能复杂、空间丰富的建筑组合廊，还可与地形结合，与自然融为一体。按廊的结构可分为双面空廊、单面空廊、复廊、双层廊和单支柱廊等，按造型及所处环境可分为直廊、曲廊、回廊、抄手廊、爬山廊、叠落廊、水廊、桥廊等。

3. 水榭

水榭是供游人休息、观赏风景的临水建筑，多借周围景色构成。其典型形式是在水边架起平台，平台一部分架在岸上，一部分伸入水中，平台周围有矮栏杆，屋顶通常用卷棚歇山式，檐角低平，显得十分简洁大方，平台上可设亭。

4. 舫

舫是依照船的造型建于水上的建筑物，供游玩宴饮、观赏水景之用。立于其上宛如乘船荡漾于水中。舫一般分为船头、中舱、尾舱三部分。船头呈敞棚状，供赏景用，中舱最矮，是主要供休息、宴饮的场所，舱的两侧开长窗，坐在里面有宽广的视野，后部尾舱最高，一般分为两层，下实上虚，上层状似楼阁，四面开窗以便远眺。舱顶一般呈船篷样，整个造型轻盈舒展。

5. 桥

桥可以联系风景点的水陆交通，组织游览线路，变换观赏视线，点缀水景，增加水面层次。景观中的桥兼有交通和艺术欣赏的双重作用。大水面架桥宜宏伟壮丽，小水面架桥宜轻盈质朴。水面宽广，桥宜较高并加栏杆；水面狭窄，桥宜较低并可不设栏杆或只设一边栏杆；水陆高差相近，宜平桥贴水，过桥有凌波信步亲切之感。水体清澈明净，桥的轮廓需考虑倒影。地形平坦，桥的轮廓宜有起伏，以增加景观的变化。园桥的基本形式有平桥、拱桥、亭桥、廊桥、汀步等。

6. 雕塑

根据景观雕塑的作用不同，可以分为纪念性雕塑、主题性雕塑、装饰性雕塑和陈列性雕塑四种类型。其中纪念性雕塑是以雕塑的形式来纪念人和事，一般设于景观中心或主导位置。主题性雕塑是指能够在环境中揭示主题的雕塑。装饰性雕塑即以装饰物为环境主要构成要素的景观雕塑。装饰性雕塑强调视觉美感，可丰富环境特色。陈列性雕塑即将优秀的雕塑作品作为环境的一部分展示出来。

景观雕塑按艺术处理方式分为具象雕塑和抽象雕塑。具象雕塑是一种以写实和再现客观对象为主的雕塑，在设计中应用较多的具象雕塑包括人物雕塑和动物雕塑。抽象雕塑是指有一定象征意义的抽象几何体形象的雕塑。它在现代景观设计中应用越来越广泛，特别是在一些城市的广场及公园中。这类雕塑往往以其独特的造型、抽象的形体来表达一定的象征意义。

景观雕塑一般置于室外，它的应用一定要与环境融为整体。景观雕塑的照明设计应该避免强俯仰光、顺光、正侧光，最好采用前侧光。前侧光的方位角一般应大于50°。

7. 假山和置石

假山是具有中国特色的人造景观。在绿地中假山与置石有以下四个方面的作用：

(1) 作为自然山水园林的主景和地形骨架；

(2) 作为划分空间和组织空间的手段；

(3) 可以运用山石作为点缀景观空间和陪衬建筑、植物的手段；

(4) 作为室外自然式的家具或器设。

3.2.5 植物

自古以来，植物一直伴随着人类的生活。从远祖进化至今，人类的发展步履蹒跚，而植物的生存同样也经历了地球环境的沧桑变化。植物对人的心理有一种积极的影响。加雷特·埃克博（Garett Eckbo，1969）把植物看作是“一个日益失去自然本质的时间里，人们借以返璞归真的诗意的生命寄托物”。

3.2.5.1 植物的物理特性

1. 色彩

植物或者植物群落的色彩是由它上面反射的光线波长所决定的，并且表现出视觉特征，它能吸引注意力、影响情绪、创造气氛。一种色彩在园林中的表现常与这些因素有关，即观赏距离、直接和间接光线的多少、阴影的多少以及植物生长地方的土质情况。

2. 形态

形态是植物或者植物群的形状和结构。它用于表明二维形状（只具备长和宽的形状）和三维形状（具备长、宽、高的形状）。园林中的每种植物都有独特的形态以建立其功能特征。一般的植物外观形态有圆球形、椭圆形、圆锥形、金字塔形、直立形、悬垂形、铺地形或水平形、不规则形等。

3. 质感

质感是指植物材料的表面质地。质感可被定义为物质表面的触觉和视觉特征，它取决于植物组成单元的形态、尺寸和总体。

3.2.5.2 植物的种类

园林植物按照其自然生长成的整体类型可以分成树木、地被草坪和花卉。

1. 树木

1）乔木

乔木是指高 6 m 以上，具有明显木本主干的直立树木，按高度可分为大乔木（高 20 m 以上），中乔木（高 10～20 m）及小乔木（高 5～10 m）。通常以乔木主干距地面 1.3 m 处的树干直径表示树木的粗细，称为胸高直径（简称胸径）。有的则在近地处即分支，形成 2 个以上的树干。在纬度极高、海拔极高处的松、云杉、桦等，仅高 10 m 左右，但仍有一根主干。

乔木通常按其生活习性分为常绿乔木和落叶乔木。常绿乔木又可分为针叶常绿乔木和阔叶常绿乔木。但对于某一种乔木来说，是否能全年不落叶，则取决于气候条件。

乔木的形态因种类不同而有很大差别。气候、土地、地形不同，乔木的大小也表现出极大的差异，如生长于森林中的乔木树冠形态与生长于开阔地的不同。乔木的生命很长，有的可达数千年之久。最高的乔木是太平洋沿岸的红杉，其中有几棵高达 105 m，最粗的是非洲的猴面包，最大直径为 7.5 m，墨西哥落羽杉最大圆周达 45 m。孟加拉榕树向四面伸展的分枝触地后能长成支持根，因此，树冠极宽大，有一株树的树冠圆周竟达 600 m。

2）灌木

灌木是指那些没有明显的主干、丛生状态的、通常低于 6 m 的木本植物，如有许多枝条而且很稠密，在地下即分蘖，则可称丛生灌木；主茎或树干在地面上很矮即开始分枝，称直立型灌木；有的拱垂，为垂枝灌木；匍匐形的为匍匐灌木。枝条不超过 0.5 m 者为小灌木。

然而这些级别不完全确切，因为有许多灌木，例如，紫西香和忍冬，在特别有利的条件下，可长成乔木状灌木，甚至长成像小乔木一般。有些物种和个体可长成乔木形；另一些在不同条件下，乔木可能长成灌木，形成乔木状灌木形，例如，漆树、柳和云杉。

3）藤木

藤木指多年生木本有缠绕茎者。缠绕他物者为缠绕藤木；用变态器官攀援他物者，为攀援藤木。

2. 草坪及地被植物

1）草坪

草坪也称草皮，是以栽植人工选育的草种成为矮生的密集的植物覆盖的地面，具有改善和美化环境的作用，草坪一般为多年生草本植物。

2）地被

园林中使用的地被植物是为覆盖地面，其茎、枝、杈和根均在地面横向生长的植物，它可以保持水土，一般高度在0.3 m以下，主要为木本，也有宿根草木。有的藤木或者匍匐形灌木也可作为地被植物。

3. 花卉

花卉按照生长习性和形态特征，分为多年生宿根花卉、一年生草本花卉、木本花卉、球根花卉，也可分为陆地花卉、水生花卉或者是温室花卉、室外花坛用花卉，或者是观花花卉、观叶花卉、观果花卉等。

3.2.5.3 植物设计原则与方法

1. 配植艺术通则

园林植物在一定的空间内组合在一起，形成一种形体并与周围环境表现出既定的氛围，从而创造出美感，表现其共同组合的规律，在运用上可称作通则。

1）重点突出

无论是绘画、音乐还是戏曲都要有主题，鲜明的主题要靠重点突出。在园林上有的种植一片石榴（南京燕子矶），有的种植一片海棠（昆明圆通山），有的种植一片梅花（杭州西湖灵峰），有的种植大片竹林（北京紫竹院公园），都突出了主题，表现了“个性”。用孤立树也同样可以达到突出重点的目的，这在西方园林中很普遍，就是在我国园林中也有。我国传统上把树木花草人格化，赋予其一种精神，成为一种象征。因而，集中某种园林植物的群体成林成片，或者突出一株、几株，加以渲染均可成主景。

当然，突出重点并不局限于采用纯林、孤立树这两种手法。运用对比、衬托、框景等手法都可以。特别在园林中，夸张放大的手法是常用的。

2）对比微差

利用互相衬托以求得变化为对比，借助彼此之间的协调和连续性形成调和与微差。植物配置上的对比有如下几种。

(1) 形体对比：高与矮（垂柳与黄杨），横与竖（合欢与桧柏）；

(2) 色彩对比：红与黄（一串红与黄菊），红与蓝（红三色堇与藿香蓟），深绿与洁白（圆柏与白丁香）；

(3) 虚与实对比：密林与疏林草地；

(4) 明与暗对比：广场、草坪与郁闭的树林；

(5) 动与静对比：飘香、花影与伫立的花草树木。

园林植物与其附近的环境中的物体可以产生很多对比，例如，与墙、山石、流水的对比等。

3）韵律节奏

自然界中许多事物或现象，往往由于有秩序的变化或有规律的重复出现，而激起人们的美感，这种美通常称为韵律节奏美。园林植物配植讲韵律节奏是使不同的园林植物，随着长短变化做出水平连续起伏的状态，也就是在一定的空间环境中利用各种植物的单体或组成的群体以一定秩序进行水平配列。有韵律节奏的植物配植可以使作品避免单调而增加生气，表现情趣。用花坛、花境的线、面，以树木的形体、质感，花卉的色彩可以有效地创造出韵律来。在林缘、岸边的植物配植最能表现出韵律节奏感。就是在公园、花园内也一样，例如，法国凡尔赛宫、枫丹白露的庭园就是用林带、花坛、草坪成功地达到韵律化节奏的。韵律的表现可以有下面三种。

(1) 连续韵律：树木或树丛连续等距的出现；

(2) 渐变韵律：林木的排列变疏变密，花色的变浓、变淡；

(3) 起伏韵律：植物的高矮变化。

4) 比例尺度

比例主要表现为整体或部分之间的长短、高低、宽窄等关系。换言之，也就是部分与整体在尺度之间的调和。尺度则涉及具体尺寸。一般说的尺寸不是指真实尺寸大小，而是给人们感觉上的大小印象同真实大小之间的关系。北方四合院中的庭园树常选用海棠、金银木、石榴、玉兰，大门口外由于街道的空间大，常选用槐树。在广场、公共建筑前花坛的大小和植物的高低都要考虑好比例尺度的问题。北京天安门前花坛中的黄杨球直径4 m，绿篱宽 7 m，都超出了平常的尺度，但是与广场和天安门城楼的比例尺度是和谐的。

5) 层次渗透

无论从一处景点、景区或是整个公园植物配植上都要有层次。一处景点的植物配植要达到丰满、坚实、细致、有情趣，需要用植物的高低、色泽的深浅以及线条的划分来创造层次。从全园来讲，要把各景点、景区的植物配植衔接起来，形成“曲径通幽”、“柳暗花明”的意境，使人不断得到美的感受，最后达到全园的高潮。

6) 均衡稳定

依照中国的传统，门前、堂前、庙前都喜欢对称式的栽植植物，以保持中轴线的稳定。要保持稳定的格局，常采用拟对称的手法，在数量、质量、轻重、浓淡的方面产生呼应，达到活而不乱、庄重中有变化的效果。

7) 多样统一

种植多样的园林植物会使人感到十分丰富，但有时也会感到杂乱，要求植物配植既能多样又有统一。在植物配置设计中，尽管有各式花圃或是各种不相同的品种、形态的植物罗列，但只要用好一种植物或是某种简单的形式（如花境、绿篱），将其概括、协调、统一全局，做到统一又富于变化，仍能达到十分满意的效果。

8) 空间分隔

在园林中运用园林植物分隔空间是十分重要又多见的。以园林植物划分空间时，其形式可以用绿篱、树林、树群、竹林、草坪、花坛等。空间的分隔不是用挡墙分块，而是用植物使人入画中，获得开朗、幽深、静谧、娇艳、兴奋、清爽等各种感受。

空间按不同形式可划分为各种类型。

(1) 按使用分：可分为实用空间和观赏空间；

(2) 按构成分：可分为建筑空间、地形空间（包括水体）和植物空间；

(3) 按布局分：可分为内在空间、外在空间和流动空间。

2. 植物设计的具体方法

1）孤植树与对植树设计

孤植树也称孤景树，是指一株树木单独种植设计成景的园林树木景观。它成为园林局部空间的主景构图，功能上以观赏为主，兼遮荫效果。在树种选择上，要求体形高大、姿态优美、树冠开阔或具有特殊观赏价值（花果叶香等）、无污染的树种等。常见的有：香樟、榕树、悬铃木、朴树、雪松、银杏、七叶树、广玉兰、金钱松、油松、薄壳山核桃、麻栎、云杉、桧柏、白皮松、枫香、白桦、枫杨、乌桕等。

对植树是指按一定轴线关系对称或均衡对应种植的两株或两组树木景观。常用于路端、入口、公园两侧、规则式花园出入口、桥头与石阶两侧、庭院左右等。主要选择形态美观、树冠整齐、花叶娇美的树种。适合的树木有雪松、龙柏、龙爪槐、南洋杉、云杉、柳树、苏铁、棕竹、桧柏、棕榈、碧桃、紫玉兰、罗汉松等。

2）树丛、树群、树林设计

树丛设计是指由多株（通常二至十几株）树木做不规则近距离组合种植，具有整体效果的园林树木群体景观。适用于大多数树种，根据环境条件、造景构图及生态习性灵活布置。树丛可以反映小规模群体形象美，可以做局部空间的主景，或配景、障景、隔景等，兼有遮阳的作用，如水池边、河畔、草坪等处。

树群设计是指由几十株树木组合种植的树木群体景观，分为单纯树群和混交树群。单纯树群只有一种树种，其树木种群景观的特征显著，郁闭度较高。混交树群由多种树种混合组成一定范围树木群落景观，是园林树群设计的主要形式，具有层次丰富、景观多姿多彩、持久稳定的特点。混交树群具有多层结构，通常分为四层，即乔木层、亚乔木层、大灌木层和小灌木层，还有多年生草本地被植物，也称为第五层。一般分布原则为乔木位于树群中央，其四周是亚乔木层，而大、小灌木则分布于树群的最外缘。

树林设计是指成片、成块种植的大面积树木景观，如风景林、防护林、水源涵养林等。它根据结构和树种不同可分为密林（郁闭度 70%～100%）、疏林（郁闭度 40%～60%）、单纯林和混交林。

3）林带和植篱设计

林带设计是指用于路边、河滨、周边环境等的林带，具有遮阳、防风、阻隔、减噪等功能。一般选 1～2 种树种，多为高大乔木，树冠枝繁叶茂，具有较好的遮阳、降噪、防风、阻隔遮挡等功能，郁闭度较高。常用的树种有水杉、杨树、栾树、桧柏、山核桃、刺槐、火炬松、白桦、银杏、柳杉、落羽杉、女贞等。

植篱设计是指由同一种做近距离密集列植成篱状的树木景观。常用于分隔、屏障或做花镜、花坛、喷泉、雕塑等的背景。一般分为绿篱、花篱、果篱、树墙、蔓篱、刺篱等。

4）草坪设计

草坪是环境景观绿化设计运用最普遍的手法之一。

草坪的草个体小、数量多、占据空间小、生长快、适应性强，易成活。草紧贴地面生长，可防止尘土飞扬和水土流失。草坪在环境景观中形成通风道，可防暑降温、净化空气、吸附尘土、减弱噪声，保护环境。

在草坪设计中应考虑以下因素：

(1) 明确草坪的生长环境，选择合适的草种。一般草坪草喜阳，因此在林下荫地，需选择耐阴性较强的草种，如野牛草、羊胡子草。

(2) 明确草坪的用途，考虑草地踩踏与人流量的问题。

(3) 考虑草地的坡度与排水的问题，同时需考虑艺术构图因素，使草地的地形与周围的景物统一起来。

在草坪植物品种上应依据草坪的功能与环境进行选择。

(1) 游憩活动草坪和体育草坪应选择耐践踏、耐修剪、适应性强的草坪草，如狗牙根、结缕草、马尼拉、早熟禾；

(2) 干旱少雨地区则要选具有抗旱、耐旱、抗病性强的草坪草，如假俭草、狗牙根、野牛草等；

(3) 观赏草坪要求草坪植株低矮，叶片细小美观，叶色翠绿且绿叶期长等草种，如天鹅绒、马尼拉、早熟禾、紫羊茅等；

(4) 护坡草坪要求选择适应性强、耐旱、耐瘠薄、根系发达的草种，如结缕草、假俭草、白三叶、百喜草等；

(5) 湖畔河边或地势低凹处应选择耐湿草种，如剪股颖、细叶苔草、假俭草、两耳草等；

(6) 树下及建筑阴影环境应选耐阴草坪草，如两耳草、细叶苔草、羊胡子草等。

5) 花坛与花池设计

花坛、花池设计是环境景观设计语言基本手段之一。花坛、花池通常又称为环境景观立体绿化主要造型要素。花坛、花池的高度一般要高出地面 0.5～1 m。

花坛、花池随环境景观地形、位置的需要而加以“随形”变化。它的基本形式有花带式、花兜式、花台式、花篮式等，既可固定也可以不固定，还要与坐椅、栏杆、灯具等环境景观小品结合起来予以统一处理。适当的花坛、花池造型设计可以对环境景观平面和立面形态设计加以丰富、变化。同时，也为绿化形态处理带来多种多样的造型变化的可能性。

花坛、花池形式变化主要在高差和形状两个方面。在设计时必须与环境景观整体形式上统一处理。花坛、花池有单体式、独立式和组合式。

花坛与花池的栽植床应高于地面，以利排水。栽植一年生花卉及草皮土壤厚度为 0.2 m；栽植多年生花卉及灌木土壤厚度为 0.4 m。植床下应有排水设施。

6) 花架设计

花架，也称绿廊。一般适用于非政治性小型休闲环境景观的边缘布置，在环境中起点缀作用，也可以用来休息、遮阴、纳凉。用花架联系空间，并进行空间的变化。

7）花境设计

花境是以多年生草花为主，结合观叶植物和一二年生草花，沿花园边界或路缘设计布置而成的一种园林植物景观，其外形较规整，内部花卉的布置成丛或成片，自由变化，多为宿根、球根花卉，也可点缀种植花灌木、山石、器物等。

应用环境：为各类园林绿地，通常沿建筑物基础墙边、道路两侧、台阶两旁、挡土墙边、斜坡地、林缘、水畔池边、草坪地以及与植篱、花架、游廊等结合布置。

设计形式：界于规则式和自然式之间的一种带状花卉景观设计形式，是草花与木本植物结合设计的景观类型。花境植床与周围地面基本相平，中央可稍凸起，坡度约5％，以利排水。植床长度一般不超过6 m，单向观赏花境宽2～4 m，双向观赏花境宽4～6 m。

布局：单向观赏花境的种植设计要前低后高，有背景衬托的花境则要注意色彩对比等。双向观赏花境的花灌木多布置于中央，周围布置较高的宿根花卉，最外缘布置低矮花卉。

常用的草花与花灌木：美人蕉、大丽花、小丽花、萱草、波斯菊、金鸡菊、芍药、蜀葵、黄秋葵、沿阶草、麦冬、鸢尾、射干、玉簪、紫茉莉、菊花、水仙、郁金香、风信子、葱兰、石蒜、韭兰、三叶草、唐菖蒲、一叶兰、紫露草、常春藤、球根海棠、吊竹梅、南天竹、梅花、凤尾竹、五针松、棣棠、丁香、月季、牡丹、玫瑰、金钟花、珍珠梅、榆叶梅、金丝桃、杜鹃、腊（蜡）梅、棕竹、朱蕉、变叶木、十大功劳、红枫、龙舌兰、苏铁、铺地柏、茶花、寿星桃、矮生紫薇、贴梗海棠等。

景观设计是一个循序渐进的过程，优秀作品的完成必须经过相关的程序步骤。在正式进行景观设计之前，景观设计师需要了解在景观造景中的艺术手法以及表现形式，

第 4 章　景观设计的程序与方法

并且善于发现景观中的美，培养自身的审美能力和艺术能力。当进入景观设计的阶段，应遵循一定的程序步骤，从调查到分析再到综合设计过程，设计师需要不断地结合自身的理论知识以及项目的实际背景。只有掌握了景观设计的重要方法和程序，才能使图纸成果完美。

4.1 景观造景艺术手法

景观设计是多样性、综合性的艺术，既要满足人们对使用功能的要求，也应满足人们精神感受上的要求，因此要赋予它以美的属性。

自然界常以其形式美取胜而影响人们的审美感受，各种景物都是由外形式和内形式组成的。外形式由景物的材料、质地、线条、体态、光泽、色彩和声响等因素构成；内形式是由上述因素按不同规律组织起来的结构形式或结构特征所构成。如一般植物都是由根、干、冠、叶、花、果组成，然后它们由于其各自的特点和组成方式的不同而产生了千变万化的植物个体和群体，构成了乔、灌、藤、花卉等不同形态。

形式美是人类在长期社会生产实践中发现和积累起来的，但是人类社会的生产实践和意识形态在不断改变着，并且还存在着民族、地域性及阶层意识的差别。因此，形式美又带有变移性、相对性和差异性。但是，形式美发展的总趋势是不断提炼与升华的，表现出人类健康、向上、创新和进步的愿望。任何单纯追求刺激、怪诞、畸形、杂乱、美丑颠倒的颓废主义都必将为人类所唾弃。

人们按照美的规律塑造景物外形，逐渐发现并总结出一些美的规律性，并将这些规律主要应用于造型艺术中，将之称为形式美的基本规律或形式美法则。景观设计主要是以造型艺术为主，因此在设计的过程中可以遵循形式美的基本法则。

4.1.1 对景与借景

景观设计的平面布置中，往往有一定的建筑轴线和道路轴线，在轴线尽端安排的景物称为对景。对景往往是平面构图和立体造型的视觉中心，对整个景观设计起着主导作用。对景可以使两个景观互相观望，丰富景观特色，一般选择园内透视画面最精彩的位置。对景可以分为直接对景和间接对景。直接对景是视觉最容易发现的景，如道路尽端的亭台、花架等，一目了然；间接对景不一定在道路的轴线上或行走的路线上，其布置的位置往往有所隐蔽或偏移，给人以惊异或若隐若现之感。

借景也是景观设计常用的手法。通过建筑的空间组合，或建筑本身的设计手法，将远处的景致借用过来。如苏州拙政园可以从多个角度看到几百米以外的北寺塔，这种借景的手法可以丰富景观的空间层次，给人极目远眺身心放松的感觉，如图 4-1 所示。

(a) 对景　　　　(b) 借景

图 4-1　对景与借景①

4.1.2　隔景与障景

“佳则收之，俗则屏之”是我国古代造园的手法之一，在现代景观设计中，也常常采用这样的思路和手法，如图 4-2 所示。

(a) 隔景　　　　(b) 障景

图 4-2　隔景与障景②

4.1.2.1　隔景

隔景是将园林绿地分成若干个空间的景物，以获得园中有园、景中有景的艺术效果，以丰富园林景观。隔景与障景不同。障景是出其不意，本身就是景，在许多时候，它起到障丑扬美的作用。隔景旨在分割空间景观，并不强调自身的景观效果。隔景手法在传统园林与现代园林中均常见应用，如北京颐和园用皇帝朝政院落及其后一环假山、树林作为障

---

① 百度图片网. http://image. baidu. com/i? tn=baiduimage&ct=201326592&cl=2&lm=-1&fr=&fmq=&pv=&ic=0&z=0&se=1&showtab=0&fb=0&width=&height=&face=0&word=%BD%E8%BE%B0&s=0#.

② 百度空间. http://hi. baidu. com/%B1%E2%B1%E2wjy/album/item/00a66750c1ded43e377 abec9. html,管家游. http://www. guanjiayou. com/sights/view/3075. htm.

景，自侧方沿曲路前进，一过牡丹台便豁然开朗，湖山在望。

4.1.2.2 障景

障景是指在园林中能抑制视线、引导空间、转换方向的屏障景物。障景具有双重功能，一是屏障景物、改变空间、引导方向。二是作为前进方向的对景，所以障景本身的景观效果也很重要。障景可以达到“欲扬先抑，先藏后露”，“山穷水尽疑无路，柳暗花明又一村”，提高主景的艺术效果。障景依据所用材料不同有山石障、影壁障、树丛障、建筑障。如古典园林中常见的假山、孤赏石、影壁墙、小竹林等常用做障景。障景常设于路口并高于视线，景前留有余地，供游人逗留、穿越。障景的布置宜自然，多采用不对称的构图，构图宜有动势，以便引导游人前进。

4.1.3 对比与调和

对比与调和是变化统一最直接的体现。统一的环境一旦变化，势必形成对比，要使诸多不同的形式统一起来，必然采取调和的手法。

对比又称对照，把反差很大的两个视觉要素成功地配列于一起，虽然使人感受到鲜明强烈的感触而仍具有统一感的现象称为对比，它能使主题更加鲜明，视觉效果更加活跃。它是应用变化原理，使一些可比成分的对立特征更加明显，更加强烈，让不同的因素在对抗矛盾中相互吸引、相互衬托，这种现象会在人的心理产生强烈的刺激美感。

对比关系主要通过视觉形象色调的明暗、冷暖，色彩的饱和与不饱和，色相的迥异，形状的大小、粗细、长短、曲直、高矮、凹凸、宽窄、厚薄，方向的垂直、水平、倾斜，数量的多少，排列的疏密，位置的上下、左右、高低、远近，形态的虚实、黑白、轻重、动静、隐现、软硬、干湿等多方面的对立因素来达到的。它体现了哲学上矛盾统一的世界观。调和就是各个部分或因素之间相互协调，就是指可比因素存在某种共性，也就是同一性、近似性或调和的配比关系。对比与调和是相对而言的，没有对比就没有调和，它们是一对不可分割的矛盾统一体，如图 4-3 所示。

图 4-3 对比与调和[①]

① 新浪博客. http://blog.sina.com.cn/s/blog_4bc523150100daos.html.

4.1.4 尺度与比例

人们的空间行为是确定空间尺度的主要依据。同时，景物自身的比例也会给人以不同的感受。环境与建筑物的尺度主要指建筑物与所处的环境存在对比与衬托的关系，空旷的地段，并不太高的形态会有扩展体量的感觉，拥堵的环境中较为高大的形态也会有萎缩之感。同样一件雕塑作品放在一幢建筑物前会显得很雄伟，而放在广场中则显得很渺小。

尺度是景物的整体或局部大小与人体高矮、人体活动空间大小的度量关系，也是人们常见的某些特定标准之间的大小关系，如图 4-4 所示。因此，无论是建筑、广场、草地都应该依据其功能和使用对象确定其尺度和比例。具体的尺度和比例最好从实践中把握感受，如在大空间里赏景有雄伟之感，在习惯的空间里赏景会感到自然、舒适。

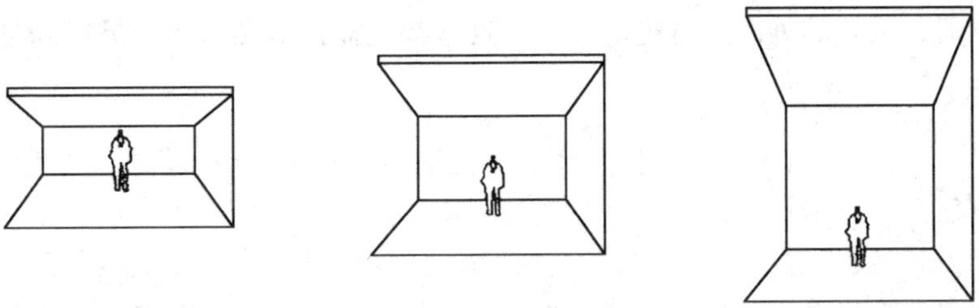

(a) 压抑　　(b) 正常　　(c) 空旷

图4-4　建筑空间的尺度感

4.1.5 节奏与韵律

节奏与韵律，是景观设计中常用的手法，在景观的处理上节奏包括铺地中材料有规律的变化，灯具、树木排列中以相同间隔的安排，花坛座椅的均匀分布等。韵律是节奏的深化，如图 4-5 所示。

图 4-5　路旁的行道树的种植上体现节奏与韵律①

---

① 中国美术家. http://www.artist.org.cn/student/1/1/200603/36102.html.

4.1.5.1 节奏

节奏有快有慢、有强有弱。节奏有高潮和结尾，有间歇和停顿；节奏有重复与渐变，有起伏与跳跃。把握节奏如同作曲家创作乐曲，要充分发挥节奏感的抑扬顿挫。节奏感除了运用于整体的构思外，还可以应用在局部相对独立的部分。

4.1.5.2 韵律

韵律多指整体的状态、气氛，指全局性的效果。韵律经常要凭感觉去体会。韵律最具感染力，如同音乐的主旋律，好的造型艺术作品以其潜移默化的韵律感打动欣赏者的心灵。韵律与节奏是一个整体，节奏的变化可以产生韵律，韵律感中必然有节奏的存在。轮回的四季、起伏的山谷、流淌的水纹、滚动的云层，生活中的节奏与韵律比比皆是，又如急驰的车辆、旋转的机器、鸣响的钟声、行进的步伐，这些都是捕捉节奏韵律的灵感和创作节奏与韵律的源泉。

4.1.6 对称与平衡

对称是同形同量的组合。指在一假设中心线（中心点）的左右或上下，图案的各构成因素呈同形、同量的配置。对称是自然界中处处可见的现象。如人体的眼、耳、手、足；蝴蝶、鸟类的双翅；植物的对生叶片；冬天的雪花，等等。在景观设计中，广义的对称包括线对称、中心对称、放射对称、移动对称、扩大对称，如图 4-6 所示。

(a) 印度泰姬・玛哈尔陵

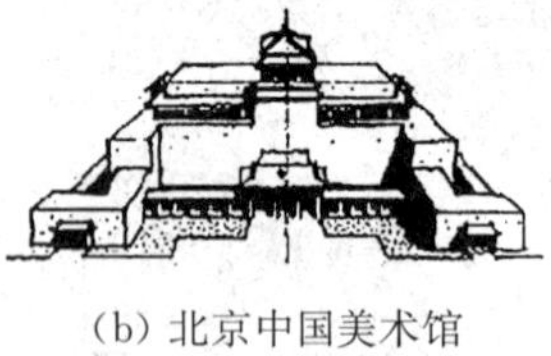

(b) 北京中国美术馆

(c) 北京故宫

图 4-6 建筑的对称感①

平衡是异形同量的组合。指在一假设的中心线（中心点）两侧，图案的各构成因素保持力量的平衡，呈等量不等形的配置。平衡也是自然界处处可见的现象。人的运动、鸟的飞翔、兽的奔跑等，无一不是处在平衡的动态之中。平衡的结构富于动感，具有生动活泼

① 网易博客. http://mengmzs.blog.163.com/blog/static/8626893520098251134581 14/.

的表现特征，呈现变化丰富的动态美，如图 4-7 所示。设计者着力表现图面的左侧，随着建筑不断地向右延伸，建筑越来越小、视觉元素越来越虚、光感越来越强，画面右侧显得偏轻，造成了画面左右不平衡感，为了解决这个问题，设计者在右侧天空大量留白的部分添加了一个挂角树，很好地补充了画面构图的平衡感。

图 4-7　设计的平衡感①

4.1.7　引导与示意

引导的手法是多种多样的。采用的材质有水体、铺地等很多元素。如公园的水体，水流时大时小，时宽时窄，将游人引导入公园的中心。示意的手法包括明示和暗示。明示指采用文字说明的形式如路标、指示牌等小品的形式。暗示可以通过地面铺装、树木的有规律布置的形式指引方向和去处，给人以身随景移“柳暗花明又一村”的感觉。

4.2　景观设计的程序与方法

4.2.1　景观设计程序

各种项目的设计都要经过由浅入深、从粗到细、不断完善的过程，景观设计也不例外。设计者应先进行基地调查，熟悉物质环境、社会文化环境和视觉环境，然后对所有与设计有关的内容进行概括和分析，最后，拿出合理的方案，完成设计。这种先调查再分析、最后综合的设计过程可划分为五个阶段，即任务书阶段、基地调查和分析阶段、方案设计阶段、详细设计阶段和施工图设计阶段。

每个阶段都有不同的内容需解决不同的问题，并且对图纸也有不同的要求。

---

①　新浪地产. http://baike. dichan. com/word -%E5%A4%A9%E9%98%B3. %E8%A7%82%E7%AD%91-39962. html.

4.2.1.1 任务书阶段

在任务书阶段，设计人员应充分了解设计委托方的具体要求，有哪些愿望，设计所要求的造价和时间期限等内容。这些内容往往是整个设计的根本依据，从中可以确定哪些值得深入细致地调查和分析，哪些只要作一般的了解。在任务书阶段很少用到图纸，常用以文字说明为主的文件。

4.2.1.2 基地调查和分析阶段

掌握了任务书阶段的内容之后就应该着手进行基地调查，收集与基地有关的资料，补充并完善不完整的内容，对整个基地及环境状况进行综合分析。收集来的资料和分析的结果应尽量用图纸、表格或图解的方式表示，通常用基地资料图记录调查的内容，用基地分析图表示分析的结果。这些图常用徒手线条勾绘，图纸应简洁、醒目、说明问题，图中常用各种标记符号，并配以简要的文字说明或解释。

1. 实地勘察

景观拟建地通常又称为基地，它是因自然场景和人类活动共同作用下所形成的复杂空间实体，它与外部环境有着密切的关系。设计师在进行景观设计之前应当对基地进行全面、系统的调查和分析，为后续的设计提供细致、可靠的依据。

2. 现状调查

基地现状调查包括收集与基地有关的技术资料和进行实地踏勘、测量两部分工作。有些技术资料可从有关部门查询得到，如基地所在地区的气象资料、基地地形及现状图（图4-8)、管线资料、城市规划资料等。对查询不到的但又是设计所必需的资料，可通过实地调查、勘测得到，如基地及环境的视觉质量、基地小气候条件等。若现有资料精度不够或不完整或与现状有出入，则应重新勘测或补测。基地现状调查的内容有：

(1) 基地自然条件：地形、水体，土壤、植被；

(2) 气象资料：日照条件、温度、风，降雨、小气候；

(3) 人工设施：建筑及构筑物、道路和广场、各种管线；

(4) 视觉质量：基地现状景观、环境景观、视域；

(5) 基地范围及环境因子：物质环境、知觉环境、小气候、城市规划法规。

现状调查并不需将所有的内容一个不漏地调查清楚，应根据基地的规模、内外环境和使用目的分清主次，主要的应深入详尽地调查，次要的可简要地了解。

3. 基地分析

调查是手段，分析才是目的。基地分析是在客观调查和主观评价的基础上，对基地及其环境的各种因素作出综合性的分析与评价，找出问题和优势，使基地的潜力得到充分发挥。基地分析在整个设计过程中占有很重要的地位，深入细致地进行基地分析有助于用地的规划和各项内容的详细设计，并且在分析过程中产生的一些设想也很有利用价值。基地分析包括在地形资料的基础上进行坡级分析、排水类型分析（图4-9)，在土壤资料的基础上进行土壤承载分析，在气象资料的基础上进行日照分析、小气候分析等。

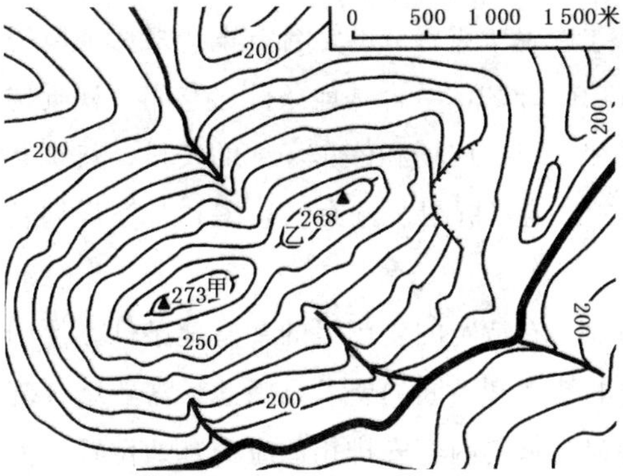

图 4-8　地形图

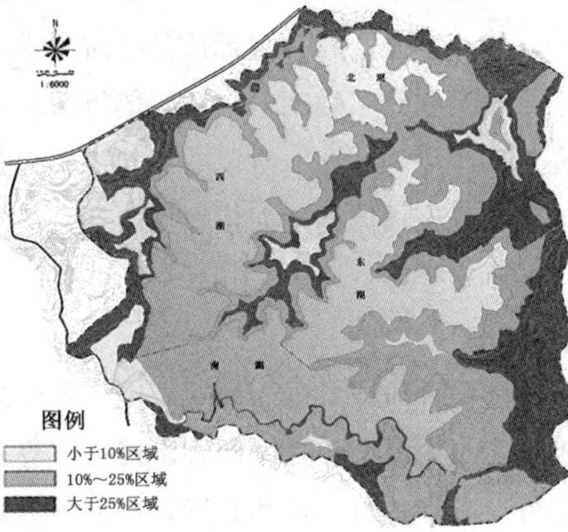

图 4-9　坡度分析图

较大规模的基地是分项调查的，因此基地分析也应分项进行，最后再综合。首先将调查结果分别绘制在基地底图上，一张底图上只作一个单项内容，然后将诸项内容叠加到一张基地综合分析图上（图4-10）。由于各分项的调查或分析是分别进行的，因此可做得较细致、较深入，但在综合分析图上应该着重表示各项的主要和关键内容。基地综合分析图的图纸宜用描图纸，各分项内容可用不同的颜色加以区别。

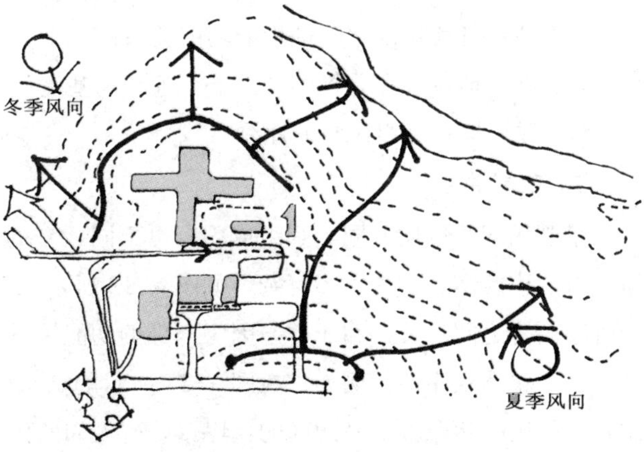

图 4-10　基地现状分析图

4. 资料表述

在基地调查和分析时，所有资料应尽量用图或图解并配以适当的文字说明的方法表述，并做到简明扼要。这样资料才直观、具体、醒目，给设计带来方便。

标有地形的现状图是基地调查、分析不可缺少的基本资料，通常称为基地底图。在基地底图上应表示出比例和朝向、各级道路网、现有主要建筑物及人工设施、等高线、大面积的林地和水域、基地用地范围。另外，在要缩放的图纸中最好标出线状比例尺图，用地范围最好用双点画线表示。基地底图不要只限于表示基地范围之内的内容，最好也表示出一定范围的周围环境。为了能准确地分析现状地形及综合地质关系，也可作一些典型的剖面。

4.2.1.3　方案设计阶段

当基地规模较大及所安排的内容较多时，就应该在方案设计之前先作出整个景观的用地规划或布置，保证功能合理，尽量利用基地条件，使诸项内容各得其所，然后再分区分块进行各局部景区或景点的方案设计。若范围较小，功能不复杂，则可以直接进行方案设计。方案设计阶段本身又根据方案发展的情况分为方案的构思、方案的选择与确定以及方案的完成三部分。综合考虑任务书所要求的内容和基地及环境条件，提出一些方案构思和设想，权衡利弊，确定一个较好的方案或几个方案构思所拼合成的综合方案，最后加以完善完成初步设计。这一阶段的工作主要包括进行功能分区，结合基地条件、空间及视觉构图确定各种使用区的平面位置（包括交通的布置和分级、广场和停车场地的安排、建筑及入口的确定等内容）。常用的图纸有功能关系图、功能分析图、方案构思图和各类规划及总平面图。

方案设计阶段景观用地规划中，每个景观用地都有特定的使用目的和基地条件，使用目的决定了用地所包括的内容。这些内容有各自的特点和不同的要求，因此，需要结合基地条件合理地进行安排和布置，一方面为具有特定要求的内容安排相适应的基地位置；另一方面为某种基地布置恰当内容，尽可能地减少矛盾，避免冲突。景观用地规划主要考虑下列几方面的内容：

（1）找出各使用区之间理想的功能关系；

（2）在基地调查和分析的基础上合理利用基地现状条件；

（3）精心安排和组织空间序列。

1. 功能关系

景观用地的性质不同，其组成内容也不同，有的内容简单、功能单一，如图 4-11 所示。有的内容多、功能关系复杂，如图 4-12 所示。景观用地规划的第一步工作就是要搞清各项内容之间的关系和矛盾，因为合理的功能关系能保证各种不同性质的活动、内容的完整性和整体秩序性。例如，在图 4-11 所示的街头休憩小公园中，若将租赁放在坐憩和水景之间则必然会扰乱坐憩区的秩序，妨碍人们的休息和观景。根据使用区之间性质差异的大小可将其间的关系划分为兼容的、需要分隔的、不相容的三种形式。另外，整个拟建景观的内容之间常会有一些内在的、逻辑的关系，例如，动与静、内部与外部等。如果按照这种逻辑关系安排不同性质的内容就能保证整体的秩序性而不破坏其各自的完整性。

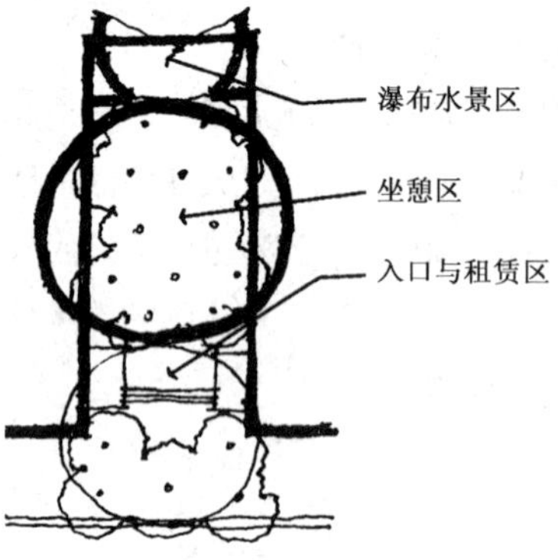

图 4-11　供行人休憩的面积图仅为 450 m² 的纽约佩雷公园

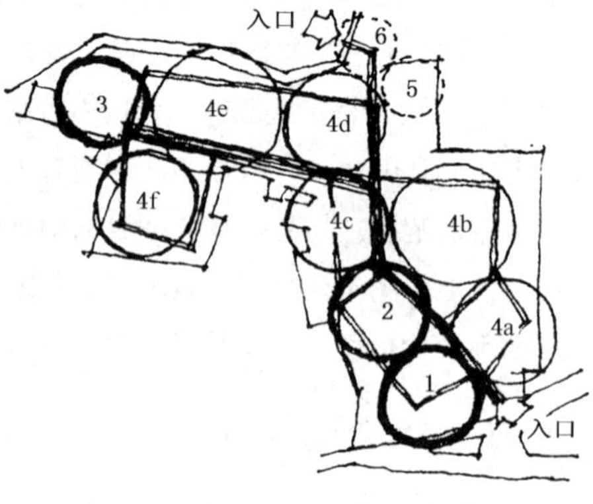

图 4-12　某综合性公园功能分区图

2. 图解方法

当内容多、功能关系复杂时，应借助于图解法进行分析。图解法主要有框图、区块图、矩阵和网络四种方法，其中框图法（又称为泡泡图解法）最常用。框图法能帮助快速记录构思，解决平面内容的位置、大小、属性、关系和序列等问题，不失为景观设计中一种十分有用的方法。在框图法中常用区块表示各使用区，用线表示其间的关系，用点来修饰区块之间的关系。用图解法作构思图时，图形不必拘泥，可随意一点，即使性质和大小不同的使用区也宜用圆、矩形等没有太大差别的图形表示，不应一开始就考虑使用区的平面形状和大小。在图解法中若再借助于不同强度的联系符号或线条的数目表示出使用区之间关系的强弱则更清晰、明了。另外，当内容较多时也可用图示的方式表示，即先将各项内容排列在圆周上，然后用线的粗细表示其关系的强弱，从图中可以发现关系强的一些内容自然形成了相应的分组。

明确了各项内容之间的关系及其强弱程度之后就可进行用地规划、布置平面。在规划用地时应抓住主要内容，根据它们的重要程度依次解决，其顺序可用图示的方法确定，图中的点代表需解决的问题，箭头表示其属性。在布置平面时可先从理想的分区出发，然后结合具体的条件定出分区；也可从使用区着手，找出其间的逻辑关系，综合考虑后定出分区。

4.2.1.4 初步设计阶段

方案设计完成后应与委托方共同商议，然后根据商讨结果对方案进行修改和调整。本阶段为初步设计阶段，一旦初步方案定下来后，就要全面地对整个方案进行各方面详细的设计，包括确定准确的形状、尺寸、色彩和材料，完成各局部详细的平立剖面图、详图、园景的透视图，表现整体设计的鸟瞰图。

4.2.1.5 施工图设计阶段

施工图设计阶段是将设计与施工连接起来的环节。根据所设计的方案，结合各工种的要求分别绘制出能具体、准确地指导施工的各种图纸。这些图纸应能清楚、准确地表示出各项设计内容的尺寸、位置、形状、材料、种类、数量、色彩以及构造和结构，完成施工平面图、地形设计图、种植平面图、景观建筑施工图等。

4.2.2 景观设计方法

景观设计作为一门环境艺术，涉及面广，综合性强，既要考虑科学性，又要不失艺术性，处理好这些关系需要有一定的学识，这对初学者来说有一定的难度，但是，景观设计还是有一些方法可循的，下面就从构思立意、视线分析和方案比较等方面作些简要阐述。

4.2.2.1 构思立意

在一项设计中，方案构思往往占有举足轻重的地位，方案构思的优劣能决定整个设计的成败。好的设计在构思立意方面多有独到和巧妙之处。但是，直接从大自然中汲取养分，获得设计素材和灵感也是提高方案构思能力、创造新的景观境界的方法之一。除此之外，对设计的构思立意还应善于发掘与设计有关的体裁或素材，并用联想、类比、隐喻等手法加以艺术地表现。总之，提高设计构思的能力需要设计者在自身修养上多下功夫，除了本专业领域的知识外，还应注意诸如文学、美术、音乐等方面知识的积累，它们会潜移默化地对设计者的艺术观和审美观的形成起作用。另外，平时要善于观察和思考，学会评价和分析好的设计，从中吸取有益的东西。

4.2.2.2 视线分析

视线分析是景观设计中处理景物和空间关系的有力方法。

1. 视域

人眼的视域为一不规则的圆锥形。双眼形成的复合视域称为中心眼视域，其范围向上为70°，向下为80°，左右各为60°，超出此范围时，色彩、形状的辨认力都将下降。头部不转动的情况下能看清景物的垂直视角为26°～30°，水平视角约为45°，凝视时的视角为1°。当站在一物体大小的3 500倍视距处观看该物体时就难以看清楚了。

2. 最佳视角与视距

为了获得较清晰的景物形象和相对完整的静态构图，应尽量使视角处于最佳位置，如图4-13所示。通常垂直视角为26°～30°、水平视角为45°时，是较佳的观景视角，维持这种视角的视距称为较佳视距。

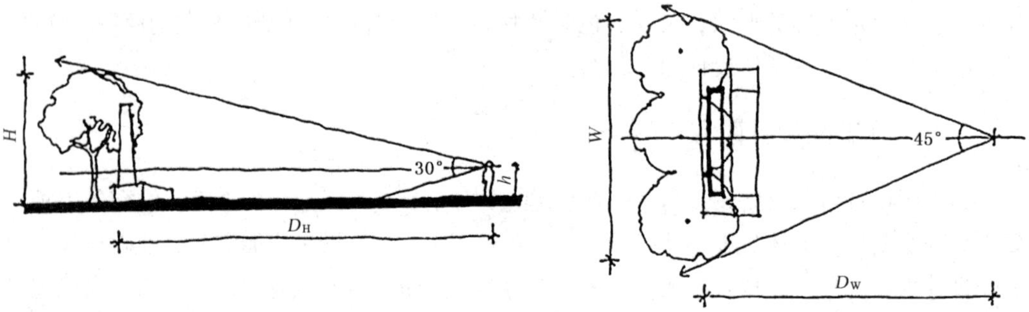

图4-13 最佳视角和视距与景物的关系

可按式（4-1）、式（4-2）计算：

$$D_H = (H-h)\cot\frac{\alpha}{2} \approx 3.7(H-h) \qquad (4\text{-}1)$$

$$D_W = \frac{W}{2}\cot\frac{\beta}{2} \approx 1.2W \qquad (4\text{-}2)$$

式中 α—— 垂直视角；

β—— 水平视角；

D_H—— 垂直视角下的视距；

D_W—— 水平视角下的视距。

由于景物垂直方向的完整性对构图影响较大，若 D_H 和 D_W 不同时，应在保证 D_H 的前提下适当调整以满足 D_W。

最佳视域可用来控制和分析空间的大小与尺度，确定景物的高度和选择观景点的位置。例如，苏州网师园中部水池及周围岸景的整个空间小巧而不局促，水池居中，亭廊轩榭依水而建，从月到风来亭观对面的射鸭廊、竹外一支轩和黄石假山时，垂直视角约为 30°、水平视角约为 45°，均处在较佳的范围内，观赏效果较好。用视线的方法可以分析景物的高度是否恰当，如图 4-14 所示。

图 4-14　苏州网师园中部水池及周围岸景①

例如，上海虹口公园鲁迅纪念坐像的设计尺度有些偏小，距坐像最近的纵横两点 B、C 的视角分别约为 9°和 24°，纵向至少要增高到 8 m 才能获得 18°的视角，而横向允许高度仅为 6 m，无论像是否前移，高度仍感不足。若在设计之中运用视线分析协助确定坐像的高度就能避免出现高度偏矮的失误，如图 4-15 所示。

图 4-15　上海虹口公园鲁迅纪念坐像②

① 百度图片网. http://image. baidu. com/i? tn=baiduimage&ct=201326592&lm=-1&cl=2&word=%CD%F8%CA%A6%D4%B0#.

② 百度图片网. http://image. baidu. com/i? ct=503316480&z=0&tn=baiduimagedetail&word=%C2%B3%D1%B8+%BA%E7%BF%DA%B9%AB%D4%B0&in=11698&cl=2&lm=-1&pn=8&rn=1&di=14510107320&ln=2000&fr=&fmq=&ic=0&s=0&se=1&sme=0&tab=&width=&height=&face=0.

3. 确定各景之间的构图关系

当设计静态观赏景物时，可用视线法调整所安排的空间中的景物之间的关系，使前后、主衬各景之间相互协调，增加空间的层次感，如图 4-16 所示。

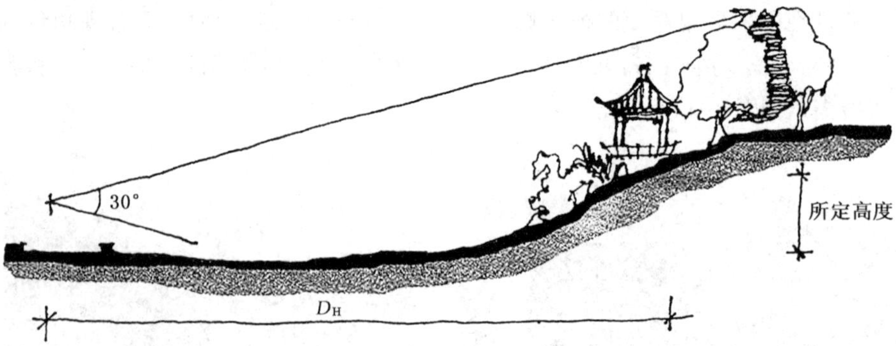

图 4-16　最佳视角确定景物高度

4.2.2.3　方案比较

根据特定的基地条件和设置的内容多做些方案加以比较也是提高做方案能力的一种方法。方案必须有创造性，各个方案应各有特点和新意而不能雷同。

由于解决问题的途径往往不止一条，不同的方案在处理某些问题上也各有独到之处，因此，应尽可能地在权衡诸方案构思的前提下定出最终方案，该方案可以以某个方案为主，兼收其他方案之长；也可以将几个方案在处理不同方面的优点综合起来。

多做方案加以比较还能使设计者对某些设计问题做较深入的探讨。例如，美国现代主义景观开拓者之一、著名景观设计师盖瑞特·爱克堡（Garrett Eckbo）早在学生时期就十分注重方案的研究。为了研究城市小庭园的设计，爱克堡在进深仅 7.5 m 的基地上做了多个不同方案，以探索解决设计问题的多面性，如图 4-17 所示为盖瑞特·爱克堡借助于多个方案研究设计和基地的关系的四个设计方案。由于空间狭窄，整个庭园空间基本上没有分隔，着重考虑整体布局设计要素及其形式。

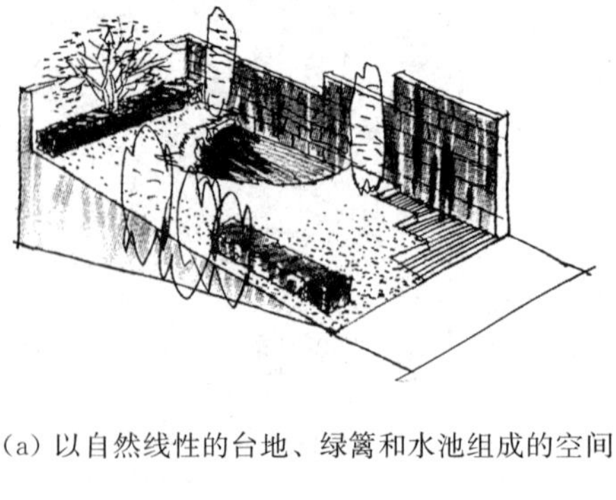

(a) 以自然线性的台地、绿篱和水池组成的空间

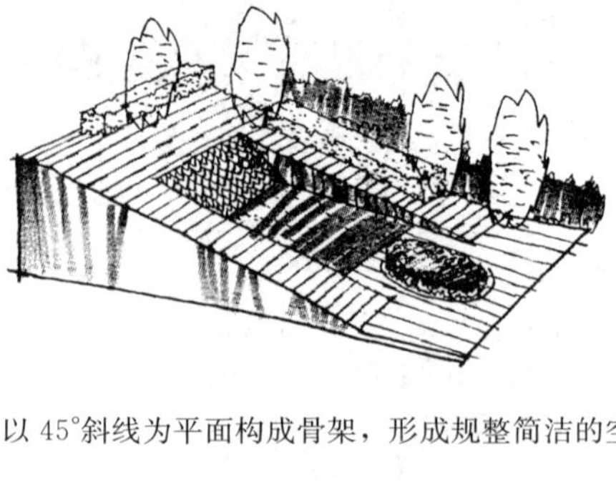

(b) 以 45°斜线为平面构成骨架，形成规整简洁的空间

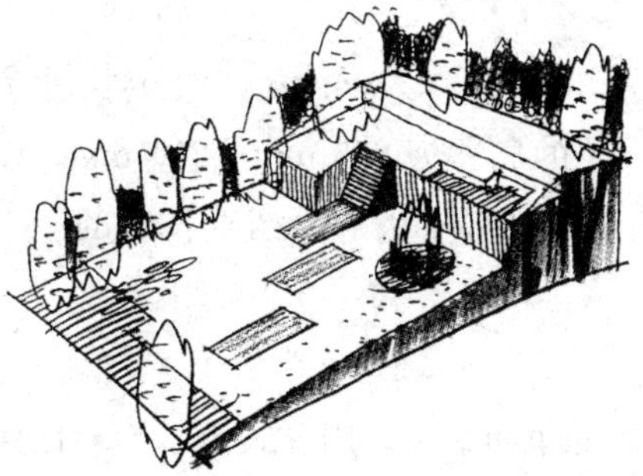

(c) 以基地倾斜的规整平面为主要活动空间，
剩余空间部分用于种植

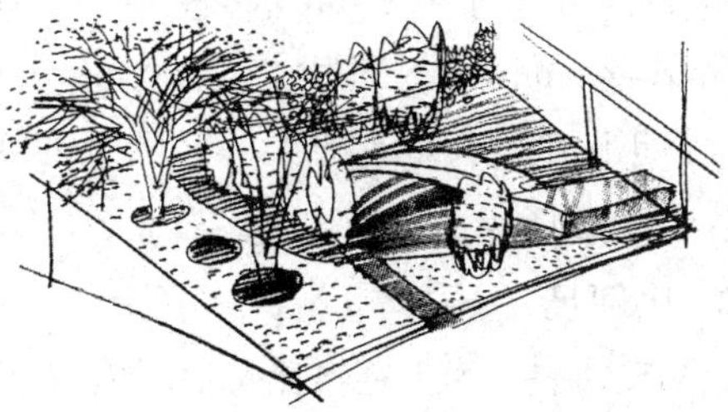

(d) 以水面、汀步为主要空间

图 4-17　盖瑞特·爱克堡的庭院方案图

图 4-17 (a)、(d) 分别以大片台地草坪和下沉水池汀步为空间主要内容，以小水池、绿篱和平台等为辅助内容。

图 4-17 (b) 以 45°斜线为平面构图依据，布置了规整的铺装、绿篱和种植坛，使得较小的空间在规整简洁中保持了相对丰富的视线与行走节奏。

图 4-17 (c) 也用斜线布置地面，弧形与渐转台级划分了大小不同的地面，地面与基地周边剩余空间用植物和小建筑点缀。

图 4-17 (a)、(c) 中还用了一些建筑小品，既分隔了空间，视线上又保持了连续，同时又丰富了庭园空间。

从上述四个方案中可以看出，在当时西欧传统景观风格一统天下的情况下，设计师在设计语言和造型方面做了新的探索。这些探索启迪我们用形式语言去深入研究设计问题，这对设计方案能力的提高、方案构思的把握以及方案设计的进一步推敲和发展都十分有益。

4.3　景观设计的图纸规范与成果

4.3.1　景观设计的图纸规范

景观设计属于工程设计的一种，因而需遵循一系列规范性的要求。以实现设计表达、设计理解、工程施工等过程中必需的准确性。这些规范性的要求内容基本包括：图纸标准、制图线型、设计表达基本内容构成及其相关要求等。设计表达的基本内容较多，这些内容各有作用，是从不同的角度表现设计方案的基本途径。

4.3.1.1　景观设计表现的基本要求

1. 标准图纸

图纸图幅是有标准的，一般均应选取标准图纸、图幅，尤其是绘制方案图、初步设计图、施工图，但一些表现图、效果图可灵活确定。

A0 的尺寸为 1 189 mm×841 mm，A1 的尺寸为 841 mm×594 mm，A2 的尺寸为 594 mm×420 mm，A3 的尺寸为 420 mm×297 mm，A4 的尺寸为 297 mm×210 mm。以此类推，小图纸的长度等于大一号图纸的宽度，小图纸宽度等于大一号图纸长度的一半（近似，考虑到舍入）。

2. 比例尺

比例尺，表示图上距离比实地距离缩小的程度，因此也叫缩尺。用公式表示为：比例尺＝图上距离/实地距离。

比例尺通常有三种表示方法。

(1) 数字式，用数字的比例式或分数式表示比例尺的大小。例如，地图上 1 cm 代表实地距离 500 km，可写成 1∶50 000 000 或写成五千万分之一。

(2) 线段式，在地图上画一条线段，并注明地图上 1 cm 所代表的实地距离。

(3) 文字式，在地图上用文字直接写出地图上 1 cm 代表实地距离多少千米，如图上 1 cm 相当于地面距离 10 km。

3. 线型

线型用法应符合相关规定，见表 4-1。

表 4-1　景观设计中的线型用法

名　称	线　宽	用　　途
粗实线	$\geqslant b$	平立面图外轮廓线；构配件轮廓线；图纸边框线
标准实线	b	平立面图外轮廓线；构配件轮廓线；平面图中被剖切到的主要物体的轮廓线；图纸边框线
中实线	$0.5b$	平立面图外轮廓线；构配件轮廓线；平面图中被剖切到的主要物体的轮廓线；次于 $0.7b$ 的图型线
细实线	$0.35b$	尺寸标注线（尺寸线、尺寸界线等），次于 $0.5b$ 的图型线
点画线	$0.35b$	中轴线；中心线；对称轴线；土地边缘线

4. 景观设计的图示表达

景观是立体的、空间的。要把景观全面、完整、准确地表示出来，需要从各个角度进行表现。用图表示景观所依据的基本原理就是平、立、剖面三视图的概念。根本作用是为了让人从图纸上建立对设计环境的立体形象，以便于认识设计或依设计进行施工。

4.3.1.2　设计表达的基本内容

1. 表达目的

1) 平面图的意义

平面图是一种直角投影，与航空照片很相似，它表示物体的尺寸、形状及物体间的距离。反映设计地段总的设计内容，包括建筑、道路、广场、植物种植、景观设施、地形、水体等各种构景要素的表现，通常还包括简要的文字说明和相关的设计指标，如图 4-18 所示。

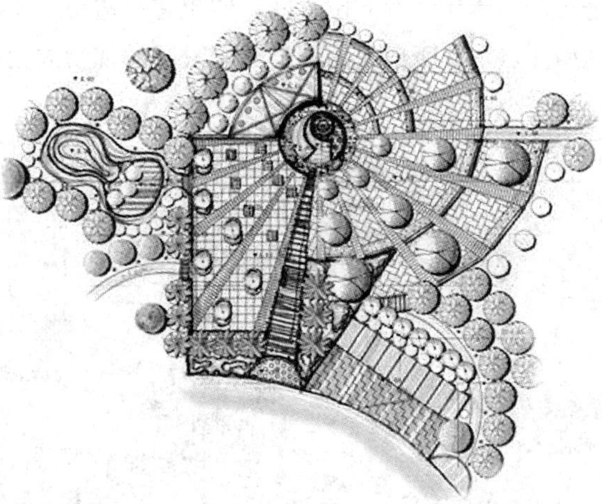

图 4-18　某方案平面图①

2）剖面图的意义

剖面图是描绘出物体在切割线平面上的垂直投影图，它着重于空间性质研究和处理，使人们可以理解设计方案内部的构造。如果从某一视点方向切去，所得的断面图，成为剖面图，如图 4-19 所示。

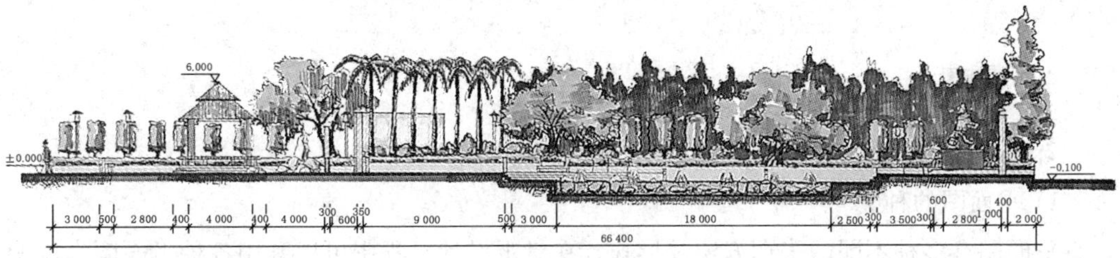

图 4-19　某方案剖面图②

3）立面图的意义

立面图是一种垂直投影图，常近似于观赏者站在物体正面所看到的画面。立面图常配合平面图以相同比例尺绘制，彼此可互相参考，增加对设计物的了解，同时在绘图上也较易操作，如图 4-20 所示。

图 4-20　某方案立面图③

4）透视图的意义

透视图即透视投影，是最接近于人眼的实际视觉效果的表现图纸。具体制作原理大致

① 百度空间. http://hi. baidu. com/%BF%C9%D2%D4%CC%FD%B5%C3%B5%BD%B5%C4%D0%D2%B8%A3/album/item/8be595514e7f8421377abefa. html.

② 百度空间. http://hi. baidu. com/kach101/album/item/e08e391b2f16ea008618bf9a. html.

③ 昵图网. http://www. nipic. com/show/2/91/4c3b1d000681c1c3. html.

是：在物体与观者的位置间，假想有一透明平面，观者对物体各点射出的视线，与此平面的相交点，其所形成的图形如同人眼的视物或相机的摄影，如图 4-21 所示。

图 4-21　某方案透视图①

2. 设计表达图示的种类

1）平面图的种类

平面图有多种不同的表达方法及形式，在景观设计过程中可以利用各种平面图来说明设计的过程。例如：基本资料的收集、分析、思考的过程。概念的形成过程及最后设计成品的表达、建造方式的说明等。

2）剖面图的种类

剖面图按表现目的可以分为三种。

(1) 分析用剖面图。例如植栽分析剖面图表示植栽分布情形。

(2) 设计用剖面图。例如设计剖面图表示不同空间情形。

(3) 施工用剖面图。例如细部结构剖面图，表示结构材料、结构方法及尺寸等的关系。

3）透视图的种类

透视图的基本原理是模拟人眼睛观看物体所得到的景象画在纸面上的一种表现方式。根据透视消失点的多少可以将透视图大致分为五种。

(1) 平行或一点透视。平行或一点透视，就是当人们正面直接面对物体，且视线方向垂直于物体主要表面时的景象。

(2) 成角或两点透视。将画面与物体构成任意角度，使物体透视方向消失于两个消失点上，物体的垂直线仍与画面平行，所以在透视图上仍然保持同样的方向与高度。

(3) 倾斜或三点透视。将物体扭转成一个角度，与画面倾斜，因此物体上没有线一直

① 昵图网. http://www.nipic.com/show/2/91/ad4a20d3efd1ba11.html.

平行于画面，三个方向均对画面构成一个角度，亦均分别消失于三个消点上。

（4）剖切透视。从剖切面向剖切剩下部分观看的透视图。

（5）动画演示。

4）局部表现图的种类

局部透视（效果）图，用于说明局部景观效果；局部（单体）平立剖面图，说明景观局部或单体建（构）筑物的平立剖面关系；节点详图（细部大样），详细解释某一细部的构造方式和施工详细资料（尺寸、材料等），多用于施工图阶段，如图 4-22 所示。

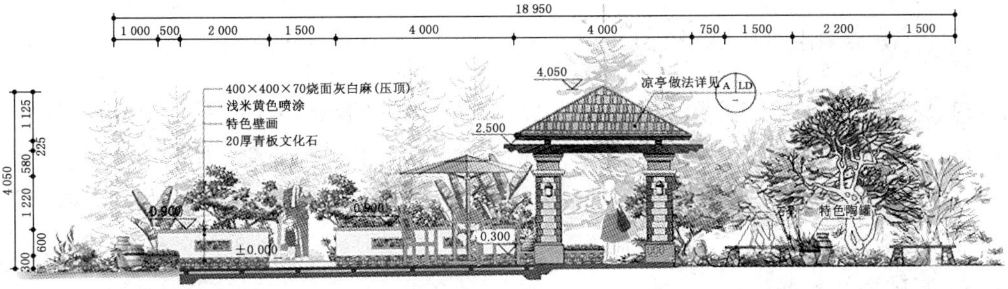

图 4-22　局部立面图①

5）设计表达图的种类

设计表达图在提交成果的不同阶段又大约可以分成六大类。

（1）说明资料类：用以表达设计用地与所在区位的关系，例如，区域图、临近关系位置图。

（2）基本资料类：说明设计用地的各种基本情况，例如，基地范围图、地形图、植栽现状图、土地使用现状图等。

（3）分析图：分析基地的各种条件以及设计方案的各种构成情况，例如，基地分析图、级度分析图、景观分析图。

（4）设计概念图：用于分析、解释设计理念、想法的图示图解，例如，设计概念图解等。

（5）设计图：例如，设计草图、正图等。

（6）施工图：例如，土木、水电、建筑施工图、景观栽植施工图等。

4.3.2　景观设计的图纸表现与成果

在景观设计过程中，每一个阶段都有着至关重要的作用，同时在设计的各个阶段都将用各种类型的图纸来表现某一阶段的成果，一般称为图形分析思维，如图 4-23 所示。

根据景观设计的程序，其图纸表现大致可以分为三个阶段，即方案构思与草图阶段，方案设计阶段，详细设计阶段。

---

①　娄底房地产信息网. http://www.ldfdcw.com/zy/jgxg.htm.

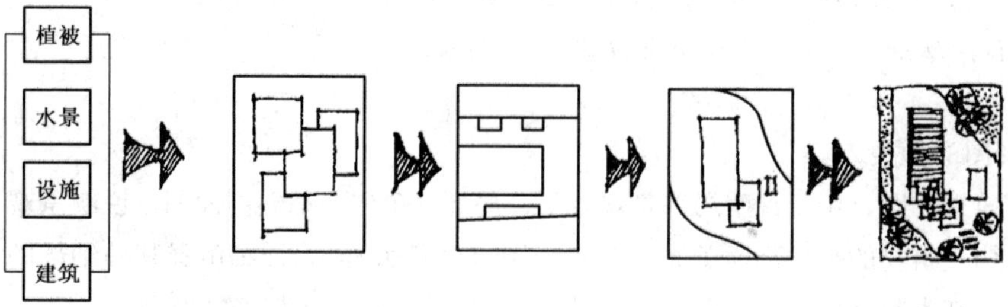

图4-23 图形分析思维的常用过程

4.3.2.1 方案构思与草图阶段

构思和草图阶段是方案设计的开始，是将与设计有关的现状资料、设计要求等与设计人的环境、艺术等专业知识相结合，经合理的归纳、演绎和艺术处理，形成设计理念并以草图表现出来的阶段，是随后方案设计的先决条件。可以简化划分为三个步骤，即基础资料准备、分析研究、形成构思并绘制草图。

1. 基础资料准备

景观设计开始的第一个步骤就是要收集、调研、掌握与设计项目相关的各种资料（也称基础资料）。这一阶段的主要工作目的之一就是要对实地环境形成比较清楚地了解和认识。比如：项目所处的历史文化环境，有没有可利用的自然风光（确切位置）；自然地形是怎样的；周围的建筑群是什么样的；此地块有没有一些特殊之处；有没有任何优势可利用；采光情况如何；地面的高低起伏情况如何等。基于对这些内容的了解，可大致形成设计在这些方面的定位，形成构思产生的重要来源。

通过与甲方的不断交流，乙方还需了解甲方的一些意图，如项目定位、功能要求等。比如：休闲的、健身的、观赏的、娱乐的、交流的、纪念性的等。在交谈中，既可以积极提出自己的建议，也可以就双方的具体意见进行商讨，达成共识。另外还要了解项目的投资情况，这将在很大程度上决定工程项目的定位。

甲方对项目的定位以及详细的功能要求常会构成设计方案的主要目的，在构思阶段需对其可行性、合理性进行分析，并形成大致的布局概念，甲方提出的条件则是对方案各方面的控制条件。

一般而言，设计相关的基础资料包括以下两个部分。

1）说明资料类

包括地区图和邻近的地区图，如图 4-24 所示。获得这些资料有助于对所设计地块与整体地区的关系进行分析，从而对地块进行正确的空间与功能定位，是构思形成的宏观条件。

2）基本资料类

这类资料包括用地界限图、地形图、背景资料图等，如图 4-25 所示。

用地界限图规定了设计的有效用地范围。其中包括用地外围界限（甲方用地范围）和用地红线，后者指因规划部门的同意规定而后退外围界限一段距离（依项目而不同）。一般而言，红线范围是不能被突破的。

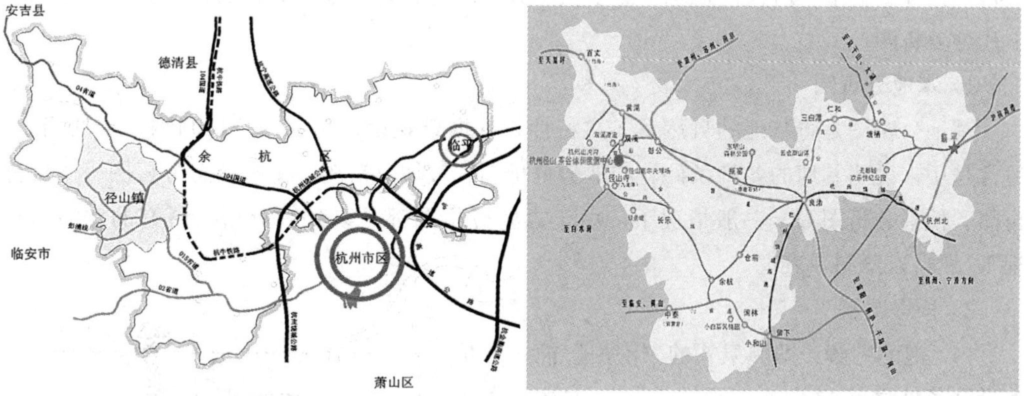

图 4-24　杭州径山镇区域位置图

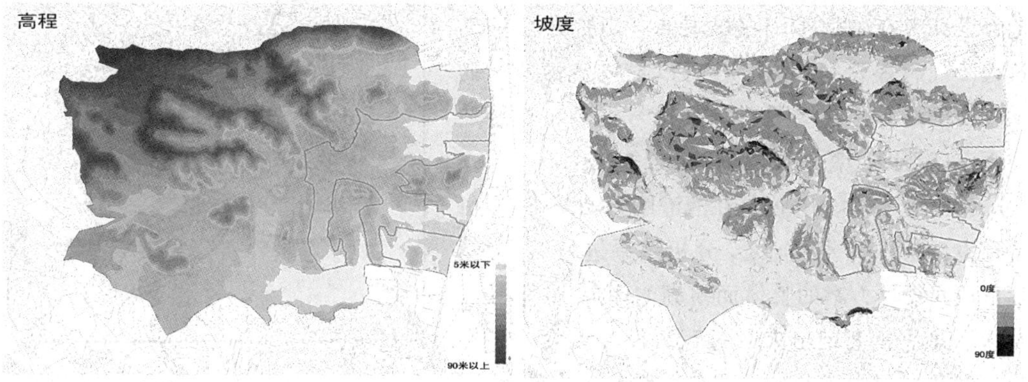

图 4-25　杭州某镇地形高程图和地形坡度图

地形图是在平面图之上将地表各部分特征以图示表示出来的方法。在地形图上高度变化经常会用等高线表示。等高线是将地面上高度相等的点，顺序相连成一曲线，以显示地面的起伏形状，并依一定比例缩绘于图上的曲线。地形图上的图示主要可分为三大类：地貌、地面高低起伏状态、植被、人造物。

背景资料图是用来详细描述地上有关的背景资料，诸如基地内或周边的资源、公共服务设施、基础设施等，这些资料可由土壤观测站、气象局、公共行政单位（如市政府、水利局）等部门收集并整理成相关图纸。在景观设计中通常用的图纸有：土壤图、土地使用图、植栽现状图、市政管网图等。

以上资料主要由甲方提供，在甲方无法提供时可直接咨询相关资料部门或者通过互联网搜集。总之，设计资料相关项目的准备是保证设计顺利展开的基础。这一阶段主要在广泛收集资料的基础上对其进行归纳整理，确定重点，形成对设计项目的总体认识。

2. 基础资料分析研究

在掌握设计相关基础资料后，需对其进行分析，同时将自己的理解与想法结合于其中，并以图示表现出来，这种草图即是分析图。它可以帮助我们归纳、抽象简化出有用的资料，指导我们下一阶段的构思。除了文字分析的内容，对基础资料的分析研究还包括以下几种分析图。

1）基地分析图

基地分析图是将基地的自然及人文特性，依据景观设计需要，分析归纳而成的图示，通常是用来说明基地的各种条件。如地势分析图、坡地分析图、排水形态分析图、土壤分析图、植被分析图等。一般情况下，由于这些分析图都是设计者分析、研究的“演算过程”，故需以草图来表现。

2）构思图解

（1）泡泡图解：即源泉式的“泡泡”简化分析各设计条件之间的关于草图“演算”方法。在设计过程中，这种画法对设计概念的发展起主要作用，它帮助我们思考，相当于图画的速记工作，记下设计者在脑海中闪过的灵感，以描述思考的过程及理想理念的形成，并可以描述各种情况的比较、推敲等。这些图通常是符号性的，需要加注文字以帮助读者了解，如图 4-26 所示。

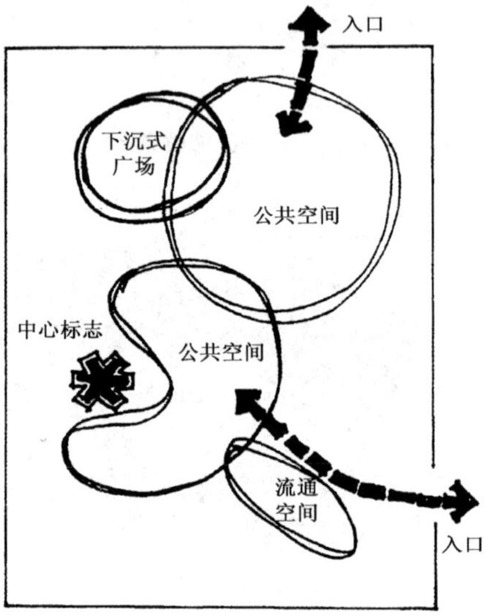

图 4-26　泡泡图解

（2）设计概念图：这是在泡泡图解的基础上，将各种设计条件的要求，以及分析结果进行综合，从而形成对设计方案的整体而模糊的印象，并将其以草图形式快速表现出来的过程。设计概念图是在设计创造过程中，记录与描述思考演进的图示，是将较抽象的意念在图画上表示出来的一种方法，这种概念图可以是不清晰的，不明确的，但应能体现方案的大致。设计概念图是在前述基础资料收集研究的基础上才能形成的，它也是形成较明确构思的起点，如图 4-27 所示。

4.3.2.2　方案设计阶段

为了对景观设计过程有更全面、更细致的了解，并强调出构思阶段的重要性，在方案构思与草图阶段后进行方案设计阶段。一般认为，在构思阶段以及随后将构思确立为方案的阶段统称为方案设计阶段。这一阶段主要指在方案构思基本确定之后，将其细部和技术上的问题深入推敲，使其更加完善，并最终用设计图纸、模型等设计成果表达出来的过程。

1. 方案设计阶段的成果

1）构思的调整

通过前面的构思草图阶段，得到了景观设计的方案，但此时的设计还处在大想法、粗线条的层次上，在其落实为实际景观环境时可以认为是初步的草图方案，某些方面还存在着许多问题。为了达到方案设计的最终要求，必须对构思进行调整和深化。

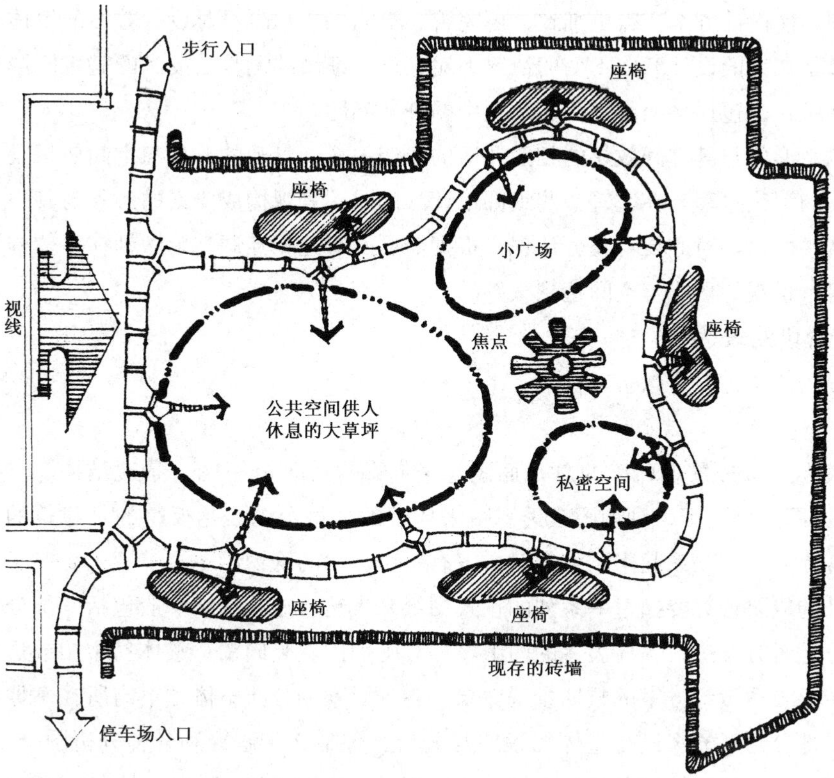

图4-27　设计概念图

方案调整阶段的主要任务是解决方案在比较分析的过程中所发现的问题，同时弥补各设计构思的不足。调整方案是对原有构思方案进行适度的修改与补充，不但要保留原有构思的个性特色，而且要进一步提升原有方案的优势。方案调整包含的主要内容有：

(1) 进一步强化整体方案与周边环境的关系，并完成较为详细的总平面图设计；

(2) 确定各景观构成的形态大小、特性以及各部分之间的关系，完成较为详细的平面设计；

(3) 在解决各部分功能要求以及相关要求的基础上，完成景观的形象设计，做出景观的立面图和效果图；

(4) 完善结构、工艺等技术要求，进行材料的选择运用以及构造的初步设计；

(5) 考虑景观小品的布置。

2) 方案的深入完善

完善阶段的内容主要包括以下两个方面：一是细部设计和解决技术方面的问题，如确立景观及建、构筑物的主要结构、构造形式等，细化各个局部的具体内容与做法，进行色彩、质感、材料的选择等；二是不断调整景观形象与其空间效果的关系。

方案的深化阶段，要完成许多细节方面的问题，因此要放大图纸比例。构思过程的制图比例一般为 1∶200、1∶300，甚至更小，深化时一般放大到 1∶100 或 1∶50。

细部设计和技术完善是完善阶段的第一层次，也可以说是对构思阶段的延续和扩充。构思阶段，经多次反复磨合，形成的是相对完整而粗略的设计意向，完善阶段就是通过各种技术问题的处理，使设计方案变得更细致、更完善、更明确。本阶段对设计方案的整体改动可能性小，多是在大的设计意向不变的情况下对其进行细微的调整。技术的完善既涉及设计总图中的问题，也包括平面、立面、剖面中的细节问题。

第二层次是景观形象与其空间效果的相互调适的协调关系。景观的形式与空间效果是相辅相成的，方案的深化过程，在完善一些细部设计的同时，景观构成要素的形象与其空间效果也会发生某些变化，对此要有充分认识，根据需要及时地相互调整，做到在整体构思意向具体的同时，景观的形成与空间达到很好的统一。

2. 方案设计阶段的表达

方案设计阶段的表达主要有以下三种。

1）正式图纸

设计的成果最终是通过景观环境的总平面图、竖向图、各种分析图（景观结构、空间、绿化等）、平面图、剖面图、轴测图及透视图来体现的。每个图表达反映的是建筑的某一个片断的内容，将它们联系起来，就会对方案有一个全面的认识。

景观方案设计的成果最终要通过一系列的正式图纸来表达，这些图纸一般包括三部分的内容：第一部分是对方案进行整体表达的图纸，如总平面图、竖向图、整体鸟瞰图或透视图等，这些图主要表达设计方案的整体景观效果，各种要素的分布整体方案与所在基地关系等内容；第二部分是对方案进行整体的说明与分析，包括文字解释和各种分析图纸，分析图纸主要包括景观环境的结构分析、空间效果分析、绿化配置效果分析、水体配置效果分析、各种配置条件与设施分析等内容；第三部分是对方案进行详细表达，其图纸内容包括方案中各个建（构）筑物的平立剖面图，方案中各局部（又称节点）的效果图，如图4-28所示。需要强调的是所有这些图纸都是要从各方面表现出完整的景观环境设计方案，而不在于这些图纸本身。

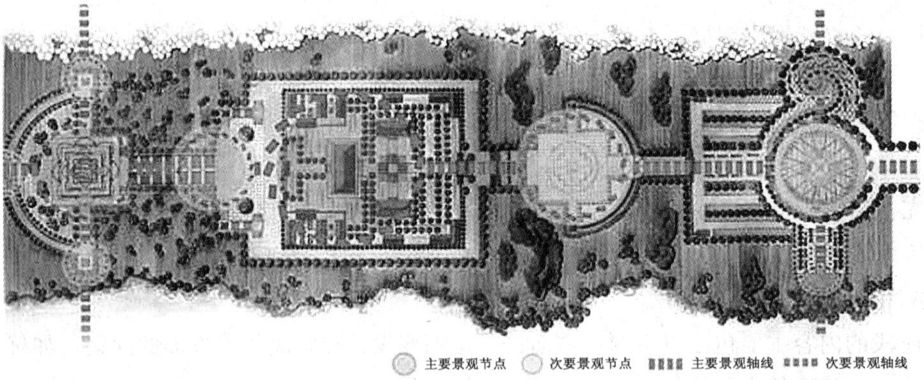

图4-28　景观节点效果图[①]

2）模型

景观模型在方案表达中也有非常重要的作用，如图4-29所示。与图纸相比，模型具

① 中国定鼎园林网. http://www.ddove.com/htmldata/20100507/20c03b73a23c18b5.html.

有直观性、真实性和较强的可体验性，可以弥补图纸表达所难以陈述的抽象、不够直观的问题。借助模型表达，可以更直观地反映出景观的整体空间效果，尤其是那些地形变化复杂，景观构成及变化均较丰富的方案，模型可使方案表达更加深入和具体。

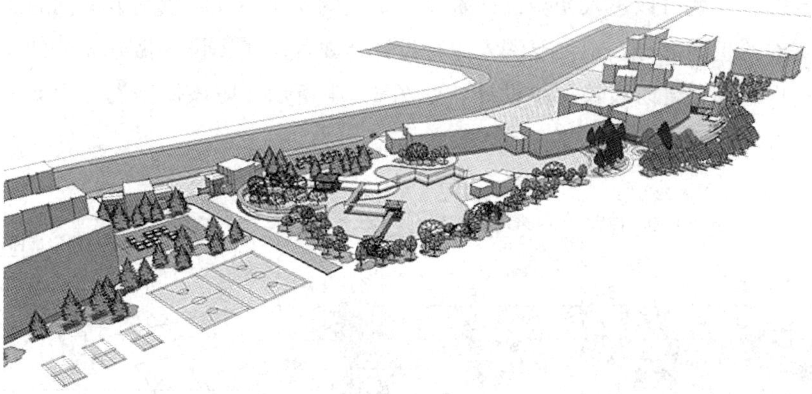

图 4-29　景观模型方案①

另外，模型表达对于非专业人士来说，是对方案进行评价和判断的最有效和最直接的载体。

3）计算机表达

计算机表达在一定程度上综合了图纸表达与模型表达的优点，而且它的准确性与真实性又是图纸与模型表达所无法比拟的，因而随着计算机的普及应用，计算机表达成为一种使用越来越广泛的表达方式。计算机表达除了能够表现出二维的平、立、剖面，还能生成景观环境模型，从多个视点、多个角度描绘景观环境。它具有强大的仿真功能，可以模拟真实的光源、材质、颜色，较真实的环境设施（建筑、广场、绿化、水体等），达到逼真的效果，总体环境氛围和意境的表达也很真切。另外，三维动画可以提供动态画面，给人在景观环境中游历的真实感，使景观环境的空间层次及效果达到更充分的表达，如图 4-30 所示。

图 4-30　景观的计算机表达②

① 中国定鼎园林网. http://www.ddove.com/htmldata/20100507/20c03b73a23c18b5.html.

② 中国定鼎园林网. http://www.ddove.com/htmldata/20080709/34ba60a43cf61d1e.html.

4.3.2.3 详细设计阶段

1. 初步设计

在设计方案确定之后，就可以进入初步设计阶段。景观的初步设计阶段是方案向施工图过渡并最终施工实现的主要部分，不仅要深入完善设计还要为施工图设计做好充分的准备，因而也是实现过程中的关键阶段，初步设计，如图 4-31 所示，应该依据设计方案成果，由设计方与业主再次沟通，包含以下主要内容：

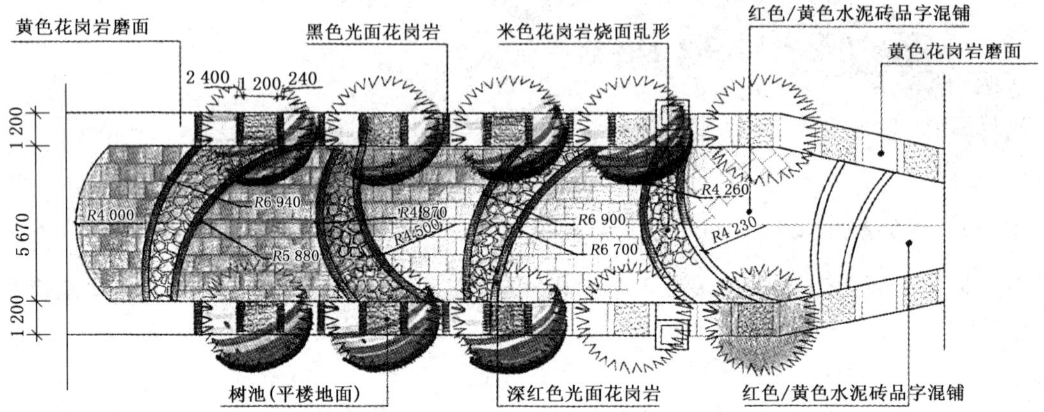

图 4-31　某广场铺装平面图

(1) 总平面优化，确定最终总平面布置图；

(2) 确定总体竖向设计；

(3) 制定植物配置及苗木清单；

(4) 进行分区设计，包括平、立、剖、细部构造等；

(5) 地面铺装形式及材料处理方案；

(6) 景墙、台阶、种植池、步行小径等初步设计；

(7) 喷水池、水景之造型和表面材料设计；

(8) 与各配套专业相调适，进行前期技术准备；

(9) 各小品及设施初步设计；

(10) 景观照明灯具选型；

(11) 绿化浇灌布置方案设计；

(12) 制定景观工程概算书。

2. 施工图设计

施工图的根本目的是，让工人可以借此图纸将设计师意图建造实现出来，这就要求制作施工图的设计人员，首先应在自己的大脑里把它建起来。同时施工图还应具备通用性，即行业工人都应看得懂，所以画图就要严格按照制图规范进行。

一般而言，施工图，如图 4-32 所示，应依据设计图样本，以放大的比例尺，将建造过程的施工尺寸、材料形状、施工方式等，详细标明于施工图上。

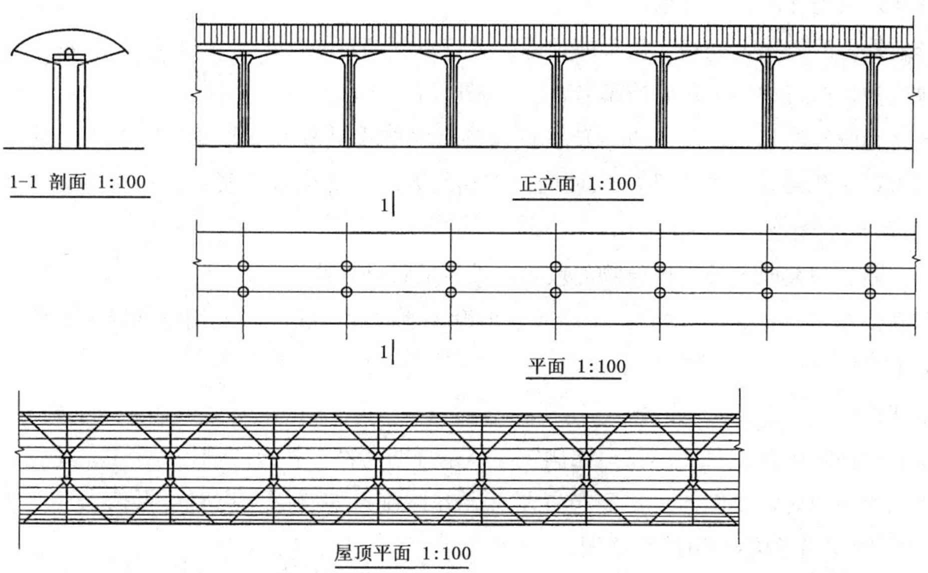

图 4-32 某方案施工图

根本上，景观施工图应该按国家制定的行业标准进行设计，并能完整提供环境景观施工所需要的全部资料及所应达到可供施工的设计深度。景观设计施工图应包括以下主要内容。

(1) 图纸目录。表明各部分图纸装订后所在位置和页码范围。

(2) 总平面布置图：

① 城市坐标网、场地建筑坐标网、坐标值；

② 场地四界的城市坐标和场地建筑坐标（或标注尺寸）；

③ 建筑物、构筑物（人防工程、化粪池等隐蔽工程以虚线表示）定位的场地建筑坐标（或相互关系尺寸）、名称（或编号）、室内标高及层数；

④ 拆除旧建筑的范围边界、相邻单位的有关建筑物、构筑物的使用性质、耐火等级及层数；

⑤ 道路、铁路和明沟等的控制点（起点、转折点、终点等）的场地建筑坐标（或相互关系尺寸）和标高、坡向箭头、平曲线要素等；

⑥ 指北针、风玫瑰；

⑦ 建筑物、构筑物使用编号时需列出建筑物、构筑物名称编号表；

⑧ 说明栏内，应标注尺寸单位、比例、城市坐标系统和高程系统的名称、城市坐标网与场地建筑坐标网的相互关系、补充图例、施工图的设计依据等。

(3) 总平面定位图。在大部分情况下，景观设计内容要求所有景观构成要素均应在图纸上以坐标形式标明其定位。

(4) 竖向设计图（包括平面与剖面）：

① 地形等高线和地物；

② 场地建筑坐标网、坐标值；

③ 场地外围的道路、铁路、河渠或地面的关键点标高；

④ 建筑物、构筑物的名称（或编号）、室内外设计标高；

⑤ 道路和明沟的起点、变坡点、转折点和终点等的设计标高（道路在路面中、阴沟在沟顶和沟底）、纵坡度、纵坡距、纵坡向、平曲线要素、竖曲线半径、关键性标记、道路注明单面坡或双面坡；

⑥ 挡土墙、护坡或土坡等构筑物的坡顶和坡脚的设计标高；

⑦ 用高距 0.10～0.50 m 的设计等高线表示设计地面起伏状况，或用坡向箭头表明设计地面坡向；

⑧ 指北针；

⑨ 说明栏内，应标注尺寸单位、比例、高程系统的名称、补充图例等；

⑩ 当工程简单时，本图与总平面布置图可合并绘制，如路网复杂时，可按上述有关技术条件等内容，单独绘制道路平面图。

（5）种植设计图（包括平面、立面、剖面及苗木表）：

① 植栽施工图：植栽施工图是景观建筑中较为特殊的建筑材料，因其为生物并无死板的规格，因此绘制植栽施工图时尺寸大小有相当的弹性，但必须注明其植物品种及其保护设施。

② 植栽平面包含以下方面的内容：

a. 产权线、结合线及合约范围；

b. 建筑物、景物、铺地区域、墙及围篱、地表面设施物；

c. 现有植物的位置及大小；

d. 预定种植植栽的位置、形态、大小（包括灌木）；

e. 种植槽中预定种植植栽的位置、形态、大小；

f. 因为植栽形态而需保留的范围；

g. 图例、植栽表及索引。

（6）景观照明、浇灌配置图。

（7）分区平面布置图。

（8）分区平面定位图。

（9）分区放大平面铺装设计图。

（10）各区重要节点设计详图。

（11）景观土建专业施工图。

（12）景观结构专业施工图。

（13）景观水电专业施工图。

（14）设备平面图（表示包含以下方面的内容）：

① 产权线、结合线及合约范围；

② 建筑物、道路（中心线及位置）、人行道及其他铺面；

③ 现存的设施线路位置及标高；

④ 预定设施总管线侧部包括：

a. 水：管道的尺寸、材料、计数器、流量、消防栓、排水；

b. 燃气：管道的尺寸、材料、计数器、流量；

c. 电路：电缆、计数器、开关、断路器、结构物、电杆；

d. 下水道：卫生下水道及防洪下水道管道尺寸、材料及度量、入孔及暗渠顶部及反转的立面图。

(15) 施工图设计说明。

景观施工图内容繁杂并且需要各专业共同协作，景观设计的主要任务不仅在于保证本专业图纸的有效与精确，还要协调各相关专业之间的种种矛盾，以形成统一的、服从方案表达意向的共识。

4.3.2.4 详细设计阶段

景观设计是描述设计中一系列的分析及创造思考过程，使基地尽可能达到预期效果，并符合美学上的要求；景观设计可以利用逻辑及有系统的工作构架来预想、创造设计结果，有助于确定方案能否与基地的先决条件配合，符合使用者的需求、预算等，利用备选方案研究来帮助投资者、业主作最佳的设计决定；景观设计的成果是对投资者和业主解说设计，或对其作说服工作的基本资料。

为了确保景观设计的顺利进行，需要一个科学合理的程序，决定在解决景观设计的诸多问题时，它们的先后顺序。根据景观设计的规律，其程序应该是从宏观到微观、从整体到局部、从大处到细节，步步深入。具体分为五个阶段：与投资方、业主接触，收集景观设计的资料；构思设计草图；进行方案设计；初步设计；制作景观设计施工图和详图。

进行景观设计之前，与投资方、业主接触时先做初步的沟通和了解，这是景观设计程序中重要的一部分。基地调查与分析是景观设计与施工前的重要工作之一，也是协助设计者解决基地问题最有效的工具。调查范围包括自然环境、人文环境等。景观设计除了依照设计者本身的理想构思之外，尚须考虑所有者的需求、经费的限制、景观的目的、自然环境的限制、造园材料的配合等诸多因素。分析以自然条件、人文条件相互关系为基础，再加上业主的意见，综合研究以决定景观的形式，这可以为将来的施工、管理及维护节省很多工作。构思与草图阶段的概念设计中应该提供的成果有：场地现况勘察、相关资料收集及整理与业主沟通，确定主题构想；场地空间概念分析，景观方案总平面图、分析图及分区平面图草图；主要景点透视意向（照片或图片辅助说明各景点意向）；概念设计说明。

方案设计阶段中应该提供的成果有：概念设计的进一步完善，与业主再次沟通，使概念构思达成共识，成为并经专家评审最终确定的景观方案；深化概念设计，完善表达设计概念的总平面效果图、分析图、分区平面图、总体鸟瞰效果图、重要节点透视效果图；总体地形变化处理方案，包括各主要剖、立面图；总体植物效果方案；方案设计说明；景观工程估算书。

构思草图阶段和方案阶段的成果，都应该能很好地表现出设计者的想法，偏重于设计的创意。成果应该能鼓舞人心，打动业主，使业主信服、欣赏设计方案。因此在这些阶段成果的表达时要着重注意这个出发点。

方案设计阶段之后，就是景观的初步设计阶段。景观的初步设计阶段是景观艺术设计过程中的关键阶段。初步设计中要考虑景观的合理布局、交通联系合理、景观的艺术效果等许多具体问题。在考虑取得良好艺术效果的同时，还必须考虑结构的合理性、技术要求的可解决性等。结构方式的选择应考虑坚固耐久、施工方便以及经济合理等内容。

景观技术设计是景观初步设计的具体化阶段，也是将景观艺术设计中涉及的各种技术问题定案的阶段。技术设计的内容包括整个景观和各个局部的具体建造方法、各个部分确切的尺寸关系、装修设计、结构方案的计算和具体内容、各种构造和用料的确定、各个技术工种之间矛盾的合理解决以及设计预算的编制等。

景观设计的施工图和详图主要是通过图纸表现，把设计意图和全部设计，包括做法和尺寸等表达出来，作为工人施工制作的依据。图纸是设计和施工的桥梁，施工图和详图要求明晰、周全、表达确切无误。施工图和详图是整个设计工作的深化和具体化，又可称细部设计。它主要解决构造方式和具体做法的设计，解决艺术上的整体和细部、风格、比例和尺度的相互关系。细部设计的水平在很大程度上影响着景观设计的艺术水平。

城市绿地系统景观规划是城市总体规划的有机组成部分，它反映了城市的自然属性。但随着工业的发展，人口的增加，城市中自然属性逐渐减弱，人类只好利用城市绿地改善城市环境，塑造城市景观，完善城市体系。城市绿地系统规划作为城市总体规划中的重要组成部分，其功能作用应该是多元的。从城市绿地产生之初的满足物质需要，到后来发现其视觉美景性情陶冶的作用，直到现代城市绿地系统满足文化休闲娱乐功能和强调城市景观作用，可以看出，城市绿地系统的功能作用随着人类对城市、城市环境的理解与认识的进步而不断地变化，使城市绿地系统的功能作用也变得更为综合多元化。

第 5 章　城市绿地系统景观规划

城市绿地系统在改善现代城市环境方面的生态作用，主要来自构成城市绿地系统的植物材料本身的生理生化特性所带来的环境修复作用，以及城市绿地系统布局结构对于改善城市大气环流、城市热岛效应等方面的功效。因此，针对城市绿地系统的景观生态环境形成，可以增加城市内部及周边地区绿地的规模与数量，使布局更加合理；同时，大力发展城乡一体化及以河流水渠为纽带的带状绿地，可以使城市景观生态要素中的斑块、廊道结构更加合理，可以与自然状态下的生态系统结构相结合，平衡城市景观生态环境。这对于改善居民生活环境，丰富城市物种多样性，增强城市景观的自然性，提升城市的整体形象等方面均有重要的作用，为城市建设的可持续发展提供了广阔的空间。

5.1 城市绿地系统概述

在 1992 年，联合国环境与发展大会第一届“地球峰会”首次提出了一个全新的概念——可持续发展，并认为“保护生态环境、实现可持续发展已成为全世界紧迫而艰巨的任务”。今天，这个全新的概念已经令人耳熟能详，但真正实现则需要一个相当复杂而长期的过程。2002 年 8 月 26 日至 9 月 4 日在南非约翰内斯堡召开的第二届“地球峰会”的宗旨便是促进世界各国在环境与发展上采取实际行动。该次会议的闭幕式上，通过了两份主要文件——《执行计划》和题为“约翰内斯堡可持续发展承诺”的政治宣言。本次大会通过的《执行计划》就“在促进经济发展的同时保护生态环境”发出了行动信号，提出了诸多明确目标，并设立了相应的时间表。

我国政府也极为重视环境保护，《宪法》第十一条就规定了“国家保护环境和自然资源，防治污染和其他公害病，并且一直致力于加强环境保护方面的法律建设”。自 1989 年 12 月正式颁布《中华人民共和国环境保护法》，到目前，我国共颁布了 6 部环境保护法律、13 部自然资源管理法律和 34 项环境保护法规，环境保护部门出台了 90 多项全国性环境保护规章和 1 020 多项地方性环境保护法规，初步形成了适应市场经济环境的法律体系。此外，与生态保护相关的标准和技术规范的制定也日趋完善，环境标志产品和环境管理体系也有了相应标准。

城市作为一种人类文明发展的产物，对于全球可持续发展的影响是巨大的。面对能源消耗、人口增长、城市蔓延、资源枯竭、物种衰落、环境污染等一系列危及人类发展的问题，人们清楚地意识到，在争取我们人类更多可持续发展的未来战略中，在面对全球气候变化、物种减少以及其他环境方面的挑战时，城市都应该被重点考虑。1977 年国际建筑师协会发表的《马丘比丘宪章》中，便提出了“建筑-城市-园林绿地的再统一”概念；1981 年国际建筑师协会也是以“人类的城市与环境”为主题。城市绿地系统作为连接城市人工环境与自然环境的纽带、城市生态中的有机要素，在保持生态环境、维持城市乃至全球的可持续发展、保护城市生物多样性等方面的作用显然是无法低估和替代的。

随着社会生活的不断进步，城市也在以前所未有的速度迅速地发展。由此而引发的城市问题，尤其是与城市可持续发展密切相关的城市环境问题，也越来越引起了我国各级政府及有关人士的重视。2001 年我国政府发布了《国务院关于加强城市绿地建设的通知》(以下简称《通知》)。《通知》提出：“到 2005 年，全国城市规划建成区绿地率达到 30%以上，绿地覆盖率达到 35%以上，人均公共绿地达到 8 m^2 以上，城市中心区人均公共绿地达到 4 m^2 以上。到 2010 年，上述 4 项指标分别达到 35%，40%，10 m^2，6 m^2 以上。要大力推进城郊绿地，特别是要在特大城市和风沙分割严重的城市周围形成较大的绿地隔离林带和城郊一体的城市绿地体系”。由此可见我国政府大力改善城市环境质量的决心，同时也看到了城市绿地系统规划对于推进城市环境建设、优化城市品质、促进社会和谐与经济可持续发展的重大作用，如图 5-1 所示。

图 5-1 城市绿地系统①

城市绿地系统在改善环境方面的生态作用主要来自构成城市绿地系统的植物材料本身的生理生化特性带来的环境修复作用，以及城市绿地系统布局结构对于改善城市大气环流、城市热岛效应等方面的功效。城市绿地系统的主体——植物，在维护城市生态平衡、改善城市环境质量、提高城市自净能力、丰富城市景观和生物多样性上发挥着重要的作用。

城市绿地系统是城市总体规划的有机组成部分，反映了城市的自然属性。在人类选址建造城市之初，大多将城市选择在和山、川、江、湖相毗邻的地方，它给予城市的形态、功能布局及城市景观以很大影响。先有自然，后有城市，自然环境对城市发展的影响是巨大的。但随着工业的发展、人口的增加，城市中自然属性逐渐减弱，城市绿地系统成为体现促进自然特色的主要组成部分，人类利用城市绿地系统改善城市环境，美化城市景观，完善城市体系。作为城市系统中的一个重要组成部分，城市绿地系统的功能应该是多元的。从城市绿地产生之初的满足物欲需要到后来发现其视觉美景性情陶冶的作用，直到现代城市绿地系统的满足文化休闲娱乐功能和强调景观生态功能，可以看出，城市绿地系统的功能作用随着人类对城市、城市环境的理解与认识的进步而不断地变化。随着城市绿地系统和规模的发展，城市绿地系统的功能也变得更为综合多元化。

5.1.1 基本标准术语

5.1.1.1 城市绿地（urban green space）

城市绿地是以自然植被和人工植被为主要存在形态的城市用地。包含两层内容：一是城市建设用地范围内用于绿化的土地；二是城市建设用地之外，对城市生态、景观和居民休闲生活具有积极作用、绿化环境较好的区域。

5.1.1.2 城市绿地系统（urban green space system）

城市绿地系统是由城市中各种类型和规模的绿化用地组成的整体。

① 交通网. http://www.08z.com/info/20075/2007510100630.html.

5.1.1.3 城市绿地系统规划（urban green space system planning）

城市绿地系统规划是对各种城市绿地进行定性、定位、定量的统筹安排，形成具有合理结构的绿色空间系统，以实现绿地所具有的生态保护、游憩休闲和社会文化等功能的活动。

5.1.1.4 绿地率（greening rate，ratio of green space）

绿地率是一定城市用地范围内，各类绿化用地总面积占该城市用地总面积的百分比。

5.1.1.5 绿化覆盖率（percentage of greenery coverage）

绿化覆盖率是一定城市用地范围内，植物的垂直投影面积占该用地总面积的百分比。

5.1.1.6 绿化覆盖面积（green coverage）

绿化覆盖面积是城市中所有植物的垂直投影面积。

5.1.1.7 绿带（green belt ）

绿带是在城市组团之间、城市周围或相邻城市之间设置的用以控制城市扩展的绿色开敞空间。

5.1.1.8 楔形绿地（green wedge）

楔形绿地是从城市外围嵌入城市内部的绿地，因反映在城市总平面图上呈楔形而得名。

5.1.1.9 城市绿线（boundary line of urban green space）

城市绿线是在城市规划建设中确定的各种城市绿地的边界线。

5.1.2 城市绿地系统规划的目的与任务

5.1.2.1 城市绿地系统规划的目的

20 世纪末，中国城市的开发建设能力空前提高，在集中力量发展经济的热潮中，破坏生存环境的能力也空前提高了。人类社会在局部利益和宏观利益、眼前利益与长期利益等方面一直存在着客观矛盾，所以每当世界各国城市快速生长期的来临，也就意味着即将引发上述矛盾。

回顾世界城市发展的历史，从中国古代的“城市山林”，近代英国的“花园城市”，到欧洲及北美大陆的“公园运动”，直至当代的“生态城市”、“可持续发展”等，人类一直在矛盾与困境中不懈地追求着与自然共生共荣的理想。

我国从20世纪80年代起，一些沿海城市开始自发地提出创建“花园城市”、“森林城市”、“园林城市”等绿地建设目标，国内知名学者钱学森早在1990年就提出了建设“山水城市”的倡议。

1992年，国家建设部在城市环境综合整治（“绿化达标”、“全国园林绿化先进城市”）等政策的基础上，制定了国家“园林城市评选标准（试行）”。经过十几年的积极创建，国家建设部自1992年至今，分批命名国家“园林城市（城区）”如下：

第一批（1992年）：北京市、合肥市、珠海市；

第二批（1994年）：杭州市、深圳市；

第三批（1996年）：马鞍山市、威海市、中山市；

第四批（1997年）：大连市、南京市、厦门市、南宁市；

第五批（1999年）：青岛市、濮阳市、十堰市、佛山市、三明市、秦皇岛市、烟台市、上海市浦东新区（国家园林城区）；

第六批（2001年）：江门市、惠州市、茂名市、肇庆市、海口市、三亚市、襄樊市、石河子市、常熟市、长春市、上海市闵行区（国家园林城区）；

第七批（2003年）：上海市、宁波市、福州市、唐山市、吉林市、无锡市、扬州市、苏州市、绍兴市、桂林市、绵阳市、荣成市、张家港市、昆山市、富阳市、开平市、都江堰市；

第八批（2005年）：武汉市、郑州市、邯郸市、廊坊市、长治市、晋城市、包头市、伊春市、日照市、淄博市、寿光市、新泰市、胶南市、徐州市、镇江市、吴江市、宜兴市、安庆市、嘉兴市、泉州市、漳州市、许昌市、南阳市、宜昌市、岳阳市、湛江市、安宁市、遵义市、乐山市、宝鸡市、库乐勒市。

国家园林城市政策有力地推动了我国城市绿化和生态环境的建设。科学的城市绿化建设涉及多方面的因素。2005年建设部新修订的《国家园林城市标准》中涉及组织管理、规划设计、景观保护、绿化建设、园林建设、生态建设、市政建设和特别条款等八个方面。2004年《国家生态园林城市标准（暂行）》中，提出了由城市生态环境、城市生活环境及城市基础设施组成的指标体系。其中，城市生态环境指标包括了综合物种指数、本地植物指数、热岛效应程度、绿化覆盖率、人均公共绿地面积及绿地率等。城市绿化建设不再是单一的建设目标。

总的来看，从早期的“田园城市”、“绿色城市”、“花园城市”、“山水城市”、“森林城市”到近十几年来的国家或省级“园林城市”，作为城市发展的目标，都是对“人与自然在城市中和谐共生关系”的积极探索，而生态园林城市其根本目标是保护和改善城市生态环境、优化城市人居环境、促进城市的可持续发展。

5.1.2.2 城市绿地系统规划的任务

为保护和改善城市生态环境，优化城市人居环境，促进城市的可持续发展，城市绿地系统规划的主要任务包括以下方面。

（1）根据城市的自然条件、社会经济条件、城市性质、发展目标、用地布局等要求，确定城市绿化建设的发展目标和规划指标；

（2）研究城市地区和乡村地区的相互关系，结合城市自然地貌，统筹安排市域大环境绿化的空间布局；

（3）确定城市绿地系统的规划结构，合理确定各类城市绿地的总体关系；

（4）统筹安排各类城市绿地，分别确定其位置、性质、范围和发展指标；

（5）城市绿化树种规划；

（6）城市生物多样性保护与建设的目标、任务和保护建设的措施；

（7）城市古树名木的保护与现状的统筹安排；

（8）制定分期建设规划，确定近期规划的具体项目和重点项目，提出建设规模和投资估算；

（9）从政策、法规、行政、技术经济等方面，提出城市绿地系统规划的实施措施；

（10）编制城市绿地系统规划的图纸和文件。

5.1.3 城市绿地系统的功能与效益

城市绿地具有多种功能。过去人们主要从美化环境、文化休息的观点去理解和认识城市绿地的功能。而今，随着科学、技术的发展，人们可以从环境学、生态学、生物学、医学等学科研究的成果中更深刻地认识和估价绿地对城市生活的重要意义。

这些多种综合的功能可以包括绿地作为巨大的城市生物群体，其大量的乔灌木及草本植物所产生的复杂的生物及物理作用，即生态的作用，以及城市绿地的地域空间，为城市居民创造了有利生产、适于生活、有益健康和安全的物质环境。城市绿地的丰富多彩的自然景观，不仅美化了城市，而且巧妙地将城市环境与自然环境交织融合在一起，从而满足了人们对自然的接近和爱好、对园林艺术的审美要求等，在心理上、精神上给人以滋养、孕育、启发、激励，并产生有利于人类思想活动的各种作用以及经济方面的各种作用。

5.1.3.1 生态功能

城市绿地系统是生态系统的重要组成部分，城市中的绿色植物通过一系列的生态效应，净化城市空气，改善城市气候，增强城市抗灾能力，给城市生态环境以反馈调节作用。城市绿地系统的存在对于维持城市生态系统的平衡至关重要。因此，城市绿地系统的生态功能越来越受到重视，主要表现在以下几个方面：

1. 改善城市气候

城市的气候与城市周围郊区的气候有所差别。如城市气温一般比郊区高，云雾、降雨比郊区多；大风时城内的风速比郊区小，但小风时反比郊区大；城市上空的悬浮尘埃比郊区多，因此能见度比较低，所接受到的太阳辐射量也小。尘埃多、日照少、能见度低等不利影响，是由于城市人口密集，工业生产集中，城市中大部分地面被建筑物和道路所覆盖，绿地面积很少所造成的。城市上空的空气中含有城市排放的各种污染物质，这些物质不仅使达到地面的太阳热能减少，也使热量的外散受到阻挡。加之城市本身是个大热源，工厂和川流不息的汽车，生活用煤的燃烧，建筑墙面、路面、建筑铺装物所散发的辐射热，都是使城市增温的热源。

城市气候不仅与郊区有明显差别，而且在城市范围内也会因建筑密度不同，城市土地利用和功能分区的不同而引起不同地区的差异。如工业区以及人流、车流集中的市中心区气温就高一些，绿地面积大的地区气温就低一些。树木花草叶面的蒸腾作用能降低气温，调节湿度，吸收太阳辐射热，对改善城市小气候有积极的作用。城市地区或周围大面积的绿化种植，以及道路浓密的行道树和建筑前后的树丛都可以对城市、局部地区、个别地域空间的温度、湿度、通风产生良好的调节效果。

1）调节气温的作用

影响城市小气候最突出的有物体表面温度、气温和太阳辐射温度，而气温对于人体的影响是最主要的。其原因主要是太阳辐射的 60%～80%被成荫的树木及覆盖了地面的植被所吸收，而其中 90%的热能为植物的蒸腾作用所消耗，这样就大大削弱了由太阳辐射造成的地表散热而减少了空气升温的热源。此外，植物含水根系部吸热和蒸发、树叶摇拂飘动的机械驱热及散热作用及树阴对人工覆盖层、建筑屋面、墙体热状况的改善，也都是降低气温的因素。

冬季由于树干树叶吸收的太阳热量缓慢散热的原因，而使绿地气温可能比非绿地高，如铺有草坪的足球场表面温度就比无草地的足球场要高 4℃。

夏季时，人在树阴下和在直射阳光下的感觉差异是很大的。这种温度感觉的差异不仅仅是 3℃～5℃气温差，而主要是太阳辐射温度所决定的。经辐射温度计测定，夏季树阴下与阳光直射的辐射温度可相差30℃～40℃之多，这才是使人们感受到降温作用明显的真正原因，如图 5-2 所示。

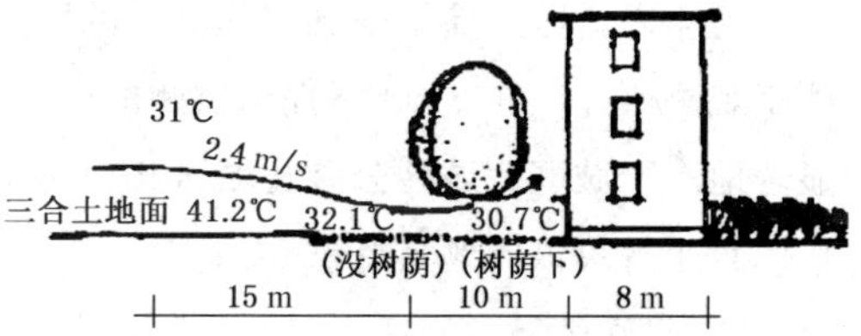

图 5-2　绿化环境中的气温比较图

除了局部绿化所产生的不同气温、表面温度和辐射温度的差别外，大面积的绿地覆盖对气温的调节则更加明显，见表 5-1。

表 5-1　　不同类型绿地降温作用比较（北京地区 8 月 1 日测定）

绿地类型	面积/hm^2	平均气温/℃
大型公园	32.4	25.6
中型公园	19.5	25.9
小型公园	4.9	26.2
城市空旷地	—	27.2

大片绿地和水面对改善城市气温有明显的作用，如杭州西湖、南京玄武湖、武汉东湖等，其夏季气温要比市区低 2℃～4℃。如上海市中心的黄浦、卢湾及静安三区是“热岛

效应”的中心之一，由于建立了延安绿地以后，其温差0.6℃，影响范围达4.5 km。因此，在城市地区及其周围设置大面积绿地，特别是在炎热地区，更应该大量种树，提高绿化覆盖率，将全部裸土用绿色植物覆盖起来，并尽量考虑建筑的屋顶绿化和墙面的垂直绿化，对于改善城市的气温是有积极作用的。

2）调节湿度

空气湿度过高，易使人厌倦疲乏，过低则感干燥烦躁。一般认为最适宜的相对湿度为30％～60％。

城市空气的湿度较郊区和农村为低。城市大部分面积被建筑和道路所覆盖，这样，大部分降雨成为径流流入排水系统，蒸发部分的比例很少，而农村地区的降雨大部分涵蓄于土地和植物中，通过地区蒸发和植物的蒸腾作用回到大气中。

绿化植物叶片蒸发表面大，故能大量蒸发水分，一般占从根部吸进水分的99.8％，特别在夏季，据北京园林局测算，1 hm^2 的阔叶林，在一个夏季能蒸腾2 500 t水，比同等面积的裸露土地蒸发量高20倍，相当于同等面积的水库蒸发量。又从试验得知，树木在生长过程中，要形成1 kg的干物质，大约需要蒸腾300～400 kg的水。每公顷油松林每日蒸腾量为43.6～50.2 t，加拿大白杨林每日蒸腾量为57.2 t。由于绿化植物具有如此强大的蒸腾水分的能力，不断地向空气中输送水蒸气，故可提高空气湿度。一般森林的湿度比城市高36％，公园的湿度比城市其他地区高27％，即使在树木蒸发量较少的冬季，因为绿地里的风速较小，气流交换较弱，土壤和树木蒸发水分不易扩散，所以绿地的相对湿度也比非绿化区高10％～20％。另外，行道树也能提高相对湿度10％～20％。

近年来，城市除了受到“热岛”的困扰，“干岛”问题也日益突出。杭州植物园经过两年观测研究，在2003年提出杭州的干岛效应明显存在，其中风景区和城郊的相对湿度显著地高于城区。城区公园比城区相对湿度也大约要大2％。因此，发挥绿地调节湿度的作用对于解决该问题具有重要的作用。

3）调节气流

绿地对气流的影响表现在两个方面，一方面在静风时，绿地有利于促进城市空气的气流交换，产生微风并改善市区的空气卫生条件，特别在夏季，通过带状绿化引导气流和季风，对城市通风降温效果明显；另一方面在冬季及暴风袭击时，绿地中的林带则能降低风速，保护城市免受寒风和风沙之害。

由于市区的温度高，热空气上升并向外扩散，郊区的地面气团向中心移动，产生城市内的地面风。而郊区大面积的绿地使城市中扩散出来热气团降温下沉，从而形成循环往复的环状气流。这种环状气流加速了市区受污染空气的扩散和稀释，并引入了郊区新鲜的空气。此外，在市区内的绿地和非绿地之间，也因为存在较大的温差，产生了局部地段的环状气流。城市带状绿化包括城市道路与滨水绿地，它们都是城市绿色的通风渠道，特别是带状绿地的方向与该地的夏季主导风向一致的情况下，可以将城市郊区的气流随着风势引入城市中心地区，为炎夏城市的通风创造良好条件。因此，在城市周围部署大片楔形绿地，引入城市，对于调节城市小气候，改善环境有积极的作用，如图5-3所示。

城市的气温高，如同一个“热岛”，热空气的上升，四周大面积田野森林的冷空气就会不断地向城市建筑地区流动，形成区域性的气体环流，这种气体交换促进了市区污染气体的扩散和稀释，并输入了周围的新鲜空气，改善了通风条件。特别是在夏季这种由温差而产生的空气流动，在静风时其作用尤感突出，如图 5-4 所示。

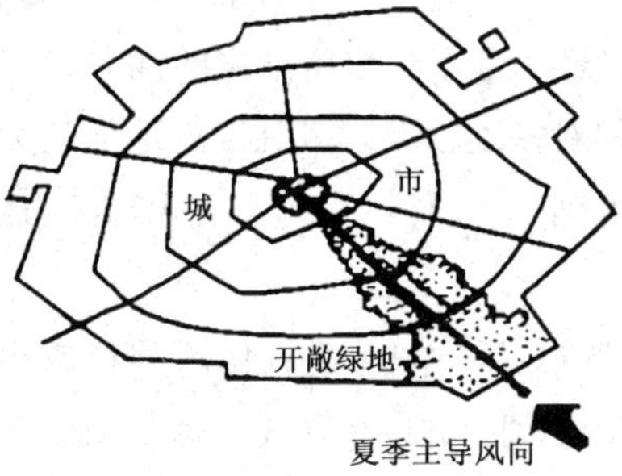

图 5-3　城市绿地的通风作用

图 5-4　城市建筑地区与绿地之间的气体环流示意

而在冬季和暴风时，绿地能发挥防风作用。绿地能降低风速，是因为当风穿越树林时，树木枝叶摇曳以及气流和枝叶间的摩擦可以消耗部分风能，并且将风分割成很多小涡流，这些方向不一的小涡流彼此干扰又消耗了大量的能量，从而降低了风速，如图 5-5 所示。

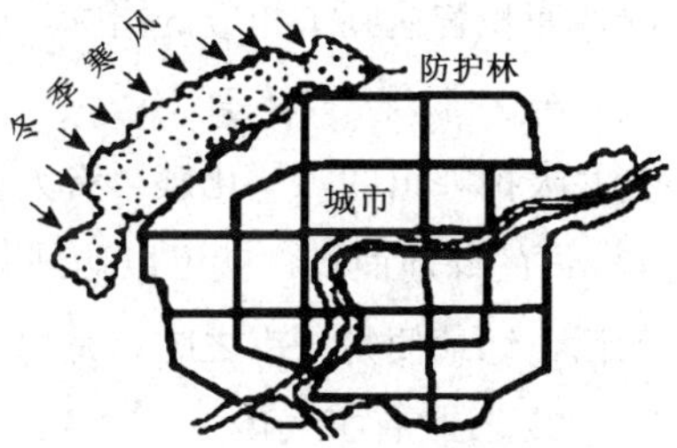

图 5-5　城市绿地的防风功能

因此，在垂直冬季的寒风方向种植防风林带，可以降低风速，减少风沙，改善气候。近年来，北京就构筑了山区、郊区平原、城市绿化隔离地区三道绿色生态屏障，形成一个以点线面相结合、网带片线协调的绿色防护林体系，抵御沙尘和北风的侵袭，从而明显改善了北京的城市环境。

2. 净化空气

随着工业的发展，人口的集中，城市环境污染的情况也日益严重。这些污染包括空气污染、土壤污染、水污染、噪声污染等，对人们的生活和健康造成了直接的危害，而且对自然生态环境所产生的破坏，导致了自然生态环境潜在的灾害危机，已经开始引起了人们的注意和重视。许多国家都制定了有关的法律，我国在 1989 年 12 月也颁布了《环境保护法》。

要改善和保护城市环境，一方面要想方设法控制污染源，另一方面要做防治处理。根据科学实践证明，森林绿地（城市郊区的森林和城市园林绿地）具有多种防护功能和改善环境质量的机能，对污染环境具有稀释、自净、调节、转化的作用，并且由于森林绿地是一个生长周期长和结构稳定的生物群体，因此其作用也持续稳定。

园林绿地对城市环境的作用，对人体健康的效应有很多方面，有的已经做了些计量的测定，有的目前尚难做到计量化，但其实际的效果则又是大家所公认无疑的。

1）增加氧气含量

氧气是人类生存所必不可少的物质。人们在呼吸和物品燃烧的过程中会排出大量二氧化碳。通常情况下，大气中的二氧化碳含量为 0.003%左右。在城市，工业集中、人口密集，因此产生的二氧化碳含量特别高，人的呼吸就感不适；到0.2%时，就会感到头昏耳鸣，心悸，血压升高；达到10%时，就会迅速丧失意识，停止呼吸，甚至死亡。大气中氧的含量通常为21%，当其含量减至10%时，人就会恶心呕吐。

随着工业的发展，人口的增加，二氧化碳的排放量日益增加。据研究表明19世纪末空气中二氧化碳含量为0.029%，20世纪末已达到0.032%，预计2010年将继续增加。大气中二氧化碳比例的增加，将引发一系列的问题，这些已经引起了许多科学家的忧虑。

在大城市里不仅二氧化碳含量大，而且二氧化碳的相对密度较大，多沉于近地面的大气层中，所以在接近地表的某些地面，其浓度有时达到0.05%～0.07%，甚至高达0.2%～0.6%，对人体健康危害很大。

据有关资料表明，每公顷阔叶林在生长季节每天可吸收1 000 kg二氧化碳和释放出750 kg氧气。而每公顷绿地每天能吸收900 kg二氧化碳，产生600 kg氧气，每公顷生长良好的草坪每小时可吸收二氧化碳15 kg，而每人每小时呼出的二氧化碳约为38 kg，所以在白天若有25 m^2 的草坪，就可以把一个人呼出的二氧化碳全部吸收，可见，城市的人均绿地面积若达到了相应的指标，就能自动调节空气中的二氧化碳与氧气的比例平衡，使空气新鲜。那么，每人有10～15 m^2 的树林地或25～30 m^2 的草地面积就能供给所需要的氧气并吸掉呼出的二氧化碳。有人认为再加上生活燃烧等的影响，每个城市居民需要有30～40 m^2 的绿地面积，就可以达到二氧化碳与氧气的自然平衡。如果说热带雨林是地球之肺的话，绿地便是城市之肺，是每一个都市人赖以生存的“天然制氧机”。

2）吸收有害气体

污染空气的有害气体种类很多，最主要的有二氧化碳、二氧化硫、氯气、氟化氢、氨以及汞、铅蒸气等。这些有害气体虽然对园林植物生长不利，但是在一定浓度条件下，有许多植物种类对它们分别具有吸收能力和净化的作用。

（1）二氧化硫。在这些有害气体中，以二氧化硫的数量较多，分布较广，危害较大。当二氧化硫浓度超过6%时，人就感到不适；达到10%时人就无法持续工作；达到400%时，人就会死亡。由于在燃烧煤、石油的过程中都要排出二氧化硫，所以工业城市、以燃煤为主要热源的北方城市的上空，二氧化硫的含量，通常是比较高的。

人们对植物吸收二氧化硫的能力进行了许多研究工作，发现空气中的二氧化硫主要是被各种物体表面所吸收，而植物叶片的表面吸收二氧化硫的能力最强。硫是植物必需的元素之一，所以正常植物中都含有一定量的硫。而且，只要在植物可以忍受的限度内，空气中的二氧化硫浓度越高，植物的吸收量也越大，其含硫量可为正常含量的5～10倍。随着植物叶片的衰老凋落，它所吸收的二氧化硫也一同落下，树木长叶落叶，二氧化硫也就不断地被吸收。

研究表明：绿地上的空气中二氧化硫的浓度低于未绿化地区的上空。污染区树木叶片的含硫量高于清洁区许多倍。煤烟经绿地后其中60%的二氧化硫被阻留。松林每天可从1 m^3 空气中吸收20 mg二氧化硫。每公顷柳杉林每天能吸收60 kg二氧化硫。此外，研究还表明，对二氧化硫抗性越强的植物，一般吸收二氧化硫的量也越多。阔叶树对二氧化硫的抗性一般比针叶树要强，叶片角质和蜡质层厚的树一般比角质和蜡质层薄的树要强。

根据上海园林局的测定，发现臭椿和夹竹桃不仅抗二氧化硫能力强，并且吸收二氧化硫的能力也很强。臭椿在二氧化硫污染情况下，叶片含硫量可达正常含硫量的 29.8 倍，夹竹桃可达 8 倍。其他如珊瑚树、紫薇、石榴、厚皮香、广玉兰、棕榈、胡颓子、银杏、粗榧等也有较强的对二氧化硫的抵抗能力。

(2) 对其他有害气体的作用。从另一些实验中也证明不少园林植物对于氟化氢、氯以及汞、铅蒸气等有害气体也分别具有相应的吸收和抵抗能力。根据上海市园林局的测定，如女贞、泡桐、梧桐、刺槐、大叶黄杨等有较强的吸氟能力，其中女贞的吸氟能力尤为突出，比一般树木高 100 倍以上。

构树、合欢、紫荆、木槿、紫藤、紫穗槐等都具有较强的抗氯和吸氯能力；喜树、梓树、接骨木等树种具有吸苯能力；银杏、柳杉、樟树、海桐、青冈栎、女贞、夹竹桃、刺槐、悬铃木、连翘等具有良好的吸臭氧能力；紫薇、夹竹桃、棕榈、桑树等能在汞蒸气的环境下生长良好，不受危害；而大叶黄杨、女贞、悬铃木、榆树、石榴等则能吸收铅等。

因此，在散发有害气体的污染源附近，选择与其相应的具有吸收和抗性强的树种进行绿化，对于防治污染、净化空气是有益的。

(3) 吸滞烟灰和粉尘。城市空气中含有大量尘埃、油烟、炭粒等。有些微颗粒虽小，但其在大气中的总重量却很惊人。据统计，每烧煤 1 t，就产生 11 kg 的煤粉尘，许多工业城市每年每平方公里降尘量平均 500 t 左右，有的城市甚至高达 1 000 t 以上。这些烟灰和粉尘一方面降低了太阳的照明度和辐射强度，削弱了紫外线，对人体的健康不利；另一方面，人呼吸时，飘尘进入肺部，有的会附着于肺细胞上，容易诱发气管炎、支气管炎、尘肺、矽肺等疾病。对于有粉尘作业的企事业单位，1987 年国务院发布《中华人民共和国尘肺病防治条例》，就是为了保护职工的健康，消除粉尘危害。而我国有些城市飘尘大大超过了卫生标准。特别是近年来城市建设全面铺开，加大了粉尘污染的威胁，不利于人民的健康。

植物，特别是树木，对烟灰和粉尘有明显的阻挡、过滤和吸附的作用。一方面由于枝冠茂密，具有强大的降低风速的作用，随着风速的降低，一些大粒尘下降；另一方面则由于叶子表面不平，有茸毛，有的还分泌黏性的油脂或汁浆，空气中的尘埃经过树林时，便附着于叶面及枝干的下凹部分等。蒙尘的植物经雨水冲洗，又能恢复其吸尘的能力。

由于绿色植物的叶面积远远大于它的树冠的占地面积，如森林叶面积的总和是其占地面积的六七十倍，生长茂盛的草皮也有二三十倍，因此其吸滞烟尘的能力是很强的。

据报道，某工矿区直径大于 10 μm 的粉尘降尘量为 1.52 g/m^2，而附近公园里只有 0.22 g/m^2，减少近 6 倍。而一般工业区空气中的飘尘（直径小于 10 μm 的粉尘）浓度，绿化区比未绿化的对照区少 10%～50%。绿地中的含尘量比街道少 1/3～2/3。铺草坪的足球场比未铺草坪的足球场，其上空含尘量减少 2/3～5/6。又如，对某水泥厂附近绿化植物吸滞粉尘效应进行的测定表明，有绿化林带阻挡的地段，要比无树的空旷地带减少降尘量 23.4%～51.7%，减少飘尘量 37.1%～60%。

树木的滞尘能力是与树冠高低、总的叶片面积、叶片大小、着生角度、表面粗糙程度等条件有关，根据这些因素，刺楸、榆树、朴树、重阳木、刺槐、臭椿、悬铃木、女贞、泡桐等树种对防尘的效果较好。草地的茎叶物，其茎叶可以滞留大量灰尘，且根系与表土牢固结合，能有效地防止风吹尘扬造成的多次污染。

由此可见，在城市工业区与生活区之间营造卫生防护林，扩大绿地面积，种植树木，铺设草坪，是减轻尘埃污染的有效措施。

(4) 减少含菌量的效果。城市空气中悬浮着各种细菌达百种之多，其中许多是病原菌。

据调查，在城市各地区中，以公共场所如火车站、百货商店、电影院等处空气含菌量最高，街道次之，公园次之，城郊绿地最少，相差几倍至几十倍。空气含菌量除与人车密度密切相关外，绿化的情况也有影响。如同属人多、车多的街道，有浓密行道树的与无街道绿化的，其含菌量就有差别。其原因即由于细菌系依附于人体或附着于灰尘而进行传播的，一般人多、车多的地方尘土也多，其含菌量也高；而如有绿化，就可以减少尘埃，减少含菌量。

另外，有些树木和植物还能分泌杀菌能力的杀菌素，也是使空气含菌量减少的重要原因。如百里香油、丁香酚、天竺葵油、肉桂油、柠檬油等，已早为医药学所知晓。城市绿化树种中有很多杀菌能力很强的树种，如柠檬桉、悬铃木、紫薇、桧柏属、橙、白皮松、柳杉、雪松等杀菌力较强，其他如臭椿、楝树、马尾松、侧柏、樟树、枫香等也具有一定的杀菌能力。

各类林地和草地的减菌作用有差别。松树林、柏树林及樟树林的减菌能力较强，是与它们的叶子能散发某些挥发性物质有关的。草地上空的含菌量很低，显然是因为草坪上空尘埃少，从而减少了细菌的扩散。

据法国测定，在百货商店每立方米空气含菌量高达 400 万个，林荫道为 58 万个，公园内为 1 000 个，而林区只有 55 个。森林、公园、草地及其他绿地中空气中含菌量减少的事实，具有重要的卫生疗养意义。为了使人们有益于居住的健康环境，应该拥有足够的面积和分布均匀的绿地。对于医疗机构、疗养院、休养所等单位不仅应有大量的绿化，并且应该注意选用具有杀菌效用的树种。

(5) 健康作用。

① 负离子的作用。绿色植物进行光合作用的同时，产生具有生命活力的空气负离子氧——空气维生素。负离子氧吸入人体后，增加神经系统功能，使大脑皮层抑制过程加强，起到镇静、催眠、降低血压的作用，使电负荷影响人体的电代谢，令人精神焕发，对哮喘、慢性气管炎、神经性皮炎、神经性官能症、失眠、忧郁症等许多疾病有良好的治疗作用。

据有关部门测定，森林、园林绿地和公园都有较多的负离子含量，这是由于一些尖锥形的树冠具有尖端放电的功能，加之一些山泉、溪流、瀑布等地带，由于水分子激励而产生负离子氧，在这些地带具有几万个负离子，在一般地区负离子只有几十个。

② 芳香草对人体的影响。芳香型植物的活性发挥物可以随着病人的吸气进入终末支气管，有利于对呼吸道病变的治疗，也有利于通过肺部吸收来增强药物的全身性效应。如辛夷对过敏性鼻炎有一定疗效，玫瑰花含 0.03%的玫瑰油，对促进胆汁分泌有作用，玫

瑰花香气具有清而不浊、和而不猛、柔目于胆、流气活血、宣通窒滞而绝无辛猛刚燥之弊，是气药中最有捷效又最为驯良者。

③ 绿色植物对人体神经的作用。根据医学测定，在绿地环境中，人的脉搏次数下降，呼吸平缓，皮肤温度降低，精神状态安详、轻松。绿色对人眼睛的刺激最小，能使眼睛疲劳减轻或消失。绿色在心理上给人以活力和希望，静谧和安宁，丰足和饱满的感觉。

因此，人们喜欢在园林绿地中进行锻炼，既可以吸收负离子氧又可使人增加活力，在松柏樟树的芬香之中锻炼也会收到较好的疗效。

3. 防止公害灾害

1）降低噪声

现代城市中的汽车、火车、船舶和飞机所产生的噪声，工业生产、工程建设过程中的噪声，以及社会活动和日常生活中带来的噪声，有日趋严重之势。城市居民每时每刻都会受到这些噪声的干扰和袭击，对身体健康危害很大。轻的使人疲劳，降低效率，重的则可引起心血管或中枢神经系统方面的疾病。为此，人们采用多种方法来降低或隔绝噪声，应用造林绿化来降低噪声的危害，也是探索的方向之一。

根据一些研究材料表明，声音经过 30 m 宽林带可以降低 6～8 dB（扣除自然衰减），40 m宽林带可以降低 10～15 dB。在公路两旁设有乔灌木搭配 15 m 宽的林带，可以降低噪声一半。高 1.7 m、宽 1.8 m 的海桐“绿坪”能降低噪声 5～6 dB。这些测定，都说明绿化，特别是组合密实的绿化带对减弱噪声有积极的作用，如图 5-6 所示。

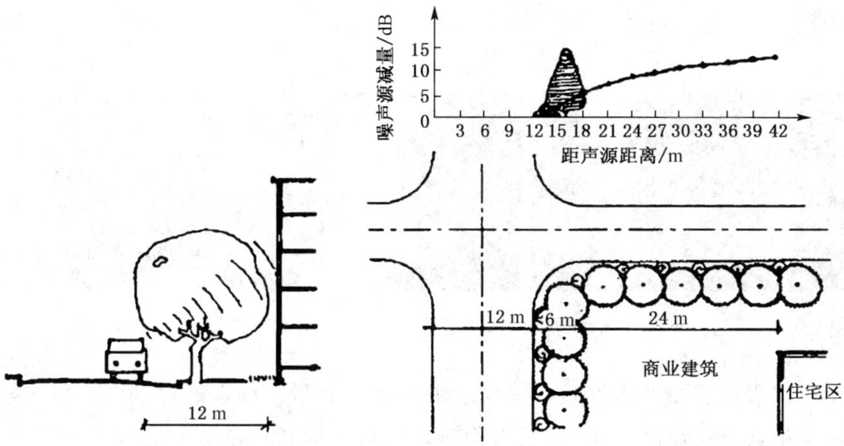

行道树的减噪作用　　城市防声林示意及其减噪效果

图5-6　城市绿地可降低噪声

树木能降低噪声，是因为声能投射到树叶上被反射到各个方向，造成树叶微振而使声能消耗而削弱。因此，树木减噪的主要部位是树冠层，枝叶茂密的减噪效果好，而落叶树在落叶季节的减噪效能就降低，植物配置方式对减噪效果影响也很大，自然式种植的树群比行列式的树群效果好，矮树冠比高树冠为好，灌木更好。对于林带来说，结构比宽度更重要，并且一条完整的宽林带，其效果不及总宽相同的几条较窄的林带。

在城市中常因用地紧张，不宜有宽的林带，因此要对树木的高度、位置、配置方式及树木种类等进行分析，以便能获得最有利的减噪效能。

2）净化水体和土壤

城市和郊区的水体常受到工业废水和居民生活污水的污染，使水质变差，影响环境卫生和人民健康。对有些水体污染不是很严重的，绿化植物具有一定的净化污水的能力，形成水体自净的作用。

许多水生植物和活生植物对污水有明显的净化作用。如芦苇能吸收酚及其他 20 多种化合物，每平方米土地生长的芦苇一年内可积聚 6 kg 的污染物质，还可以消除水中的大肠杆菌。在种有芦苇的水池中，其水的悬浮物要减少 30%、氯化物减少 90%、有机氮减少 60%、磷酸盐减少 20%、氨减少 66%、总硬度减少 33%，所以，有的国家把芦苇作为污水处理的一个阶段。又如，在栽有水葱的污水池中，许多有机化合物均被水葱所吸收。凤眼莲也具有吸收水中的重金属和有机化合物的能力，如成都的活水公园（图 5-7）和上海梦清园（图 5-8）是利用水生植物处理的实例。

图 5-7　成都活水公园①

图 5-8　上海梦清园②

据测定，树木可以吸收水中的溶解质，减少水中的细菌数量。如在通过 30～40 m 宽的林带后，由于树木根系和土壤的作用，1 L 水中所含的细菌数量可减少 1/2。

某些植物的根系及其分泌物有杀菌作用，能使进入土壤的大肠杆菌死亡。在有植物根系的土壤中，好气细菌活跃，比没有根系的土壤要多几百倍，甚至几千倍，这样就有利于

---

① 百度图片网. http://image. baidu. com/i? tn=baiduimage&ct=201326592&cl=2&lm=-1&fr=&pv=&ic=0&z=0&se=1&word=%B3%C9%B6%BC%B5%C4%BB%EE%CB%AE%D4%B0%B9%AB%D4%B0&s=0&sme=0&pn=0&ln=2000&tab=&width=&height=&face=&fb=#pn=0.

② 百度图片网. http://image. baidu. com/i? tn=baiduimage&ct=201326592&cl=2&lm=-1&fr=&pv=&ic=0&z=0&se=1&word=%C9%CF%BA%A3%C3%CE%C7%E5%D4%B0&s=0&sme=0&pn=0&ln=320&tab=&width=&height=&face=&fb=#pn=0.

土壤中的有机物和无机物的形成，使土壤净化和提高土壤肥力。利用市郊森林生态系统及湿地系统进行污水处理，不仅可以节省污水处理的费用，并且该森林地区的树木生长更好，湿地生物更加丰富，周围动物更加繁盛起来。因此，城市中一切裸露的土地，加以绿化后，不仅可以改善地上的环境卫生，而且也能改善地下的土壤卫生。

3）涵蓄水源及保护地下水

树木下的枯枝落叶可吸收 1～2.5 kg 的水分，腐植质能吸收比本身含量大 25 倍的水，1 m^2 面积，每小时能渗入土壤中的水分约 50 kg。1 hm^2 林木每年可蒸发 4 500～7 500 t 水，一片 5 万亩的林地相当于 100 万 m^3 的小型水库。在绿地的降水有 10%～23%可能被树冠截留，然后蒸发至空中，70%～80%渗入地下，变成地下径流，这种水经过土壤、岩层的不断过滤，流向下坡或泉池溪涧，就成为许多山林名胜，如黄山、庐山、雁荡山瀑布直泻，水源长流以及杭州虎跑、无锡二泉等泉池涓涓，经年不竭的原因之一，如图 5-9 所示。

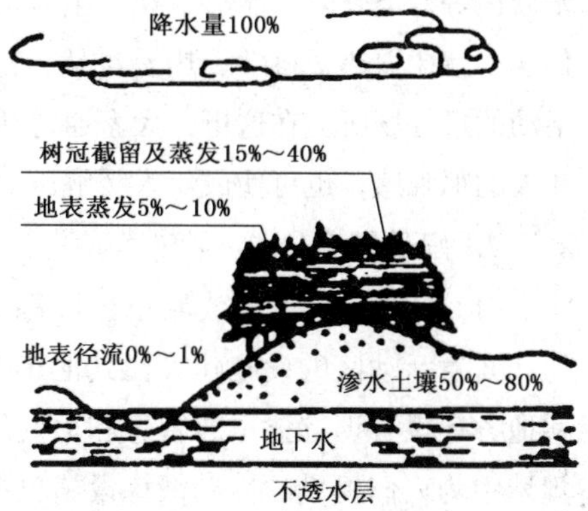

图 5-9　树木的蓄水保土作用

4）生物环境的保护

保护生物多样性。由于植物的多样性的存在才有了多种生物微生物及昆虫类的繁荣，而生物的多样性即是生态可持续发展的基础，故而园林植物的环境有多种植物的种植，从而对保护生物环境起到积极的作用。

5.1.3.2　游憩功能

在社会生活节奏越来越快的今天，人们渴望着沟通与理解。城市绿地系统尽管很大程度上是人工创造的，它毕竟是以一种“自然要素”，在坚硬的都市建筑环境中体现着舒展、自然的气氛，充满了生机和活力，为所有人共享。面对这样的环境，人们似乎更容易变得松弛而单纯，可以各取所需。城市绿地系统与景观为全体公众所使用，同时，完备发达的城市绿地系统还能将自然要素有机地引入到城市中，从而面对自然，与自然和谐相处。

1. 陶冶情操

(1) 城市的绿地系统是一种人性化了的“自然”，优美宜人的环境能纯净心灵、陶冶性情。城市绿地环境的这一作用是我国园林绿地始终如一的传统，如中国传统的园林文化中常把某些植物视为人类高尚品德的象征。代表中国传统园林最高成就的“文人园”，其造园的宗旨并非单纯为了生活享受，而在于以泉石养心怡性、培育高尚情操。园林绿地对于人的品格的影响可与诗画相提并论。在这样的思想指导下，园林绿地也就自然地成了使人“淡泊以明志，宁静而致远”的最理想的场所。

(2) 现代城市绿地除了承袭传统园林怡情养性之外，还加入了许多适合于大众的内容：开敞自然的空间、田园乡村般的景观使常居都市的人们也能享受到充满生机的绿色自然；丰富多样的植物种类和品种，不仅带来了令人炫目的色、质、形的变化，而且还美化了环境，并能让人感受到季相更迭，感受到岁月变迁；公共绿地中设置的科普教育、文化娱乐场所如宣传橱窗、露天剧场、书画室、棋室、音乐茶座，以及其他公共设施，可以用于开展多种形式的活动，丰富公众的文化生活，使人们在清新的自然环境中放松心情，享受生活；公共绿地环境中的各展览馆、陈列馆、纪念馆、博物馆等，可以使人们在游憩参观中了解到自然科学、社会科学知识，从中受到教育，提高文化素养；动物园、植物园、水族馆等专类公园，能够直观、生动地让人们尤其是孩子们了解大自然的奇妙，从而使他们从小就树立热爱科学、热爱自然、保护环境、爱护家园的意识。公共绿地空间也是集体活动的最好场所。在这里，大家通过活动，可以加强接触，增进友谊，特别是可以减少老年人的孤独感；也可使成年人缓解压力，振奋精神，提高运作效率；培养青年的团队精神。

2. 娱乐健身

（1）目前我国大多数城市公园绿地还设有为公众提供大量的健身娱乐设施。一般来说，儿童活动区的设施建设比其他年龄的使用人群好一些。如除了常规的秋千、滑梯，有些地方还设有训练孩子的智慧和勇气的创造性或具有冒险性的游戏玩具。另外，目前城市规划中为人们提供的运动锻炼设施也在不断增加，有些城市绿地得天独厚的自然条件本身也为公众提供了良好的娱乐健身机会，如北京香山由于自然条件优美，空气清新，交通便利，因而吸引了大量游客。清洁的空气和宁静的自然环境已经成为城市居民的向往。

（2）现代城市的生活压力和工作环境常使人感到紧张和疲劳。紧张是人们对压力或危及身心健康环境的一种心理反应。从人类心理健康发展角度看，国内外近年来也从心理调查和生活测定两方面对植被缓解紧张情绪进行了研究。心理调查研究分为室外环境和室内环境两个方面。首先将紧张考试后的学生分为两组，分别观看无植被的城市景观和郊野自然景色两组彩色幻灯片，根据观看后的结果进行分析，发现后一组观看幻灯片的明显消除了紧张情绪。生理测定也表明植物能够缓解紧张情绪。如测定被试者观看自然景色时的脑电波反应，结果发现他们在观看自然景色时，大脑皮层受到了积极的影响。

3. 文化功能

城市的文化特色是城市历史发展积淀、更新的表现，同时，也是人类居住活动不断适应和改造自然环境的反映。它是城市绿地景观、城市社会行为、观念和城市性质的总体反映。在城市文化特色中，城市绿地系统是城市文化特色的自然本色，是塑造城市文化特色的基础，同时，城市绿地系统是人为的自然系统，也必然包含了社会文化因素，具体体现在参与形成历史景观地带、建立城市景观特色、营建纪念性场所、体现城市文化个性等方面。

5.1.3.3 景观功能

1. 城市景观与绿地环境

城市景观是城市给人们的总体印象、感受，这种印象和感受是来自构成城市的物质形态和自然形态。影响城市景观的因素很多，可以是城市硬质的建筑景观，也可以是软质的城市绿地系统；可以是基址上的自然环境景观，也可以是历史形成的人文景观。其中城市的绿地系统对于城市景观的影响是不可低估的。发达的城市绿地系统是形成良好城市景观必不可少的。城市景观不仅要有良好的建筑空间，而且还要有便捷的道路交通系统，更应该有与自然地形地貌的良好结合，有宜人及发达完善的城市绿地系统。因此，绿地系统对城市面貌常常起到决定性的作用。如我国的海滨城市青岛，由于历史及自然的原因而形成的城市景观给人们留下了美好而深刻的印象，高低错落的山丘之中独特的建筑掩映在葱茏的绿荫之间，显得亲近可人、生机盎然。

2. 城市绿地系统对城市景观的影响

(1) 城市景观是城市自然要素和人工要素的组合，其中又以城市建筑物群体、城市道路、绿地植物等所形成的景观空间为主体而共同构成的。城市景观设计是以土地资源、历史文化、建筑、植物等的功能运用为基础的。要创造出优美的、文化的、自然的、丰富的城市景观空间，首先应研究它们的功能特性及应用，应研究地形环境的具体特征，将其作为城市景观空间的组成部分。在此基础上，以确定城市建筑、公共绿地的布局、城市保护地段现状等。

城市绿地系统对城市景观的影响是不容忽视的。从整个系统上来看，城市绿地系统就是某种程度上的人文景观，因为城市绿地系统是人为地干预城市所在地区内部及周围的自然环境的结果。如杭州，历史上各个时期对杭州西湖的疏浚，堆置了白堤、苏堤、三潭印月、湖心亭等堤岛，丰富了西湖景观层次，奠定了西湖自然山水景观的布局。

(2) 从城市绿地系统内部来看，城市绿地大到公园，小到一棵树木，甚至保留下来的原有植物，无一不是人工的作品或经过人为的处理，随着岁月的流逝，它们便自然地成了真正意义的人文景观。人们常说没有古树的城市就是没有历史的城市，中国明代造园家计成在他的《园冶》一书中提到："雕梁飞楹构易，槐荫挺玉成难。"历史可以使殿宇楼阁化成风中尘埃，而参天的古木却可以用大自然赋予的生命彰显历史。另外，景观区域的相对独立，也缓和了与周边现代建筑所产生的冲突，大大提升了城市区域的城市形象。

城市绿地系统是城市景观中对于现代城市建设发展耗能巨大的人工系统，单靠城市内部本身的绿地还难以平衡整个城市的生态系统，但它却是维持城市可持续发展必不可少的。因此针对城市景观生态学的特征，可以大力增加城市内部及周边地区绿地的规模与数量，使分布更加合理，同时大力发展以河流水渠为纽带的带状绿地，从而使城市景观生态要素中的斑块、廊道结构更加合理，并与自然状态下的生态系统结构相结合，平衡城市景观生态，增加城市生物多样性，使城市绿地系统能够对城市生态学意义上的景观有所贡献。

5.1.3.4 安全防护功能

城市绿地系统除了具有生态功能、游憩功能、美观功能之外，还具有安全防护功能，能防灾避难，保护人民的生命财产安全。

1. 避震防火的作用

1923 年日本关东发生大地震，同时引起大火灾，城市的公园绿地不仅起到了隔断和停息大火延烧的作用，而且成为城市居民避难的场所，自此以后，公园绿地被认为是保护城市居民生命财产的有效公共设施。1976 年唐山大地震波及北京，市民纷纷疏散到公园、绿地、广场等开放空间，并搭满了防震棚，这些地方成为安全避震区。据调查当时北京市内 15 处公园绿地，总面积 400 hm^2，疏散居民 20 多万人。

许多绿化植物，枝叶含有大量水分，一旦发生火灾，可以阻止蔓延，隔离火花飞散，如珊瑚树，即使叶片全部烧焦，也不会发生火焰；银杏在夏天即使叶片全部燃烧，仍然会萌芽再生。其他如厚皮香、山茶、海桐、白杨等都是很好的防火树种。因此，在城市规划中应该把绿化作为防止火灾延烧的隔断和居民避难所来考虑。我国有许多城市位于地震区内，因此应该把城市公园、体育场、广场、停车场、水体、街头绿地等统一规划，合理布局，构成一个避灾的绿地空间系统，符合避震、疏散、搭棚的要求。有的国家已规定避灾公园的定额为每人 1 m^2。而日本提出公园面积必须大于 10 hm^2，才能起到避灾防火的作用。

2. 备战防空、防放射性污染

绿化植物能过滤、吸收和阻碍放射性物质，降低光辐射的传播和冲击波的杀伤力，阻碍弹片的飞散，并对重要建筑、军事设备、保密设施等起遮蔽的作用。其中密林更为有效。例如，第二次世界大战时，欧洲某些城市遭到轰炸，凡是树木浓密的地方所受损失要轻得多，所以绿地也是备战防空和防放射性污染的一种技术措施。

为了备战，保证城市供水，在城市中心应有一个供水充足的人工水库或蓄水池，平时作为游憩用，战时作为供消防和消除放射性污染使用。在远郊地带也要修建必要的简易的食宿及水、电、路等设施，平时作为居民游览场所，战时可作为安置城市居民疏散的场所，这样就可以使游憩绿地在战时起到备战疏散，防空、防辐射的作用。

5.1.3.5 经济效益

城市绿地系统除了产生生态效益、环境效益和社会效益外，还有经济效益。一座城市绿地的经济效益，是指绿地为城市提供的能够经货币计量的效益。它包括绿地建设、内部管理、服务创收、生态价值等多个方面。城市绿地经济效益分为直接经济效益或间接经济效益。

1. 直接经济效益

1）物质经济收入

早期的园林曾出现过菜园、果园、药草园等生产性的园圃，但随着社会的发展，这些都有了专门性的生产园地，不再属于城市园林的范畴。但在城市，园林绿地发挥其环保效益、文化效益以及美化环境的条件下也是可以结合生产，增加经济效益的。如结合观赏种植一些有经济价值的植物，如果树、香料植物、油料植物、药用植物、花卉植物等，也可以制作一些盆景、盆花，培养金鱼，笼养鸣禽等，既可出售又可丰富人民生活。

2）旅游观赏收入

该项收入不是以商品交换的形式来体现的，而是通过利用资源而获得的。随着旅游事业的发展，我国的风景旅游资源成为国内外游客的向往之处。1996 年，国内旅游人次达到 65 亿人，国外旅游者达到 5 120 万人，旅游外汇收入达 102 亿美元，加上国内旅游收入，总共达到 2 500 亿人民币。这些钱将投入到城市建设、交通运输、轻工业、商业、手工业和旅游业等各方面的发展中。在有些贫困地区，如张家界每年的游客假设达 100 万人，如果每人消费 500 元，就有 5 亿元的收入，使当地居民获得了较大利益。所以这部分的经济效益也是很可观的。

2. 间接经济效益

园林绿地的经济功能除了可以以货币作为商品的价值来表现外，有些无法直接以货币来衡量，但却又是实际存在的。故可以通过折算的方式来加以表现，举例来说：

(1) 一棵树的价值。人对森林的利用经历了初级利用、中级利用和高级利用三个阶段。根据一位农学家的分析，一棵生长了 50 年的树，其初级利用价值是 300 美元，而其环境价值（高级利用）达 20 万美元，即发挥这方面的功能产生的效果。这是根据其在生态方面的改善气候、制造氧气、吸收有害气体和水土保持所产生的效益以及提供人们休息锻炼、社会交往、观赏自然的场所而带来的综合环境效益所估算出来的。

(2) 上海宝山钢铁厂是全国著名的花园单位，绿化面积达 933 hm^2，其自 1984—2000 年绿化建设及养护共计投资 5.17 亿元，种植了 365 万棵乔木、2 900 万棵灌木和 112 万 m^2 的草地，所获取的现有价值 11.95 亿元；而同时发生的生态环境效益则产生 60 亿元的价值，环境效益包括制氧、吸收二氧化碳、净化空气、涵养水源、防止噪声、降温、增湿等。其直接和间接效益合计价值 72 亿元，是总投资的 13.58 倍，体现了城市绿地巨大的经济效益。

(3) 日本以替代法计算其森林的公益效益。1972 年为 128 200 亿日元；1991 年，为 392 000 亿日元；2000 年为 749 900 亿日元，即相当于 1998 年日本国家预算总额（750 000 亿日元）。其中，保存降水功能的价值达 87 400 亿日元，缓和洪水功能价值 55 700 亿日元，净化水质功能价值 128 100 亿日元，防止泥沙流失功能价值 282 600 亿日元，防止塌方功能价值 84 400 亿日元，保健休闲功能价值 22 500 亿日元，野生动物保护功能价值39 000 亿日元。

(4) 据报道，天津开发区建在渤海之滨原来的盐场卤化池上，土壤贫瘠，寸草不生，在那里辟建绿地 170 hm^2，总投资 1.425 亿元，十年后计算：树木增值 180.3 万元/年，释放氧气、滞尘降尘、落水保堤、增湿降温等环境效益 5 771 万元，两者合计 5 951.3 万元，其投资年回报率为 41.8%，而且其效益将随着树木的生长逐年递增。

(5) 城市绿地能创造良好的投资环境，能吸引大量资本和高素质的人口。城市环境的好坏对投资带来了很大的影响，环境良好的地区房地产价格一般较高。就上海来说，在几个大型绿地周围的房产价格同比高出 1 000～1 500 元/m^2，带来巨大的商业利润。

综上可见，园林绿地的价值远远超出其本身的价值，结合其生态环境效益来计算，其价值是巨大的，并且随着时间的推移而增加，所以是“留得青山在，不怕没柴烧”。

5.1.4 城市绿地系统规划的性质

城市绿地系统规划设计分为多个层次，具体包括如下：

城市绿地系统专业规划，是城市总体规划阶段的多个专业规划之一，属城市总体规划的必要组成部分，该层次的规划主要涉及城市绿地在总体规划层次上的统筹安排。

城市绿地系统专项规划，也称“单独编制的专业规划”，它是对城市绿地系统专业规划的深化和细化。该规划不仅涉及城市总体规划层面，还涉及详细规划层面的绿地统筹和市域层面的绿地安排。城市绿地系统专项规划是对城市各类绿地及其物种在类型、规模、空间、时间等方面所进行的系统化配置及相关安排。

此外，还有城市绿地的控制性详细规划；城市绿地的修建性详细规划；城市绿地设计；城市绿地的扩初设计和施工图设计。

5.1.5 城市绿地系统的分类与指标

5.1.5.1 城市绿地分类方法

1. 国外的城市绿地分类

国际上目前尚无统一的城市绿地分类方法。各国所采用的不同分类方法，也一直在不断地调整。

德国将城市绿地分为郊外森林公园、市民公园、运动娱乐公园、广场、分区公园、交通绿地等。美国（洛杉矶市）将公园与游憩用地（Park and Recreation）分为游戏场、邻里运动场、地区运动场、体育运动中心、城市公园、区域公园、海岸、野营地、特殊公园、文化遗迹、空地、保护地等。

二战期间，日本东京绿地规划协议会在进行东京绿地规划前，将绿地分成普通绿地、生产绿地、准绿地。普通绿地是指直接以公众的休闲娱乐为目的的绿地；生产绿地是指农林渔地区；准绿地是指庭园和其他受法律保护的保存地和景园地。在此分类基础上，制定各类绿地的标准，对服务半径面积、设施等作出详细规定。

1971 年，日本建设省制定城市绿地分类标准，将城市绿地分为四大类，1976 年增加了“城市绿地”、“绿道”、“国家设置的公园”三类绿地。1991 年又对之作了进一步完善，新增加“城市林地”、“广场公园”两类。至此，日本城市绿地共分为九大类。日本城市绿地分类的发展变化状况，见表 5-2。

表 5-2　　日本建设省颁布的城市绿地分类标准历次变化

<table>
<tr><th></th><th>颁布</th><th>年份</th><th></th><th>绿地类型</th><th>二级类型</th><th>备　注</th></tr>
<tr><td rowspan="5">1991</td><td rowspan="5">1976</td><td rowspan="5">1971</td><td rowspan="5">一</td><td rowspan="5">基干公园</td><td rowspan="3">居住区基干公园</td><td>街区公园（平均面积 2 500 m^2）</td></tr>
<tr><td>邻里公园（平均面积 2 hm^2）</td></tr>
<tr><td>地区公园（平均面积 4 hm^2）</td></tr>
<tr><td rowspan="2">城市基干公园</td><td>综合公园（平均面积 10～15 hm^2）</td></tr>
<tr><td>运动公园（15～75 hm^2）</td></tr>
<tr><td rowspan="3">√</td><td rowspan="3">√</td><td rowspan="3">√</td><td rowspan="3">二</td><td rowspan="3">特殊公园</td><td>风景公园</td><td></td></tr>
<tr><td>动植物公园</td><td></td></tr>
<tr><td>历史公园</td><td></td></tr>
</table>

续　表

	颁布	年份		绿地类型	二级类型	备　注
√	√	√	三	大规模公园	大型公园	50 hm^2 以上
					娱乐城	私人投资，面积 500～1 000 hm^2
√	√	√	四	缓冲绿地		指防护林、防灾缓冲地等
√			五	城市林地		林地与自然保留地
√			六	广场公园		商业中心、办公区室外游憩场
√	√		七	城市绿地		相当于中国的“街头游园”，面积要求 1 000 m^2 以上
√	√		八	绿　道		要求宽 10 m 以上
√	√		九	国家设置的城市公园		如国家纪念园等，一般在 300 hm^2 以上

2. 我国历史上的城市绿地分类方法

中国城市绿地的分类也经历了一个逐步发展的过程。1961 年版高等学校教材《城乡规划》中将城市绿地分为公共绿地、小区和街坊绿地、专用绿地、风景游览或休疗绿地共四类。1973 年国家建委有关文件把城市绿地分为五大类，即公共绿地、庭院绿地、行道树绿地、郊区绿地、防护林带。1981 年版高等学校试用教材《城市园林绿地规划》（同济大学主编）将城市绿地分为六大类，即公共绿地、居住绿地、附属绿地、交通绿地、风景区绿地、生产防护绿地。1990 年国标《城市用地分类与规划建设用地标准》（GBJ 137—1990），将城市绿地分为三类，即公共绿地 G_1、生产防护绿地 G_2 及居住用地绿地 R_{14}、R_{24}、R_{34}、R_{44}。

1992 年，国务院颁发的建国以来第一部园林行业行政法规《城市绿化条例》，将城市绿地表述为“公共绿地、居住区绿地、防护林绿地、生产绿地”及“风景林地、干道绿化等”，即至少六类。1993 年建设部印发的《城市绿化规划建设指标的规定》（建城［1993］784 号文件）中，“单位附属绿地”被列为城市绿地的重要类型之一。

5.1.5.2　城市绿地分类标准

2002 年，国家建设部颁布了《城市绿地分类标准》（CJJ/T 85—2002），见表 5-3。该分类标准将城市绿地划分为 5 个大类、13 个中类、11 个小类。绿地类别采用英文字母与阿拉伯数字混合型代码表示。大类用英文 GREEN SPACE（绿地）的第一个字母 G 和一位阿拉伯数字表示；中类和小类各增加一位阿拉伯数字表示。

5 个大类，即公园绿地 G_1、生产绿地 G_2、防护绿地 G_3、附属绿地 G_4、其他绿地 G_5。

13 个中类，即公园绿地中的 G_{11} 综合公园、G_{12} 社区公园、G_{13} 专类公园、G_{14} 带状公园、G_{15} 街旁绿地；附属绿地中的 G_{41} 居住绿地、G_{42} 公共设施绿地、G_{43} 工业绿地、G_{44} 仓储绿地、G_{45} 对外交通绿地、G_{46} 道路绿地、G_{47} 市政设施绿地、G_{48} 特殊绿地。

11 个小类，即综合公园中的 G_{111} 全市性综合公园、G_{112} 区域性综合公园；社区公园中的 G_{121} 居住区公园、G_{122} 小区游园；专类公园中的 G_{131} 儿童公园、G_{132} 植物园、G_{133} 动物园、G_{134} 历史名园、G_{135} 风景名胜公园、G_{136} 游乐公园、G_{137} 其他专类公园。

表 5-3　　城市绿地分类

大类	中类	小类	大类	中类	小类
公园绿地 G_1	综合公园 G_{11}	全市性公园 G_{111}	生产绿地 G_2		
		区域性公园 G_{112}			
	社区公园 G_{12}	居住区公园 G_{121}	防护绿地 G_3		
		小区游园 G_{122}	附属绿地 G_4	居住绿地 G_{41}	
	专类公园 G_{13}	儿童公园 G_{131}		公共设施绿地 G_{42}	
		植物园 G_{132}		工业绿地 G_{43}	
		动物园 G_{133}		仓储绿地 G_{44}	
		历史名园 G_{134}		对外交通绿地 G_{45}	
		风景名胜公园 G_{135}		道路绿地 G_{46}	
		游乐公园 G_{136}		市政设施绿地 G_{47}	
		其他专类公园 G_{137}		特殊绿地 G_{48}	
	带状公园 G_{14}		其他绿地 G_5		
	街旁绿地 G_{15}				

1. 公园绿地（G_1）

公园绿地是指“向公众开放，以游憩为主要功能，兼具生态、美化、防灾等作用的绿地”，包括城市中的综合公园、社区公园、专类公园、带状公园以及街旁绿地。公园绿地与城市的居住、生活密切相关，它是城市建设用地、城市绿地系统和城市市政公用设施的重要组成部分，是表示城市整体环境水平和居民生活质量的一项重要内容。

1）综合公园

综合公园指规模较大、植物种类丰富、内容设施完备、能满足多种功能的公园。分为全市性公园和区域性公园。

全市性综合公园一般面积为 10～100 hm^2，服务半径为 2 000～3 000 m，乘车 30 min 到，大城市可设数个，中小城市设 1～2 个。

区域性综合公园一般面积为 5～10 hm^2，服务半径为 1 000～1 500 m，步行 15 min 到达。

2）社区公园

社区公园指为一定居住用地范围内的居民服务，具有一定活动内容和设施的集中绿地，但不包括居住组团绿地。社区公园分为居住区公园和小区游园。

居住区公园服务于一个居住区的居民，具有一定活动内容和设施，为居住区配套建设的集中绿地。一般面积为 2～5 hm^2，服务半径为 500～1 000 m。

小区游园为一个居住小区的居民服务、配套建设的集中绿地，一般服务半径为 300～500 m。

3）专类公园

专类公园指具有特定的内容或形式、有一定游憩设施的绿地。分为儿童公园、动物园、植物园、历史名园、风景名胜公园、游乐公园、其他专类公园等。

儿童公园指单独设置，为少年儿童提供游戏及开展科普、文体活动，有安全、完善设施的绿地。

动物园指在人工饲养条件下，移地保护野生动物，供观赏、普及科学知识，进行科学研究和动物繁育，并具有良好设施的绿地。

植物园指进行植物科学研究和引种驯化，并供观赏、游憩及开展科普活动的绿地。

历史名园指历史悠久，知名度高，体现传统造园艺术并被审定为文物保护单位的园林。

风景名胜公园位于城市建设用地范围内，以文物古迹、风景名胜点（区）为主形成的具有城市公园功能的绿地。

游乐公园指具有大型游乐设施，单独设置，生态环境较好的绿地。游乐公园绿化占地比例应大于等于 65%。

其他专类公园指除以上各种专类公园外具有特定主题内容的绿地，包括雕塑园、盆景园、体育公园、纪念性公园等，绿化占地比例应大于等于 65%。

4）带状公园

带状公园指沿城市道路、城墙、水滨等，有一定游憩设施的狭长形绿地。带状公园的最窄处必须满足游人的通行、绿化种植带的延续以及小型休息设施布置的要求。

5）街旁绿地

街旁绿地指位于城市道路用地之外，相对独立成片的绿地，包括街道广场绿地、小型沿街绿化用地等，绿化占地比例应大于等于 65%。街旁绿地是散布于城市中的中小型开放式绿地，虽然有的街旁绿地面积较小，但具备游憩和美化城市景观的功能，是城市中量大面广的一种公园绿地类型。

此处的“街道广场绿地”与“道路绿地”中的“广场绿地”不同，“街道广场绿地”位于道路红线之外，而“广场绿地”在城市规划的道路广场用地（即道路红线范围）以内。

2. 生产绿地（G_2）

生产绿地主要是指为城市绿化提供苗木、花草、种子的苗圃、花圃、草圃等圃地。它是城市绿化材料的重要来源，对城市植物多样性保护有积极的作用。

生产绿地是城市绿化的生产基地，不管是否为园林部门所属，只要是为城市绿化服务，能为城市提供苗木、草坪、花卉和种子的各类圃地，均应作为生产绿地，而不应计入其他类用地。其他季节性或临时性的苗圃，如从事苗木生产的农田，不应计入生产绿地。单位内附属的苗圃，应计入单位用地，如学校自用的苗圃，与学校一并作为教育科研设计用地，在计算绿地时则作为附属绿地。

由于城市建设用地指标的限定和苗木供应市场化，生产绿地已显现出郊区化的趋势。因此，位于城市建设用地范围外的生产绿地不参与城市建设用地平衡，但在用地规模上应达到相关标准的规定。

圃地具有生产的特点，许多城市中临时性存放或展示苗木、花卉的用地，如花卉展销中心等不能作为生产绿地。

3. 防护绿地（G_3）

防护绿地是指对城市具有卫生、隔离和安全防护功能的绿地，包括城市卫生隔离带、道路防护绿地、城市高压走廊绿带、防风林、城市组团隔离带（生态敏感区）等。防护绿地主要功能是对自然灾害和城市危害起到一定的防护和减弱作用。

4. 附属绿地（G_4）

附属绿地是指城市建设用地中绿地之外各类用地中的附属绿化用地。包括居住绿地、公共设施绿地、工业绿地、仓储绿地、对外交通绿地、道路绿地、市政设施绿地和特殊绿地。

居住绿地指城市居住用地内社区公园以外的绿地，包括组团绿地、宅旁绿地、配套公建绿地、小区道路绿地等。

公共设施绿地指公共设施用地内的绿地。

工业绿地指工业用地内的绿地。

仓储绿地指仓储用地内的绿地。

对外交通绿地指对外交通用地内的绿地。

道路绿地指道路广场用地内的绿地，包括行道树绿带、分车绿带、交通岛绿地、交通广场和停车场绿地等。

市政设施绿地指市政公用设施用地内的绿地。

特殊绿地指特殊用地内的绿地。

附属绿地的分类基本上与国家现行标准《城市用地分类与规划建设用地标准》(GBJ 137—90)中建设用地分类的大类相对应，既概念明确，又便于绿地的统计、指标的确定和管理上的操作。附属绿地因所附属的用地性质不同，而在功能用途、规划设计与建设管理上有较大差异，应符合相关规定和城市规划的要求，如“道路绿地”应参照国家现行标准《城市道路绿化规划与设计规范》(CJJ 75—97）的规定执行。

5. 其他绿地（G_5）

其他绿地是指对城市生态环境质量、居民休闲生活、城市景观和生物多样性保护有直接影响的绿地。其他绿地通常位于城市建设用地之外，包括风景名胜区、水源保护区、郊野公园、森林公园、自然保护区、风景林地、城市绿化隔离带、野生动植物园、湿地、垃圾填埋场恢复绿地等。

随着市场经济和城市建设的发展、城市居民休闲时间的增加和出行能力的增强，位于城市建设用地之外、城市规划区范围以内，生态、景观和游憩环境较好、面积较大、环境类型多样的区域开始承担起城市生态、景观保护和居民游憩的职能，使市区与周边环境的结合更加有机，使居民生活更加丰富。这些区域能够体现出城市规划区中的生态、景观、旅游、娱乐等资源状况，它是城市建设用地范围内上述诸系统的延伸，它与城市建设用地内的绿地共同构成完整的绿地系统。因此在绿地分类中必须包含这些内容。

“其他绿地”不能替代或折合成为城市建设用地中的绿地，它只是起到功能上的补充、景观上的丰富和空间上的延续等作用，使城市能够在一个良好的生态、景观基础上进行可持续发展。“其他绿地”不参与城市建设用地平衡，它的统计范围应与城市总体规划用地范围一致。

5.1.5.3 城市绿地系统指标

1. 城市绿地系统指标

城市绿地系统指标是体现城市绿色环境数量及质量的量化标准，包括城市绿地各种计量单元的选择和指标高低的确定。城市绿地系统指标是反映城市绿化建设质量和数量的量化方式。城市绿地系统指标有以下作用：

(1) 可以衡量一个城市绿化水平的高低，城市环境的好坏以及居民生活质量的优劣。

(2) 可以将城市绿地量化获得的数据作为城市总体规划各阶段调整用地的依据，也可用于评价规划方案的经济性与合理性。

(3) 可计算出各类绿地的规模，估算城建投资计划，保证绿地能按规划实施。

(4) 有利于在统计及研究工作中统一计算口径，为科学研究积累可靠数据。

2. 城市绿地的计算原则与方法

绿地作为城市用地的一种类型，计算时应采用相应的城市人口数据和城市用地数据，以利于用地指标的分析比较，增强绿地统计工作的科学性。因此，在进行城市绿地计算时，应注意以下几条原则：

(1) 计算城市现状绿地和规划绿地的指标时，应分别采用相应的城市人口数据和城市用地数据；规划年限、城市建设用地面积、规划人口应与城市总体规划一致，统一进行汇总计算。

(2) 绿地面积应按绿化用地的平面投影面积进行计算，山丘、坡地不能以表面积计算。每块绿地只计算一次，不得重复。

(3)《城市用地分类与规划建设用地标准》对城市规划不同阶段用地计算的图纸比例、计算单位、数字统计精确度作了明确规定，绿地计算时应与城市规划相应阶段的要求一致，以保证城市用地统计数据的整合性。

目前，为统一绿地主要指标的计算工作，便于绿地系统规划的编制与审批，以及有利于开展城市间的比较研究，提出了人均公园绿地面积、人均绿地面积、绿地率三项主要的绿地统计指标的计算公式。

1) 人均公园绿地面积（m^2/人）＝城市公园 G_1 绿地面积÷城市人口数量

其中，公园绿地包括了综合公园 G_{11}（含市级公园和区域性公园），社区公园 G_{12}（含居住区公园和小区游园），专类公园 G_{13}（如儿童公园、动物园、植物园、历史名园、风景名胜公园、游乐公园、体育公园等其他公园），带状公园 G_{14} 以及街旁绿地 G_{15} 等。表达式为

$$A_{\mathrm{glm}} = A_{\mathrm{gl}} / N_{\mathrm{p}}$$

式中 A_{glm}——人均公园绿地面积（m^2/人）；

A_{gl}——公园绿地面积（m^2）；

N_{p}——城市人口数量（人）。

2）人均绿地面积（m^2/人）＝城市建成区内绿地面积之和÷城市人口数量

其中，城市建成区内绿地面积包括城市中的公园绿地 G_1、生产绿地 G_2、防护绿地 G_3 和附属绿地 G_4 的总和。表达式为

$$A_{gm}=(A_{g1}+A_{g2}+A_{g3}+A_{g4})/N_p$$

式中 A_{gm}——人均绿地面积（m^2/人）；

A_{g1}——公园绿地面积（m^2）；

A_{g2}——生产绿地面积（m^2）；

A_{g3}——防护绿地面积（m^2）；

A_{g4}——附属绿地面积（m^2）；

N_p——城市人口数量（人）。

3）绿地率（%）＝（城市建成区内绿地面积之和÷城市的用地面积）×100%

其中，城市建成区内绿地面积包括城市中的公园绿地 G_1、生产绿地 G_2、防护绿地 G_3 和附属绿地 G_4 的总和。表达式为

$$\lambda_g=[(A_{g1}+A_{g2}+A_{g3}+A_{g4})/A_c]\times 100\%$$

式中 λ_g——绿地率（%）；

A_{g1}——公园绿地面积（m^2）；

A_{g2}——生产绿地面积（m^2）；

A_{g3}——防护绿 地面积（m^2）；

A_{g4}——附属绿地面积（m^2）；

A_c——城市的用地面积（m^2）。

以上三项指标的计算公式做如下说明：

（1）可以用于不同的城市用地统计范围，如城市中心区、城市建设用地、城市总体规划用地等，一般在绿地系统规划中和无特指的情况下，均以城市建设用地范围为用地统计范围，即：计算公式中的 A_c 一般指城市建设用地面积；

（2）三项指标的计算公式既可以用于现状绿地的统计，也可以用于规划指标的计算，但计算时应符合相应规定，即用于现状绿地统计时，采用城市现状人口和城市现状建设用地数据；用于规划指标计算时，采用城市规划人口和城市规划建设用地数据，这些数据均应与城市总体规划一致。

此外，在衡量一个城市绿化水平高低的时候，还常常会用城市绿化覆盖率这个指标作为绿地建设的考核指标。

城市绿化覆盖率（%）＝（城市内全部绿化种植垂直投影面积÷城市的用地面积）×100%

城市建成区内绿化覆盖面积应包括各类绿地（公园绿地、生产绿地、防护绿地以及附属绿地）的实际绿化种植覆盖面积（含被绿化种植包围的水面）、屋顶绿化覆盖面积以及零散树木的覆盖面积，乔木树冠下的灌木和地被草地不重复计算。

5.2 城市绿地系统的布局

城市绿地系统的布局在城市绿地系统规划中占有相当重要的地位，这是因为即使一个城市的绿地指标达到要求，但如果其布局不合理，那么它也很难满足城市生态的要求以及市民休闲娱乐的要求。反之，如果一个城市的绿地不仅总量适宜，而且布局合理，能与城市的总体规划紧密结合，真正形成一个完善的绿地系统，那么这个城市的绿地系统将在城市生态的建设和维护以及为市民创造一个良好的人居环境，促进城市的可持续发展等方面起到城市的其他系统无可替代的重要作用。

5.2.1 城市绿地布局的目的及要求

5.2.1.1 满足改善城市生态环境的要求

改善城市生态环境是城市绿地最主要的功能，这项功能的发挥与绿地的布局形式密切相关。有关资料研究显示，小块分散的绿地对于城市生态环境的改善效果并不明显，只有形成一个完善的绿地系统，才能充分发挥城市绿地的生态功能。因此，在城市绿地的布局上应做到点、线、面结合，即用“绿廊”、“绿带”等形式将城市中点状、线状、面状的绿地结合起来，形成一个分布均匀的绿色网络，才能更有效地改善城市的生态环境。此外，城市生态环境的建设除了建成区范围的人工生态系统外还应包括整个市域范围的自然生态系统。因此，城市绿地系统的布局还应考虑城市周边大面积的风景区、生态保护林地等城郊绿地的布局以及这些绿地与城市绿地的关系。这样不仅可以改善城市所在区域及城市边缘的整体生态环境，同时为城市发展留出足够空间，为城市环境的改善提供充分的绿化支持，保证城市可持续地发展。

5.2.1.2 满足全市居民日常生活及休闲游憩的要求

随着人民生活水平的提高，人们日常休闲娱乐、旅游观赏的要求也越来越多，因此作为人们日常休闲活动载体的城市绿地，在布局上应能满足人们的这一使用要求。在人们日常使用最多的公园绿地及居住绿地的布局上，应该按照合理的服务半径分不同的级别均匀地分布，避免绿化服务盲区的存在，使人们在日常生活及休闲时可以方便地使用。

5.2.1.3 满足工业生产防护、生产生活安全卫生的要求

为了减轻城市中一些污染区域（如工矿企业、仓储用地、污水污物处理场、医院等）对其他区域的影响，应在这些区域内及边缘布置适当规模及宽度的卫生防护林，以减少污染对本区域的影响以及防止污染向周边区域的蔓延。在高压走廊等处也应布置安全防护林带，满足安全要求。另外，城市大、中、小型开敞绿地的布局也应均匀合理，以满足避灾时的救援、疏散等安全要求。

5.2.1.4 满足改善城市艺术面貌的要求

城市绿地的布局还应考虑与城市的山体、水系、道路、广场、建筑等结合，这样可形成自然与人工结合的城市环境特色，体现城市特有的自然景观及文化历史，丰富城市整体轮廓线，美化街景市容，衬托建筑，以达到改善城市整体艺术面貌的要求。

5.2.2 城市绿地系统的布局原则

城市绿地系统规划布局总的目标是，保持城市生态系统的平衡，满足城市居民的户外游憩需求，满足卫生和安全防护、防灾、城市景观的要求。

1. 均衡分布，比例合理

城市公园绿地，包括全市综合性公园、社区公园、各类专类公园、带状公园绿地等，是城市居民户外游憩活动的重要载体，也是促进城市旅游发展的重要因素。城市公园绿地规划以服务半径为基本的规划依据，“点、线、面、环、楔”相结合的形式，将公园绿地和对城市生态、游憩、景观和生物多样性保护等相关的绿地有机整合为一体，形成绿色网络。按照合理的服务半径和城市生态环境改善，均匀分布各级城市公园绿地，满足城市居民生活休息所需；结合城市道路和水系规划，形成带状绿地，把各类绿地联系起来，相互衔接，组成城市绿色网络。

2. 指标先进

城市绿地规划指标的制定分近、中、远三期规划指标，并确定各类绿地的合理指标，有效指导规划建设。

3. 结合当地特色，因地制宜

应从实际出发，充分利用城市自然山水地貌特征，发挥自然环境条件优势，深入挖掘城市历史文化内涵，对城市各类绿地的选择、布置方式、面积大小、规划指标进行合理规划。

4. 远近结合，合理引导城市绿化建设

考虑城市建设规模和发展规模，合理制定分期建设，确保在城市发展过程中，能保持一定水平的绿地规模，使各类绿地的发展速度不低于城市发展的要求。在安排各期规划目标和重点项目时，应依城市绿地自身发展规律与特点而定。近期规划应提出规划目标与重点，具体建设项目、规模和投资估算。

5. 分割城市组团

城市绿地系统的规划布局应与城市组团的规划布局相结合。理论上每 25～50 km^2，宜设 600～1 000 m 宽的组团分割带。组团分割带尽量与城市自然地和生态敏感区的保护相结合。

5.2.3 城市绿地系统的布局形式

完善的城市绿地系统，应当做到布局合理、指标先进、质量良好、环境改善，有利于城市生态系统的平衡运作。从世界各国城市绿地布局形式的发展情况看，主要可以概括为八种基本模式，即点状、环状、放射状、放射环状、网状、楔状、带状、指状，如图5-10所示。在我国常用的绿地空间布局形式主要有四种，即块状绿地、带状绿地、楔形绿地、混合式绿地布局等。

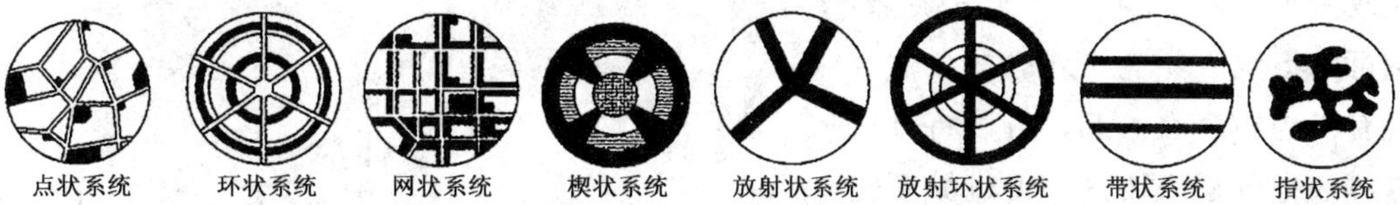

图5-10　绿地布局的基本模式

5.2.3.1　以块状绿地为主的布局

块状绿地是指绿地以大小不等的地块形式，分布于城市之中。这种以块状绿地为主的布局形式在较早的城市绿地建设中出现较多，如上海、天津、武汉、青岛等老城区及四川射洪县等小城市中，如图 5-11 所示。块状绿地的优点在于可以做到均匀分布，接近居民，便于居民日常休闲使用。但由于块状绿地规模受限制，加之位置分散，难以充分发挥绿地调节城市小气候，改善城市环境的生态效益和改善城市艺术面貌的功能。因此，在旧城改造中，应将单纯的块状绿地与其他形式的绿地相结合，形成一个完善的绿地系统。

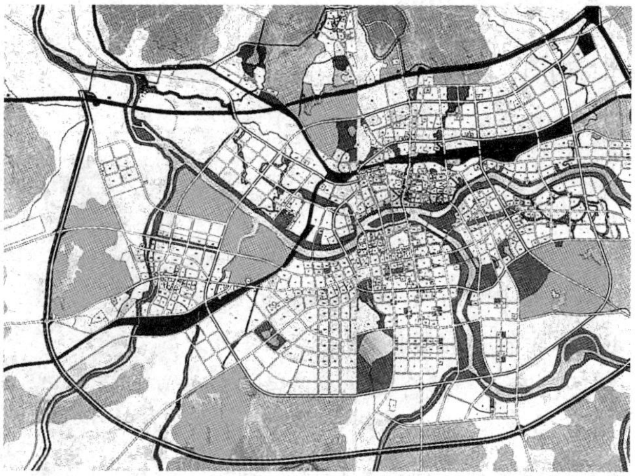

图 5-11　块状绿地实例①

5.2.3.2　以带状绿地为主的布局

带状绿地是指绿地与城市中的河湖水系、山脊、谷地、道路、旧城墙等组合，形成的纵向、横向、放射状、环状等绿带，另外在城市周围及城市功能分区的交界处也需要布置一定规模的带状绿地，起防护隔离的作用。带状绿地的布局对一个城市来讲非常重要，因为它不仅可以联系城市中其他绿地使之形成网络，还可以创建生态廊道，为野生动物提供安全的迁移路线，从而保护了城市中生物的多样性。另外，带状绿地对于引入外界新鲜空气、缓解热岛效应、改善城市气候以及提升整个城市的景观效果也有重要的作用，如图 5-12 所示。

① 都市世界. http://www.cityup.org/case/general/20090429/47932-4.shtml.

② 中国禹州. http://www.yuzhou.gov.cn/yuzhou/zuixintongzhi/webinfo/2008/03/25/1205978089900356.htm.

5.2.3.3　以楔形绿地为主的布局

楔形绿地是指由郊区伸入市中心的由宽到狭的绿地。这种绿地对于改善城市小气候效果尤其显著，它可以将城市环境与郊区的自然环境有机地组合在一起，可以将郊区新鲜的空气送入市区，促进城镇空气与外界的交流，缓解城市中的热岛效应，维持城市的生态平衡。另外，楔形绿地对于改善城市的艺术面貌，形成一个人工和自然有机结合的现代化都市也有不可忽视的作用，如图 5-13 所示。

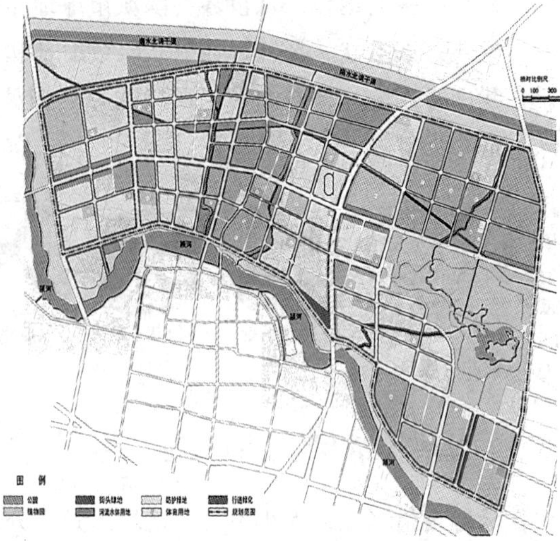

图 5-12　带状绿地实例②

5.2.3.4　混合式绿地布局

混合式绿地布局是指将各种绿地布局形式有机地结合在一起，在绿地布局中做到点、线、面的结合，形成一个较为完整的绿化体系，如图 5-14 所示。混合式绿地布局结合了前三种绿地布局的优点，是现代城市绿地规划及建设常用的一种布局形式。它既可以均匀分布，方便居民休闲游憩，又有利于城市小气候的改善及良好人居环境的形成。另外，还能丰富城市的艺术面貌。

在城市绿地的规划布局中，没有一个固定的模式可以套用或推广，任何一个城市的绿地布局都要从自身的现状及自然条件出发结合城市的总体规划，遵循城市绿地的布局原则，最终达到合理布局，形成完整的城市绿色网络的目的。

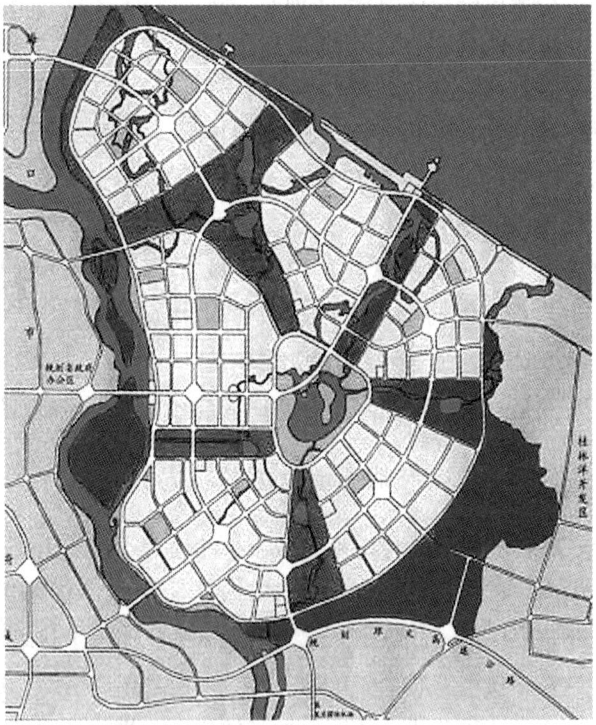

图 5-13　楔形绿地实例①

① 城乡规划. http://www.ghsol.cn/simple/? t289. html.

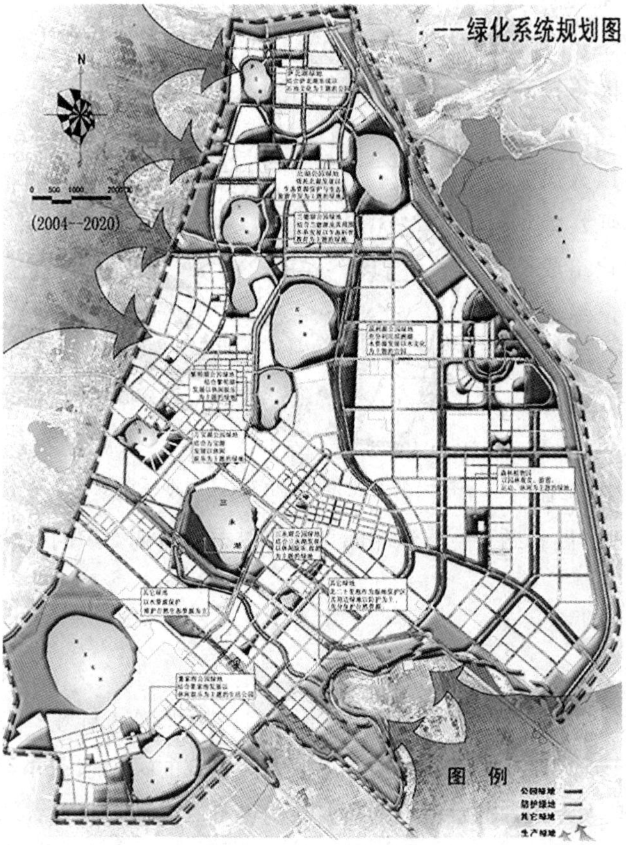

图 5-14　混合式绿地布局实例①

5.2.4　国内部分城市绿地系统的布局状况

5.2.4.1　上海市

近年来上海作为我国经济发展的龙头城市，城市经济及建设有了极大的发展，城市规模不断扩大，据上海市城市总体规划等有关资料预测，2010 年上海城市总人口将达到 1 900 万人左右，城市用地规模也将达到 1 120 km^2。因此为将上海建成国际经济金融、贸易中心，使上海成为真正的国际化大都市。上海的城市绿地系统规划一定要跟上城市发展的步伐，原有的块状绿地的布局无论在数量上或是空间布局形式上均不能满足新的城市发展的需求。

因此，新的城市绿地系统规划提出了“一心两翼、三环十坪、五楔九组、星罗棋布”的布局结构模式。这一模式即为：市中心绿色核、浦东和浦西联动发展，三圈绿色环带、

① 大庆市城乡规划局. http://www.dqghj.gov.cn/news.php? id=721.

十条放射线，五片楔形绿地、九组风景游览区、线；各种绿地星罗棋布，如图 5-15 所示。具体的做法是，以郊区环状防护林、滨海林地、滩涂绿化、果园经济林、风景区为城市外围大环境绿化圈；以人民广场、人民公园、外滩和苏州河河滨绿化、公园、游园及各种特殊空间绿化组成的市中心绿化为核心；以道路、河道绿地为框架网，各框架内公共绿地、专用绿地、各种绿地空间合理布置；十条放射的快速干道绿带、五大楔形绿地为绿色通道将新鲜空气导入市区。全市形成中心增绿、四面开花、南引北挡、绿楔插入、路林结合、蓝绿相间、星罗棋布、经济交织的多功能有特色、多效益的完整绿地系统。

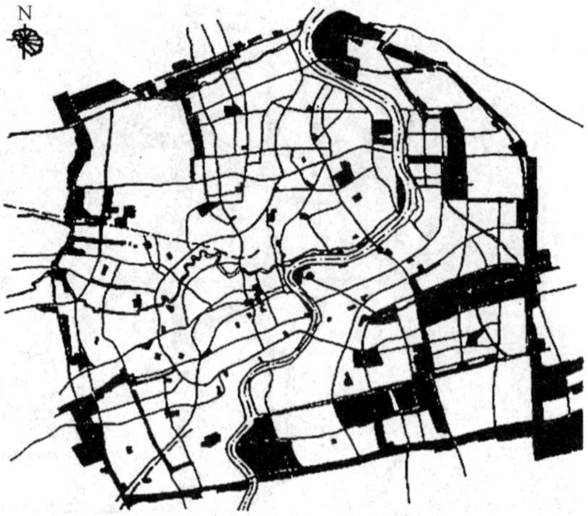

图 5-15　上海市中心城区绿地系统规划

5.2.4.2　成都市

成都是四川省省会，是全省的政治、经济、文化中心，是我国西南地区的科技、金融、商贸中心和交通通信枢纽。由于地理区位、经济及历史等原因，成都的绿化水平并不高，各项绿化指标均与国家要求有较大差距，而且绿地的布局结构也不尽合理，存在着绿地分布不均，居住以及大型公建绿化建设不配套，生产绿地严重不足，防护绿地少等诸多问题。在最新一轮的城市绿地系统规划中，不仅大幅度地提高了绿地指标，还对绿地系统的布局结构进行了调整。新的规划将原来城市绿地点、线、面的结合发展为点、线、面与网、楔、圈的结合，并与城市规划布局的形态相协调，形成质量更高、面积更大、结构更合理、更加符合现代化大都市要求的城市绿地系统，如图 5-16 所示。

其中规划绿圈中有三个，第一圈是府南河滨河环城公园，属于公园绿地，约1 140 km^2；第二圈是三环路和铁路环线绿地，宽 15～50 m，属防护绿地，约 10 km^2，形成主城区与环城区之间的绿化分隔带；第三圈是外环路绿地，属生态防护绿地，约80 km^2。

规划绿楔，即楔形绿地有 7 大片，分别以河道、山丘群为轴楔入市区，其绿地性质分属公园绿地、防护绿地、风景林地、农林地等。

绿网则是指由原来的绿线相互交错，发展而成的绿色网络。

绿面则是指市级公园、风景区、居住区绿地等大型地块状绿地，绿线是指与河道、水系、道路等相结合的线形绿地。绿点则是指中、小型的块状绿地。

5.2.4.3　桂林市

桂林是我国历史悠久的山水旅游城市，为了保护其特有的山水城市的传统布局形式，在城市绿地的布局上出现了一带、两江、三楔、七组团的空间格局，如图 5-17 所示。

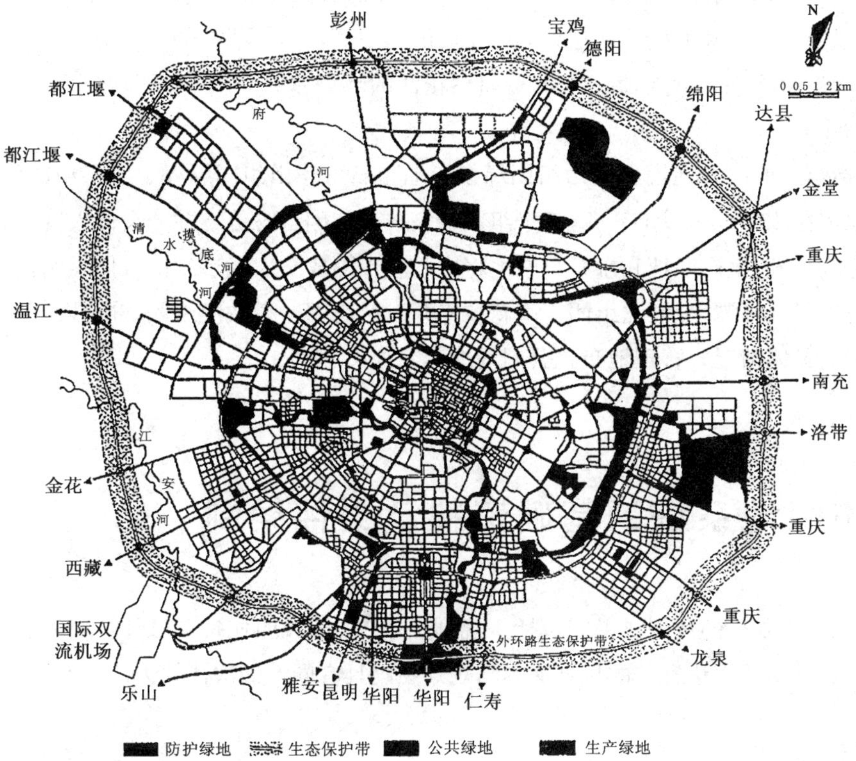

图5-16　成都市绿地系统规划

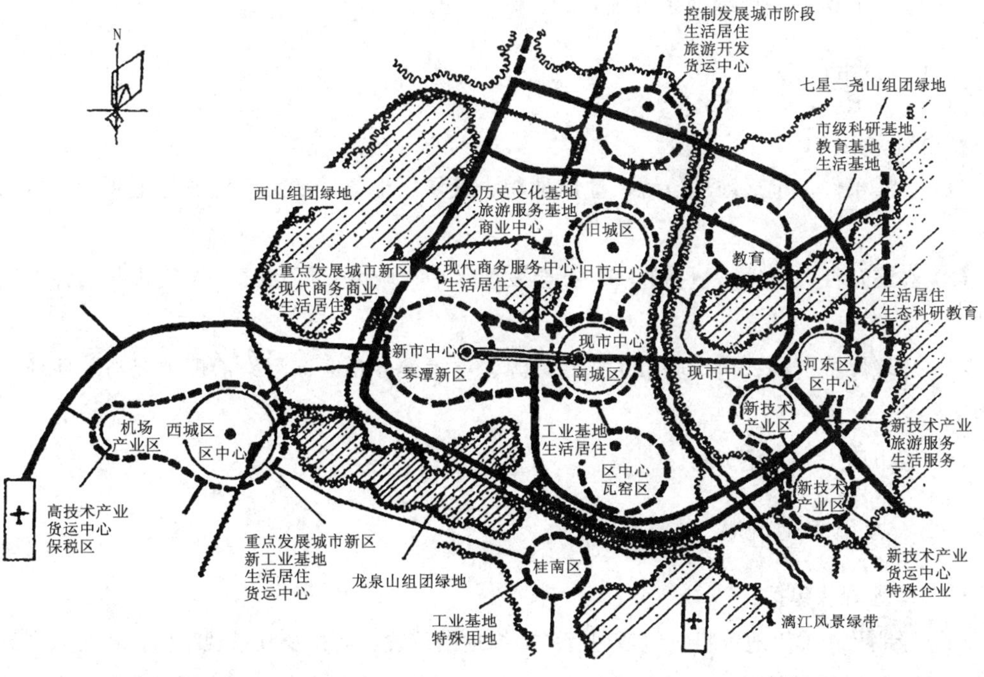

图5-17　桂林绿地系统规划

所谓“一带”是指沿漓江流域市区段，规划建设较宽的漓江风景游览绿带；平均宽度要求达到 10 m 以上，有条件处应争取达到 50～100 m。

“两江”是指沟通漓江（含支流小东河）和桃花江的环城水系，沿岸开辟宽窄不同、规模不等的园林绿地。

“三楔”是指组织形成大规模的西山组团绿楔、七星石—尧山组团绿楔、龙泉组团绿楔（各组团面积都在 200 hm^2 以上）。这三个组团绿楔成环状围合态势，并分头伸入城区。

“七组团”即由上述生态绿地和水系自然地将中心城市隔成 7 大城市组团：旧城组团、城南组团、中心组团（琴潭）、城北组团、高新技术开发区组团、科教段组团和临桂组团。根据各组团不同的具体情况，合理地布置公园绿地等绿地类型。

5.3 城市绿地系统的基础资料及文件编制

《城市绿地系统规划》的规划成果应包括：规划文本、规划说明书、规划图则和规划基础资料四部分。其中，依法批准的规划文本与规划图则具有同等的法律效力。

5.3.1 基础资料

基础资料是编制城市绿地系统规划的基础，一般包括：

5.3.1.1 城市概况

城市概况包括：

（1）自然条件。包括地理位置、地质地貌、气候、土壤、水文、植被与主要动、植物状况。

（2）经济及社会条件。包括经济和社会发展水平、城市发展目标、人口状况、各类用地状况。

（3）环境保护资料。包括城市主要污染源、重污染分布区、污染治理情况与其他环保资料。

（4）城市历史与文化资料。

5.3.1.2 城市绿地现状

城市绿地现状包括：

（1）绿地及相关用地资料。包括现有各类绿地的位置、面积及其景观结构；各类人文景观的位置、面积及可利用程度；主要水系的位置、面积、流量、深度、水质及利用程度。

（2）技术经济指标。其中的绿地指标包括人均公园绿地面积、建城区绿地覆盖率、建城区绿地率、人均绿地面积、公园绿地的服务半径、公园绿地和风景林地的日常和节假日的客流量；生产绿地的面积、苗木总量、种类、规格、苗木自给率；古树名木的数量位置、名称、树龄、生长情况等。

(3) 园林植物、动物资料。包括现有园林植物名录、动物名录、主要植物常见病虫害情况。

5.3.1.3 资料管理

资料管理具体包括：

(1) 管理机构。包括机构名称、性质、归属；编制设置；规章制度建设。

(2) 人员状况。包括职工总人数（万人职工比）；专业人员配备、工人技术等级情况。

(3) 园林科研。

(4) 资金与设备。

(5) 城市绿地养护与管理情况。

5.3.2 编制工作

5.3.2.1 规划文本

规划文本具体包括：

(1) 总则。包括规划范围、规划依据、规划指导思想与原则、规划期限与规模等。

(2) 规划目标与指标。

(3) 市域绿地系统规划。

(4) 城市绿地系统规划结构、布局与分区。

(5) 城市绿地分类规划。简述各类绿地的规划原则、规划要点和规划指标。

(6) 树种规划。规划绿地植物数量与技术经济指标。

(7) 生物多样性保护与建设规划。包括规划目标与指标、保护措施与对策。

(8) 古树名木保护。古树名木数量、树种和生长状况。

(9) 分期建设规划。分近、中、远三期规划，重点阐明近期建设项目、投资与效益估算。

(10) 规划实施措施。包括法规性、行政性、技术性、经济性和政策性等措施。

(11) 附录。

5.3.2.2 规划图则

规划图则表述城市绿地系统的结构、布局等空间要素，一般需包括：

(1) 城市区位关系图（1∶10 000～1∶50 000）。

(2) 现状图（1∶5 000～1∶25 000）。包括城市综合现状图、建成区现状图和各类绿地现状图以及古树名木和文物古迹分布图等。

(3) 城市绿地现状分析图（1∶5 000～1∶25 000）。

(4) 规划总图（1∶5 000～1∶25 000）。

（5）市域大环境绿地规划图（1∶5 000～1∶25 000）。

（6）绿地分类规划图（1∶2 000～1∶10 000）。包括公园绿地、生产绿地、防护绿地、附属绿地和其他绿地规划图等。

（7）近期绿地建设规划图、规划说明书（1∶5 000～1∶25 000）。

5.3.2.3 规划说明书

规划说明书应包括：

1. 概况及现状分析

（1）概况。包括自然条件、社会条件、环境状况和城市基本概况等。

（2）绿地现状与分析。包括各类绿地现状统计分析，城市绿地发展优势与动力，存在的主要问题与制约因素等。

2. 规划总则

（1）规划编制的意义；

（2）规划的依据、期限、范围与规模；

（3）规划的指导思想与原则。

3. 规划目标

（1）规划目标；

（2）规划指标。

4. 市域绿地系统规划

阐明市域绿地系统规划结构与布局和分类的发展规划，构筑以中心城区为核心，覆盖整个市域，构建城乡一体化的绿地系统。

5. 城市绿地系统规划结构布局与分区

（1）规划结构；

（2）规划布局；

（3）规划分区。

6. 城市绿地分类规划

（1）公园绿地（G_1）规划；

（2）生产绿地（G_2）规划；

（3）防护绿地（G_3）规划；

（4）附属绿地（G_4）规划；

（5）其他绿地（G_5）规划。

分述各类绿地的规划原则、规划内容并确定相应的基调树种、骨干树种和一般树种的种类。

7. 树种规划

8. 生物（以植物为重点）多样性保护与建设规划

9. 古树名木保护

10. 分期建设规划

城市绿地系统规划按近、中、远三期分期建设，依据城市绿地自身发展规律与特点合理安排各期规划目标和重点项目。近期规划应提出规划目标与重点，具体建设项目、规模和投资估算；中、远期建设规划的主要内容应包括建设项目、规划和投资匡算等。

11. 实施措施

实施措施包括法规性、行政性、技术性、经济性和政策性等方面的实施措施。

12. 附录、附件

5.3.3 设计案例

以《杭州市城市绿地系统规划（2002—2020 年）》为例。

5.3.3.1 总则

1. 规划范围

杭州市城市绿地系统规划范围为杭州市区，总面积为 3 068 km^2，主要包括上城、下城、拱墅、西湖、江干、滨江、余杭、萧山八区，与杭州市城市总体规划范围基本一致。

2. 规划依据

(1)《中华人民共和国城市规划法》(1990 年)；

(2)《中华人民共和国土地管理法》(1998 年)；

(3)《中华人民共和国环境保护法》(1989 年)；

(4)《中华人民共和国森林法》(1984 年通过，1998 年修正)；

(5)《中华人民共和国文物保护法》(1982 年)；

(6) 国务院：《关于加强城市绿化建设的通知》(2001 年)；

(7) 国务院：《城市绿化条例》(1992 年 9 月)；

(8) 建设部：《城市绿化规划建设指标的规定》；

(9) 建设部：《国家园林城市评选标准》(2000 年)；

(10) 建设部：《城市绿地分类标准》(CJJ/T 85—2002)；

(11) 建设部：《城市古树名木保护方法》(2000 年，192 号文)；

(12) 建设部：《城市绿地系统规划编制纲要》(试行)(2002 年城建 240 号文)；

(13) 建设部：《关于加强城市生物多样性保护工作的通知》(2002 年城建 249 号文)；

(14) 建设部：《城市绿线管理办法》(2002 年第 112 号)；

(15)《风景名胜区管理暂行条例》；

(16)《风景名胜区规划规范》(GB 50298—1999)；

(17)《公园设计规范》(CJJ 48—1992) 等相关规范；

(18) 省政府：《浙江省城市绿化管理办法》(1995 年)；

(19)《杭州市城市绿化管理条例》(1997 年)；

(20)《杭州市生态公益林建设总体规划》(2000 年);

(21)《杭州市城市道路及公共绿地树种规划》(2000 年);

(22)《杭州市城市总体规划(2001—2020 年)》及各专项规划(报批稿)等。

3. 规划指导思想

(1) 加强生态环境建设，改善城市生态环境，创造良好的人居环境，促进城市可持续发展；努力建成总量适宜、分布合理、植物多样、景观优美的城市绿地系统。

(2) 大地绿化与城市绿化相结合，风景绿地与园林绿地相结合，自然资源与人文资源相结合，精心构筑具有杭州特色的地域景观风貌的绿地系统。

(3) 城市各级、各类绿地布局合理、分布均匀，同时满足城市绿地因害设防、防灾、减灾功能的需要。

(4) 尊重历史，面对现实，展望未来，规划统筹兼顾，综合部署，做到巩固与发展共存，近期与远期相结合，宏观规划与微观建设相联系，随着城市的发展，有步骤、有重点地分期实施，逐步完善城市绿地系统。

4. 规划原则

1) 生态性原则

坚持生态优先，注重生物多样性的保护，丰富植物品种，实现优化配置，加大城市绿量，提升城市的生态环境质量，实现总体建设目标。

2) 城乡一体化原则

从生态平衡角度出发，统筹考虑和布置城市园林绿地与林业绿地、农业绿地等绿地，将城乡自然景观融为一体，共同形成城市绿色生态系统的有机体。

3) 可持续发展原则

社会、经济、生态统筹并举，努力营造环境宜人、生态良好的绿色城市。

4) 系统性原则

增强各类绿地的系统功能，形成合理的绿色网络体系；完善绿地的布局与类型，充分发挥绿地的生态功能。

5) 因地制宜，突出特色原则

充分利用城市的自然条件和人文资源，优化、美化城市环境，保护和充实城市的文化内涵，创造城市景观特色。

5. 规划期限

与城市总体规划期限基本一致，即：

近期：2002—2005 年；

中期：2006—2010 年；

远期：2011—2020 年；

远景：2020 年以后，展望到 2050 年左右。

5.3.3.2 规划目标

以建成“风景秀丽、环境优美的国际风景旅游城市”、“现代化的园林城市”为总目标，城市绿地与西湖风景名胜区绿地相融合，城区绿地与郊区绿地相补充，新区绿地与旧区绿地相结合，形成一个系统、完善的绿地系统。

1. 规划近期(2005 年)

城市建设用地内绿地率达到 30%，人均绿地达到 15 m² 以上，人均公园绿地达到9 m² 以上；市区绿化覆盖率达到 33%以上。

2. 规划中期(2010 年)

城市建设用地内绿地率达到 35%，人均绿地达到 20 m² 以上，人均公园绿地达到 12 m² 以上；市区绿化覆盖率达到 35%以上。

3. 规划远期(2020 年)

城市建设用地内绿地率达到 38%，人均绿地达到 25 m² 以上，人均公园绿地达到 15 m² 以上；市区绿化覆盖率达到 40%以上。

5.3.3.3 绿地系统规划布局结构

杭州城市绿地系统的规划结构分市区绿地结构和城区绿地结构两个层次，如图 5-18 所示。

图 5-18 杭州城市绿地系统总平面规划图

1. 市区绿地系统布局结构

结合杭州的自然生态环境，以普遍绿化为基础，风景区、湿地保护区和水源保护区为重点，森林公园为补充，中心城区为核心，生态绿廊为纽带，各城市组团与村镇绿地系统为子系统，建立“山、湖、城、江、田、海、河”的都市区生态基础网架，构成“两圈、两轴、六条生态带”的生态结构体系，实现将森林引入城市，城市建于森林中的目标，如图 5-19 所示。

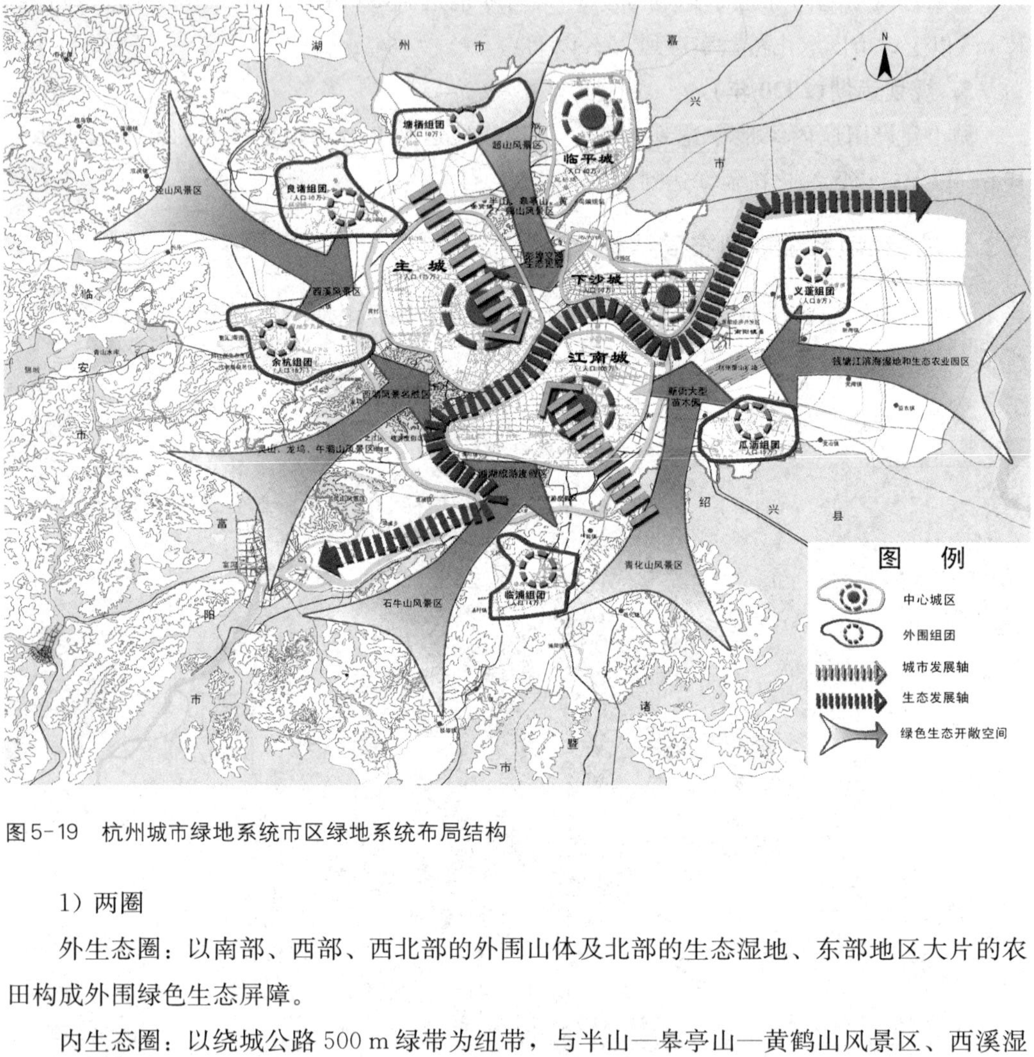

图5-19　杭州城市绿地系统市区绿地系统布局结构

1）两圈

外生态圈：以南部、西部、西北部的外围山体及北部的生态湿地、东部地区大片的农田构成外围绿色生态屏障。

内生态圈：以绕城公路 500 m 绿带为纽带，与半山—皋亭山—黄鹤山风景区、西溪湿地保护区、西湖风景名胜区、之江国家旅游度假区、湘湖风景区及四个森林公园构成内生态圈层。

2）两轴

钱塘江生态轴：钱塘江与两侧 100～1 000 m 宽的绿带构成由西而东的生态主轴。

运河生态轴：京杭大运河、萧绍运河构成南北向的生态主廊道。

3）六条生态带

（1）径山风景区—北、南湖滞洪区—西溪湿地；

（2）灵山—龙坞—午潮山自然风景区—西湖风景名胜区；

（3）石牛山生态区—湘湖风景区；

（4）青化山生态区—航坞山—新街大型苗木园；

（5）钱塘江滨海湿地—生态农业园区；

（6）超山风景区—半山—皋亭山—黄鹤山风景区。

由风景区、湿地、水源保护区、森林公园及生态农业园区构成的六条生态带，是有效防止城市蔓延的手段，并为杭州城市“一主三副六大组团”的发展框架提供生态保障。

2. 城区绿地布局结构

充分利用城市的自然山水构架，结合城市用地布局形态，确定城区的绿地系统布局结构为：以西湖风景名胜区为绿芯，钱塘江、京杭大运河绿地为绿带，河流、道路沿线的绿地为绿脉，各级公园绿地和绿化广场为绿点的具有良好生态功能的城区绿地系统。

5.3.3.4 城市生态景观绿地规划

生态景观绿地主要包括：水源保护区、湿地保护区、风景区、近郊森林公园、绿色廊道、生态农业区。严格限制在生态景观绿地内进行建设，必须在此建设的项目，应符合有关规划要求，如图 5-20 所示。

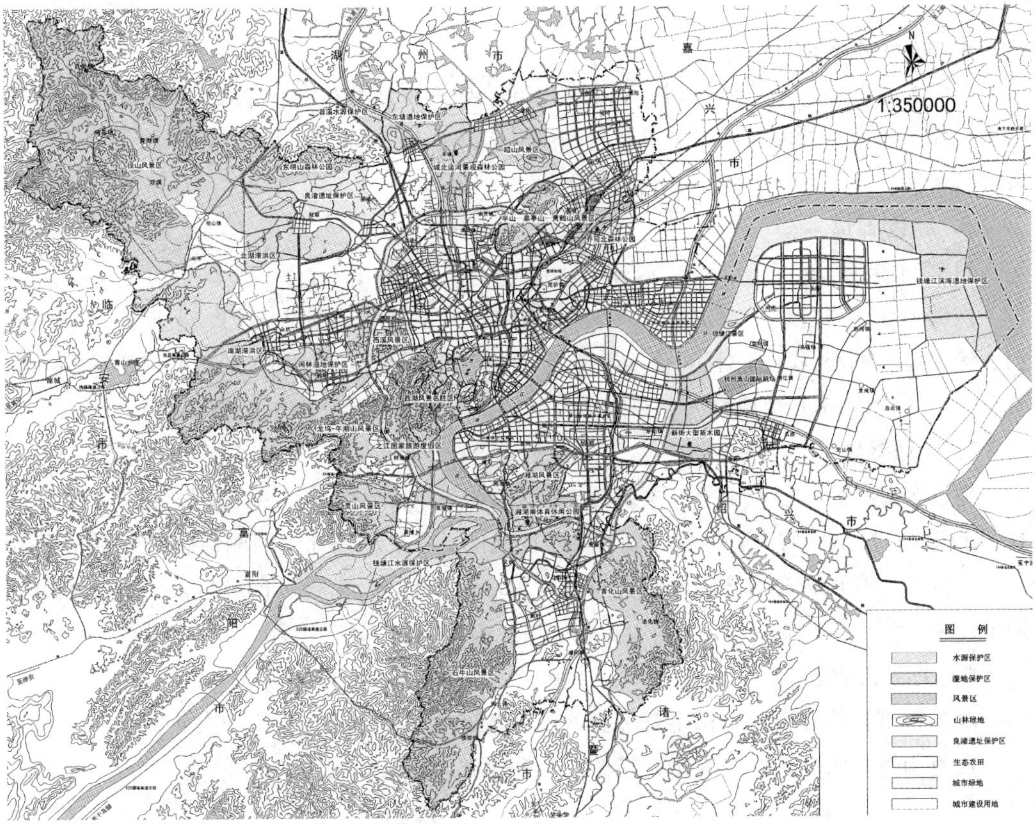

图5-20 杭州城市绿地系统生态景观绿地规划

1. 水源保护区

在钱塘江水源保护区、苕溪水源保护区内，禁止开发建设，引导农村人口向集镇转移，在该区域内通过农业结构调整，建设永久性的水源涵养林，减少水土流失，保证城市饮用水水源质量。若城市取水水源有所变动，水源保护区范围可适当调整。

2. 湿地保护区

保护和维持湿地的生态功能，在钱塘江入海口划定钱塘江滨海湿地保护区；在东塘、闲林、西溪、南、北湖滞洪区，划定五片湖泊低洼湿地保护区。

本区以湿地保护为主，尽量避免人类活动对湿地的破坏，通过控制污染源，改善水质，退耕还湖，引进湿生植物等手段，恢复生物的多样性。严禁在本区填塘造田、堆石建房等活动。

3. 风景区

根据风景资源的不同特性，在具有较好自然景观与人文景观价值的区域，设立风景区，除西湖风景名胜区外，包括径山、东明山、灵山—龙坞、超山、半山—皋亭山—黄鹤山、湘湖、青化山、石牛山风景区，之江国家旅游度假区，良渚遗址保护区十片风景区。

充分展示自然和人文遗产，提供游憩风景用地，促进旅游发展。本区以保护为主，控制与风景旅游无关的建设。一切旅游资源的开发必须符合环境保护的有关法律法规和环境标准，严禁借开发生态旅游之名，破坏旅游资源和生态景观。维护和促进风景区内的生物多样性。

4. 近郊森林公园

在绕城公路沿线，主城与副城及组团之间，利用原有的农田、河流及自然山体，营建新街大型苗木园、城北运河景观森林公园、乔司北森林公园、湘湖南体育休闲公园四个近郊森林公园。

5. 绿色廊道

1）滨水绿廊

在钱塘江两岸各设置宽100～1 000 m的绿带，苕溪、京杭大运河、上塘河、余杭塘河、浦阳江、西小江、凰桐江、萧绍运河、北塘河等沟通城区与郊区的主要河道两侧各设置宽30 m以上绿带，形成城区各类绿地与城郊自然山水基质之间的生物廊道。

2）交通绿廊

高速公路（绕城公路以外）两侧各控制宽100～250 m绿带；铁路两侧各控制宽50～100 m绿带；国道、省道、主城、副城及组团之间的主要联系通道两侧各控制宽30～50 m绿带；乡道与乡道、村道之间两侧各控制宽20 m绿带，形成联系自然与人工环境的绿色通道。

6. 生态农业区

改善都市自然环境，维持生态平衡，积极发展生态型农业、都市型农业。

在萧山钱江农场、红山农场、转塘浮山等建立生态农业旅游区。

第 6 章　城市开放空间景观设计

“开放空间（Open Space）”一直没有公认的定义，涵义也在发展变化。在西方的城市规划中，一般不提城市绿地，而提开放空间。英国的开放空间是指：“所有具有确定的及不受限制的公共通路并能用开敞空间等级制度加以分类而不论其所有权如何的公共公园、共有地、杂草丛生的荒地以及林地。”美国将开放空间定义为：“城市内一些保持着自然景观的地域，或者自然景观得到恢复的地域，也就是游憩地、保护地、风景区或者为调节城市建设而预留下来的土地，城市中尚未建设的土地并不都是开敞空间。”

早期开放空间规划的主导思想是建设公园绿地及城市实体基质上的绿色斑块。今天，人们渴望将绿色自然引入城市空间结构肌理，已不仅限于广场和公园，城市山体、城市林地和滨水区都受到重视和发展，而且不受所有权限制，公共的、私人的空间均包括在其内。一般认为，广义的开放空间是指城市或城市群中，在建筑实体之外存在的开敞空间体，是人与人、人与自然进行信息、物质、能量交流的重要场所，不仅包括城市内部和外围的山体、水体、植被、林地等具有自然特征的空间，也包括城市中的公园、广场、庭院、步行街等人工环境设施。狭义的开放空间就是指城市绿地。

我国的城市开放空间一般指室外的公共空间，包括街道、广场、公园和自然风景等。开放空间不但给城市居民提供了娱乐休闲的空间，也是交通、休憩、文化教育等多种职能的载体，同时有利于提高城市的防灾能力。开放空间景观上的价值也是不可忽视的，我们对一个城市风貌的印象大多数都是来源于城市的开放空间。本章主要从城市广场、城市公园、城市滨水区等方面进行景观设计的介绍。

6.1 城市公园设计

城市公园是城市开放空间的重要组成部分，也经常是城市设计的重要内容。城市公园已成为城市居民休闲、游憩、社交和开展文娱、文教活动的重要场所。城市公园是城市文明和繁荣的象征，一个功能齐全而独具特色的休闲文化公园可以反映一个城市的文明进步水平和对人的需求的满足程度。很多情况下人们甚至会以一个城市公园数量的多少来作为该城市生态建设和精神文明建设的一个重要指标。

6.1.1 城市公园的起源与发展

6.1.1.1 城市公园的起源

世界造园已有 6 000 多年的历史，而公园的出现却只是近一二百年的事。18 世纪 60 年代，英国工业革命开始后，资本主义迅猛发展，工业盲目建设，破坏了自然生态。城市人口急剧增加，城市用地不断扩大，使人们越来越远离了自然环境，特别是居住在城市中的工人阶级，生活环境更为恶化。在这样的社会条件下，资产阶级对城市环境进行了某些改善，把若干私人或专用的园林绿地划作公共使用，或新辟一些公共绿地，称之为公共花园和公园。1843 年，英国利物浦动用税收建造了公众可免费使用的伯肯海德公园（Birkinhead Park），标志着第一个城市公园正式诞生。

海德公园坐落在伦敦市区的西部，面积有 159.86 hm^2，是伦敦皇家公园（Royal Park）中最大、最著名的一个。海德公园原是威斯敏斯特教堂的一块采邑庄园，18 世纪前这里是英王的狩鹿场。直到 19 世纪初它还是一个荒凉空旷的地方，作为处决犯人的刑场（Execution ground）和绅士决斗（Duel）的地方，强盗和流氓常出没于此。19 世纪后期，伦敦发展迅速，原来伦敦西郊的海德公园，逐渐成为市中心区域。由于该公园多花草树木，空气新鲜，故被称为“伦敦的肺脏”，如图 6-1 所示。

图 6-1 伦敦海德公园景观①

① 百度空间. http://hi. baidu. com/%B3%E0%F4%E1%CB%F7%CE%ED/album/item/14618117d16d2667dc540136. html#.

海德公园从东南方进入有三条路线：左边是比较宽广的罗顿大道（Rotton Row），许多社交名流喜在此游乐骑马；另一条延伸到东北的公园小路（Park Lane），高级大饭店和住宅林立；往北方有著名的演讲者之角（Speaker's Corner）；在公园的南端有骑兵营，每天清晨首先会看到骑兵在此驯马。演讲者之角起源于1855年。当时英国人并没有集会自由，然而15万英国人在此集会，抗议罗伯特·格罗夫纳勋爵（Lord Robert Grosvenor）的"星期天贸易法案"（Sunday Trading Bill）。1872年，英国人得到了集会自由，演讲者之角才正式成为"自由论坛"。现已成为伦敦海德公园的一大景观。

6.1.1.2 城市公园的历史发展概述

现代意义上的城市公园起源于美国，由美国景观设计学的创始人奥姆斯特德提出在城市兴建公园的伟大构想。城市公园在诞生后，经过了一系列的发展过程，诸如造园新风格的酝酿、城市公园体系的确立、城市公园运动等。其中城市公园运动对后来城市公园的发展及城市公园体系的确立起到了深远的影响。

1938年，布劳姆（Holger Blom）担任了瑞典斯德哥尔摩公园局的负责人，在34年的任期内，他改进了其前任的公园计划，用它去增加城市公园对斯德哥尔摩市民生活的影响，诸如公园能打破大量冰冷的城市构筑物，作为一个系统，形成在城市结构中的网络，为市民提供必要的空气和阳光，为每一个社区提供独特的识别特征；公园为各个年龄的市民提供散步、休息、运动、游戏的消遣空间；公园是一个聚会的场所，可以举行会议、游行、跳舞，甚至宗教活动；公园是在现有自然的基础上重新创造的自然与文化的综合体等，这些都是他对公园在城市中的地位与作用的论述。

布劳姆的公园计划反映了那个时代的精神：城市公园要成为完全民主的机构，公园属于所有人。在这一计划的实施过程中，斯德哥尔摩公园局成为一群优秀的年轻设计师们成长的地方，也促成了"斯德哥尔摩学派"的形成。

城市公园运动为城市公园体系的确立和城市公园系统的规划奠定了坚实的基础，并成为市民对城市公园功用的共识。

6.1.1.3 中国城市公园的发展

对于中国城市公园的产生、兴起与发展，可以从上海这一中国近代繁华都市发展中的一斑而窥全貌，在1840年以前，和中国的其他城市一样，上海的园林是以寺庙园林、私家花园的形式出现的，即古典园林，有豫园、古猗园、醉白池、秋霞圃、曲水园等。

1840年鸦片战争后，帝国主义纷纷入侵，在我国开设了租界。殖民者为了满足自己游憩活动的需要，把欧洲的"公园"也引进我国来。1868年在上海的公共租界建造的"公花园"（现黄浦公园）就是最早的一个。名之为"公"，却有"华人与狗不得入内"的"园规"，直到1928年7月1日才对华人开放，这不仅是对中国人民明目张胆的侮辱，同时也说明了当时的"公园"并不"公用"。嗣后，殖民者又陆续在上海建立了"虹口公园"、"法国公园"（现复兴公园）、"极斯非尔公园"（现中山公园）等，都是供外国殖民者和“高等华人”打网球、棒球、高尔夫球等活动和散步、休憩游乐的场所，其格局主要是英国风景式或法国规则式，有大片草坪、树林和花坛，极少建筑。这些公园，在功能、布局和风格上都反映了外来的特征，对以后我国公园的形态发展模式起到了一定的影响。

辛亥革命后，孙中山先生下令将广州越秀山辟为公园，当时的一批民主主义人士也极力宣传西方“田园城市”的思想，倡导筹建公园，于是在一些城市里，相继出现了一批公园，如广州的越秀公园、汉口的市府公园（现中山公园）、北平的中央公园（现中山公园）、南京的玄武湖公园、杭州的中山公园、汕头的中山公园等。这些公园大多是在原有的风景名胜的基础上整理改建的，有的本来就是古典园林，也有的是参照欧洲公园的风格扩建、新辟的。直至1949年新中国成立前，我国的公园虽然数量少，园容差，但已有了动植物展览、儿童公园、展览厅、茶馆、弈棋室、照相馆、小卖店、音乐台、运动场等设施，初步具有了一些适合本国活动内容和中西风格混杂的公园。

由此可见，“公园”是在资本主义社会条件下的产物。我国公园产生的前提是西方殖民者及其生活方式和文化的融入，但真正导致公园出现的主要是辛亥革命民主思想，诸如“天下为公”、“平等”、“博爱”等在城市建设中的反映。1949年前，我国城市公园发展缓慢，规划设计基本停留于模仿阶段。

新中国成立后，尤其是我国改革开放以后，由于国家对人民文化休息活动的关心和对城市园林绿地建设的重视，使公园得到了较大的发展。全国各个城市扩建、改建和新建了大量的公园，已经成为城市居民游憩、社交、锻炼身体、文化娱乐、获取自然信息和开展文化教育活动的重要场所。公园的类型也逐渐增多，有满足人们多种需要的综合公园，有性质比较单一的专类公园，如儿童公园、纪念性公园、名胜古迹公园、动物园、植物园、文化公园、森林公园、青年公园、科学公园、体育公园等，还有各式各样的公园绿地，如社区公园、滨水绿带、街头小游园等。目前由于经济的飞速发展，旅游观念的转变，又出现了许许多多的主题性公园。同时在公园内容和设施方面也在不断充实和提高。

6.1.2 城市公园的功能与作用

城市公园是一种为城市居民提供的、有一定使用功能的自然化的游憩生活境域，是城市的绿色基础设施，它作为城市主要的公共开放空间，不仅是城市居民的主要休闲游憩活动场所，也是市民文化的传播场所。1993年，国际公园与游憩管理联合会（IFPRA）亚洲太平洋地区大会和日本公园绿地协会第35次全国大会在日本茨城县水产市联合召开，大会讨论的主题是“公园能动论”（Park Dynamism），其主要论点是：公园不仅应为游人提供游憩设施，满足居民消费需要，而且应主动地向群众宣传当前人类环境面临的问题，以及公园绿地在健全生态和提高城市化地区对社会的经济、人口增加所造成压力的支撑力方面的重要作用。通过提高群众对公园绿地系统重要性的认识，进而达到从舆论、政治、规划、法律等方面，为公园绿地的保护与发展，为城市与自然的协调共存创造有利的条件。即城市公园在城市中应具有多样的价值体系，如生态价值、环境保护价值、保健休养价值、游览价值、文化娱乐价值、美学价值、社会公益价值与经济价值等。对于如上海、北京、广州等大城市来讲，城市公园无论在社会文化、经济、环境以及城市的可持续发展等方面都具有非常重要的作用。

6.1.2.1 城市公园的社会文化功能

1. 休闲游憩功能

城市公园是城市的起居空间，作为城市居民的主要休闲游憩场所。其活动空间、活动设施为城市居民提供了大量户外活动的可能性，承担着满足城市居民休闲游憩活动需求的主要职能。这也是城市公园的最主要、最直接的功能。

2. 精神文明建设和科研教育的基地

城市公园容纳着城市居民的大量户外活动。随着全民健身运动的开展和社会文化的进步，城市公园在物质文明建设的同时也日益成为传播精神文明、科学知识和进行科研与宣传教育建设的重要场所。各种社会文化活动如歌唱、健身、交谊等在城市公园中的开展，不仅陶冶了市民的情操，提高了市民的整体素质，形成了一种独特的大众文化，同时也使得城市公园在社会主义精神文明建设中的作用越来越突出，越来越不容忽视。

6.1.2.2 城市公园的经济功能

1. 防灾、减灾功能

城市公园由于具有大面积公共开放空间，不仅是城市居民平日的聚集活动场所，同时在城市防火、防灾、避难等方面具有很大的保安功能。城市公园可作为地震发生时的避难地，火灾时的隔火带，大公园还可作救援直升飞机的降落场地、救灾物资的集散地、救灭人员的驻扎地及临时医院所在地、灾民的临时住所和倒塌建筑物的临时堆放场。据北京园林局统计，1976 年唐山大地震期间，北京近 200 万人进入各类公园绿地进行避震。另外，如 1993 年的美国洛杉矶大地震和 1995 年的日本坂神大地震中，城市公园在灾中的避难和灾后的安置重建中都起到了至为重要的作用，把上面所列的功能发挥到了极限。对于上海、北京这样拥有上千万人口的城市来说，城市公园的防灾、减灾功能更是不容忽视。

2. 预留城市用地，为建设未来城市公共设施之用

城市公园的兴建，在短期内可以为城市居民提供休闲活动场所，在远期范围中，作为城市公共用地的公园又可以作为城市预留土地，为城市未来公共设施的建设提供一定的可能性，从而作为城市土地急需之用的主要预留用地。

3. 带动地方、社会经济的发展

由于城市环境的恶化，城市公园作为城市的主要绿色空间，在带动社会经济发展中的作用越来越明显。城市公园的最显著的作用是能使其周边地区的地价和不动产升值，吸引投资，从而推动该区域的经济和社会的发展。这从报纸、电视、网上经常出现的房产广告以楼盘毗邻某公园作为提高身价的宣传便可见一斑。如上海“公园 2000”的广告词便是“住在公园 2000 就像住在纽约中央公园、伦敦海德公园、巴黎凡尔赛花园”。另外，公园也使得周边地区的工商业、旅游业、房产业等生产、服务性行业得到良好、迅速的发展。如上海虹口公园带动四川路的商业、旅游业；豫园带动城隍庙旅游商业街的发展；人民广场、人民公园带动南京路商业带的发展；中山公园带动中山公园商业中心区的开发；静安公园带动静安寺地区酒店服务业的发展；浦东世纪公园对花木地区行政、商业、房产等多方面的带动；和平公园和虹口公园等在带动周边地区房产的发展中都起到了至关重要的作用。

4. 促进城市旅游业的发展

随着科学技术的发展、经济的增长和人民物质文化生活水平的不断提高，旅游已日益成为现代社会中人们精神生活的重要组成部分。当前城市公园已成为各大城市发展都市旅游业所需的旅游资源的主要组成部分。

从旅游意义上讲，城市公园具有如下特点：

(1) 从城市公园的发展历史来看，一些城市公园历史悠久，门类齐全，时空跨度大，既有传统的古典园林，又有具有殖民色彩的近代公园，同时还有独具中国特色的现代公园；

(2) 从园容、园景来看，城市公园为旅游者提供了游憩观赏的静态的人工模拟自然山水环境的文化境域；

(3) 从活动角度来看，城市公园为旅游者游览的参与性提供了一个动态的活动场所，这从近年来上海、北京、青岛、大连等城市的旅游节中，在公园内举行的各种诸如灯展、茶艺展示、焰火晚会、花展、风情展、音乐会等活动便能看出公园在旅游业发展中的作用。

6.1.2.3 城市公园的环境功能

1. 维持城市生态平衡的功能

城市的生态平衡主要靠绿化来完成，二氧化碳的吸收、氧气的生成是植物光合作用的结果。城市公园由于具有大面积的绿化，无论是在防止水土流失、净化空气、降低辐射、杀菌、滞尘、防尘、防噪音、调节小气候、降温、防风引风、缓解城市热岛效应等方面都具有良好的生态功能。城市公园作为城市的绿肺，在改善环境污染状况、有效地维持城市的生态平衡等方面具有重要的作用。

2. 美化城市景观

城市公园是城市中最具自然特性的场所，往往具有水体和大量的绿化，是城市的绿色软质景观，它和城市的其他如道路、建筑等灰色硬质景观形成鲜明的对比，使城市景观得以软化。同时公园也是城市的主要景观所在。因此，其在美化城市景观中具有举足轻重的地位。

6.1.2.4 城市公园的其他功能

除以上的社会文化、经济、环境功能外，城市公园在阻隔性质相互冲突的土地使用、降低人口密度、节制过度城市化发展、有机地组织城市空间和人的行为、改善交通、保护文物古迹、减少城市犯罪、增进社会交往、化解人情淡漠、提高市民意识、促进城市的可持续发展等方面都具有不可忽视的功能和作用。

6.1.3 城市公园的定义与分类

6.1.3.1 城市公园的定义

目前可以被冠为公园的有主题公园、森林公园、湿地公园、地质公园……国外景观学家蒙·劳里（M. Laurie）在《19世纪自然与城市规划》一书里首次研究了城市公园的现代概念——作为工业城市中的一种自然回归。蒙·劳里对城市公园的研究是具有历史意义的，他从城市公园产生动因的角度界定了城市公园的概念。瑞典景观建筑师布劳姆（Holger Blom）则认为："公园是在现有自然的基础上重新创造的自然与文化的综合体。"布劳姆强调了公园的基本属性：公园是自然的，要有大量的植被，公园是民主的，体现了人与自然的辩证关系以及对文化的传承和积淀，这从新的视角界定了公园。美国景观建筑学之父奥姆斯特德（Frederick Law Olmsted）把城市公园定义为："城区非灰色地带的功能性的公共绿色空间。"灰色地带是指城市中以人造物（包括建筑、道路广场、各种设施等）为主的地带。奥姆斯特德这一定义强调了公园的功能性、公共性和绿色性。

我国台湾学者林乐建在《造园》中对公园的定义为："公园是提供大众享受、休养、游憩之用，能保持都市居民之健康，增进身心之调节，提高国民教养，并自由自在地享受园中设施；兼有防火、避难及防止灾害之绿化地。"

以上是不同时期的国内外专家学者对城市公园概念的一些看法。我国的一些规范标准则比较客观地对城市公园进行了定义。《现代汉语辞典》中的释义是："城市中供公众游览休息的园林。"《中国大百科全书》对城市公园的定义是："城市公共绿地的一种类型，由政府或公共团体建设经营，供公众游憩、观赏娱乐等的园林。"

根据国家行业标准《园林基本术语标准》（CJJ/T 91—2002，J 217—2002），城市公园是指供公众游览、观赏、休憩、开展户外科普、文体及健身等活动，向全社会开放，有较完善的设施及良好生态环境的城市绿地。通过这一定义可以看出，城市公园应具备以下几个特点：

（1）公共性，强调公共使用性，供全体居民或外来游客使用的园林绿地；

（2）游憩性，提供休闲娱乐的场所和设施是城市公园的主要目的；

（3）绿色性，城市公园需要有一定的植被覆盖，为游人亲近自然提供可能，对于面积较大的城市公园（如郊野公园、湿地公园等）还要强调其生态性；

（4）可达性，城市公园在所服务的对象便捷出行范围内，市民可以借助步行、自行车、公共交通等方式方便到达；

（5）开放性，包括空间上的开放和向社会、市民的开放两方面，普通市民可以自由进出和使用；

(6) 长期性，城市公园不是一种过渡用地，建设要从可持续发展方面考虑；

(7) 防灾减灾性，可阻止沙尘暴、屏蔽瘟疫的入侵、延缓火灾的蔓延、减轻爆炸的损害，通过地表渗透缓解洪涝灾害；

(8) 多价值性，城市公园对于城市的价值是各方面的，有生态环境上的、历史文化上的以及社会经济上的。

6.1.3.2 城市公园的分类

我国的公园类型非常多。根据《城市绿地分类标准》(CJJ/T 85—2002)，城市公园可以分为综合公园、社区公园、专类公园、带状公园和街旁游园等。其中综合公园包括全市性公园和区域性公园；社区公园包括居住区公园和小区游园；专类公园包括儿童公园、动物园、植物园、历史名园、风景名胜公园、游乐公园、其他专类公园等。

1. 综合公园

1) 全市性公园

全市性公园是指为全市居民服务的，全市公共绿地中，集中面积较大、活动内容和设施最完善的绿地，如上海浦东世纪公园、广州的天河公园等。

2) 区域性公园

区域性公园是指在一个较大的城市中，为一个行政区居民服务的，满足居民或游人休憩娱乐、文化、科普教育等多方面需求的，有丰富内容和设施的城市公共绿地，如上海的中山公园、虹口公园、静安公园、闸北公园等。

2. 社区公园

1) 居住区公园

居住区公园是指在一定规模的社区范围内建立的游憩设施较为齐备的群众性的文化活动、娱乐、休息的绿化场所，该类公园是居住区基干公园的主要组成部分，是居住区小游园、邻里公园的有机补充，如上海的曲阳公园、广中公园便属于该种类型。

2) 小区游园

小区游园是居民活动的基干公园，是城市公园的最小单位，可以是居住区内的中心绿地或组团游园。

3. 专类公园

1) 儿童公园

儿童公园是为儿童单独设置的，为少年儿童提供游戏及开展科普、文体活动，有安全、完善设施的绿地。

2) 动物园

动物园是集中饲养、展览和研究种类较多的野生动物及附有少数优良品种家禽家畜的公共绿地。

动物园在规划布局上，我国大多突出动物的进化顺序，即由低等动物到高等动物，由无脊椎动物—鱼类—两栖类—爬行类—鸟类—哺乳类，在这种顺序下再结合动物的生态习性、地理分布、游人爱好、地方珍贵动物、建筑艺术等来进行综合布局。如上海动物园，分为鱼类—鸟类—爬虫类—哺乳类（此类又分为食肉类—食草类—灵长类三个笼舍组）。而上海野生动物园则由猛兽类、食草类、圈养类及宠物类等几部分组成。

同时有的动物园以下列几种展览顺序来进行规划布局：按动物地理分布安排，即按动物生活的地区，如亚洲、欧洲、非洲、美洲、澳洲等来进行规划布局，如加拿大多伦多动物园便是采用该种方式来进行布局的；按动物生态安排，即按动物生活环境，如分水生、高山、疏林、草原、沙漠、冰山等来进行规划布局，如莫斯科动物园；按游人爱好、动物珍贵程度、地区特产动物安排，如国家的珍贵动物、保护动物等来进行规划布局。

3）植物园

植物园是以植物科学研究为主，以引种驯化、栽培实验为中心，培育和引进国内外优良品种，不断发掘扩大野生植物资源在农业、园艺、林业、医药、环保、园林等方面应用的综合研究机构和展览性公共绿地。

综合性植物园主要由以科普为主而结合科研与生产的展览区和以科研为主而结合生产的苗圃试验区两大部分组成，另外还有职工生活区。

从规划布局上，综合性植物园的展览区主要由以下几个分区组成：植物进化系统展览区、经济植物展览区、抗性植物展览区、水生植物区、岩石区、树木区、专类区及温室区等几部分。

而不同植物园由于选址、主题等的不同，其展览区域的组成也有所不同，如杭州植物园位于西湖风景区，其科普展览区由观赏植物区和山水园林区共同组成；华南植物园的展览区则是根据植物的功能特性由优质速生用材树种试验区、热带果树试验区、经济植物育种区、竹类植物栽培试验区、经济植物繁殖区、引种药用植物试验区、香料植物引种试验区、环保绿化植物试验区及华南特有树种区共同组成。

4）历史名园

历史公园是指一些在城市历史发展中具有相当重要的地位和具有相当历史价值的并在当前被开发为公园之用的著名园林，包括公共园林和私家园林等。如苏州的众多古典园林——拙政园、网师园、留园、退思园，北京的颐和园、北海公园、圆明园、承德避暑山庄等。

5）风景名胜公园

风景名胜公园是指依托风景名胜区发展起来的，以满足人们游憩活动需要为主要目的，以开发、利用、保护风景名胜资源为基本任务的游憩绿地形式，如杭州西湖风景区、武夷山风景名胜区、庐山风景名胜区、承德避暑山庄、黄山风景区等都属于此类形式。它是我国特有的公园形式，相当于美国国家公园的概念，如美国的黄石国家公园、锡安国家公园、大盆地国家公园及大峡谷国家公园等。

6）游乐公园

游乐公园具有大型游乐设施，单独设置，生态环境较好的绿地，绿化占地比例应大于等于65％。

7）其他专类公园

（1）主题公园。主题公园的产生可以追溯到公元前几世纪的古希腊和古罗马，当时由于商品的交换而形成了集市（当然在古代中国也是如此），于是便聚集了大量的人流，从而招来了表演和娱乐活动，使得集市或广场成了娱乐活动场所。中国的集市和庙会也是一样，集中了各种表演和娱乐活动如唱戏、杂技、卖艺以及各种交易活动。

16 世纪，西方商业已非常发达，在商业市场里添加了类似旋转木马的装置及其他娱乐设施，于是便产生了游乐场。19 世纪，由于技术的进步，新材料为游乐设施提供了安全保证，从而从欧洲到美国便产生了许许多多的游乐场。20 世纪 30—50 年代，由于经济危机的影响和电影业的兴起使得美国许多游乐场纷纷倒闭而关门大吉。

19 世纪 50 年代，瓦特·迪斯尼（Walt Disney）在一次带女儿去游乐场的过程中，发现其中最缺乏一种因素——家庭娱乐。于是他把家庭娱乐引入了游乐场，并把电影中的魅力、色彩、刺激、娱乐和游乐场结合起来，于 1955 年开创了迪斯尼乐园，又把各种主题色彩的景观和娱乐设施建造于游乐场中，于是主题公园便诞生了。

中国的主题公园从传统的庙会、集市式的游乐场到机械式游乐场，然后再到主题公园的一个过渡历程。在 20 世纪初叶，上海作为远东第一城，发展了许多游乐设施，其中“大世界”便是把传统的庙会、集市上的表演节目罗列于一个建筑综合体内形成的大型游乐场所。20 世纪 80 年代，国外的“骑乘式”游乐设施传入中国，于是这种形式的游乐场所便应运而生，深圳的深圳湾游乐场、香蜜湖中国娱乐城、上海的锦江乐园等就是其中的代表。在一段时间内这种类型的游乐场曾风靡全国，并且一度成为电影与电视中城市娱乐生活的主要场景。

随着 1989 年深圳锦绣中华开辟的巨大成功，主题乐园这种新型的游乐园在全国迅速蔓延，并且一发而不可收，于是各种各样的主题园大量地出现于中国的土地上。

在主题选择上，目前中国主要有：一是以异国地理环境和文化为主题，如北京世界公园、无锡世界奇观、深圳世界之窗、广州世界大观园、天津杨村小世界、成都世界乐园等；一是以民族文化和民俗风情为主题，如北京中华民族园、深圳中华民俗文化村、深圳世界之窗、昆明云南民族村等；一是以水上运动为主题，如苏州水上乐园、上海热带风暴、佘山水上乐园等；一是以科技为主题，如各式各样的时空变幻乐园——上海梦幻乐园、厦门时空梦幻乐园、杭州未来世界等；一是以文学、历史题材为主题，如上海大观园、北京大观园、无锡的唐城、三国城、水浒城、杭州的宋城等；其他的还有以各种神话与迷信色彩的故事为主题的游乐园，如一系列的鬼城、西游记宫等。

（2）博览会公园。该类公园实际上是一种展览综合体，是介绍或展览科学、技术、农业、文化、艺术、园艺等方面的成就而形成的公园绿化环境，其在城市规划中的位置与建筑设计布局是由它的功能决定的。而每次博览会的举行都会在举办城市产生大面积的博览会公园，如 1937 年的巴黎世界博览会公园、1995 年的昆明世界园艺博览会公园、2000 年德国汉诺威的世界博览会公园等。

首届世界博览会在伦敦的海德公园内展开，博览会的主体建筑是水晶宫，周围配置有喷泉和绿化种植的中心休息区，水晶宫的诞生标志着现代建筑、园林艺术的开始。以后曾在巴黎、纽约、芝加哥城、蒙特利尔、大阪、冲绳、维也纳等城市举办过 22 次。而建在 160 hm^2 土地上的第 23 次 EXPO 2000 德国汉诺威世界博览会是新千年举办的第一个世界博览会，该次博览会以“人类、自然、技术”为主题，将人类放在中心地位，探讨了关于面向未来，今后人类应该怎样利用技术为自己服务，从而与自然共存的问题的答案。该次博览会由展馆、主题公园、设计作品及文化性的节目单四大部分共同组成。

2010 年上海世界博览会（EXPO 2010），是第 41 届世界博览会。于 2010 年 5 月 1 日至 10 月 31 日期间，在中国上海市举行。此次世博会也是由中国举办的首届世界博览会。上海世博会以“城市，让生活更美好”（Better City, Better Life）为主题，总投资达 450 亿人民币，创造了世界博览会史上最大规模记录。

中国 2010 年上海世博会，分为 A—E 片区，如图 6-2 所示。

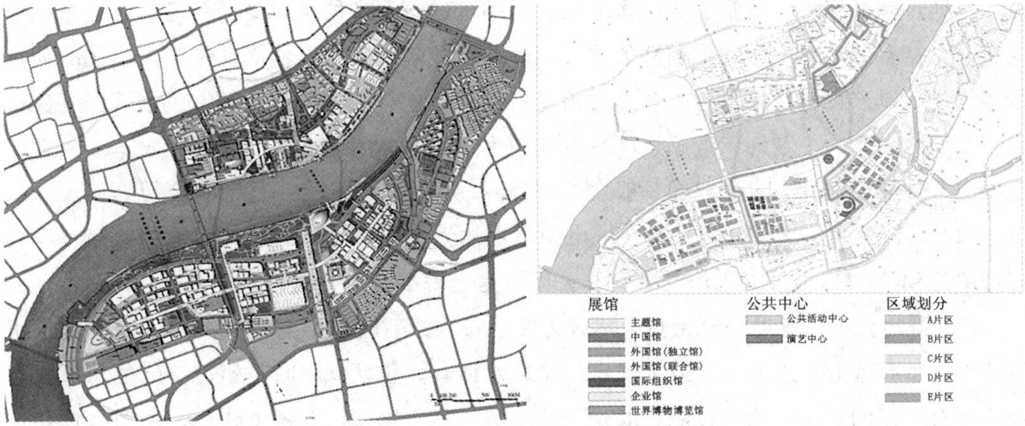

图 6-2　上海世界博览会①

A 片区：中国国家馆、除东南亚外的其他亚洲各国国家馆；

B 片区：主题馆、东南亚和大洋洲部分国家馆、国际组织馆、公共活动中心、演艺中心；

C 片区：欧洲、美洲和非洲各国国家馆；

D 片区：部分企业馆；

E 片区：部分企业馆、城市文明馆、城市最佳实践区。

(3) 雕塑公园。该种类型的公园为一种特殊类型的绿地形式，以雕塑为造园的主题，是室外雕塑的一种特殊的展示形式。该类公园既有公园的休闲功能，又有雕塑艺术的欣赏功能，为市民和游人提供具有艺术价值的室外空间，可以说是一种天然的露天博物馆。

国外，尤其是欧美等国家都建设有不同类型的雕塑公园，在我国虽然起步较晚，但在北京、青岛、天津、广州和长春等城市逐渐兴起。目前世界雕塑公园主要有以下几种形式：

① 中国风景园林网. http://bbs.chla.com.cn/showtopic.aspx? topicid=5140&page=end.

① 在雕塑材料的产地建设雕塑公园，如奥地利的维也纳国际雕塑公园、哈尔滨的冰雕公园等都属于此类；

② 请雕塑家就地创作组成的国际性雕塑公园，如捷克赫洛维斯市的捷裔雕塑家雕塑公园；

③ 雕塑家自己建立的个人雕塑公园，这在欧洲较为常见，如匈牙利圣山得罗市的凯瑞尼·耶努雕塑公园；

④ 临时性的流动雕塑公园，该类公园往往和雕塑家的作品巡回展或节庆活动相结合，如亨利·摩尔雕塑在广州和北京等城市公园内的巡回展览，哈尔滨的冰雕节、青岛和上海以及一些沿海城市的沙雕公园等都属于此类。

以不同题材建立起的专题雕塑公园，如广州雕塑公园便属于此类。该公园目前开放的第一期工程——羊城雕塑区是以广东省雕塑家创作的反映羊城风貌的雕塑作为主要造景题材，再通过园林艺术的造景手法，将雕塑、园林和建筑等多种景观要素有机结合起来，形成了一个富有艺术感染力的主题性雕塑公园。羊城雕塑区又由以“华夏柱”为主题的喷泉雕塑广场、以“古城辉煌”为主题的山顶平台、以“南州风采”为主题的摩崖石刻壁雕、以“羊城水乡”为主题的云液湖景区及以休憩为主题的休闲区五大部分所组成。

由多件雕塑作品组合而成的一般性雕塑公园，如法国巴黎的现代雕塑公园等。

(4) 森林公园。森林公园是指在城市中以森林为主题与主体的公共绿地，一般其森林覆盖率达到70%以上。如上海共青森林公园，是上海第二大公园，共计 80 多 hm^2。

(5) 湿地公园。湿地公园是指天然或人工、长久或暂时性沼泽地。湿原、泥炭地或水域地带，带有或静止或流动、或为淡水、半咸水体者，包括低潮时不超过 6 m 的水域。湿地公园有丰富的野生动植物资源，既是陆地上的天然蓄水库，在蓄洪防旱、调节气候，控制土壤侵蚀、促淤造陆、降解环境污染等方面起着极其重要的作用，又是众多野生动植物，特别是珍稀水禽的繁殖和越冬地。

4. 带状公园

带状公园是指依托水体和道路等线型资源而发展起来的公园形式，如上海的外滩公园、滨江大道，杭州的运河公园，天津的海河公园，上海浦东的世纪大道线型公园等。

5. 街旁游园

街旁游园位于城市道路用地之外，相对独立成片的绿地、小型沿街绿化用地等，绿化占地比例应大于等于 65%。

6.1.4 城市公园设计导则

根据北京市园林局主编的《公园设计规范》(CJJ 48—1992)，城市公园在遵守一般规定的同时应在公园规划的内容和规模、公园内部用地比例设计、公园常规设施设计、总体设计等方面符合以下要求，从而达到全面地发挥公园的游憩功能和改善环境的作用，确保设计质量。

6.1.4.1 公园设计的依据

公园的设计以国家、省、市（区）有关城市园林绿化方针政策、国土规划、区域规划、相应的城市规划和绿地系统规划作为依据。

6.1.4.2 公园设计的原则

(1) 为各种不同年龄的人们创造适当的娱乐条件和优美的休息环境；

(2) 继承和革新我国造园传统艺术，吸收国外先进经验，创造与国际接轨的现代新园林；

(3) 充分调查了解当地人民的生活习惯、爱好及地方特点，努力表现地方特点和时代风格；

(4) 在城市总体规划或城市绿地系统规划的指导下，使公园在全市分布均衡，并与各区域建筑、市政设施融为一体，既显出各自的特色、富有变化，又不相互重复；

(5) 因地制宜，充分利用现状及自然地形，有机组合成统一体，便于分期建设和日常管理；

(6) 正确处理近期规划与远期规划的关系，以及社会效益、环境效益、经济效益的关系。

6.1.4.3 公园设计的基本形式和内容

公园的布局形式多种多样，但总的来说有三种：

1. 规则式

规则式公园又称为整形式、几何式、建筑式、图案式，以建筑或建筑式空间布局作为主要风景题材。它有明显的对称轴线，各种园林要素都是对称布置，具有庄严、雄伟、自豪、肃静、整齐、人工美的特点。但是，它也有过于严整、呆板的缺点。例如，18 世纪以前的埃及、希腊、罗马等西方古典园林，文艺复兴时期的意大利台地建筑式园林，17 世纪法国勒诺特平面图案式花园，我国北京天安门广场等都是采用这种形式。

2. 自然式

自然式公园又称为风景式、山水式、不规则式。这种形式的公园无明显的对称轴线，各种要素自然布置，创造手法是效法自然，服从自然，但是高于自然，具有灵活、幽雅的自然美。其缺点是不易与严整对称的建筑、广场相配合。例如我国古代的苏州园林、颐和园、承德避暑山庄、杭州西湖等。

3. 混合式

混合式公园是把规则式和自然式的特点融为一体，而且这两种形式与内容在比例上相近。总之，由于地形、水体、土壤、气候的变化，环境的不一，公园规划实施中很难做到绝对规则式和绝对自然式。往往对建筑群附近及要求较高的园林种植类型采用规则式进行布置，而在远离建筑群的地区则以自然式布置较为经济和美观，如北京中山公园和广东新会城镇文化公园。在规划中，如果原有地形较为平坦，自然树少，面积小，周围环境规则，则以规则式为主。如果原有地形起伏不平或丘陵、水面和自然树木较多处，面积较大，周围环境自然，则以自然式为主。林荫道、建筑广场、街心公园等多以规则式为主；大型居住区、工厂、体育馆、大型建筑屯四周绿地则以混合式为宜；森林公园、自然保护区、植物园等多以自然式为主。

6.1.4.4 公园规划的内容和规模

公园设计必须以创造优美的绿色自然环境为基本任务，并根据公园类型确定其特有的内容。

综合性公园的内容应包括多种文化娱乐设施、儿童游戏场和安静休憩区，也可设游戏型体育设施。在已有动物园的城市，其综合性公园内不宜设大型或猛兽类动物展区。全园面积不宜小于 10 hm^2。

儿童公园应有儿童科普教育内容和游戏设施，全园面积宜大于 2 hm^2。

动物园应有适合动物生活的环境；游人参观、休息、科普的设施；安全、卫生隔离的设施和绿带；饲料加工场以及兽医院。检疫站、隔离场和饲料基地不宜设在园内。全园面积宜大于 20 hm^2。

专类动物园应以展出具有地区或类型特点的动物为主要内容。全园面积宜在 5～20 hm^2 之间。

植物园应创造适于多种植物生长的立地环境，应有体现本园特点的科普展览区和相应的科研实验区。全园面积宜大于 40 hm^2。专类植物园应以展出具有明显特征或重要意义的植物为主要内容，全园面积宜大于 20 hm^2。盆景园应以展出各种盆景为主要内容。独立的盆景园面积宜大于 2 hm^2。

风景名胜公园应在保护好自然和人文景观的基础上，设置适量游览路、休憩、服务和公用等设施。

历史名园修复设计必须符合《中华人民共和国文物保护法》的规定。为保护或参观使用而设置防火设施、值班室、厕所及水电等工程管线，也不得改变文物原状。

其他专类公园，应有名副其实的主题内容。全园面积宜大于 2 hm^2。

居住区公园和居住小区游园，必须设置儿童游戏设施，同时应照顾老人的游憩需要。居住区公园陆地面积随居住区人口数量而定，宜在 5～10 hm^2 之间。居住小区游园面积宜大于 0.5 hm^2。

带状公园，应具有隔离、装饰街道和供短暂休憩的作用。园内应设置简单的休憩设施，植物配置应考虑与城市环境的关系及园外行人、乘车人对公园外貌的观赏效果。

街旁游园，应以配置精美的园林植物为主，讲究街景的艺术效果并应设有供短暂休憩的设施。

6.1.4.5 公园内部用地比例设计

公园的内容往往受公园的性质和陆地面积的大小所限，如综合性公园内容有多种文化娱乐、游戏型体育设施和安静休息区。如果该地区设有专门动物园，还可以在综合性公园中设置动物角。

动物园中常设有动物笼舍、动物活动场、游人参观场地、动物知识科普宣传廊和饲料加工场、兽医院、检疫场地等。面积一般在 20 hm^2 以上，地方性特殊动物园一般在 5～10 hm^2。

植物园有综合性和专类性两种。综合性植物园中种有多种习性的植物，借以创造良好的生态环境，进行植物科普教育和各种科学试验，面积一般应大于 40 hm^2；专类性植物园以展出专项或几项植物为主要内容的，一般面积为 10 hm^2 左右。

儿童公园是专门为少年儿童开展各种活动而开设的公园，不仅应有美丽的绿化环境，而且还应有内容丰富的科普教育和各种游戏设施。面积一般在 2～5 hm^2。

其他专类性公园，如纪念性公园、雕塑公园、运动公园、游乐公园等，主体建筑物、构筑物占地面积比例不得大于 20%，绿化不应少于 60%。

居住区的小公园一般就近为居民服务，面积一般在 2～10 hm^2。园内应设置一些老人、儿童的活动设施。

带状绿地和小游园，以美化市容供市民短时休息为主。带状绿地长应大于 250 m，宽应在 10 m 以上，小游园面积应在 1 000 m^2 以上。

另外，当公园绿地内水面积超过总面积的 50%时，该公园的游人占有公园面积指标应加大。

公园内部用地比例应根据公园类型和陆地面积确定，其绿化、建筑、园路及铺装场地等用地的比例，见表 6-1。

表 6-1　　公园内部用地比例　　单位:%

陆地面积/hm^2	用地类型	综合性公园	儿童公园	动物园	专类动物园	植物园	专类植物园	盆景园	风景名胜公园	其他专类公园	居住区公园	居住小区游园	带状公园	街旁游园
<2	Ⅰ	—	15～25	—	—	—	15～25	15～25	—	—	—	10～20	15～30	15～30
	Ⅱ	—	<1.0	—	—	—	<1.0	<1.0	—	—	—	<0.5	<0.5	—
	Ⅲ	—	<4.0	—	—	—	<7.0	<8.0	—	—	—	<2.5	<2.5	<1.0
	Ⅳ	—	>65	—	—	—	>65	>65	—	—	—	>75	>65	>65
2<5	Ⅰ	—	10～20	—	10～20	—	10～20	10～20	—	10～20	10～20	—	15～30	15～30
	Ⅱ	—	<1.0	—	<2.0	—	<1.0	<1.0	—	<1.0	<0.5	—	<0.5	—
	Ⅲ	—	<4.0	—	<12	—	<7.0	<8.0	—	<5.0	<2.5	—	<2.0	<1.0
	Ⅳ	—	>65	—	>65	—	>70	>65	—	>70	>75	—	>65	>65
5～<10	Ⅰ	8～18	8～18	—	8～18	—	8～18		—	8～18	8～18	—	10～25	10～25
	Ⅱ	<1.5	<2.0	—	<1.0	—	<1.0	8～18	—	<1.0	<0.5	—	<0.5	<0.2
	Ⅲ	<5.5	<4.5	—	<14	—	<5.0	<2.0	—	<4.0	<2.0	—	<1.5	<1.3
	Ⅳ	>70	>65	—	>65	—	>70	<8.0	—	>75	>75	—	>70	>70
								>70						

续表

陆地面积/hm²	用地类型	综合性公园	儿童公园	动物园	专类动物园	植物园	专类植物园	盆景园	风景名胜公园	其他专类公园	居住区公园	居住小区游园	带状公园	街旁游园
10～＜20	Ⅰ	5～15	5～15	—	5～15	—	5～15	—	—	5～15	—	—	10～25	—
	Ⅱ	＜1.5	＜2.0	—	＜1.0	—	＜1.0	—	—	＜0.5	—	—	＜0.5	—
	Ⅲ	＜4.5	＜4.5	—	＜14	—	＜4.0	—	—	＜3.5	—	—	＜1.5	—
	Ⅳ	＞75	＞70	—	＞65	—	＞75	—	—	＞80	—	—	＞70	—
20～＜50	Ⅰ	5～15	—	5～15	—	5～10	—	—	—	5～15	—	—	10～25	—
	Ⅱ	＜1.0	—	＜1.5	—	＜0.5	—	—	—	＜0.5	—	—	＜0.5	—
	Ⅲ	＜4.0	—	＜12.5	—	＜3.5	—	—	—	＜2.5	—	—	＜1.5	—
	Ⅳ	＞75	—	＞70	—	＞85	—	—	—	＞80	—	—	＞70	—
≥50	Ⅰ	5～10	—	5～10	—	3～8	—	—	3～8	5～10	—	—	—	—
	Ⅱ	＜1.0	—	＜1.5	—	＜0.5	—	—	＜0.5	＜0.5	—	—	—	—
	Ⅲ	＜3.0	—	＜11.5	—	＜2.5	—	—	＜2.5	＜1.5	—	—	—	—
	Ⅳ	＞80	—	＞75	—	＞85	—	—	＞85	＞85	—	—	—	—

注：Ⅰ—园路及铺装场地；Ⅱ—管理建筑；Ⅲ—游览、休憩、服务、公用建筑；Ⅳ—绿化园地。

6.1.4.6 公园常规设施设计

公园常规设施项目的设置应参照相关规定，见表 6-2。

表 6-2　　公园常规设施

设施类型	设施项目	陆地规模/hm²					
		＜2	2～5	5～10	10～20	20～50	≥50
游憩设施	亭或廊	○	○	●	●	●	●
	厅、榭、码头棚	—	○	○	○	○	○
	架	○	○	○	○	○	○
	园椅、园凳	●	●	●	●	●	●
	成人活动场	○	●	●	●	●	●
服务设施	小卖店	○	○	●	●	●	●
	茶座、咖啡厅	—	○	○	○	●	●
	餐　厅	—	—	○	○	●	●
	摄影部	—	—	○	○	○	○
	售票房	○	○	○	○	●	●
公用设施	厕　所	○	●	●	●	●	●
	园　灯	○	●	●	●	●	●
	公用电话	—	○	○	●	●	●
	果皮箱	●	●	●	●	●	●

续表

设施类型	设施项目	陆地规模/hm^2					
		<2	2～5	5～10	10～20	20～50	≥50
公用设施	饮水站	○	○	○	○	○	○
	路标、导游牌	○	○	●	●	●	●
	停车场	—	○	○	○	○	●
	自行车存车处	○	○	●	●	●	●
管理设施	管理办公室	○					
	治安机构	—					
	垃圾站	—					
	变电室、泵房	—					
	生产温室荫棚	—					
	电话交换站	—					
	广播室	—					
	仓　库	—					
	修理车间	—					
	管理班（组）	—					
	职工食堂	—					
	淋浴室	—					
	车　库	—					

注："●"表示应设；"○"表示可设。

6.1.4.7 总体设计

1. 公园游客容量设计

公园设计必须确定公园的游人容量，作为计算各种设施的容量、个数、用地面积以及进行公园管理的依据。公园游人容量，即公园的游览旺季（节日）游人高峰每小时的在园人数。它是公园的功能分区、设施数量、内容和用地面积大小的依据。

公园的游人容量为服务区范围居民人数的15%～20%，50万人口的城市公园游人容量应为全市居民人数的10%。市区级公园游人人均占有公园面积以60 m^2 为宜，居住区公园、带状公园和居住小区游园以30 m^2 为宜；近期公共绿地人均指标低的城市，游人人均占有公园面积可酌情降低，但最低游人人均占有公园的陆地面积不得低于15 m^2。风景名胜公园游人人均占有公园面积宜大于100 m^2。

公园游人容量可按式（6-1）计算：

$$C = A/A_m \tag{6-1}$$

式中　C——公园游人容量（人）；

A——公园总面积（m^2）；

A_m——公园游人人均占有面积（m^2/人）。

水面和坡度大于50%的陡坡山地面积之和超过总面积的50%的公园，游人人均占有公园面积应适当增加，水面和陡坡面积较大的公园游人人均占有面积，见表6-3。

表6-3　　水面和陡坡面积不同的公园游人人均面积

水面和陡坡面积占总面积比例/%	0～50	60	70	80
近期游人占有公园面积/（m^2/人）	≥30	≥40	≥50	≥75
远期游人占有公园面积/（m^2/人）	≥60	≥75	≥100	≥150

2. 布局

公园的总体设计应根据批准的设计任务书，结合现状条件对功能或景区划分、景观构想、景点设置、出入口位置、竖向及地貌、园路系统、河湖水系、植物布局以及建筑物和构筑物的位置、规模、造型及各专业工程管线系统等作出综合设计。

功能或景区划分，应根据公园性质和现状条件，确定各分区的规模及特色。

出入口设计，应根据城市规划和公园内部布局要求，确定游人主、次和专用出入口的位置；需要设置出入口内外集散广场、停车场、自行车存车处的，应确定其规模要求。

园路系统设计，应根据公园的规模、各分区的活动内容、游人容量和管理需要，确定园路的路线、分类分级和园桥、铺装场地的位置和特色要求。主要园路应具有引导游览的作用，易于识别方向。游人大量集中地区的园路要做到明显、通畅、便于集散。通行养护管理机械的园路宽度应与机具、车辆相适应，通向建筑集中地区的园路应有环行路或回车场地，生产管理专用路不宜与主要游览路交叉。

河湖水系设计，应根据水源和现状地形等条件，确定园中河湖水系的水量、水位、流向；水闸或水井、泵房的位置；各类水体的形状和使用要求。游船水面应按船的类型提出水深要求和码头位置；游泳水面应划定不同水深的范围；观赏水面应确定各种水生植物的种植范围和不同的水深要求。

全园的植物组群类型及分布，应根据当地的气候状况、园外的环境特征、园内的立地条件，结合景观构想、防护功能要求和当地居民游赏习惯确定，应做到充分绿化和满足多种游憩及审美的要求。

建筑布局，应根据功能和景观要求及市政设施条件等，确定各类建筑物的位置、高度和空间关系，并提出平面形式和出入口位置。

公园管理设施及厕所等建筑物的位置，应隐蔽又方便使用。

需要采暖的各种建筑物或动物馆舍，宜采用集中供热。

公园内水、电、燃气等线路布置，不得破坏景观，同时应符合安全、卫生、节约和便于维修的要求。电气、上下水工程的配套设施、垃圾存放场及处理设施应设在隐蔽地带。

公园内不宜设置架空线路，必须设置时，应符合下列规定：

(1) 避开主要景点和游人密集活动区；

(2) 不得影响原有树木的生长，对计划新栽的树木，应提出解决树木和架空线路矛盾的措施。

公园内景观最佳地段，不得设置餐厅及集中的服务设施。

3. 竖向控制

竖向控制应根据公园四周城市道路规划标高和园内主要内容，充分利用原有地形地貌，提出主要景物的高程及对其周围地形的要求，地形标高还必须适应拟保留的现状物和地表水的排放。

竖向控制应包括下列内容：山顶；最高水位、常水位、最低水位；水底；驳岸顶部；园路主要转折点、交叉点和变坡点；主要建筑的底层和室外地坪；各出入口内、外地面；地下工程管线及地下构筑物的埋深；园内外佳景的相互因借观赏点的地面高程。

4. 现状处理

公园范围内的现状地形、水体、建筑物、构筑物、植物、地上或地下管线和工程设施，必须进行调查，作出评价，提出处理意见。

在保留的地下管线和工程设施附近进行各种工程或种植设计时，应提出对原有物的保护措施和施工要求。

园内古树名木严禁砍伐或移植，并应采取保护措施。

古树名木的保护必须符合下列规定：

(1) 古树名木保护范围的划定必须符合下列要求：

① 成林地带外缘树树冠垂直投影以外 5.0 m 所围合的范围；

② 单株树同时满足树冠垂直投影及其外侧 5.0 m 宽和距树干基部外缘水平距离为胸径 20 倍以内。

(2) 保护范围内，不得损坏表土层和改变地表高程，除保护及加固设施外，不得设置建筑物、构筑物及架（埋）设各种过境管线，不得栽植缠绕古树名木的藤本植物。

(3) 保护范围附近，不得设置造成古树名木处于阴影下的高大物体和排泄危及古树名木的有害水、气的设施。

(4) 采取有效的工程技术措施和创造良好的生态环境，维护其正常生长。

(5) 原有健壮的乔木、灌木、藤本和多年生草本植物应保留利用。

(6) 有文物价值和纪念意义的建筑物、构筑物，应保留并结合到园内景观之中。

6.1.5 设计案例

6.1.5.1 上海世博后滩公园设计案例

1. 设计背景

世博后滩公园为上海世博园的核心绿地景观之一，位于“2010 上海世博园”浦东地块

C片区之西端，位于黄浦江之东岸之与浦明路之间，南临园区新建浦明路，西至倪家浜，北望卢浦大桥，占地18 hm^2。规划用地岸线长约1.7 km。场地原为钢铁厂（浦东钢铁集团）和后滩船舶修理厂所在地。

2. 设计定位

世博后滩公园的规划功能定位，一是具有安全疏散、游憩等功能的世博的绿地；二是具有湿地保护、科普教育等功能的城市公园；三是具有生态风景、亲水游憩等功能的滨水型绿地。

3. 设计成果

设计者倡导足下文化与野草之美的环境伦理与新美学思想，用当代景观设计手法，显现了场地的四层历史与文明属性：黄浦江滩的回归，农业文明的回味，工业文明的记忆和后工业生态文明的展望。最终在垃圾遍地、污染严重的原工业场地上，建成了具有水体净化和雨洪调蓄、生物生产、生物多样性保育和审美启智等综合生态服务功能的城市公园。后滩公园不但建立了一个可以复制的生态净化水系统模式，同时创立了新的公园管理模式，它建成后不再需要大量人力物力去维护，而是让自然自我循环净化，让自然做功，为解决当下中国和世界的环境问题提供一个成功的样板。

1）黄浦江滩的回归

公园保留并改善了场地中黄浦边的原有4 hm^2 江滩湿地，在此基础上对原沿江水泥护岸和码头进行生态化改造，恢复自然植被。同时，整个公园的植被选用适应于江滩的乡土物种，芦笛翻飞，乌桕成林，更有群鱼游憩，白鹭照水，一派生机勃勃，实现了“滩”的回归。

2）农业文明的回味

在江滩的自然基底上，选用了江南四季作物，并运用梯田营造和灌溉技术解决高差和满足蓄水净化之功效，营造都市田园。春天菜花流金，夏时葵花照耀，秋季稻菽飘香，冬日翘摇铺地，无不唤起大都市对乡土农业文明的回味，是土地生产功能的展示，并重建都市人与土地的联系。

3）工业文明的记忆

在自然江滩与都市田园的基础上，保留、再用和再生了原场地作为钢铁厂的记忆。巨大的工业厂房之钢结构得以保留，并演绎为立体花园和酒吧游憩之所；原临江码头被保留，并设计成生态化的水上花园和观景台，遥望浦西高楼林立，仿佛置身尘外世界；一条由钢板折叠而成的锈色长卷，写就无数沧桑记忆。它隐约起伏，漂游于水岸平台之上，或蛰伏于地面而成为铺地，逶迤而远去，或翘首于空中而成为雨棚、景窗，巧取园中美景。

4）后工业生态文明的展望

作为工业时代生态文明的展望和实验，公园的核心是一条带状、具有水净化功能的人工湿地系统，它将来自黄浦江的劣五类水，通过沉淀池、叠瀑墙、梯田、不同深度和不同群落的湿地净化区，经过长达1 km的流程，而成为三类净水，日净化量为每天2 400 m^3。

净化后的三类水不仅可以提供给世博公园做水景循环用水，还能满足世博公园与后滩公园自身的绿化灌溉及道路冲洗等需要。除大量使用乡土物种以及水体净化等生态措施外，设计充分利用旧材料、节约造价、倡导低成本维护等生态理念，包括旧砖瓦的再用，黄浦江护岸的生态友好型设计、建筑物的节能设计，以及可降解竹材作为会时大面积铺地，以满足同时考虑赛时和赛后的人流需要，等等。

在上述场地的四层含义之上，便是人的休闲、娱乐、审美和启智。设计者在公园布置了一个狭长的幽谷空间，在巧妙地解决了防洪问题的同时，启承开合，委婉流动，长近 2 km，其间设计了一系列亲水栈桥、平台和穿梭于植被中的步道网络。始于西端的跌瀑水墙和层层梯田，而止于彩色翻涌的金属帷幔，游走其间，或潜谷底探水，葭蒹苍苍，青蛙绕足；或登高台临渊，芦笛茫茫，彩蝶翻飞；或入山中探路，丛林夹道，竹巷幽深，洞府围合；或上坦荡田野，荷叶田田，稻禾灿灿。

4. 设计评价

后滩公园展示了土地的生物生产能力，指明了建立低碳和负碳城市的一条具体途径；后滩公园建立了一个可以复制的水系统的生态净化模式，为解决当下中国和世界的环境问题提供一个可以借鉴的样板，同时创立了新的公园管理模式，它建成后不再需要大量人力物力去维护，而是让自然做功，利用自然的调节和净化能力来治愈工业时代留下的污染；后滩公园深情地回望农业和工业文明的过去，并憧憬于生态文明的未来，放声讴歌生态之美、丰产与健康的大脚之美、蓬勃而烂漫的野草之美。通过充分发挥土地的生态系统服务能力，后滩公园生动地注解了“城市让生活更美好”的世博理念，如图 6-3 所示。

图 6-3　上海世博后滩公园①

① 土人设计. http://www.turenscape.com/project/project.php? id=443.

6.1.5.2 杭州西溪国家湿地公园三期设计案例

为适应杭州西溪国家湿地公园保护与利用的需要，为湿地公园资源“严格保护、统一管理、合理开发、永续利用”提供科学依据，在确保具有高度自然与文化价值的湿地自然资源与人文资源得以修复培育、世代传承的前提下，发挥自然资源、人文资源的综合效益，促进区域的社会经济和精神文明建设，实现社会效益、环境效益和经济效益的协调发展，根据相关的法律法规、规范，编制杭州西溪国家湿地公园三期详细规划。

1. 定位

以保护、改善区域生态环境为根本立足点，以五常（洪氏）文化为内涵，以人与湿地和谐相处为特征的西溪国家湿地公园的重要功能区块。

2. 规划的指导思想

必须坚持西溪国家湿地公园总体规划中“综合整治西溪地区，合理调整产业结构，优化生态环境，改善西溪水质，扩大杭州市旅游空间”的规划指导思想，坚持“整体化方针、差异性方针、一体化方针”。

3. 发展规划目标

湿地公园三期发展规划总目标为：全面加强湿地及生物多样性保护，维护湿地生态系统的生态特性和基本功能，保持和最大限度地发挥湿地生态系统的各种功能和效益，保证湿地资源的可持续利用，使其造福当代、惠及子孙。

(1) 与西溪湿地公园其他区块和谐共生、互利互依，促进公园的整体性；

(2) 在具有自然生态美感的景观基调下，加强三期个性文化、原生文化的挖掘，延续其历史人文脉络；

(3) 完善与三期功能相适应的基础设施；

(4) 促进三期范围内及周边区域的经济转型与发展，塑造人地和谐的典型示范区。

4. 规划结构与布局

西溪国家湿地公园三期采取“一带、两片、多点”的规划结构，如图 6-4 所示。

一带是指以五常港为轴，渗透至规划地块内部的湿地自然景观带。

两片是指以五常港为界，分为西片与东片，西片重点体现水乡风情、五常洪氏文化，东片强调生态培育、科普等内容，与西溪一期密切融合。

多点是指规划地块内根据现状条件、旅游需要设置的多个景点及旅游服务点，包括四片保留（改造）村落及一级保护区内的几个文化景点——五常龙舟、洪园、观音庵等。

西溪国家湿地公园三期在“一带、两片、多点”的规划结构框架下，将其功能区块细分为两个大区、七个分区（表 6-4），如图 6-5、图 6-6 所示。

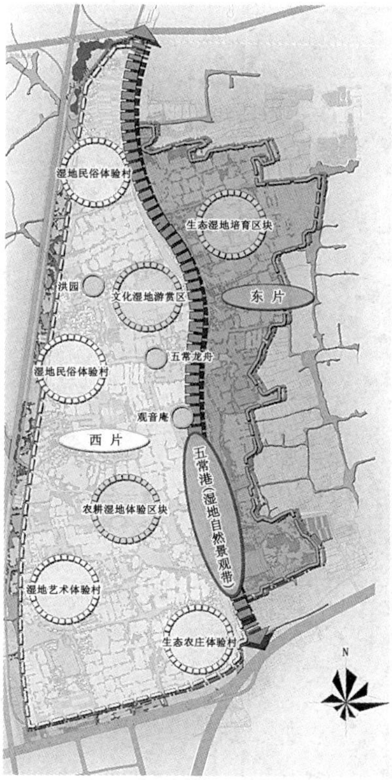

图 6-4　西溪国家湿地公园三期规划结构图

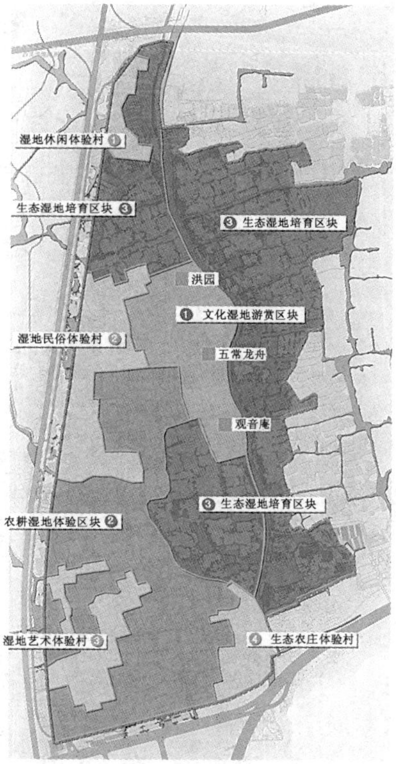

图 6-5　西溪国家湿地公园三期布局图

表 6-4　西溪国家湿地公园三期规划布局表

大　区	分　区	用地面积/hm^2	用地比例/%
湿地自然景观区（总体规划中的一级保护区）	文化湿地游赏区	30.50	9.7
	农耕湿地体验区块	80.82	25.7
	生态湿地培育区块	150.05	47.4
民俗体验区（总体规划中的二、三级保护区）	湿地休闲体验村	5.18	1.7
	湿地民俗体验村	23.16	7.4
	湿地艺术体验村	15.34	4.9
	生态农庄体验村	9.95	3.2
面积合计		315.00	100

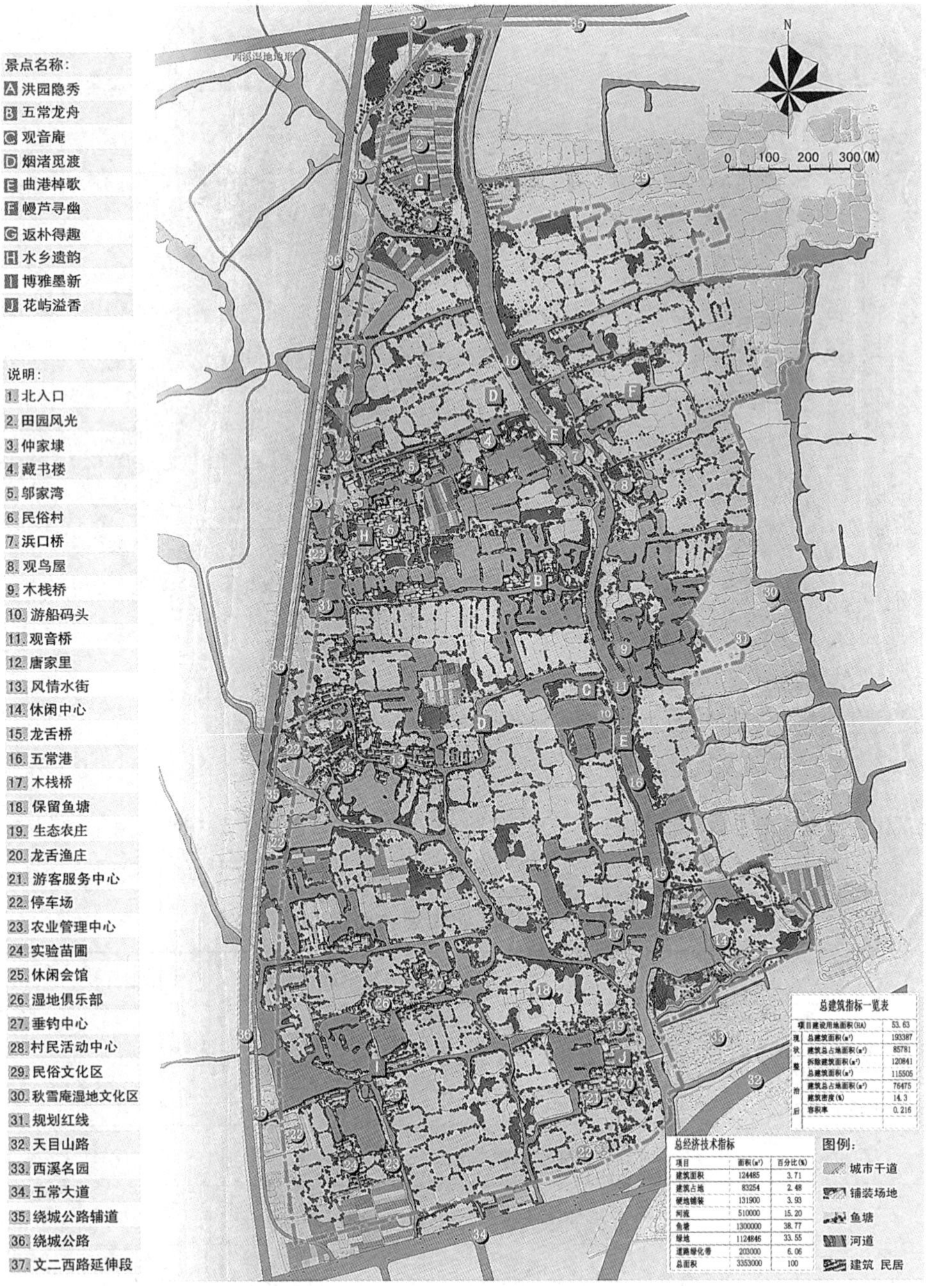

图 6-6 西溪国家湿地公园三期总平面图

6.2 城市广场设计

城市广场是现代城市开放空间体系中最具公共性、最具艺术性、最具活力、最能体现都市文化和文明的开放空间。

它是大众群体聚集的大型场所，也是现代都市人们进行户外活动的重要场所。现代城市广场还是点缀、创造优美城市景观的重要手段，从某种意义上说，体现了城市的风貌和灵魂，展示了现代城市生活模式和社会文化内涵。

我国城市广场发展相对滞后，在我国现行《城市用地分类与规划建设用地标准》(GBJ 137—1990) 中，把广场与道路并列计入道路广场用地，而根据国家有关规定把绿地占有量大于50%的城市广场列入城市绿地用地类型。近10年来，随着经济迅速发展和社会不断进步，人们更加迫切地需要外部空间和参与各种社会生活，我国现代城市广场建设热潮正是在这种大背景下产生的。

6.2.1 城市广场的起源与发展

城市广场是城市空间的会客厅，其发展已有数千年的历史。

从西方看，古希腊时期出现了真正意义的城市广场，由于古希腊温和的气候条件和浓郁的政治民主气氛，人们喜欢在户外活动，不太注重室内空间，促成了室外社区交往空间的产生。同时，人们把自己对空间的体验感受和审美情趣反馈到广场的规划设计中。早期主要是商品交换的市场口，同时信息和意见的交流与货物的交换有着同等重要的作用。随着时间的推移，市场的功能越来越综合多样，有司法、行政、商业、生产、宗教、文娱、社交，等等，形态也由杂乱、不规则逐渐趋于统一完整，成为城市中最重要、最富有活力的因素。与市场并存的阿索斯广场（Agora，Assos），如图6-7所示，在今土耳其，约建于公元前3世纪，便是一例。它是一梯形广场，两边是敞廊，空间较封闭，在广场较宽的一端有宇宙，只在面对广场的主面上才有柱廊。广场布局反映了希腊时期手工业和商业发达的经济文化特色。

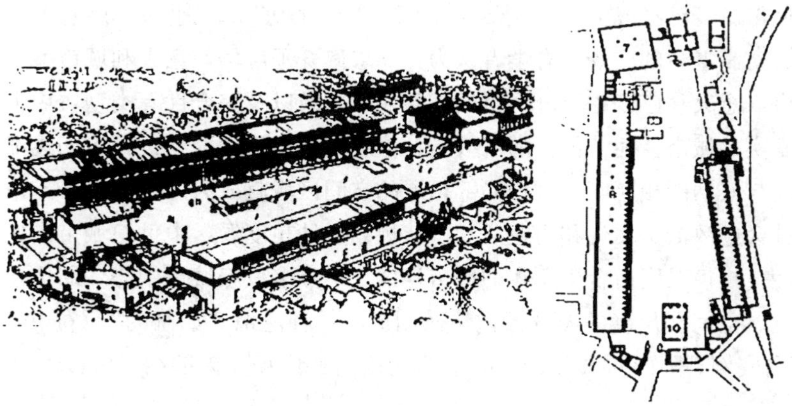

图6-7 阿索斯广场①

古罗马的广场使用功能有了进一步的扩大。除了原先的集会、市场职能外，还包括审

① 新浪博客. http://blog.sina.com.cn/s/blog_534db5110100b3lb.html.

判、庆祝、竞技等。著名实例有罗马罗曼努姆广场（Romanum Forum）、凯撒广场（Caesar Forum）、奥古斯都广场（Forum of Augustus）和图拉真广场（Forum of Trajan）。有趣的是，这些广场互相组织在一起，成为一个广场群，即使用今天的眼光看，这也算得上是典型的城市广场设计与城市设计案例，如图 6-8、图 6-9 所示。

图 6-8　罗马市中心的广场群①

图 6-9　罗马市中心广场群遗址②

中世纪的意大利城市广场已经成为意大利城市空间中的“心脏”。几乎每一座意大利城市都拥有匀称得体、充满魅力的广场，有学者认为，如果离开了广场，意大利城市就不复存在了。从功能上讲，意大利广场主要分为市政、商业、宗教以及综合性等类型，中世纪城市具有一种高度密实的城市空间特征，随着教堂、修道院和市政厅的建设，人们逐渐感到应有某种开放空间与其功能相匹配，这种局部拓展的空间区域就成为广场的雏形，市民们在此参与城市的社会、政治、文化和商业活动。从规划设计角度看，中世纪城市广场大多具有较好围合特性，规模尺度适合于所在的城市社区，地点多位于城市中心，周边建筑物一般具有良好视觉、空间和尺度的连续性，从而创造出一种所谓“如画的”（picturesque）城市景观。著名实例有阿西西（Asisi）的圣弗朗西斯科广场、锡耶纳（Siena）广场等，如图 6-10 所示。

---

① 百度空间. http://hi.baidu.com/swanix/blog/item/a4cc73f035fd22cb7831aa3c.html.

② 搜狐人. http://q.sohu.com/forum/20/topic/3641230.

图 6-10　意大利锡耶纳广场①

15 世纪文艺复兴时期，城市广场的主要特点是，力图在城市建设和对现存的中世纪广场改造中体现人文主义的价值，追求人的视觉秩序和庄严雄伟的艺术效果。科学性、理性化程度明显得到加强，并运用了透视原理、比例法则和美学原理。世界闻名遐迩的威尼斯圣・马可广场就是在这一时期基本完成的，如图 6-11 所示。总之，文艺复兴的城市广场在具体规划设计方面建立了一种至今仍有效的广场空间设计美学规范。

图 6-11　威尼斯圣・马可广场②

巴洛克城市广场设计的主要贡献是，将广场空间最大限度上与城市道路体系连成一个整体，并使城市形态呈现为更加活泼和动态的格局。它强调塑造一种可以自动流动的连续空间，强调广场及其建筑要素的动态视觉美感，有机结合地形以及城市道路对景。著名实例有罗马的波波罗广场（图 6-12）和圣彼德广场（图 6-13）。

中国古代真正意义的城市广场相对比较缺乏。中国从奴隶社会发展到封建社会，远早于欧洲，封建时期长达 2 000 余年，这个时期的广场大致可分为两大类型：一类是院落空间发展而成的广场。这类广场平面布局手法充分体现了中国传统建筑类型注重对称轴线的特征，以住宅院落扩大到大型宫殿及宇宙建筑群，还扩大到整个城市布局。各种城市广场又是这种建筑组群的封闭式大空间，也可以说是庭院的扩大，如清代天安门广场，如图 6-14 所示。此类广场的特征是利用广场空间的变化衬托主体建筑的庄严神圣、至高无上

① 中国绿色建筑网. http://www.cngbn.com/?action-viewthread-tid-59891，鲁能信息港博客. http://blog.luneng.com/totblog/u/gxpeng/article/2008-11-07/1226043354674.htm.

② 福建高中新课程. http://gz.fjedu.gov.cn/meishu/ShowArticle.asp?ArticleID=10470.

图 6-12　罗马波波罗广场①

图 6-13　罗马圣彼德广场②

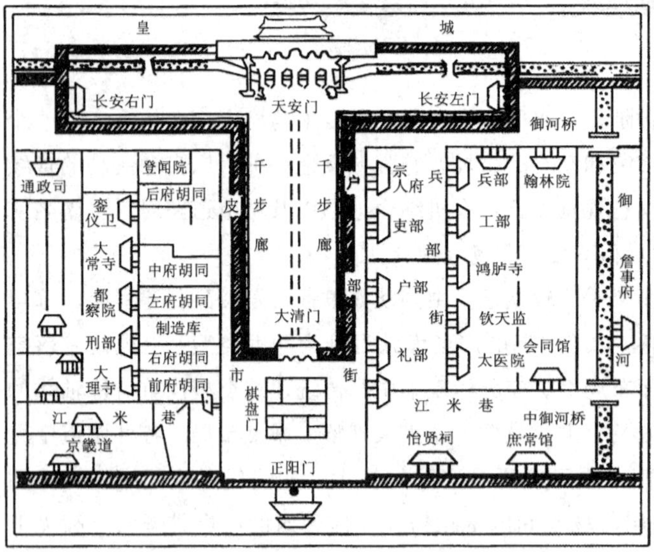

图 6-14　中国清代天安门广场

① http://piazzamazzini.wordpress.com/2009/10/03/roma-piazza-del-popolo/.
② 百度空间. http://hi.baidu.com/pistil/album/item/0f9864d9def9ae0911df9bfd.html.

的气势。除了有维护封建礼制和等级秩序的功能外，还有运气、吉凶等十分玄妙的象征意义，这是西方广场所没有的。另一类是结合交通、贸易、宗教活动功能的传统城镇空地。这类广场存在于因经济原因不断发展的城市，布局灵活多变，而且有一定的自发性，所以多结合地形呈不规整的自由形状。空间较为流通，常用牌坊、照壁、旗帜、望柱等小品，形成围而不堵的效果，常常用建筑小品构成标志和象征作用。广场尺度适当，有利于市民步行活动，较接近城市广场的基本意义。被称为“船”的四川罗城梭形广场便是一例，如图6-15 所示。

图 6-15　四川罗城梭形广场

中国传统广场尽管在结合地形、空间围合以及象征意义等方面积累了一些有益的经验，也有成功的城市空间设计，但就城市公共生活空间的核心——广场而言，与西方相比，中国的广场文化和思想观念是相对滞后的。西方传统城市广场经过各个历史时期的发展形成了丰富多彩的空间形态，为今天的城市广场设计留下了一笔宝贵的财富，仍具有一定的指导意义。

6.2.2　城市广场的定义与分类

6.2.2.1　定义

城市广场的产生、发展经历了一个漫长的过程，它随着城市的发展而发展，城市的高度文明必然带来城市广场的高度文明，换言之城市广场的发展是城市发展的集中表现。自古以来，城市广场的概念也是不断发展的。现代城市广场的定义与传统城市广场的定义相比，内容更加丰富，内涵更加深刻，而且正在迅速发展，所以将其定义是很困难的。

《城市规划原理》一书主要从功能出发，把城市广场定义为：“广场是由于城市功能上的要求而设置的，是供人们活动的空间。城市广场通常是城市居民社会活动的中心，广场上可组织集会、供交通集散、组织居民游览休息、组织商业贸易的交流等。”

《中国大百科全书》（建筑・园林・城市规划卷）一书中，主要从广场的场所内容出发，把城市广场定义为：“城市中由建筑、道路或绿化地带围绕而成的开敞空间，是城市公众社区生活的中心。广场又是集中反映城市历史文化和艺术面貌的建筑空间。”这显然比过去全面了一些。

现代城市广场的定义是随着人们需求和文明程度的发展而变化的。本书根据胡长龙先生的观点认为现代城市广场是以城市历史文化为背景，以城市道路为纽带，由建筑、道路、植物、水体、地形等围合而成的城市开敞空间，是经过艺术加工的多景观、多效益的城市社会生活场所。

6.2.2.2 分类

现代城市广场的类型划分，通常是按广场的功能性质、平面组合和剖面形式等方面进行的，其中最为常见的是以广场的功能性质不同来进行分类。

1. 市政广场

市政广场一般位于城市中心位置，通常是市政府、城市行政区中心、老行政区中心和旧行政厅所在地。它往往布置在城市主轴线上，形成一个城市的象征。在市政广场上，常有该城市的重要建筑物或大型雕塑等。

市政广场应具有良好的可达性和流通性，故车流量较大。为了合理有效地解决好人流、车流问题，有时甚至用立体交通方式，如地面层安排步行区，地下安排车行、停车等，实现人车分流。

市政广场一般面积较大，为了让大量的人群在广场上有自由活动、节日庆典的空间，一般多用硬质材料铺装为主，如北京天安门广场、莫斯科红场等。也有以软质材料绿化为主的，如美国华盛顿市中心广场，其整个广场如同一个大型公园，配以坐凳等小品，把人引入绿化环境中去休闲、游赏。

市政广场布局形式一般较为规则，甚至是中轴对称的。标志性建筑物常位于轴线上，其他建筑及小品对称或对应布局，广场中一般不安排娱乐性、商业性很强的设施和建筑，以加强广场稳重严整的气氛。

2. 纪念广场

城市纪念广场题材非常广泛，涉及面很广，可以是纪念人物，也可以是纪念事件。通常广场中心或轴线以纪念雕塑（或雕像）、纪念碑（或柱）、纪念建筑或其他形式纪念物为标志，主体标志物应位于整个广场构图的中心位置。

纪念广场的大小没有严格限制，只要能达到纪念效果即可。因为通常要容纳众人举行缅怀纪念活动，所以应考虑广场中具有相对完整的硬质铺装地，而且与主要纪念标志物（或纪念对象）保持良好视线或轴线关系。

纪念广场的选址应远离商业区、娱乐区等，以免对广场造成干扰，突出严肃深刻的文化内涵和纪念主题。宁静和谐的环境气氛会使广场的纪念效果大大增强。由于纪念广场一般保存时间很长，所以纪念广场的选址和设计都应紧密结合城市总体规划统一考虑。

3. 交通广场

交通广场主要目的是有效地组织城市交通，包括人流、车流等，是城市交通体系中的有机组成部分。通常分两类：一类是城市内外交通会合处，主要起交通转换作用，如火车站、长途汽车站前广场（即站前交通广场）；另一类是城市干道交叉口处交通广场（即环岛交通广场）。

站前交通广场是城市对外交通或者是城市区域间交通转换地，广场的规模与转换交通量有关，包括机动车、非机动车、人流量等，广场要有足够的行车面积、停车面积和行人场地。对外交通的站前交通广场往往是一个城市的入口，其位置一般比较重要，很可能是一个城市或城市区域的轴线端点，所以常常是城市景观的重要载体。广场的空间形态应与周围建筑环境相协调，体现城市风貌，使过往旅客使用舒适，印象深刻。

环岛交通广场地处道路交汇处，尤其是四条以上的道路交汇处，以圆形居多，三条道路交汇处常常呈三角形（顶端抹角）。环岛交通广场的位置重要，通常处于城市的轴线上，是城市景观、城市风貌的重要组成部分，形成城市道路的对景、端景之处。一般以绿化为主，应有利于交通组织和司乘人员的动态观赏，同时广场上往往还设有城市标志性建筑或小品（喷泉、雕塑等），西安市的钟楼、法国巴黎的凯旋门都是环岛交通广场上的重要标志性建筑。

4. 休闲广场

休闲广场是供市民休息、娱乐、游玩、交流等活动的重要场所，其位置常常选择在人口较密集的地方，以方便市民使用为目的，如街道旁、市中心区、商业区甚至居住区内。休闲广场的布局不像市政广场和纪念性广场那样严肃，往往灵活多变，空间多样自由，但一般与环境结合很紧密。广场的规模可大可小，无一定限定。

休闲广场以让人轻松愉快为目的，因此广场尺度、空间形态、环境小品、绿化、休闲设施等都应符合人的行为规律和人体尺度要求。就广场整体主题而言是不确定的，甚至没有明确的中心主题，而每个小空间环境的主题、功能是明确的，每个小空间的联系是方便的。总之，以舒适方便为目的，让人乐在其中。

5. 文化广场

文化广场应有明确的主题，它是为了展示城市深厚的文化积淀和悠久历史，经过深入挖掘整理，以多种形式在广场上集中地表现出来。文化广场可以说是城市室外文化展览馆，一个好的文化广场应让人们在休闲中了解该城市的文化渊源，从而达到热爱城市、激发上进精神的目的。

文化广场的选址没有固定模式，一般选择在交通比较方便、人口相对稠密的地段，还可考虑与集中公共绿地相结合，甚至可结合旧城改造进行选址。其规划设计不像纪念广场那样严谨，更不一定需要有明显的中轴线，可以完全根据场地环境、表现内容和城市布局等因素进行灵活设计。安徽芜湖鸠兹广场便是一例，在广场主空间的周边位置布置了多个小型文化广场群，主要用雕塑、柱廊、浮雕等形式，连续展示了芜湖的文化渊源和发展历史。

6. 古迹广场

古迹广场是结合该城市的遗存古迹保护和利用而设的城市广场，生动地代表了一个城市的古老文明程度。可根据古迹的体量高矮，结合城市改造和城市规划要求来确定其面积大小。古迹广场是表现古迹的舞台，所以古迹广场规划设计应从古迹出发组织景观。如果古迹是一幢古建筑，如古城楼、古城门等，则应在有效地组织人车交通的同时，让人在广场上逗留时能多角度欣赏古建筑，登上古建筑又能很好地俯视广场全景和城市景观。我国著名古城西安、南京等城市的古城门广场正是此类古迹广场的成功案例。

7. 宗教广场

我国是一个信仰自由的国家，许多城市中还保留着宗教建筑群。一般宗教建筑群内部皆设有适合该教活动和表现该教之意的内部广场。而在宗教建筑群外部，尤其是入口处一般都设置了供信徒和游客集散、交流、休息的广场空间，同时也是城市开放空间的一个组合部分。其规划设计首先应结合城市景观环境整体布局，不应喧宾夺主、重点表现。宗教广场设计应该以满足宗教活动为主，尤其要表现出宗教文化氛围和宗教建筑美，通常有明显的轴线关系，景物也是对称（或对应）布局，广场上的小品以宗教相关的饰物为主。

8. 商业广场

商业功能可以说是城市广场最古老的功能类型。商业广场的形态空间和规划布局没有固定的模式可言，它总是根据城市道路、人流、物流、建筑环境等因素进行设计的，可谓"有法无式"、"随形就势"。但是商业广场必须与其环境相融、功能相符、交通组织合理，同时商业广场应充分考虑人们购物休闲的需要。例如交往空间的创造、休息设施的安排和适当的绿化等。

商业广场是为商业活动提供综合服务的功能场所。传统的商业广场一般位于城市商业街内，或者是商业中心区，而当今的商业广场通常与城市商业步行系统相融合，有时是商业中心的核心。如上海市南京路步行街中的广场、安徽省芜湖市中山路商业街中的广场、合肥琥珀山庄商业服务区的中心广场。

此外，还有集市性的露天商业广场，这类商业广场的功能分区是很重要的，一般将同类商品的摊位、摊点相对集中布置在一个功能区内。

以上是按广场的主要功能性质为依据进行分类的，就广场主题而言，一般市政广场、纪念广场、文化广场、古迹广场、宗教广场相对比较明确，而交通广场、休闲广场、商业广场等不是那么明确，只是有所侧重而已。

当然，现代城市广场分类还可以按广场平面形式、广场剖面形式等作为分类依据，如图 6-16 所示。

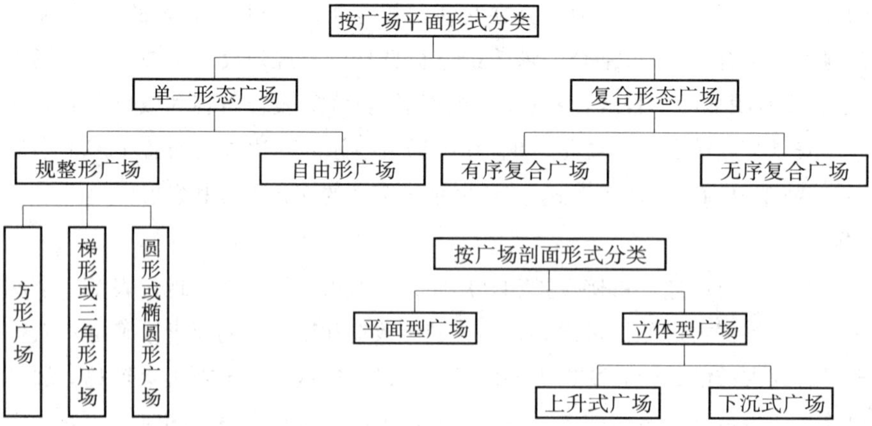

(a) 按广场平面形式分类　　(b) 按广场剖面形式分类

图6-16　现代城市广场分类示意图

6.2.3 城市广场设计的四要素

城市广场设计“是对于城市空间体型环境所进行的设计，也称为综合环境设计”。城市广场设计通过合理地处理城市空间与实体的关系，完善地解答空间与实体的矛盾，从而为人们提供适宜的生活环境，实现为“人”服务的最终目标。

城市广场设计的最终目标与实现方式明确，然而其设计过程中所需考虑和涉及的因素是扑朔迷离与复杂的。设计应以“人”为本，涉及事物的功能、形象、使用、涵义等内在的属性。由此，我们可以将功能、形象、使用与涵义称为现代城市广场设计的四要素。

四要素的确立，其相互间有如下关系特征：

(1) 功能、形象、使用与涵义分别从环境功用、环境实体与空间、环境行为、环境意义四个方面体现了有关“广场环境”或“场所”的一方面，共同描述了广场的设计问题，他们结合在一起发生作用，具备一定的综合性与完整性。

(2) 四要素具有内在的相互作用力。它们之间具备有机关联性，不可进行绝对清晰的界定。

(3) 功能、形象、使用与涵义的顺序体现了广场设计从功能到使用，从形象到涵义的层进过程。其中环境功用是社会基础，环境实体与空间是物化载体，环境行为是最终目标，环境意义是观念体现。

6.2.3.1 功能

“功能”是一个宽泛的概念。对于城市广场而言，其一方面具有对于城市整体产生作用的“宏观层面的功能”，另一方面又有其自身所包容的诸项“微观层面的功能”。前者彰显了广场作为城市之构筑要素对于城市整体的意义，使我们对于广场功能问题的考察首先应扩展到更为广阔的城市范围；而后者，则展现了广场自身在其周边小范围区域存在的必然性、必要性与合理性，有待于我们在广场功能组织的细节之中，揭示其独特的规律与设计方法。

1. “宏观层面的功能”问题——规模控制与体系布局

规模是判断广场在城市广场体系之中所属层级的重要依据。广场是城市空间的“调节器”，其规模合理与否，与其“调节器”的作用能否有效发挥息息相关。广场在城市之中应以体系的方式存在，“城市大型广场”是体系中的重要环节。布局则是指广场在城市中所处的位置。相同的广场处于不同的城市区位，其效果全然不同。广场的区位选择，是制约其功能作用发挥的首要因素。

2. “微观层面的功能”问题——大型广场的功能集成

多样性，是广场微观层面功能的基本特征。现代城市问题日趋复杂，应在有限的空间中，解决复杂的功能矛盾，以良好的空间组织方式进行功能的集成，使广场的功能运作既丰富多彩，又有机和谐。

6.2.3.2 形象

广场空间与实体的“形象”，是“形态”与“意象”的统一。“形态”与“意象”体现了两个不同层次的问题，隐含着一个由简单到复杂，由物质层面到精神层面，由物理的客观世界到心理的主观世界的递进过程。

1. 形态层次

形态是空间可度量的客观部分，形态以真实的长、宽、高尺度向人们展示其客观存在，是人们感知、体验空间以及空间中实体的基础。形态层次是“形象”问题的第一层次，存在于三维的广场环境之中，是一种“客观的物理真实”。

2. 意象层次

意象是人们通过感知获得的对于空间或空间中实体的“心智图像”，是客观世界经过人的主观意志过滤后的产物。广场的意象建立在使用者对于广场的进入式体验的基础之上，是客观世界与人的主观感知的混成。意象层次存在于人的大脑之中，是“形象”问题的第二层次，是一种“主观的经验真实”。

对于广场“形象”的问题的研究应以形态层次与意象层次作为对象，以对于客观形态与主观意象的真实分析作为研究基础。形态、意象的分析对于广场设计的巨大作用是任何先入为主的“设计理念”或“设计思想”无法替代的。

6.2.3.3 使用

对于广场使用问题的研究实质上是对“人”与“环境”的关系的研究，属环境行为学范畴。“互动论”告诉我们，“人”与“环境”处于一种密不可分、相互制约的关系之中，“我们塑造了环境，环境又塑造了我们”，人的行为是“人”与“环境”的媒介。研究人对于广场的使用，其目的在于揭示人的行为与广场环境设计之间的内在联系。

广场的使用问题可以归结为三个层次：

1. 使用的容量

容量问题是广场使用的首要问题，它体现了广场究竟可以同时为多少使用者提供服务。相同规模的广场，采用不同的设计手法可以使容量水平绝然不同。

2. 使用的质量

对使用者需求的满足，是设计所追求的终极目标。使用者是广场的主人，广场中最为活跃的元素。他们通过自身的“空间实践”或“日常生活实践”，揭示并证实了广场设计的优劣。设计师只有同样置身于“空间实践”之中，从使用者那里获取充足的信息，对其行为规律与活动方式予以充分地研究，才能够设计出高质量的广场环境。

3. 使用的灵活性

解决了容量与质量问题之后，使用的灵活性对于设计提出更高的要求。广场的使用每时每刻都处于动态变化之中，使用者也并非完全依照设计师在设计中所预设的模式来使用环境。理解和发掘使用者看待环境的方式，可以使设计师以更为“人本”的态度面对设计问题。

6.2.3.4 涵义

城市是文化的容器，城市空间如同一只碗，碗中容纳了城市的文化。城市广场是城市空间最为直接、最为典型之“碗”，其存在目的就在于“容纳”。由此可见，广场作为“容器”，广场之中所容纳的人的活动或事件作为“器中之容”，一为“体”，一为“用”；一为“外”，一为“内”；一为“显”，一为“隐”。城市广场涵义的表达也相应划分为两个互补的层次，共同建构了城市广场的整体内涵。

1.“体”的涵义

广场是“容器”，其外在的形式本身，作为一种固定性的符号，表现并传达着某种源自设计者意图的涵义，呈显性。“显性涵义”的表达满足人们的心智与思想，是一种“符号学的言语表达方式”，其借助广场的“形体环境”作为表达的途径。事物之显性涵义由其外在形式所表现，“境生象外”是其写照，“象”是“境”之反映，“境”是“象”之追求。

2.“用”的涵义

“器中之容”——广场所容纳的活动与事件，以其内在的精神，作为一种非固定性的要素，传达给人们某种源自使用者的涵义，呈隐性。“隐性涵义”的表达引导人们的行为，是一种“非符号学的非言语的表达方式”，其借助广场中“人的环境”作为表达途径。城市广场归根结底是人化的环境，活动与事件所体现的隐性的涵义在涵义的表达之中处于主导与支配地位。

6.2.4 城市广场设计导则

6.2.4.1 现代城市广场规划设计的基本原则

1. 系统性原则

现代城市广场是城市开放空间体系中的重要节点。它与小尺度的庭园空间、狭长线型的街道空间及联系自然的绿地空间共同组成了城市开放空间系统。现代城市广场通常分布于城市入口处、城市核心区、街道空间序列中或城市轴线的节点处、城市与自然环境的结合部、城市不同功能区域的过渡地带、居住区内部等。

现代城市广场在城市中的区位及其功能、性质、规模、类型等都应有所区别，各自有所侧重。每个广场都应根据周围环境特征、城市现状和总体规划的要求，确定其主要性质、规模等，只有这样才能使多个城市广场相互配合，共同形成城市开放空间体系中的有机组成部分。因此城市广场必须在城市空间环境体系中进行系统分布的整体把握，做到统一规划、统一布局。

2. 完整性原则

成功的城市广场设计，整体性是非常重要的，完整性包括功能的完整和环境的完整两个方面。

功能的完整是指一个广场应有其相对明确的功能。在这个基础上，辅之以相配合的次要功能，做到主次分明、重点突出，特别是不将一般的市民广场同交通为主的广场混淆在一起。如合肥的人民广场，该广场作为市民广场地处城市中心地段，四周皆为城市干道，并与商业区毗邻，人流、车流集中，所以设计时将广场地下作停车场，四周道路均为单行道，以确保广场功能的完整性。

环境完整同样重要。它主要考虑广场环境的历史背景、文化内涵、时空连续性、完整的局部、周边建筑的协调和变化有致等问题。城市建设中，不同时期留下的物质印痕是不可避免的，特别是在改造更新历史上留下来的广场时，更要妥善处理好新老建筑的主从关系和时空连续等问题，以取得统一的环境完整效果。

3. 尺度适配原则

尺度适配原则是根据广场不同使用功能和主题要求，确定广场合适的规模和尺度。如政治性广场和一般的市民广场尺度上就应有较大区别，从国内外城市广场来看，政治性广场的规模与尺度较大，形态较规整；而市民广场规模与尺度较小，形态较灵活。

从趋势看，大多数广场都在从过去单纯为政治、宗教服务向为市民服务转化。即使是天安门广场，在今天也改变了以往那种空旷生硬的形象而逐渐贴近生活，周边及中部还增加了一些绿化、环境小品等。

广场空间的尺度对人的感情、行为等都有很大影响。据专家研究，如果两个人处于1～2 m的距离，可以产生亲切的感觉；两人相距12 m，就能看清对方的面部表情；相距25 m，能认清对方是谁；相距130 m，能辨认对方身体的姿态；相距1 200 m，仍能看得见对方。所以空间距离愈短亲切感愈加强，距离愈长愈疏远。日本芦原义信提出了在外部空间设计中采用20～25 m的模数，他认为："关于外部空间，实际走走看就很清楚，每20～25 m，或是有重复的节奏，或是材质的变化，或是地面高差有变化，那么即使在大空间里也可以打破其单调……"。对若干城市空间的亲身体验也说明20 m左右是一个令人感到舒适亲切的尺度。

此外，广场的尺度除了具有自身良好的绝对尺度和相对的比例以外，还必须适合人的尺度，而广场的环境小品布置则更要以人的尺度为设计依据。

4. 生态性原则

广场是整个城市开放空间体系中的一部分，它与城市整体生态环境联系紧密。一方面，其规划的绿地中花草树木应与当地特定的生态条件和景观特点（如"市花"和"市树"）相吻合；另一方面，广场设计要充分考虑本身的生态合理性，如阳光、植物、风向和水面等，做到趋利避害。

生态性原则就是要遵循生态规律，包括生态进化规律、生态平衡规律、生态优化规律、生态经济规律，体现"因地制宜，合理布局"。具体到城市广场来说，由于过去的广场设计只注重硬质景观效果，大而空，植物仅仅作为点缀、装饰甚至没有绿化，疏远了人与自然的关系，缺少与自然生态的紧密结合。因此，现代城市广场设计应从城市生态环境的整体出发，一方面应运用园林设计的方法，通过融合、嵌入、缩微、美化和象征等手段，在点、线、面不同层次的空间领域中，引入自然，再现自然，并与当地特定的生态条件和景观特点相适应，使人们在有限的空间中，领略和体会自然带来的自由、清新和愉悦；另一方面城市广场设计应特别强调其小环境生态的合理性，既要有充足的阳光，又要有足够的绿化，冬暖夏凉，为居民的各种活动创造宜人的生态环境。

近来，许多科学家都在探索人类向自然生态环境回归的问题。我国著名学者钱学森先生提出的建设有中国特色的山水园林城市的主张，得到了专家、学者和普通市民越来越多的赞同。上海、大连、郑州、南京、北海等城市在市中心区开辟大量的绿化广场空间就是对城市生态建设的积极回应。作为城市人文精神与生活风貌重要体现的城市广场，应当成为景观优美、绿化充分、环境宜人和健全高效的生态空间。

5. 多样性原则

当代城市广场虽应有一定的主导功能，却可以具有多样化的空间表现形式和特点。由于广场是人们共享城市文明的舞台，它既反映作为群体的人的需要，也要综合兼顾特殊人群，如残疾人的使用要求。同时，服务于广场的设施和建筑功能亦应多样化，纪念性、艺术性、娱乐性和休闲性兼容并蓄。

市民在广场上的行为活动，无论是自我独处的个人行为或公共交往的社会行为，都具有私密性与公共性的双重品格。当独处时，只有在社会安全与安定的条件下才能心安理得地各自存在。如失去场所的安全感和安定感，则无法潜心静处；反之，当处于公共活动时，也不忘带着自我防卫的心理，力求自我隐蔽，敞开开阔视野，方感心平气稳。这样一些行为心理对广场中的场所空间设计提出了更高要求，就是要给人们提供能满足不同需要的多样化的空间环境。

6. 步行化原则

步行化是现代城市广场的主要特征之一，也是城市广场的共享性和良好环境形成的必要前提。广场空间和各因素的组织应该支持人的行为（Activity support），如保证广场活动与周边建筑及城市设施使用连续性。在大型广场，还可根据不同使用功能和主题考虑步行分区问题。随着现代机动车日益占据城市交通主导地位，广场的步行化更显示出其无比的重要性。北京西单文化广场便是佳例。在广场的平面设计中，强调步行化原则，设计师分析了广场中休闲和娱乐的滞留人流和通过人流，并把广场划分为动与静两部分。在广场的西南角布置以绿化和铺装甬道组成的通过广场，主要为路过西单路口的通过人流服务，其余部分以下沉的中心广场为核心，连接周围的铺地、台阶、平台，以供市民休闲和交往。广场的竖向设计注重交通组织，包括三个层次：二层平台、地坪层和下沉广场。设计师通过建筑处理，使三个层次之间产生自然的联系。如二层的平台部分既与北侧的华南大厦相联系，又与长安街上的人行道相联系；平台部分与地面层联系的台阶部分分别指向下沉空间中的玻璃圆锥体，从地平面向上观察，一个直线型、一个曲线型的踏步使广场的围合界面产生递进的层次；广场东北方向的观众台进一步加深了由地面层向二层平台的过渡。总体上，广场中的雕塑、踏步、看台等组成的第一层次和远处的建筑立面相得益彰，一起构成了广场有层次的界面，使行人获得良好的空间感和欣赏周围建筑轮廓线的视距。

此外，人在广场上徒步行走的耐疲劳程度和步行距离极限与环境的氛围、景物布置、当时心境等因素有关。在单调乏味的景物、恶劣的气候环境、烦躁的心态、急促的目标追寻等条件下，近者亦远；相反，若心情愉快，或与朋友边聊边行，又有良好的景色吸引和引人入胜的目标诱导时，远者亦近。但一般而言，人们对广场的选择从心理上趋从于就近、方便的原则。

7. 文化性原则

城市广场作为城市开放空间体系中艺术处理的精华，通常是城市历史风貌、文化内涵集中体现的场所。其设计既要尊重传统、延续历史、文脉相承，又要有所创新、有所发展，这就是继承和创新有机结合的文化性原则。

文化继承的含意是人们对过去的怀念和研究，而人们的社会文化价值观念又是随着时代的发展而变化的。一部分落后的东西不断地被抛弃，一都分有价值的文化被积淀下来，融入人们生活的方方面面。城市广场作为人们生活中室外活动的场所，对文化价值的追求是十分正常的，文化性的展现或以浓郁的历史背景为依托，使人在闲暇徜徉中获得知识，了解城市过去曾有过的辉煌。如南京汉中门广场以古城城堡为第一文化主脉，辅以古井、城墙和遗址片断，表现出凝重深厚的历史感。有的辅以优雅人文气氛、特殊的民俗活动，如合肥城隍庙每年元宵节的传统灯会，意大利锡耶纳广场举行的赛马节等。

8. 特色性原则

个性特征是通过人的生理和心理感受到的与其他广场不同的内在本质和外部特征。现代城市广场应通过特定的使用功能、场地条件、人文主题及景观艺术处理来塑造出自己的鲜明特色。

广场的特色性不是设计师的凭空创造，更不能套用现成特色广场的模式，而是对广场的功能、地形、环境、人文、区位等方面做全面的分析，不断的提炼，才能创造出与市民生活紧密结合和独具地方、时代特色的现代城市广场。如芜湖市的鸠兹广场根据广场用地的形态与周边环境，考虑到北京路对景和赭山、大镜湖、小镜湖景观视廊，确定以“园”与“弧”为广场平面构图的基本元素，努力创造出一种不对称中见对称、均衡之中不均衡、活泼和谐的广场平面形态。围绕中心圆形主广场及中心主题雕塑——“鸠兹”雕塑，用一螺旋形环状主线结合弧形柱廊构成社会发展轴，使之呈螺旋、循环且向上之势，沿湖绿地与小径以自由式曲线布置，使之呈波浪形，寓意人类历史文化发展规律——“螺旋式上升”、“波浪式前进”。沿着螺旋形道路镶嵌雕塑小品，展现芜湖市历史上最有代表性的闪光点（人字洞、古铜冶、渗碳钢铸剑技术、芜湖圩田、芜湖米市、新文化媒婆），在弧形柱廊中用透雕或浮雕形式做成芜湖过去、现在和未来的历史文化长卷，反映芜湖社会历史发展轨迹。主广场中心的地面硬质铺砌，围绕主题雕塑、结合两圈旱地喷泉，内圈用芜湖古城“鸠兹”（凤凰）的古文饰图案，外圈用现代芜湖市市花图案，寓意芜湖从古代文明走向现代文明。广场的名称直接使用芜湖的古名“鸠兹”（即鸠鸟群聚的地方），曰：“芜湖市鸠兹广场”，很好地体现了芜湖的历史和文化。

一个有个性特色的城市广场应该与城市整体空间环境风格相协调，违背了整体空间环境的和谐，城市广场的个性特色也就失去了意义。

6.2.4.2 城市广场设计导则

1. 广场的面积与比例尺度

1）广场的面积

广场面积及大小形状的确定取决于功能要求、观赏要求及客观条件等方面的因素。功能要求方面，如交通广场，取决于交通流量的大小、车流运行规律和交通组织方式等。集会广场，取决于集会时需要容纳的人数及游行行列的宽度，使它在规定的游行时间内能使参加游行的队伍顺利通行。影剧院、体育馆、展览馆前的集散广场，取决于在许可的集聚和疏散时间内能满足人流与车流的组织与通过。

观赏要求方面，要求广场上的建筑物及其纪念性、装饰性构筑物等要有良好的视线、视距。在体形高大的建筑物的主要立面方向，宜相应地配置较大的广场。如建筑物的四面都有较好的建筑造型，则在其四周需适当地配置场地，或利用朝向该建筑物的城市街道来显示该建筑物的面貌。但建筑物的体形与广场间的比例关系，可因不同的要求，用不同的设计手法来处理。有时在较小的广场上，布置较高大的建筑物，只要处理得宜，也能显示出建筑物高大的效果。

广场面积的大小，还取决于用地条件、生活习惯条件等客观情况。如城市位于山区，或在旧城市中开辟广场，或由于广场上有历史艺术价值的建筑需要保存，广场的面积就会受到限制。又如气候暖和地区，广场上的公共活动较多，则要求广场有较大的面积。此外，广场面积还应满足相应的附属设施的场地，如停车场、绿地种植、公共设施等。

2）广场的比例尺度

广场的比例尺度包括广场的用地形状、各边的长度尺寸之比、广场大小与广场上的建筑物的体量之比、广场上各组成部分之间相互的比例关系、广场上的整个组成内容与周围环境，如地形地势、城市道路以及其他建筑群等的比例关系。广场的比例关系不是固定不变的，例如，天安门广场的宽为 500 m，两侧的建筑——人民大会堂、革命历史博物馆的高度均在 30～40 m 之间，其宽度比例为 1∶12，这样的比例会使人感到空旷，但由于广场中布置了人民英雄纪念碑、大型喷泉、灯柱、栏杆、花坛、草地，特别又建立了毛主席纪念堂，从而丰富了广场内容，增加了广场层次感，使人们并不感到空旷，而是舒展明朗。广场的尺度应根据广场的功能要求、广场的规模与人们的活动要求而定。大型广场中的组成部分应有较大的尺度，大型广场中的组成部分应有较小的尺度。踏步、石级、栏杆、人行道的宽度，则应根据人们的活动要求设计。车行道宽度、停车场地的面积等要符合行人的交通工具的尺度。

2. 广场的限定与围合

广场是经过精心设计的外部空间，是从自然环境中被有目的地限定出来的空间。广场主要就是地面和墙壁所限定的。广场空间限定的主要手法是设置，包括点、线、面的设置。在广场中间设置标志物是典型的中心限定。围绕这个标志物，形成一个无形的空间。从广场使用中可以看到人们总爱围绕一些竖向的标志物活动。中心限定能够形成一种向心的吸引作用。通过墙面、建筑、绿地围成所需的空间，是广场限定最常用的方法，不同的构筑物及围合方式会产生封闭与开放强弱不同的空间感觉。为了保证广场视觉上的连续，形成开阔整体感，同时又能划分出不同的活动空间，打破单调感，常运用矮墙和敞廊。广场的覆盖主要是指运用布幔、华盖或构架遮住空间，形成弱的、虚的限定。运用绿地大乔木形成林荫空间，在广场的覆盖中具有很强的实用性。广场地坪的升高与下沉，可以形成广场不同的空间变化，但升高与下沉要适度，避免造成人群活动的不便。广场地面质感的变化，主要是通过铺地的材质、植物配置组合图案的变化，造成不同的质感，以作为空间限定的辅助方法，如图 6-17 所示。

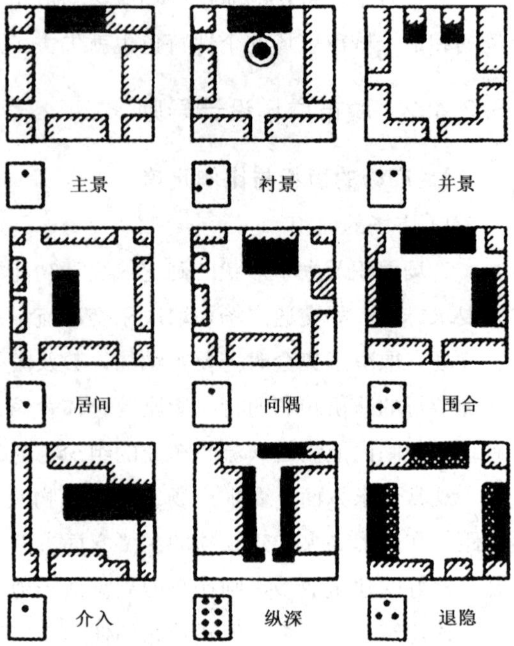

图 6-17　广场与主体建筑的关系

建筑物对于广场空间的形成具有重要的作用，传统的古典广场主要是由建筑物的墙面围合形成。通过建筑的围合，使广场具有一种空间容积感。

广场的封闭形态：

(1) 通过道路将广场地面与空间分离，使广场形成独立的空间；

(2) 进入广场的每条道路能够封闭视线，增强广场的围合感；

(3) 将广场角部封闭，中间开口，形成较为完整的空间围合。

广场空间与周围建筑形态的关系：

(1) 一般高层建筑物与低层建筑物共同围合形成广场空间，高层建筑物的裙房或低层的敞廊可以与邻近建筑物建立联系；

(2) 主体建筑后退，以突出广场空间体量；

(3) 有的主体建筑向广场空间内扩展，打破单一的广场空间形式，使广场空间变化多样；

(4) 相互联系的广场空间通过廊柱及敞廊的过渡或围合形成广场空间，这种广场形式可以形成多样的、多层次广场的使用功能。

3. 广场标志物与主题表现

广场的标志物与主题表现更能显现广场的个性和可识别性。在广场上设置雕塑、纪念柱、碑等标志物是表现广场主题内容的常用方法。一般布置在广场中央的标志物，宜体积感较强，无特别的方向性。成组布置的标志物应当具有主次关系，同时适宜于大面积或纵深较大的广场。标志物布置在广场的一侧，侧重于表现某个方向或轮廓线，而将标志物布置在广场一角，则更适用于按一定观赏角度来欣赏，如图6-18 所示。

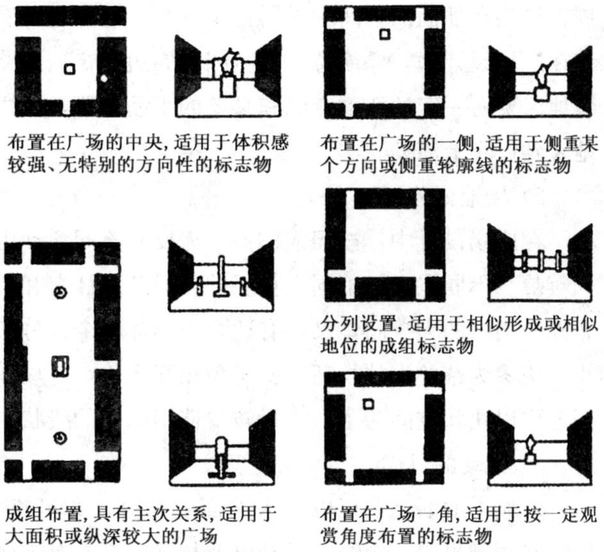

图6-18　广场与标志的关系

在布置标志物特别是雕塑纪念碑时，除了要按视觉关系进行考虑外，还要注意透视变形校正问题。人们在观察高大的物体时，由于仰视，必然会出现被视物体变形问题，包括物像的缩短、物像各部分之间比例失调，这些透视变形直接影响人们对广场雕塑或纪念碑的观赏。为了克服这种变形，最简单的办法是将雕塑的形体稍前倾，同时还要考虑重心问题，另外，前倾只能解决局部视点问题，广场雕塑纪念碑大都是四面观赏的。为了解决透视变形问题，最好是将原有各部分比例拉长，但这要视实际情况而定。

建筑对广场主题的表现至关重要。广场中的主要建筑决定了广场的性质，并占据支配地位，其他建筑则处于从属地位，提供连续感和背景的作用。这种主次关系不仅表现于位置，还在尺度、形态、人流导向上有明显的差异。许多现代广场周边的建筑群功能复杂，形式多样，统一感和连续性差，主体建筑不仅在体量上而且在精神上表现得不是十分明显。

广场周边的建筑与广场要有一种亲密关系，特别是对于集会广场。建筑要有较强的社会性，如与广场关系密切的公共建筑有市政府、美术馆、博物馆、图书馆等。另外，需防止过多重要的建筑围绕着一个广场，因为这样做较难解决它们在建筑形式上的冲突问题，同时城市其他部分往往会因为失去某种重要性而变得沉闷。一般来讲，广场周边有一两个重要的公共建筑，并且引入一些功能不同的其他建筑，特别是商业服务建筑，这样有利于在广场中形成变化和连续的活动。

4. 广场的使用与活动

广场的绿地、建筑、铺地、设施等具体布置，主要应以公共活动为前提。从行为心理角度考虑，在广场设计中应注意以下几个方面：

1）边界效应

行为观察表明，受欢迎的广场逗留区域一般是沿着建筑立面的地区和一个空间与另一个空间的过渡区，在那里同时可以看到两个空间。实际上广场上的活动也是如此。驻足停留的人倾向于沿广场边缘聚集，靠门面处、门廊之下、建筑物的凹处都是人们常常停留的地方。只有停留下来，才可能发生进一步的活动。活动是由边缘向中心扩展的。边界地区之所以受到青睐，因为处于空间的边缘为观察空间提供了最佳条件。人们站在建筑物的四周，比站在外面的空间中暴露得少一些。这样既可看清一切，个人又得到适当的保护。所以在广场设计中，要注意广场空间与周边建筑、道路交汇处小环境的设计处理。广场的边缘地区要有一定的活动空间和必要的小品布置，这样才能吸引过往行人，使他们自然而然地来到广场上活动。

2）场地划分

在广场设计中，按照人们不同需要和不同活动内容，适当地进行场地划分，以适应不同年龄、不同兴趣、不同文化层的人们开展社交和活动的需要。在广场设计中，既要有综合性的集中的大空间，又要有适合小集体和个人分散活动的空间。场地划分是一种化大为小、集零为整的设计技巧，要避免相互干扰，广场作为一种高密度的公共活动场所，在空间上应以块状空间为主，尽量减少使用细长的线状空间。

3）活动的界面

广场上的活动，可以在水平面上划分，亦可将它抬高、下沉或起坡。活动界面的不同，其领域界限、视线、活动以及相互联系都有不同的效果。从公共活动的开放性与空间的延伸性角度看，无论是抬高或下沉，都容易影响不同领域间活动内容的联系和视线交流，容易造成视觉阴影区，形成空间的凝滞，从而成为活动的死区。所以在采用抬高和下沉界面时，须注意开放性设计，如图 6-19 所示。为了界面的变化及领域的划分，可以优先采用缓坡、慢丘、台阶等形式来丰富广场的空间形态。

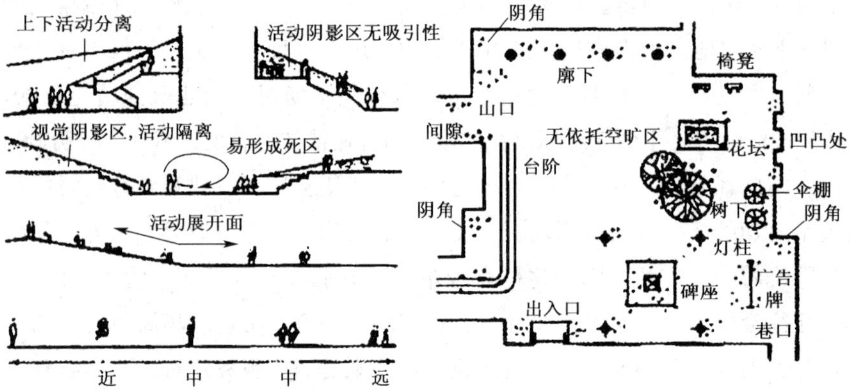

图6-19　界面变化对人的行为影响及广场周边界面示意图

4）环境的依托

人们在广场中用于进出和行走的时间只占 20%左右，而用于各种逗留活动的时间约占 80%。然而，人们活动时很少把自己置于没有任何依托和隐蔽的众目睽睽的空地中，无论谈天、观看、静坐、站立、漫步、晒太阳……总是选择那些有依靠的地方就位。有学者认为，广场的可坐面积达到广场总面积的 10%～26%时，对满足人的行为需要是比较合适的。对于依托物的选择，人们常常选在建筑台阶、凹廊、柱子、树下、街灯、花池栏杆、街道和建筑阴角、两建筑空隙间、山墙、屋檐下。人们在广场中活动除了选择依托之外，还需要有一个不受自然气候和使用时效限制的物理环境，如在烈日、寒风、雨雪、风沙的气候条件下。所以，有不少广场设计利用现代科技手段和建设条件，力求创造一种全天候的广场。

5）活动的参与行为

人们在广场中充当什么样的角色，是检验广场环境质量的一个重要标准。所以，现代广场十分重视调动参与者的积极性，使人充当活动的主角，而不是处于被排斥或仅以旁观者的身份进入广场。参与活动是多种多样的，拍照、小吃、戏耍、玩水、谈天、观景、使用广场设施、交往、选购等都是一种参与行为。

5. 广场的空间组织

广场的空间组织主要应满足人们活动的需要及观赏的要求。在广场的空间组织中，要考虑动态空间的组织要求。人们在广场上观赏，人的视平线能延伸到广场以外的远处，所以空间应是开敞的。如果人的视平线被四周的屏障遮挡，则广场的空间是比较闭合的。开敞空间中，使人视野开阔，特别是在较小的广场上，组织开敞空间，可减低广场的狭隘感。闭合空间中，环境较安静，四周景物呈现眼前，给人的感染力较强。在设计中，可适当开合并用，使开中有合，合中有开。让广场上有较开阔的区域，也有较幽静的区域。

（1）广场空间的设计要与广场性质、规模及广场上的建筑和设施相适应。广场空间的划分，应有主有从、有大有小、有开有合、有节奏的组合，以衬托不同景观的需要。如有纪念性质的烈士陵园的广场空间，一般采用对称、严谨、封闭的设计手法，并以轴线引导人们前进，空间的变化宜少，节奏宜缓，以造成肃穆的气氛。游憩观赏性的广场空间，可多变换，快节奏，收放自由，并在其中增设小品，造成活泼气氛，如图 6-20 所示。

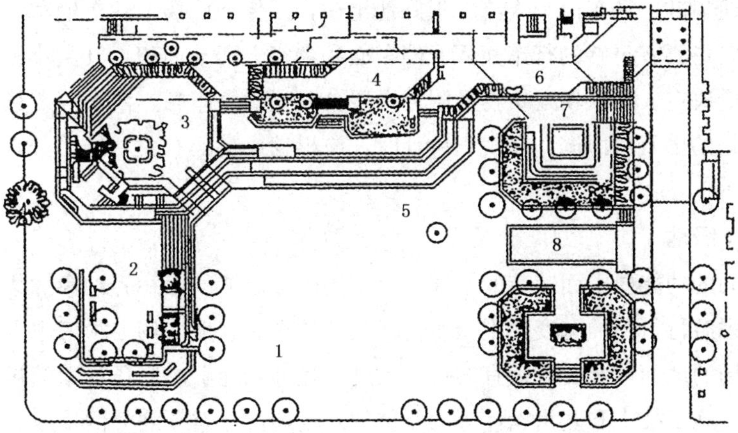

图 6-20　广场的功能分区

1—主亭；2—临时展会；3—泉；4—敞廊；5—叠泉；6—咖啡座；7—剧场；8—水池

广场空间的景观分近景、中景、远景。中景一般为主景，要求能看清全貌，看清细部及色彩。远景作背景，起衬托作用，能看清轮廓。近景作框景、导景，增强广场景深的层次感。静观时，空间层次稳定；动观时，空间层次交替变化。有时要使单一空间变为多样空间，使静观视线转为动观视线，把一览无余的广场景观转变为层层引导，开合多变的广场景观。

(2) 广场上的建筑物和其他设施的布置，建筑物是组成广场的重要要素。

广场上除主要建筑外，还有其他建筑和各种设施。这些建筑和设施应在广场上组成有机的整体，主从分明，满足各组成部分的功能要求，并合理地解决交通路线、景观视线和分期建设问题。

广场中纪念性建筑的位置选择要根据纪念建筑物的造型和广场的形状来确定。纪念物是纪念碑时，无明显的正背关系，可从四面来观赏，宜布置在方形、圆形、矩形等广场的中心。当广场为单向入口时，或纪念性建筑物为雕像时，则纪念性建筑物宜迎向主要入口。当广场面向水面时，布置纪念性建筑物的灵活性较大，可面水、可背水，可立于广场中央、可立于临水的堤岸上，或以主要建筑为背景，或以水面为背景，突出纪念性建筑物。在不对称的广场中，纪念性建筑物的布置应使广场空间景观构图取得平衡。纪念性建筑物的布置应不妨碍交通，并使人们有良好的观赏角度，同时其布置还需要有良好的背景，使它的轮廓、色彩、气氛等更加突出，以增强艺术感染力。

广场上的照明灯柱与扩音设备等设施，应与建筑、纪念性建筑物协调。亭、廊、座椅、宣传栏等小品体量虽小，但与人活动的尺度比较接近，有较好的观赏效果。它们的位置应不影响交通和主要的观赏视线。

6. 广场的交通组织

广场还须考虑广场内的交通路线组织，以及城市交通与广场内各组成部分之间的交通组织。组织交通的目的，主要在于使车流通畅，行人安全，方便管理。广场内行人活动区域，要限制车辆通行。交通集散广场车流和人流应很好地组织，以保证广场上的车辆和行人互不干扰，畅通无阻。广场要有足够的行车面积、停车面积和行人活动面积，其大小根据广场上车辆及行人的数量决定。在广场建筑物的附近设置公共交通停车站、汽车停车场时，其具体位置应与建筑物的出入口协调。在规划设计时，应根据广场的有关功能，分别主次，进行综合考虑。

7. 广场的地面铺装与绿地

广场的地面是根据不同的功能要求而铺装的，如集会广场需有足够的面积容纳参加集会的人数，游行广场要考虑游行行列的宽度及重型车辆通过的要求。其他广场亦须考虑人行、车行的不同要求。广场的地面铺装要有适宜的排水坡度，能顺利地解决广场地面的排水问题。有时因铺装材料、施工技术和艺术设计等的要求，广场地面导航须划分网格或各式图案，增强广场的尺度感。铺装材料的色彩、网格图案应与广场上的建筑，特别是主要建筑和纪念性建筑物密切结合，起到引导、衬托的作用。广场上主要建筑前或纪念性建筑物四周应作重点处理，以示一般与特殊之别。在铺装时，要同时考虑地下管线的埋设，管线的位置要有利于场地的使用和便于检修。

绿地种植是美化广场的重要手段，它不仅能增加广场的表现力，而且还具有一定的改善生态环境的作用。在规整型的广场中多采用规则式的绿地布置，在不规整型的广场中采用自由式的绿地布置，在靠近建筑物的地区宜采用规则式的绿地布置。绿地布置应不遮挡主要视线，不妨碍交通，并与建筑组成优美的景观。应该大量种植草地、花卉、灌木和乔木，并考虑四季色彩的变化，以丰富广场的景观效果。

6.2.5 设计案例

以杭州余杭区径山镇市民广场为例。

6.2.5.1 地理位置及现状分析

径山镇市民广场位于新建镇政府办公大楼前，地理位置特殊。南面为规划道路径山大道，西临主干道龙皇大道，是进出长乐镇、双溪镇的交叉口，也是径山风景区的结合点；东面与北面紧临规划道路，周边环境有住宅小区、工业园区等。镇政府地块总占地面积 47 084 m^2，其中办公区占地 24 045 m^2，市民广场区占地 23 039 m^2。广场基地基本成矩形，东北向长约 135 m，西南向长约 178 m。现状地势平坦，以农田为主，无明显坡度变化。区域内有一小溪斜穿广场，溪水流动，较清澈，是较佳的自然景观元素。

6.2.5.2 广场定位

广场的性质为市政广场，是以市政礼仪、集会等活动，兼具休闲、游憩活动的现代城镇广场。

6.2.5.3 设计原则与理念

(1) 设计遵循以植物造景为主，建筑组景为辅的景观建筑及设计手法，充分体现人与自然共生的理念；

(2) 从市民的活动轨迹出发，贯彻“以人为本”的设计思想来塑造自然优美的绿地生态环境；

(3) 注重径山文化的延续，塑造人性化空间，除给市民提供较佳的生理环境外（即考虑使用功能、视觉效果），还注重反映一定的文化内涵，充分体现径山镇深厚的文化底蕴和生态旅游特色；

(4) 贯彻“可持续发展”的思想，考虑到随着时间的推移，产生的植物景观发展趋势，使植物景观越来越优美；

(5) 营造一个“人言山佳水亦佳”的自然山水环境，创造一个集休闲、观赏、健身、集会为一体的多样化的生态型广场。

6.2.5.4 总体布局

1. 广场区

总体景观布局由主副两条轴线展开，景观设施的设置应与广场的功能和空间环境等结合。广场的景观布局基本沿中心主轴线展开，主轴上从主入口向北依次展现有水幕喷泉、阵列树池、景观灯柱、规则草地、旱喷雕塑、双拱桥、壁画廊等。雕塑可以喻示径山镇美好未来和发展潜力的现代抽象雕塑为主，体现出径山镇独特的文化背景。壁画廊也可以《茶经》故事为主题，组织成一连续故事，使得径山茶文化得到更大的提炼和升华，是径山文化的延续，如图 6-21 所示。

图 6-21　径山镇总体景观效果图

右侧次入口小广场是市民和外来人员进出政府办公大楼的必经之处，设计相对其余几个次入口略作强调，以小绿洲和假山瀑布、景观柱为主景。景观柱表面铸字，以《茶经》内的古字来表现独特的径山文化。假山瀑布内预埋供水管，考虑到枯水季小溪水位不够，可进行人工控水，使小溪水位基本保持较佳的观赏状态。其余两个次入口以花坛、坐凳及林荫树池构景，满足游憩、观赏功能。由右侧次入口小广场至内，以一条草坪溪蜿蜒过渡到拱桥侧。草坪溪上点缀草花、造型灌木和置石等，与边上小溪相映成趣，描绘出"溪外清溪桥外桥，临波风景笔难描"的又一独特画面。

阳光草坪活动区开朗舒畅，空旷草坪上孤植香樟大树，并设双亭供休憩，使得市民充分享受阳光的恩赐和户外活动的乐趣。同时，双亭上还可刻上描绘径山的诗词佳作，再一次体现浓浓的人文气息。

儿童活动区位于广场东侧，紧邻居住区，以一框架式廊道——"花之廊"成一序列，富有强烈的节奏与韵律感，并设砂坑及各式儿童游乐设施，满足儿童活动的要求。

健身活动区成一圆形小空间，以弧形长廊为主景，布设卵石健身步道和户外简易健身设施，满足市民晨练健身的要求。

静谧休息区远离儿童和健身活动区，此处空间小环境相对安静，设置了花架、坐凳和花坛，是茶余饭后交流和读书休闲的好去处。

滨水活动区沿自然曲折的岸线展开，直入水面的亲水平台、亲水步道和入水台阶，富现代气息的膜亭，不同材质变化的铺地，联系两岸的纽带——木曲桥，均为市民提供了丰富多彩的亲水活动；此外，为了使宁静的水面更富有动感，还设计了水上喷泉，富有变化的水型，在夜晚灯光的照射下显得更加绚丽和灿烂，使得自然与人更具亲和力，体现人与自然共生的设计理念。

2. 办公区

办公区主入口有一国旗台，以汉白玉栏杆围合，以草花坛点缀，两侧对称绿地以绿荫草坪为基调，以规则树阵为构图主景，以弧形汀步展开序列，构成一幅大气而简洁的景观草地。内庭院活动区是办公区内部职工的主要活动空间，构图相对于广场的复杂而略显简洁与大方，以一半圆形铺装地过渡到中央圆形铺地环境。中心铺地内设置“公正之柱”，警示政府办公人员时时要以“公正、严谨”的工作态度和作风为市民办事。两侧园路上也适当略作扩大，可布设健身器材，满足内部职工的健身要求，如图 6-22 所示。

图 6-22　径山镇办公区景观效果图

6.3　城市滨水区设计

6.3.1　城市滨水区的历史演变

城市滨水区是人类活动与自然过程共同作为最为强烈的城市开放空间之一。港湾城市滨水区的历史演变过程体现出一定时期的产业动态、管理模式及资源等变量的变化。这些变化与滨水区特定的空间和地点条件结合，形成促进城市发展的资源要素，因而具有影响城市竞争地位的意义。

6.3.1.1　资源经济时代

在资源经济时代，贸易能力是直接决定城市地位的一个重要因素，而贸易能力在很多方面受到滨水区发展影响。工业化以前（18 世纪中后期以前），经济的发展以资源利用为主，城市竞争力基本上是从对物质资源的经营控制中获得，沿海的港口城市在国内长距离贸易和对外贸易体系中占据了举足轻重的地位，成为贸易体系的核心。11—14 世纪的西欧工商业城市广泛兴起的其中一个重要标志就是滨水区的加速发展，而港口则是提高城市竞争地位的重要砝码：谁能够控制资源，谁就可以赢得市场，获得发展。全欧洲性的国际集市与港口就在这一时期形成，这些港湾城市通过滨水区的发展，突破了仅仅作为商人和手工业者社区的局限。当然最初这些滨水区规模较小，往往呈现一种自发的良性发展态势，且形成港口与城市生活混合的空间形态；它同时作为贸易枢纽、军事要塞发挥作用，兼具港口功能和公共空间功能。

城市核心竞争力在此时也主要表现为它对物质资源的最强势的经营和控制能力。而那些远离河口、海岸的城市的发展就受到了较多的限制和约束。

6.3.1.2 工业化时代

工业化时代港口城市的兴起有三个特征。首先，滨水区作为产业空间存在。工业革命开始时，由于蒸汽机的使用及工业用水、排污的需要，工业选址于河滨地区不仅可方便取水，还可利用便利的水运条件。交通业本身要占据相当大的滨水用地，也导致工业区日益向滨水区聚集。其次，滨水区作为交通空间加速了专业化的港口区发展。为适应现代交通港的发展，港口不再是对货物进行简单地储存、加工或者贸易的地区，而是实现货物快速集散的中转地，这些都加速了专业化的港口区发展。最后，滨水区在城市空间结构中呈现“边缘化”趋势。对工业资本的需求使滨水区生活功能受到排斥，而工业化时代城市结构中新的等级性和核心要素的出现（如区域基础设施、公园系统等），也使开发活动逐渐偏离滨水区。

这三个特征的形成显然与社会对滨水区的需求有关。尤其是这一时期城市致力于产业资本的发展，这一需求极大地推动了滨水区的发展，也确立了产业资本对滨水空间的控制。在这一时期港湾城市将滨水区产业和运输功能作为参与竞争的重要筹码。客观上，这一时期发展起来的内河运输和铁路运输也都服务于主要大城市的港口区，使得已存在的港口都市及内陆都市快速出现联结，从而使港口区确定其支配的地位（19 世纪中期，波士顿由于未能有效地建立港口与区域运输系统的联结，最终被纽约取代了其对于内陆市场的主导地位）。

滨水区成为城市的生产和交通核心，大量的资本要素积聚在滨水地带，带动整个城市进入工业化时代。

6.3.1.3 后工业时代

工业化时代快速发展的港口城市依托于滨水区，一些超高速增长的产业部门都依托于滨水空间成长。但产业发展的影响也可能使这些地区由盛转衰。20 世纪中叶，西方国家产业结构调整，制造业向发展中国家转移，以及由石油危机引发的资本主义世界经济大衰退，导致城市中的工业地区受到很大冲击，滨水工业地带也大量地空置。此外，随着国际航运船舶的大型化趋势、集装箱业务的发展，以及太平洋沿岸经济的快速发展，运输网络体系、内陆腹地与海外腹地的分布及其他条件一起影响了航线的分布，进而使港口体系发生剧变，很多城市的港口运输业受到冲击，从而走向没落。港湾城市开始关注于寻求新的竞争优势。

20 世纪中后期，资本主义的经济生产逐步进入了新的阶段，即所谓的消费社会、后现代社会、后工业时代。后工业时代与工业时代的最大不同，就在于产品的全面过剩，社会发展的第一驱动力由生产转向了消费。滨水区开发逐步进入创造消费空间的阶段，产业结构调整将向着吸引剩余资本（尤其是商业和服务业资本）的重新注入方向进行。其目的一是要保证经济的增长始终由超高速增长的产业部门的带动，二是要使衰败地区沉淀的空间资源得到新的利用。滨水区开发理念主要在于城市的建设要适应于人和市场的需求，推动人的聚集和有助于企业获利，这种繁荣将创造出活跃的消费需求和对企业发展有利的环境。而且滨水区开发更强调投资类型的兼容性，对于地区的、发展的社会属性较为重视，力求使多元化的、可变的空间符合城市建设的需要。

从不同的城市来看，滨水区的重建和发展类型可以是多种多样的。例如，巴尔的摩市（Inner Harbor）因城市开发，创造出节日市场（Festival Marketplace）这一形式，以特别的消费环境吸引人；利物浦码头区以文化休闲设施的建设为先导，形成了利物浦市的一个文化时尚活动中心；鹿特丹码头区改建则积极顺应当地的文化传统，以中产阶级的生活居住设施建设为核心，形成功能复合的区域；伦敦码头区的改建则以“再建一个CBD、分解中心城CBD的压力”为目标，同时体现出对公共空间的尊重。

因此，滨水区在当代新的发展趋势下应运而生，从多个层面提供了服务功能，不仅仅创造出更紧凑、更复杂和更多用途的环境，而且还结合自身的资源（历史的、景观的资源，甚至某一种生活情趣）创造出一定的消费理念，而成为更吸引人的地方。且这些服务性功能可以依托在该城市某种特定功能上协同发展，相互促进。

6.3.2 城市滨水区的定义与分类

6.3.2.1 城市滨水区的定义

城市滨水区是指“城市中陆域与水域相连的一定区域的总称，其一般由水域、水际线、陆域三部分组成”。根据毗邻水体的不同可以分为滨海、滨江、滨河、滨湖等区域。城市滨水区既是陆地的边缘，又是水体的边缘，包括一定的水域空间和与水体相邻近的城市陆地空间，是自然生态系统和人工建设系统相互交融的城市公共开敞空间。

城市滨水区的建设活动大致可以分为开发（Development）、保护（Conservation）和再开发（Redevelopment）三种类型。

从土地使用功能来看，与滨水区相连的城市用地可以是中心商业区（CBD）、一般市区（以居住为主）、城市边缘区、城市郊区以及非城市化的生态保护地区，如沼泽地、农田、森林等，一般情况下，滨水区的开发多集中在靠近市中心的地带。

6.3.2.2 城市滨水区的分类

1. 临海城市中的滨海绿地

在一些临海城市中，海岸线常常延伸到城市的中心地带，由于岸线的沙滩、礁石和海浪都具有相当的景观价值，所以滨海地带往往被辟为带状的城市公园。此类绿地宽度较大，除了一般的景观绿地、游憩散步道路之外有时还设置一些与水有关的运动设施，如海滨浴场、游船码头、划艇俱乐部等。此类滨海绿地在大连青岛、厦门等城市中运用较为普遍。

2. 面湖城市中的滨湖绿地

我国有许多城市临湖而建，最为人们熟悉的滨湖城市是浙江的杭州此类城市位于湖泊的一侧，甚至将整个湖泊或湖泊的一部分围入城市之中，因而城区拥有较长的岸线，虽然滨湖绿地有时也可以达到与滨海绿地相当的规模，但由于湖泊的景致较大，而更为柔媚，因此绿地的规划设计也应有所区别。

3. 临江城市中的滨江绿地

大江大河的沿岸通常是城市发展的理想之地，江河的交通、运输便利常使人们很容易地想到在沿河地段建设港口、码头以及运输需求的工厂企业，随着城市的发展，为提高城市的生态环境质量把紧邻市中心的沿河地段辟为休闲游憩绿地。因江河的景观变化不大，所以此类绿地往往更应关注与相邻街道、建筑的协调。类似的滨江绿地可以在上海、天津、广州等城市中见到。

4. 贯穿城市的滨河绿地

东南沿海地区河湖纵横，过去许多中小城镇大多由位于河道的交汇点的集市逐步发展而来，于是城内常有一条或几条河流贯穿而过，形成市河。随着城市的发展，有些城市为拓宽道路而将临河建筑拆除，河边用林荫绿带予以点缀。而在城市扩张过程中，河边也需用绿地景观进行装饰。由于此类河道宽度有限。其绿地尺度需要精确地把握使用。

6.3.3 滨水区发展对提升城市竞争力的贡献

6.3.3.1 城市滨水区的开发是世界性的现象

滨水区的重建和开发在过去几十年中，一直是世界各国城市改造的关键项目。

美国有 75 个大城市，其中 69 个处于滨水区域（滨江、滨湖或滨海）。这 69 个城市都有对滨水地带的重建和开发活动。比较成功的实例有：旧金山的渔人码头旅游区改建（1950 年完工，如图 6-23 所示）、巴尔的摩的内港区重建项目（1964 至今，如图 6-24 所示）、波士顿的罗尔码头项目（1987 年完工，如图 6-25 所示）、芝加哥的海军码头重建（1995 年完工，如图 6-26 所示）等。

在欧洲，英国率先带头对滨水区进行了开发重建，其中伦敦港区开发（1981 至今）被认为是欧洲最大的城市改建项目。西班牙的巴塞罗那老港区改建（1988 年完工）、德国汉堡的港区改造（1992 年完成）都是非常成功的实例。

随着亚洲的经济起飞，亚洲各国在城市建设上的投资也迅速增加。日本在滨水区开发方面取得的成绩十分突出，仅大阪湾一带就有 107 个滨水开发项目，其中较主要的 65 个项目总投资高达 1 200 亿美元。新加坡从 1980 年以来，将历史建筑保护和地方文化传统保护融入滨水区的开发，如 1987 年完成的“船艇码头”商业街项目（1983—1987 年）已成为新型的、富有本土文化特色的商业街。

图 6-23 旧金山的渔人码头旅游区①

图 6-24 巴尔的摩的内港区②

图 6-25 波士顿的罗尔码头③

---

① 搜房网. http://hzbbs. soufun. com/2010148782～4～627/6677701_6677701_1. htm，侨网. http://www. gdoverseaschn. com. cn/qw2index/2006lnwh/2006wxdl/2006wxdlgl/200705160072. htm.

② 中国城市规划行业信息网. http://www. china-up. com:8080/gzcy/showcase. asp? page=2&id=142，天涯社区. http://groups. tianya. cn/tribe/showArticle. jsp? groupId=9999&articleId=522557.

③ 中国雄起. http://www. china-up. com/special/sheji/waterfront9/waterfront9. htm.

图 6-26　芝加哥的海军码头①

香港特区结合回归祖国的重要时机，对尖沙嘴和中环—湾仔滨海区重新开发建设，其中新建的香港会展中心已成为香港新面貌的象征。我国大陆也拥有大量的滨水城市，近年随着经济的高速发展，城市建设量大面广，城市空间在经历了急剧的外延式扩展后，内涵式提高的要求也越来越迫切。自 1990 年以来，国内很多城市都注意到滨水区的重要性，并已出现了一批规模较大的滨水区开发项目。如北京、上海、大连、宁波、广州、深圳等处的滨水区开发，都曾举办过大型的国际招标活动，并已开始实施，取得不少宝贵经验。

但由于国内滨水区开发与建设还处于起步阶段，不同程度地存在内容上的单一化、形式上的程式化和景观塑造上的贫困化等问题，如何规划和设计才能充分发挥滨水区的潜力，是急需城市政府和规划师研究的课题。

6.3.3.2　城市滨水区开发的动力和契机

1. 滨水区原有工业、港口用地被大量弃置，提供了廉价而区位良好的城市建设用地

随着产业结构变化和现代交通运输技术的发展进步，使发达国家很多老的靠水运为主的工业区出现衰落，港口也向入海口迁移，使原来占据滨水地带的工业用地和内港交通用地都大量空置，需要寻找新的用途，同时衰落地区的振兴也成为政府改善城市环境的重要工作。另一方面，利用这些空置用地进行城市开发，不需要动迁居民，从而可以节省大量的财力、时间和精力。正是由于滨水区相对的低地价和优良的区位条件，使各国大城市都纷纷将城市环境的重建重点转向滨水区的开发。

2. 生活方式和社会潮流的转变使滨水区成为城市中最具吸引力的区域

近 30 年来“全球文化”对旅游、休憩和户外活动的提倡，使人们对开敞空间的消费需求上升。人们的这种需求，促使政府和市场建造提供更多的开敞空间，而滨水区濒临水面，视野开阔，是旅游、体育和其他户外活动的理想场所，从而使滨水区的开发倍受青

① 万花筒旅行网. http://www. uutuu. com/fotolog/photo/81754，百度图片网. http://image. baidu. com/i? ct=503316480&z=&tn=baiduimagedetail&word=%D6%A5%BC%D3%B8%E7%B5%C4%BA%A3%BE%FC%C2%EB%CD%B7&in=23305&cl=2&lm=-1&pn=47&rn=1&di=4233095745&ln=922&fr=&fmq=&ic=&s=&se=&sme=0&tab=&width=&height=&face=.

睐。另一方面，滨水而居逐渐成为城市居民，特别是青年中产阶级的风尚追求，在水边居住、休憩和进行体育活动，已成为他们理想的生活方式。此外，因经济发展使公共节日在城市中的重要性上升，滨水区往往是举办各种节日活动的最佳地点。以上种种生活方式和社会潮流的变化，使滨水区成为城市中最具吸引力的地段。

3. 产业调整和环境空间整治为滨水区开发创造了条件

数十年前，很多城市的滨水区布满了工厂、仓库、码头，水体受到污染，缺少或根本没有绿化用地空间。近年来，随着环境意识的提升，工业和码头的迁移，以及政府对环保的重视，为城市环境整治提供了条件，环境治理的成效逐步显现出来，水体变得清洁了，空气变得纯净了，环境质量发生了根本变化。环境方面的改善，使“近水”重新成为一种吸引力，这也在很大程度上推动了滨水区的开发。英国的伯明翰运河，长期以来由于水体污染、气味恶劣而成为城市的“包袱”。但经过10年的努力，清理水体工作收到成效后，运河沿岸很快成为城市开发的热点。

4. 历史保护思潮的兴起促进了对滨水区历史性建筑的修缮

从1970年起，发达国家对历史保护的热情开始上升。在客观上，这是在经济实力提高后，人们对城市文化所提出的更高要求。此外，人们对流行了几十年的现代建筑单调、简单的方盒子形式也感到不满，开始怀念历史建筑的丰富细部和人情味，从而转向重新修复和利用历史建筑物，并引发了历史旅游和文化旅游的新潮流。这种对历史建筑的兴趣也反映在滨水区，在欧美国家出现了对滨水旧仓库、旧建筑的修缮热。如巴尔的摩内港区把原来的发电厂改成了科学历史博物馆。德国杜伊斯堡的内港改造中，也进行了大量的旧建筑再利用工程，如将原来的仓库改造为很受欢迎的住宅、办公楼以及一些艺术家和手工艺者的工作室。

5. 为寻求新的经济增长点，政府对滨水区开发给予引导和鼓励

在发达国家，开发滨水区貌似纯粹的市场行为，实际上有相当多的政府干预和引导。政府的动机是通过滨水工业、交通用地的功能转换，将更多的城市土地转为第三产业用地（相当于我国实施的“退二进三”政策），从而寻求新的经济增长点。政府干预的主要途径是制定引导开发滨水区的政策，主要包括：政府投资治理水体，改善滨水区的环境质量；投资进行基础设施建设；提供税收等方面的优惠，以吸引开发商投资等。

6.3.3.3 滨水区在城市中承担着重要的功能

滨水区是城市发展的起点，从城市发展史来看，都市聚落的形成往往与河流、海洋、湖泊有着相当密切的关系，中国古代筑城理论中就有“依山者甚多，亦需有水可通舟楫，而后可建”之说。在近代，水城在城市发展中得到充分重视，以港口为标志的滨水区在城市中起着核心作用。同时，城市滨水区的水系网络与城市形态发展的轨迹有诸多联系，而这些联系对于城市未来的空间形态发展极具参考价值。

城市的滨水区是城市独特的资源，在一定的时期和条件下，它往往是城市活动空间的核心，也是城市空间结构的重要组成部分。近几十年来，滨水地区的重建和再开发成为许多城市应对城市社会经济结构转型和全球竞争的重要手段。这种手段的运用与各个城市的社会经济条件紧密相关，都是在一定的社会思潮的影响下形成和发展的，这些改造的目的都是为了提升城市的竞争能力。

1. 城市滨水区是构成城市公共开放空间的重要部分

城市滨水区是城市公共开放空间中兼具自然地景和人工景观的区域，尤显其独特和重要之处。规划师们常常将这一地段称为蓝道（Blueways），它们与绿化带构成的绿道（Greenways）一起，形成了开放空间与水道紧密结合的优越环境，成为城市空间环境与景观的点睛之笔，如图 6-27 所示。

图 6-27　蓝与绿的融合①

2. 滨水地带是典型的生态交错带

河流是最重要的生态廊道之一，城市滨水区的自然因素能够使人与环境间达到和谐、平衡的发展；在经济层面上，城市滨水区往往因其在城市中具有开阔的水面空间成为旅游者和当地居民喜好的休闲区域，因而具有高品质的游憩、旅游资源和潜质，如图 6-28 所示。

图 6-28　滨水地带是典型的生态交错带②

①② 百度图片网. http://image. baidu. com/i? tn＝baiduimage&ct＝201326592&lm＝-1&cl＝2&word＝%B1%F5%CB%AE%BE%B0%B9%DB#pn＝0.

3. 城市滨水区提高了城市的可居住性

以水域为中心，往往构成城市中最具活力的开放性社区，形成丰富的城市生活肌理，如图 6-29 所示。

图 6-29　滨水区时最具活力的开放性社区①

4. 城市滨水区对于一个城市的整体感知意义重大

城市滨水区的公共开放空间，是构成城市骨架的主导要素之一，并增强了城市的可识别性，如图 6-30 所示。

图 6-30　城市滨水区的可识别性②

6.3.4　城市滨水区开发的特点和趋势

6.3.4.1　环境保护和可持续发展

从国外滨水区开发的经验来看，要想使滨水区开发成功，治理水体、改善水质、美化环境是基本的保证。同时，在滨水区的开发中，保护水体及周边环境也是必须要重视的问题。要尽量避免因不适当的开发建设而对滨水资源造成破坏，为此要采取各种手段对这些

①② 百度图片网. http://image. baidu. com/i? tn=baiduimage&ct=201326592&lm=-1&cl=2&word=%B1%F5%CB%AE%BE%B0%B9%DB#pn=0.

区域的开发利用进行严格监控和引导，保护滨水区的生态环境，使其保持可持续发展。德国杜伊斯堡内港的复兴中，将环境整治和保护视为首要问题，首先对污染严重的水系进行系统化、净化；同时在内港北面开发公寓、办公和商业服务建筑，为实现环保效益，设置了光电转换装置，采用日光发电来达到节能、清洁的作用。

6.3.4.2 用地功能重组

功能调整与定位是滨水区规划建设的首要问题，战后欧美国家从制造业经济向信息和服务业（休闲、娱乐和旅游）经济的转化导致了一系列新功能在滨水区的出现，包括公园、步行道、餐馆、娱乐场，以及混合功能空间和居住空间。如美国的巴尔的摩内港通常被认为是滨水区复兴中最早也最优秀的例证之一，其再开发的构思是以商业、旅游业为磁心吸引游客和本地顾客，零售业多位于近水处，同时混建了大量的游憩与文化设施，水滨还修建了风景优美的步行道和宽阔的广场。

欧美国家大多采取了以游憩、旅游为导向的开发策略，这些经验可为我们的规划建设提供参考借鉴。从我国城市经济社会发展的实际情况来看，以旅游、休闲、游憩为主导的开发方向也适合中国当前现代城市建设的需要。

6.3.4.3 保护历史建筑与传统文化

1970年以来，城市滨水区的历史保存和旧建筑的适应性再利用（Adaptive reuse）在许多国家受到重视。在许多案例中，人们开始以一种新的方式去看待废弃的滨水区建构筑物，尽管这些建筑并非都具有积极意义。这种以文化旅游为导向的趋势，使越来越多的城市重新审视历史建筑和景观保护改造的内在经济潜力，并以此提升城市形象，推动旅游业的发展。

例如悉尼邻近港湾的岩石区，以保护历史遗存去努力抗争城市更新的大拆大建，而结果不仅很好地保护了历史遗存，而且还以其深厚的文化内涵和丰富的物质景观有效地促进城市旅游业的发展，非常成功。新加坡在“船艇码头”改建中则保留了富有东方特色的旧建筑形式，如今，这条东方式的商业街已成为新加坡最吸引游客的场所之一。

6.3.4.4 交通组织和步行化设计

加大基础设施，特别是道路交通设施的建设投入，是保证滨水区开发成功的重要举措，但穿越滨水区的交通干道会阻碍其与市区的联系，大大降低了人们步行前来观光的意愿。

目前的发展趋势是尽量减少穿越性的主要交通干道对滨水区的影响，而通常做法就是采用道路地下化和高架处理方式。同时，创造一种宜人幽雅的滨河步行系统正成为一种时尚和共识。只有吸引更多的步行人流，沿街的商店和广场才能起到带动经济发展、增加人气的作用。

6.3.4.5 精心设计滨水区景观，形成共享性的城市亲水区

城市滨水区临水傍城，有良好的区位优势，滨水区多数是展现当地特色建筑文化和城市

景观的窗口，许多城市的滨水景观本身就是城市的标志和旅游形象，在游客心目中直接代表着城市的吸引力，因而城市滨水区的景观在国外城市滨水区开发中倍受重视。如旧金山的渔人码头一带，是连续不断的步行绿带、商业广场、节日广场等公共空间，使滨海地带完全成为 24 h 都有丰富活动的公共空间，创造了对旅客有吸引力、闻名于世的特色旅游景区。

6.3.4.6 开发与规划管理

开发和规划管理是规划内容得以落实的重要保证，欧美国家在这方面也积累了丰富的经验，主要体现为三个方面。第一，由于滨水区开发涉及城市管理的多个部门，需要建立跨部门的协调机构统筹滨水区的开发；第二，公私协作，以有限的政府投资吸引、带动私人资本的投入。仍以巴尔的摩内港区开发为例，在这个项目中，中央政府和市政府先投入启动资金 5 500 万美元（1964 年），买入滨水地区土地，建造基础设施，进行开发前期准备，然后将“熟地”出售给开发商，由私人资本建设，总共吸引私人资本约 4 亿美元；第三，周密论证，确定可行的开发步骤。可以看出，滨水区的开发作为政府牵头的开发项目，不仅要跟着市场走，而且要能引导市场的需求。

6.3.5 设计案例

以上海外滩滨水区设计为例。

6.3.5.1 设计背景

作为上海市最具标志性的城市景观区域和最重要的公共活动场所之一，外滩滨水地区空间环境亟需改善。为了迎接 2010 年世博会，结合外滩地下通道的实施，规划对北起苏州河口，南至十六铺水上旅游中心北侧，岸线总长度约 1.8 km 的外滩滨水区域进行综合改造，以改善外滩环境、重塑外滩功能、重现外滩风貌，如图 6-31、图 6-32、图6-33所示。

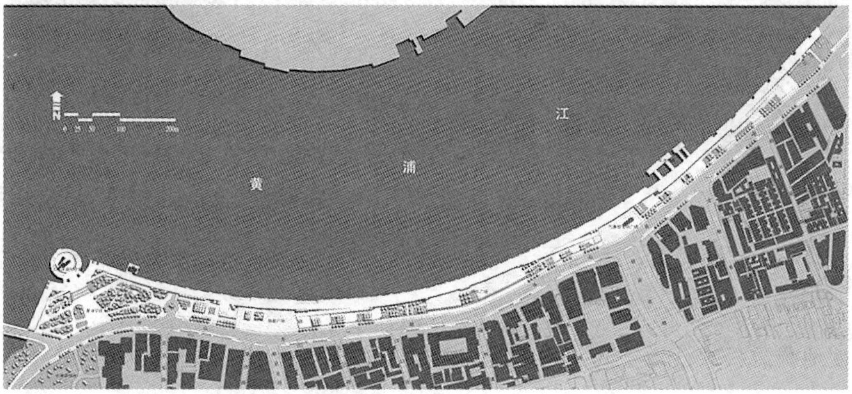

图 6-31 外滩滨水区规划总平面图①

① 上海市规划和国土资源管理局. 上海外滩滨水区设计案例[OL]. [2008-5]. http://www. shghj. gov. cn/News_Show. aspx? id=10170.

图 6-32　外滩滨水区鸟瞰图①

图 6-33　外滩滨水区局部效果图②

6.3.5.2　设计目标

（1）最大限度地释放公共活动空间，为市民和游客创造充裕流畅的滨水休闲空间，体现以人为本；

①② 上海市规划和国土资源管理局. 上海外滩滨水区设计案例[OL]. [2008-5]. http://www.shghj.gov.cn/News_Show.aspx? id=10170.

(2) 更好地展示外滩历史文化风貌特色，改善外滩地区的生态环境，打造上海最经典的滨水城市景观；

(3) 优化和整合外滩地区的公共服务和旅游休闲功能，全面提升上海外滩核心区的品质。

6.3.5.3 主要内容

1. 空间组织

追求整体、简洁、大气的空间形态。主要的空间要素包括平台、广场和坡道。以不同标高的平台和广场，作为滨水地区整体环境的重点，形成丰富充裕的公共活动空间序列；以舒缓的坡道作为空间联系的主要手段，提供安全的活动路径和丰富的观景体验，满足大人流活动的需要。

主要的广场有四处。黄浦公园拆除大门、围墙和零星建筑，与外滩源绿地同步开放；扩大陈毅广场的规模，增加休闲、观景空间；在福州路口增设中间层次标高的节庆广场，提供观赏外滩历史建筑和举办节庆活动的场所；在延安路口，以气象信号台为中心形成广场，展示外滩历史变迁。

2. 道路交通

地面道路缩减为 4 条机动车道，另有 2 条备用车道，用于设置公交站点和临时停车。适当加宽西侧人行道，增加沿历史建筑的公共活动和观景空间。同时，对地下市政管线进行整合。

外滩人行过街以地面为主，保留现有北京东路、南京东路的过街地道。滨江地区由空箱顶和坡道、活动平台和广场，以及地面人行道形成三条南北向连续贯通的人行通道，以安全疏解高峰时段的南北向人流。

3. 设施布局

外滩地区设施主要为公厕、管理、服务、寄存、应急救助、市政等功能性设施，便餐、饮料、旅游品、书报亭等服务性设施，以及停车设施。各类设施主要利用空箱下部空间设置，以保证游客基本需求为原则。

4. 绿化

改造后，地区绿化面积将与现状绿化面积基本持平。现状大树尽量原址保留，并在不对优秀历史建筑产生遮挡的前提下，适当增加乔木与灌木，以改善地区生态环境。

6.4 城市商业步行街设计

6.4.1 国内外城市商业步行街的发展

城市商业步行街作为城市公共空间的一个重要因素，越来越受到政府和市民的关注。

在城市建设与发展中，商业网络不断地汇集，形成城市社会生活不可缺少的、集中消费的商业街区，它聚集了城市生活中主要生态方式，即衣、食、住、行、看、玩等为一体化、多功能的商业服务区域。由于这个区域内人的密度很大、人货进出流量相对较大，商业摊位、铺面鳞次栉比，造成交通拥堵不畅已是平常现象，因此，城市商业集中的区域对于交通的组织，便成为一个决定区域经济发展状况的重要问题。目前，在城市主要的商业街区解决安全隐患，便于游人观光、购物、休闲娱乐，避免人车混流，最为普遍采用的方式就是分片区营建商业步行街。这几乎成为世界上所有城市商业中心街区代表性做法。商业步行街的形成使得人车拥挤的交通状况得到缓解，将原有的车行道路改变成步行空地，并由此获得更多可利用的空间，供游人驻足观赏、休闲散步、消费购物等活动，带动城市经济更加繁荣。

商业步行街和购物中心作为新型的商业形式，既标志着城市经济的发展，又反映城市的形象特征、城市的人文历史风貌，甚至城市的社会观念。它在带动地区经济贸易迅速发展的同时，也为城市增添入一道靓丽的景观，为人们提供一个娱乐休闲的空间。

现代商业步行街的最大特点是它的多功能性，成为一个城市最引人注目的空间。这种商业与休闲相结合的新尝试，使人们能在简单的购物之余体味丰富的、多层次的社会生活，从而提高了城市商业区的吸引力，促进城市商业区的经济发展。

6.4.1.1 国外城市商业步行街的发展

国外步行商业街的起源是缘于城市膨胀所导致的城市中心拥挤不堪和生态环境的恶化，伴随着汽车工业的飞速发展，城市中心人口大量迁移到郊区居住，出现城市空心化和城市中心商业衰退的现象。政府为了复活城市中心的商业活力和物业魅力开始兴建步行商业街，以使人们在城市中心生活同样可以拥有安静、繁荣和方便的购物、休闲及娱乐场所。因此，城市步行商业街的出现是城市发展的必然选择，是城市魅力的真实体现。步行商业街逐渐成为一个城市的形象，代表着城市形象发展的最高水平。

国外步行商业街最早出现在欧洲的德国。1926 年，德国的埃森市基于前工业紧凑的城市结构和高居住人口密度，在“林贝克”大街上禁止机动车辆通行。1930 年“林贝克”大街被建为林荫大街，并使商业获得巨大成功，成为现代步行商业街的雏形。

国外现代步行商业街，兴起于 20 世纪 60 年代以后，欧美许多国家城市面临着交通秩序混乱、空气质量下降、环境严重污染、行人安全降低等一系列难以解决的问题，城市中心区受到郊外购物中心的激烈竞争，导致商业功能衰落和吸引力下降。为解决这些问题，人们模仿早期欧洲步行商业街的建设，以恢复城市中心区的繁荣及解决与之相关的一系列问题。于是各国掀起了建设步行商业街的高潮。如德国的科隆、波恩；法国的巴黎、里昂；英国的伦敦；美国的旧金山；加拿大的多伦多、蒙特利尔等城市都建设了步行商业街区，并都达到了预想的效果。

现代商业步行街已经经过了大半个世纪的发展历程，尤其是欧洲，作为最早开始建设商业步行街的地区，他们的发展经历具有相当的代表性及参考价值，这为我国商业步行街道的建设提供了非常宝贵的经验。

从国外商业步行街的演化过程来看，国外商业步行街的发展大致经历三个阶段：

1. 第一代步行街区——单纯吸引顾客

第一代步行街区在形态上仅仅指的是步行街要素，它产生的根本原因是为了加强城市中心区的交通管理，保护并刺激中心商业区零售业的发展。因为在 20 世纪 60 年代后期，西欧和北美地区的一些城市开始认识到机动交通对城市结构所产生的破坏作用以及机动车辆对城市交通有着贪得无厌、无休无止的要求，所以许多人认识到城市中心区应成为无交通区。还有郊区购物中心的威胁，城市中心区的商业功能日益衰退。要维持中心区的吸引力，采取设立步行街，以鼓励商业、娱乐设施在这里安置，以便与郊区购物中心竞争，来防止城市中心区的消亡现象。因此，人们认为这是纯粹的商业性步行街，这也正是第一代步行街区的典型特征。

第一代步行街改善了交通环境，疏通了人流，使步行街商店的营业额大大地提高，为复兴中心区的商业，防止中心区衰落做出了贡献。但是在商业成功的同时，也出现一些不利的后果如规划不当，交通管理混乱，使步行街周围的街道超负荷运转，造成了更大的交通混乱；而且步行街死板，缺乏趣味，最终以失败留在人们的记忆里。它们的单调环境给人留下了“不购物就离开”的印象。

2. 第二代步行街区——体现了人文关怀

第二代步行街区在形态上延续了第一代步行街区，也出现了一些步行街相联的形态，即网络步行街。第二代步行街区的出现，反映了人们重视市中心环境的质量，重视人的行为和环境的关系。在第一代步行街的基础上，增加了许多的装饰，如绿地、彩色的路面、街头雕塑、座椅等，这些增加了步行街亲切宜人的氛围，人们在购物后，仍有留在这里的兴趣，在这里得到休憩和相互的接触，满足步行者的行为要求，体现了对人的关怀。

3. 第三代步行街区——成为社会活动中心

第三代步行街在形态上有了很大的改变，它不再是仅仅的单一的街道，而是增加了很多要素，如几条步行街联网，街的两端配有广场；出现了地下的步行购物中心；空中大桥步行系统等，这样步行街区的环境更加宜人。在市中心的大范围面积内，设立的无机动交通区，更加有利于保护市中心的历史建筑和文物；同时步行区出现了很多的社会文化活动，人们更多的是被环境和多种多样的活动所吸引，而不再仅仅是购物活动，显示出了它的社会效益。在这里，人们的行为方式非常丰富，在轻松的环境气氛中享受与人交往之间的乐趣，城市步行街区加强了人们的地域认同性，成为城市的象征，也成为城市的社会活动中心。

6.4.1.2 国内城市商业步行街的发展

我国早期的商业形式主要以“市集”和“墟场”为主，交易地点就是广场型的商市。在《考工记》中记载的“匠人营国，……左祖右社，前朝后市”中的市就是市集交易的商业区。商业空间一直沿袭“周礼”所载的古典“市”制，很早就形成了集中布置的集市。

中国商业街的起源最早可追溯至唐代。唐代的长安城就已出现著名的东市和西市商业街，受《考工记》的影响，城市形制中规中距，一直保持里坊制城市的商业制度。

到了宋代，商品经济和世俗生活的发展使城市生活突破了《考工记》的礼制约束，城市中取消了宵禁制度，商业街的发展已经极度地繁荣，《清明上河图》中就描绘了宋代典型商业街的繁荣景象。现代商业的雏形，以及基本形态，可以说早在宋代的这幅画中，有了充分的体现，如图 6-34 所示。

图 6-34 《清明上河图》中商业街的繁荣景象（局部）①

明、清时代的商业街格局既体现了对中原“礼制”城市的沿袭，有着相对严谨的主要街道系统，但又由于受到地理环境、商业民俗等因素的影响而在街巷走向上表现更多的灵活和自如，使街巷道路纵横交错、密如织网、曲折幽深。如北京大栅栏商业街（图6-35）、王府井商业街、屯溪老街（图 6-36）等。

图 6-35 北京大栅栏商业街②

图 6-36 屯溪老街③

① 百度空间. http://hi.baidu.com/arch_2/album/item/b5f6d9138e16903add5401c7.html#.

② 网易. http://2008.163.com/08/0730/23/4I4TMR0J007424LV.html.

③ 百度图片网. http://image.baidu.com/i? tn=baiduimage&ct=201326592&cl=2&lm=-1&fr=&pv=&ic=0&z=0&se=1&word=%CD%CD%CF%AA%C0%CF%BD%D6&s=0&sme=0&pn=0&ln=2000&tab=&width=&height=&face=&fb=#pn=0.

到1840年鸦片战争后，随着中国封建社会经济结构解体，殖民主义者的侵入，资本主义生产方式萌芽。大批西方近代建筑类型和技术涌入中国。我国旧的商业、服务业模式与建筑类型都发生了巨大的变化。19世纪末上海南京路外滩出现了第一家百货公司——福利公司。接着陆续出现了各种大百货商店、综合商场。它们与银行、交易所组成城市新的活动中心。对于传统店铺，少部分保留，大部分改造，扩大建筑容量以接待更多的人流；同时，也有的突破旧的独立式布局，变露天商业街为覆盖的商业面积，形成聚集成片的大型商场，如北京的东安市场。

在计划经济时代，由于政治的原因，我国的商业一直停滞不前。直到改革开放后，我国开始从计划经济向市场经济转变，发展多种经营方式，商品经济得到明显发展。然而，经济的繁荣引发房地产的兴起，大规模的建设使我国的城市也面临着环境恶化，优秀文化遗产被破坏等诸多问题。随着生活水平的提高，市民对生活质量的要求也更高，中国的规划师、建筑师们在借鉴西方商业步行街的经验基础上，修建、改建了一批我国现代意义上的步行街，如上海南京路步行街（图6-37）、北京王府井商业步行街（图6-38）等。

图6-37　上海南京路步行街①

图6-38　北京王府井商业步行街②

另外，历史文化名城保护与建设促使一些历史悠久的具有传统商业特色的活动中心重新焕发活力，如北京琉璃厂、上海豫园商城、天津古文化街等，引发了一阵“复古一条街”风潮。这些传统商业活动中心的复兴在不同程度上适应了人们价值观念的变化，塑造了有特色的城市景观，他们集购物和游乐于一体，在当时受到大众的普遍欢迎。这些步行街大多由原先基础良好的商业街或区域性商业中心改建而成，其中绝大多数都是原来的城市一级商业中心。这些步行街改造的一半方式是将原来贯通机动车辆的商业街进行全面或局部的步行化，在一定区域内禁止车辆通行，加上少量的建筑改建而完成。其建筑格局、

① 百度图片网. http://image. baidu. com/i? tn=baiduimage&ct=201326592&cl=2&lm=-1&fr=&fmq=&pv=&ic=0&z=0&se=1&showtab=0&fb=0&width=&height=&face=0&word=%C9%CF%BA%A3%C4%CF%BE%A9%C2%B7%B2%BD%D0%D0%BD%D6&s=0#.

② 拼旅游. http://www. pinlvyou. com/view/details_bj_t34. html.

商业布局基本延续多年来已经形成的面貌。

在商业环境的变化过程中，受欧美及日本风格的影响，也出现了诸多丰富的形式，尤其近年来步行商业街的改造蔚然成风。在相当一部分城市已经出现了形式各异的步行商业街。例如苏州观前街、上海新天地以及哈尔滨中央大街，等等。

以下为我国部分城市中的商业街名录，见表 6-5。

表 6-5　我国部分城市商业街名录

城市	商业街和步行街
北京	王府井、西单、大栅栏等步行街和马连道、牛街等
上海	新天地、南京路步行街、南京东路、淮海中路、四川北路、南京西路等
广州	天河城上下九步行街和北京路步行街、孙文西路“旅游文化步行街”、环市东路、农林下路、中华广场等
天津	劝业场步行街、“和平路”商业、鼓楼商业街
南京	新街口商业步行街、夫子端观光旅游街、湖南路精品盘古一条街、珠江路科技一条街、太平南路商业街、1912 商业街区
郑州	彩虹步行街、金光步行街、德化东步行街等
宁波	老外滩、天一广场
杭州	清河坊、西湖新天地、湖滨名品街、丝绸一条街
厦门	马尾君竹路步行街等
深圳	东门步行街、中英街等
西安	鼓楼脚下的北院门仿古文化街等
长沙	黄兴南路商业步行街、下河街商业街等
武汉	汉正街商业街、江汉路商业步行街
桂林	正阳路步行街
合肥	淮河路步行街
山西	太原步行街
济南	济南泉城路商业街
四川	成都人民南路、华阳步行街
惠州	数码商业街
无锡	崇安寺行街
香港	铜锣湾、弥顿道、香港步行街等

6.4.2　商业步行街的定义与类型

6.4.2.1　商业步行街的定义

现代步行街的概念最早出现在欧洲。早在 1926 年，德国的埃森市根据城市结构紧凑，人口居住密度高的特点，尝试在“林贝克”大街（Linbecker street）禁止机动车辆通行，并于1930年建为林荫大街，成为现代商业高度集中，以吸引人们购物为主的步行街。事实上除了欧洲某些一直保留着步行传统的城市外，世界各地大多数城市建设的步行街都是以商业目的为主的。步行街道一开始就与商业有着不可分割的关系。林贝克大街之所以获得肯定，除了其对环境的改善外，在商业上获得的巨大成功也是一个非常重要的因素。

在商业步行街中，购物和步行这两个要素自然地结合在一起，相互起到了促进作用，以步行交通为主，大大改善了购物环境，使得人们能够远离汽车带来的麻烦，自由、舒适地享受购物的乐趣，从而吸引客流、刺激商业，同时，人们在购物过程中也能重新体会到户外步行以及相互交流的乐趣，从而激发人们对户外公共生活的追求，有助于步行街在城市中的推广。

因此，商业步行街的定义应将“步行”以及“商业”的概念结合起来。如果将商业步行街单纯地侧重于步行性方面，可以表述为：“步行空间包括步行街（区）、林荫道、空中和地下步行街（道）等典型内容，它们是组织城市空间的重要元素，其中步行商业街区是其中最典型的内容。”如果将其侧重于商业性方面，则可以表述为：“现代城市商业街区是各种商业活动集中的地方，以商品零售为主体以及与它相配套的餐饮、旅馆、文化及娱乐服务。其建筑分布形式有沿街发展，有占用整个街坊开发，或成街成坊的发展。商业建筑，直接而言就是商家的营销活动和顾客的购物活动集中的空间场所。”

综合以上观点，商业步行街是指商业集聚的物质空间形态，是街道文化产生的主要表现形式，是城市商业的缩影和精华，也是城市生活的集中反映。除此之外，还包括了非物质的文化与认知情感因素，这种文化与认知情感的认同对商业步行街的形成与发展有着深刻的影响。因此，商业步行街是以特定风貌为载体，以商业活动为经营内容，以步行行为活动为主，从外部认知、体验的城市开放空间形态。

6.4.2.2 商业步行街的类型

在我国的中大型城市环境中，商业步行街的类别、规模、形式各有不同，这取决于不同城市的各种不同条件与需求因素。就街区格局的类别而言有开敞式、封闭式和半街式；从规模分类，有由单街型和多街型组成的街区型；从城市地理状况分类，有平地街区、坡地街区、夹河街区、滨江街区、环湖街区等；从街区形式风貌上分类，有传统历史街区、现代商业街区、民俗风情街区、主题观光休闲街区等。以下对各个类型商业步行街区的特征作概括性的介绍：

1. 开敞式

开敞式商业步行街区是指主街步行道上交通路口节点较多，各路口连接其他道路，只在进入步行道口处设置活动挡车设施。这类街区人流出入相对分散，进出便捷，不易造成行进拥堵，是许多城市街区改造所采用的方法，如图6-39所示。

图 6-39　开敞式商业步行街①

2. 封闭式

封闭式商业步行街区是指步道两旁由建筑和商铺封闭形成，人流、货流出入口较少，通常在街道的前后两端，高峰时易出现行进不畅，造成拥堵。但商业环境相对集中，聚旺盛的人气利于经营，易于管理，街区景观形式便于统一。这类商业步行街，往往是在传统街区的基础上进行维修、改造、扩建而形成，街区整体风貌和格局仍延续历史痕迹，使之成为彰显城市历史文脉的风景，如图 6-40 所示。

图 6-40　封闭式商业步行街②

3. 半街式

半街式商业步行街是指街区在特殊的地貌环境下，形成的一路一边房的格局，这类街区通常形成于滨江或滨湖的场地环境中，伴水而居、逐水而行，既有开阔的视野、优美的环境，又有较为宽裕的岸畔空地，并可利用水路条件解决部分货物运输和休闲游玩的作

①② 百度图片网. http://image. baidu. com/i? tn＝baiduimage&ct＝201326592&cl＝2&lm＝-1&fr＝&fmq＝&pv＝&ic＝0&z＝0&se＝1&showtab＝0&fb＝0&width＝&height＝&face＝0&word＝%B2%BD%D0%D0%BD%D6&s＝0#.

用。半街式街区是中国南方城市中常见的一种传统街区形式，也是由水运集散码头逐渐演变成繁华的传统商业街区的典型形式，如图 6-41 所示。

图 6-41　半街式商业步行街①

4. 平地街区

平地街区是平原城市典型的街区形式，它具有交通便捷、路口节点较多、流向畅达、不受特殊地形限制的优势，是常见的步行街区的格局，有开敞式街区共同的特征，如图 6-42 所示。

图 6-42　平地街区②

---

①② 百度图片网. http://image.baidu.com/i? tn=baiduimage&ct=201326592&cl=2&lm=-1&fr=&fmq=&pv=&ic=0&z=0&se=1&showtab=0&fb=0&width=&height=&face=0&word=%B2%BD%D0%D0%BD%D6&s=0#.

5. 坡地街区

坡地街区因地形而形成，是指山地城市典型的街区形式，由于地形的局限，街区道路起伏蜿蜒变化有趣，路旁建筑因山势变化而变化，具有封闭式和半街式街区形式的特征。

6. 单街型

单街型是指街区单街道路形成，单街型受地域经济条件和地形条件制约而成，传统的商业场镇通常是单街形式，它具有购物、观光流向单纯，不受其他环境影响，聚集经营氛围等优势，是商业步行街最为常用的一种形式。

7. 多街型

多街型一般在经济发达的地区或大型城市集中的商业区内产生，它是由多条不同经营业态的商街组成的繁华区域，具有经营内容丰富、街道之间交通便达、区域面积较大、市政建设完善、人流量大等特征，通常各个街道的终点流向是环境中最重要的街区广场。广场成为整个街区的人流集散地和交通枢纽。由于业态内容丰富，街区景观形式也呈多样化，是城市中活动人口密度最大、最聚人气的地方。

8. 夹河街区

夹河街区是一种特殊的街区形式，指街道与建筑是沿河道两岸修建，河上由小桥连接两岸街道相互沟通，河道既是交通运输的要道，又是特殊的街区景观。在中国长江中下游地区，由于水资源丰富，河道密布，有许多城市的商业街区都是沿河而建，极大地便捷了当地的商贸活动。因为受河道分布的限制，这类街区通常是单街型，是水路和陆路两用的街区形式，如图 6-43 所示。

图 6-43　夹河街区①

9. 滨江与环湖街区

滨江与环湖街区是指步道与商铺沿江或沿湖而建，在使用功能上与夹河街区有相同的

① 百度图片网. http://image. baidu. com/i? tn=baiduimage&ct=201326592&cl=2&lm=-1&fr=&fmq=&pv=&ic=0&z=0&se=1&showtab=0&fb=0&width=&height=&face=0&word=%B2%BD%D0%D0%BD%D6&s=0#.

作用，但在街区格局上有所不同。由于江面与湖面较宽，两岸距离较远，不易形成统一街区，通常是半街型街区格局。滨江与环湖街区的街道受地形环境的影响而形成蜿蜒起伏的变化，并在缓坡地段可建宽敞的活动空地，具有良好的功能作用和景观价值，如图 6-44 所示。

图 6-44　滨江商业步行街①

10. 传统历史街区

传统历史街区是历史古城多年传承下来的街区形态，商街历经数代的繁荣，在城市中有着久远的历史影响和文脉传承，是一个城市的人文象征与形象代表，是现代城市发展的宝贵遗产，现在许多城市的商业步行街仍然承袭传统历史街区的遗址，经维修和改造形成适合现代城市生活与商业经营需要的街区形式。这类街区不仅有深厚的人文积淀和浓郁的商业氛围，同时具有丰富的景观作用。

11. 现代商业街区

现代商业街区是城市不断发展的产物，城市的规模不断增大，传统的商街已不能满足快速发展的经济与城市人口膨胀的需要，旧的郊区不断地成为城市的一部分。当新城人口增长到一定规模的时候，新的商业街区就会随之而产生，它往往是与新城区的规划同时进行。现代商业步行街区通常是新建的，它具有便捷、宽阔的街道，大规模的商场，繁多的店铺，高大的建筑，符合城市社区生活多方面要求的完善的配套设施等特征。现代商业步行街区的建设是根据城市或社区规模与经济条件而定，有单街与多街等类型。

12. 民俗风情街区

民俗风情街区是不同地区、不同民族、不同习俗的城市在建设商业步行街区中，为突出当地或异地民间、民俗、民族的特征与特有的人文风貌，吸引观光游客，促进商业繁荣所采用的建设形式。它具有浓郁的地域特征，是现代旅游城市和旅游景区必建的商业步行街区。

---

① 百度图片网. http://image. baidu. com/i? tn=baiduimage&ct=201326592&cl=2&lm=-1&fr=&fmq=&pv=&ic=0&z=0&se=1&showtab=0&fb=0&width=&height=&face=0&word=%B2%BD%D0%D0%BD%D6&s=0#.

13. 主题观光休闲街区

主题观光休闲街区是现代城市生活中脍炙人口的环境，它通常以吸引人们的特色经营为主题，并以特别的街区景观形式与商业内容吸引众多消费者。如重庆的“八一路好吃街”、北京的“后海酒吧一条街”等。主题观光休闲街区的建设常与大众消费、文化和社会时尚结合。

6.4.3 商业步行街的作用与原则

6.4.3.1 商业步行街的作用

从以上的商业步行街道的发展上看，商业步行街的建立对城市中心的发展起着非常重要的作用，具体体现在四个方面：实现良好的交通秩序，刺激城市经济发展，改善城市环境，增进社会效益。

1. 改善交通

以往市中心和街道给人的印象，往往是交通拥挤，人流混乱。步行街系统的建立将改善这种情况。合理规划的人车分流有效地减少了步行者与机动车之间的冲突，无论是步行交通还是车辆交通都大大提高了各自的运转速度。因此虽然市区减少了用于车辆交通的空间，城市交通反比以前更加顺畅。而步行交通与城市缓行公交系统及地下公共交通系统的有机结合，将更大地提高步行街的运转效率，令人们得以真正在市区享受畅通无阻的交通，实现市中心街道的良好交通。

2. 经济效益

步行街区环境舒适安全，因而吸引了众多的市区和外来游客在此浏览、购物、休息，从而增加了步行街的经济效益。在欧洲的许多城市已经证明，商业街步行化能有效促进零售业的增长，如丹麦的哥本哈根市，在其步行街建立三年后，商店的营业额上升了将近30％。步行化之所以有助于促进零售业的增长，主要有三个方面的原因：一是街道步行化至少增加了50％的人流量，提高了潜在消费者的基数；二是行人不用再担心来往的车辆的影响，可以专心购物；三是步行状态下的人们更倾向于逛商店购物，从而使购物的人次得到明显的增加。

3. 环境效益

汽车在步行街区受到限制，将会大幅度地降低大气噪音的污染，而这两者往往正是市中心最严重的污染。汽车废气排放的减少还能减弱市中心古建筑的损害作用，同时消除汽车对建筑周围环境的破坏，这些都有助于保护市中心的历史风貌。而步行街本身，通过改善地面铺装，安装街道照明，布置绿地、街头小品等，创造了令人赏心悦目的街道景观，为市民提供了更舒适、高品质的城市环境。

4. 社会效益

人们能创造和改善环境，反过来环境也能塑造人的品性，改变人们的社会关系模式。

商业步行街创造了一个以人为本的环境，恢复人在交通中的主导地位，为人们提高了高质量的活动空间场所，使人们有更多的机会在步行区休闲，参加各种公众活动，在轻松的环境周围中享受人与人之间的交往乐趣。这种公共户外生活是衡量现代城市生活质量的重要标准之一，体现了城市中人们的社会关系的状况。在传统的城市中，街道是人们进行相互交流及各种活动的主要场所，人与人之间的关系也要紧密得多。然而汽车的出现导致户外环境和交通条件恶化，令很多公共活动逐渐被迫转移至各种室内的专门场所（如购物中心、剧场及运动场），加上电话、电视等现代化传播媒介的发展，使得人们的交流模式由直接向间接转变。商业步行街道的出现，令人与人直接交流的机会大大增加，人们有机会重新体会户外公共生活的乐趣，关注公共空间并将城市视为交流的场所的观念再度深入人心。这将有助于城市步行街的进一步推广，令城市建设向着更加人性化的方向发展。

6.4.3.2 商业步行街的原则

商业步行街在规划的过程中，一定要综合考虑多种因素，同时，从实际出发，合理规划，这样才能保证商业步行街达到经济、文化、社会效益的最优化。

1. 合理选址，准确定位

商业步行街应该考虑建在人流密度大、相对中心的城区，但又不能以牺牲周围环境、交通为代价。同时，应有明确的主题定位，并与自身情况和周边城市环境相呼应。街道空间设计是商业步行街成败的关键。商业店铺的集中形成了室外购物、休闲、餐饮等功能空间，这就是商业步行街的本质——室内商业活动沿店铺的街道空间向室外的延伸。由此决定了其设计的核心就是让空间变得有用而舒适，为商业活动中的人服务。

2. 规模适度原则

商业步行街并不是规模越大，街道越长越好。过于庞大的规模往往会给行人一种难以亲近的感觉，而且对于行人的体力也是很大的考验。一般来说，商业步行街应该控制在300 m左右，对于某些大城市的一些大型的商业步行街也不应该超过600 m，宽度应该控制在20～25 m。街道两旁的建筑物一定不能太高，一般不要超过三层。过高的建筑物摆在步行街并不宽的街道两旁，会给行人带来压抑的感觉。同时，从心理学角度来说，人们倾向于平行的移动，对于垂直方向的移动，在不必要的情况下，人们会选择避免发生。所以，高层建筑的商家在商业步行街上，往往成了摆设，并没有多少商机可言。

3. 营造良好的购物氛围

商业步行街应该尽量营造良好的购物环境，激发行人的购买欲望，这样才达到了商业性的目的。这里所指的购物环境，主要包括商业步行街的整体特色，商业布局等客观环境。商业步行街应该以明亮、暖性的颜色为整体基调。因为暖性的颜色容易使人兴奋，激发购物欲望。同时，商业布局应做到错落有致，不应该布置成在某一家商店就能把顾客所需的所有物品都购买到。

4. 道、场空间的合理安排

“道”空间是从流动性角度来考虑，商业步行街应该给人一种流动向前的感觉，这样才会吸引行人。如何安排商业步行街纵向布景，成为解决这一问题的关键。一般来说，可以通过特定的建筑或树木引导行人向前，同时，配合其他形式给人一种由进入到演绎到高潮的空间节奏感。“场”空间是从静止角度来考虑，商业步行街应充分考虑行人休息的需要。在商业步行街两旁可适当设立开敞的小品类休闲广场，给人以愿意“滞留”的感觉，同时，使人在心理上有被关怀的感觉。同时，在这些“场”空间，可以有序地加入一些商业活动，甚至是一些可以与行人交互的商业活动，这样不但会起到良好的社会效益，同时也收到了良好的经济效益。

5. 以人为本，充分考虑不同层次顾客的需要

商业步行街在规划设计的过程中，应充分考虑到顾客的需要，同时要兼顾到不同情况顾客的需要，如老人、儿童和残疾人，体现出“以人为本”的设计理念。可以通过很多细小的设计体现这种对人的关怀，如增设盲道、无障碍通道、设立饮水机，等等。

6. 结合本地文化，突出特色

每一个城市无论大小都会有其值得骄傲的历史，把这些宝贵的文化财富挖掘出来，形成商业步行街的特色。就能成为吸引行人的重要因素，同时也把自己介绍给外地来的游客。这样，不但能增强本地游客的自豪感，而且能够增强外地游客的认同感。

7. 加大宣传力度，吸引多方投资

一条好的商业步行街，不是仅仅通过本地的商客游人就能发展起来的，而是要吸引全国乃至世界各地的商家共同进入，才会成为知名商业步行街。中国自古就有“云集天下商客”的说法。当然，这需要当地政府共同参与，改善投资环境，优化投资理念。

6.4.4 商业步行街的景观设计

随着大量的商业步行街区在不同城市兴建，街区的业态功能与形式也随之而不断更新与完善，人们已不再满足于单纯的购物或就餐，而是希望在这个繁华的闹市中体会到城市生活的丰富，满足他们来自视觉、听觉、嗅觉、好奇心等多元化的要求。于是各个具有不同地域文化的、代表城市本土特征的商业步行街不断涌现，它不仅推动城市经济的发展，同时也给城市形象的改变起到了积极作用，使商业步行街在城市环境中成为一个引人瞩目的景观风景。

商业步行街是城市商业的缩影和精华，是一种多功能、多业种，多业态的商业集合体。商业步行街的营建是地域经济发展与城市街区改造相结合的产物，它一方面利用城市中极为有限的车道改造而形成的场地，缓解了不断膨胀的城市与不断增加的人群对活动空地的需求压力；另一方面则是在探索城市建设与发展中，对于城市形象、城市文脉、传统历史街区的保护与利用上，寻求适合于本土人文特征、传统习俗特性以及地理气候条件的发展新路，因为它最具社会影响力和备受关注。商业步行街的营建不同于普通的场地景观建设，通常是由当地政府根据城市宏观发展规划要求进行选址立项，由政府的职能部门负责项目招商与宣传，并监督执行拆迁、兴建、协调、改造、保护等具体工作。由此可见商业步行街从立项到建设，都是由政府主导或参与的市政项目，它的成败将直接影响区域经济的增长。由于其在城市环境中的重要地位，几乎成为一个城市形象的代表和名片，因此，商业步行街的业态设置和街区形象即成为社会关注的焦点。如何使其更具功能作用、更具观赏价值、更具地域人文特征、更显城市生活丰富的内容，将在以下关于商业步行街区景观设计所展开的多方面设计程序与要素中进行探讨。

6.4.4.1 商业步行街区景观设计

商业步行街区景观设计是指对街道、建筑立面、各种商业店面、摊位、绿化植物、灯箱招牌、公共设施、公共艺术品、水景等视觉景象进行形式处理和功能优化，使之形成具有良好观赏效果与多种功能作用的街区风景。它包括街道地面铺装、建筑立面形态与色彩、各种商业店面形象、固定或移动的摊点形式、绿化方式和植物选种、广告路牌的控制要求、各种公共设施的形象设计、公共艺术品设计、水景观设计以及市政要求与景观环境相配套的管网设计等要素。商业步行街的兴建必须根据建设环境内的区域经济条件、交通条件、消费状况、人居数量、人文背景、传统习俗、文脉遗址等基本因素，来决定其建设的规模和街区的形式风格。

6.4.4.2 商业步行街区景观设计内容

在城市建设和经济发展的过程中，商业步行街区的视觉形式越加成为促进地区商业繁荣的重要因素，因此，商街中的各种可视物象都需要经过视觉化的设计，形成商业街区景观总体形式的组成部分，使之既符合步行商街的功能要求又能满足大众视觉审美需要。商业步行街区景观设计是一个系统设计，从整体到细节都必须经历周密、深入的思考，使街区景观从形式到观察视角都能充分地体现良好的设计作用。商业步行街区景观设计大体分为六个部分：街区整体景观规划设计；步行街区道路及空地环境平面景观设计；店面形象及建筑立面部分改造设计；商街环境中公共景观艺术品与造景设计；商街功能设施的形式设计；街区环境的绿化配景设计等。

1. 街区整体规划设计

街区整体景观规划设计是产生街区景观整体形式的主要思路，它必须根据街区环境规模、街道的长度、商业特征、容量、地形情况、建筑特征、人流与物流的流量、与周边街区的交通控制关系，以及出入口处的停车场地等重要因素进行综合考虑，梳理出已形成的街区环境中存在的优势与不良因素，确定景观设计的优先内容，进行整体景观规划设计。商业步行街的长度不宜过大和过宽，从购物逛街的活动习惯上分析，大量的商业人流往往只集中在步行适宜的路段或主要商业区域，其余部分则被冷落。建立商业步行街的资金投入较大，在我国近年来的城市建设中已不乏有超过 1～2 km 长度的步行街区，投入有超过 1 亿元甚至数亿元人民币的，但其结果却不理想，造成极大的浪费。因此，合理的建设与控制是形成繁荣和美观步行街区的有效方法。例如，日本的商业步行街长度控制在平均 540 m，美国 670 m，欧洲稍长为 820 m。步行街整体景观规划设计一般在三种条件下进行，即新建街区、城市街区改造、传统历史街区改造。

1）新建街区

新建街区是指在新城区建设规划中既定建设的新商业步行街区，此类街区一般在大规模的城市扩建中形成，新建商业步行街整体景观设计往往在新城区修建性详规完成后，就着手开始。它将结合建设规模、道路、建筑、管网设施、场地情况等基础建设内容与要求同步进行，使环境、道路，建筑、配套设施等重要的街区要素与景观物象形成完整、统一、和谐的视觉形式。并对步行街区的功能、形式、规模、街道长度、建筑高度、场地关系、视觉关系、流向关系等进行有效的控制。商业步行街的宽度一般控制在 12～20 m，长度为 300～600 m 最适宜，人持物步行 200～350 m 便有疲惫感，即使在遮蔽雨雪、阳光的环境中，步行街的长度也不宜超过 750 m，过长的步行街容易造成购物者的疲劳；过宽的街面又使购物者疲于两边奔走，难于比较选择；新建街道两旁的建筑一般在两层以下为宜，主要商业区域的建筑可到 3～4 层，一方面是方便游人购物，另一方面是营造良好的街区环境与人的尺度和视觉关系，避免高大建筑所形成的视觉压迫感。只有将商业步行街区的各种功能与景观形式完美地结合，才能有效地满足社会生活的需要，带动城市区域经济发展，如图 6-45 所示。

图 6-45　新建街区效果图①

2）城市街区改造

城市街区改造是因城市的发展需要，将旧城街区改造为商业步行街区，整体景观规划设计应根据已形成的现状条件和改造要求进行改良设计，对道路、建筑、公共设施、管网设施、场地情况等现状进行系统的分析、梳理，找出存在的优势与不足，形成整体景观规划设计思路，制定优先设计计划，开展整体景观设计方案工作。工作内容应主要针对路面人流交通组织，对先天条件不足的建筑进行拆除、重建、改建，整理空地、设置步行街区配套公共设施，添置绿化与公共艺术景观，对建筑立面和各种商业店面以及路牌、灯箱、广告视觉景物制订控制性要求，根据环境场地条件划分发布区域和立面位置。对移动式摊位、露天经营场所拟订统一的形式要求，并划分路段限制经营区域。对于店面、橱窗等经营展示立面，应提出对内容和形象的规范性控制要求，避免乱搭、乱建造成视觉环境污染和安全隐患。

---

①　百度图片网. http://image. baidu. com/i? tn＝baiduimage&ct＝201326592&cl＝2&lm＝-1&fr＝&fmq＝&pv＝&ic＝0&z＝0&se＝1&showtab＝0&fb＝0&width＝&height＝&face＝0&word＝%D0%C2%BD%A8%C9%CC%D2%B5%BD%D6+%D0%A7%B9%FB%CD%BC&s＝0#.

3）传统历史街区改造

传统历史街区改造是在近年来城市化进程中所呈现的对传统街区进行保护性利用的改良做法，历史街区在城市不断的发展建设中已几近消失，使得具有悠久历史的城市丧失了地域文化的独特性和文脉的传承，这是一个城市最大的遗憾，为有效地保护传统历史街区，并使之有益于今天的社会发展，利用已有街区的形态和农耕时代所特有的街道与建筑尺度，进行适合城市特殊的商贸、旅游、餐饮等业态经营的商业步行街区建设。此类街区的开发，在国内的许多城市中都收到了良好的社会效益和经济效益，为活跃区域经济、促进城市旅游发展、加强城市人文建设起到了积极的作用。作为传统历史街区的整体景观规划设计，应从街区遗存现状和传统文化形式的调研入手，收集街区相关的地域文脉资料，分析、筛选现状中的先天优势与不足。对街道、建筑、场地、碑阙、牌坊等物象进行详细的调查、勘测，拟订出保护、维护、整修、扩建、拆除目录和计划，并结合业态控制经营内容和街区风貌，形成整体设计思想，以指导下一步的深入设计。由于传统历史街区的格局，已成为主要利用的价值景观，因此，改造设计不宜对街区原貌进行大规模改建，同时对环境内有重要文物价值的构筑物应加以重点保护、修缮。在道路、建筑、公共设施、管网设施、店面、摊位以及景观营建方面应制订保护性、控制性建设条例和建设形式要求，景观设计形式应以街区风格为主调，可分路段制定店面、橱窗、广告的形式要求，避免破坏性建设，扰乱整体街区的景观风貌。

2. 步行街、道路及场地平面景观设计

步行街区道路平面及场地平面景观是街区环境中的重要组成部分，包括道路、空地广场、路沿、排水口、供水口、盲道等平面物象的铺砌与设置。而形成铺砌与设置形式的要求包括材料规格、质地、色彩、工艺方式、形态和铺砌模数等方面，以形成良好的地面视觉形式、舒适的步行感觉与安全行走保障。地平面的景观设计不仅仅是解决环境的审美问题，同时需要解决关于步行行为和交通关系等诸多相关问题，一般城市步行街在地平面的设计上应注重以下几方面：

1）道路与场地的竖向关系

根据街区环境地形变化所形成的竖向关系，地面铺装应考虑材料规格、表面肌理、防滑性与耐久性，了解场地积水情况，考虑材料的渗水性、耐腐性、铺装方式、给排水口或排水沟的设置，坡度较大的地段应采取相应的防滑措施，避免道路和场地积水，造成游人行进障碍和步行安全。

2）地铺模数与表面处理

铺装模数是指在铺地时采用相同或不同规格的材料拼合成的地面肌理、色彩和图案。在场地地面铺装时，往往为追求地面的视觉效果而忽略使用过程中的问题，容易出现砖石铺砌高低不平、留缝过大、使用材料表面过于光洁等问题。一般对地面平整铺装情况下，砖石之间高低相差不得大于 3 mm。对于铺砌大理石或花岗石板的地面，应采用火烧、打毛、剔槽等方法进行表面处理，避免造成步行中跌滑的不良后果。

3）地面导向提示与无障碍设计

地面铺装的拼图不仅有美化作用，同时具有一定的引导与指向作用，它可以为行进中的人们作街区范围和重点区域的方向引导，并在不同高差地段的梯步上，采用色彩的对比进行视觉提示，使步行街区更具安全性。此外，在进入商业步行街区的人群中有一定比例的残疾人，他们需要更多社会的关怀，因此，街区地面设计应专门为残疾人准备特殊的行进道路和导向提示。对于有场地高差关系的地面梯道旁应设置残疾人通道。盲道设置应有明确的导向提示（根据无障碍设计规范要求执行），并切忌景观物摆设，避免形成障碍。

4）地面铺装的形式与色彩

地面铺装的形式与色彩是商业步行街区景观设计中重要的组成部分，是人们最为易见、最多使用的景观要素，地面铺装的形式与色彩效果的优劣直接影响整体街区环境。因此，在地面铺装设计时需要从街区整体形式、建筑形态、街道尺度、交通关系、道路指向、各种景观物象的占地位置、形态等方面进行综合思考，形成系统的、适合步行街区视觉和功能要求的地面铺装设计。铺装形式一般有点式、条带式、图案式和具象表现等，铺装的色彩表现有单色铺装、复色散乱铺装、复色图案铺装、套色片状膨胀等，无论在形式和色彩的应用上都应结合街区总体风格关系、静态与动态的景观物象关系、竖向关系形成统一的视觉表现形式，如图 6-46 所示。

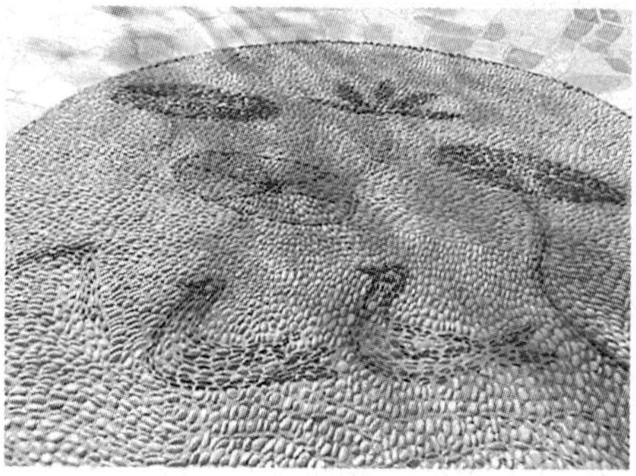

图 6-46　地面铺装①

3. 店面形象及建筑立面部分改造设计

店面形象及建筑立面部分改造设计是指对沿街建筑部分外墙立面和商业店面进行符合街区总体景观风格要求的、具有标识功能的控制性设计。店面设计除独立式售货亭外，通常属于建筑立面改造设计的组成部分。在旧城街区改变为步行商业街区的改造设计中，建筑立面设计是环境景观设计的重点，它具有美化街景、营造商业氛围、标明业态内容、统一街区形式的作用。在旧街区环境中，建筑高低差距很大，进入街道的凹凸进深不齐，形成了既有可利用价值的条件，又有不良因素现状。对于建筑的改造根据所付代价的多少而决定改造的方式，并视其功能和形式需要，一般采取改良、维护、美化等措施，尤其对于

① 北京联合众生科技发展有限公司. http://www.lianhezhongsheng.com/case5.asp.

传统历史街区，更是以保护性修护为主，采用修旧如旧的方式。建筑立面改造设计包括以下两个内容：

1）建筑外立面整体控制性改造设计

无论是旧街改造，还是新街建设，都需要对街区建筑立面的景观形象进行控制性设计，以满足正常状态下的观赏要求，避免造成不良的视觉干扰或压迫感。

（1）立面控制性改造尺度与视觉要求。立面控制性改造设计尺度，是根据街道的宽度和人在街道环境中正常的视角尺度决定的。街道宽度越大，立面可视高度越大，舒适的观察视角一般控制在视平线以上仰角 30°的范围内，街道的宽度 1/2 与沿街建筑外立面舒适观看高度比例为 3∶2 的关系。通常步行街道的宽度在 20 m 左右范围内，以街道宽度 1/2 计算，为 10 m 的中轴线，用高度与宽度比例计算 $2/3\times10=6.67$ m，为建筑立面形象设计控制高度。因此，多数步行街为了规范街区形象往往视街道宽窄设定控制要求，窄街多为一层以下或 4 m 左右；宽街控制在二层半以内或 8～10 m 左右，在此范围内作为建筑景观立面设计的控制高度。街区内重点建筑、标志性建筑或低矮建筑可作整体外立面改造。

（2）建筑立面改造的方法。依据不同商业步行街区建筑立面的控制要求和街区总体景观设计形式要求，思考建筑立面改造设计形式。在现代城市街区建设中，建筑立面的改造方式可谓多样化，概括起来有以下几类：

① 装饰图形类，以图形、图案装饰建筑立面，起到美化空间环境的作用；

② 色彩组合类，运用不同的色彩组合关系，对不同的建筑物或同一建筑物不同的界面进行装饰，达到丰富街区视觉景观的作用；

③ 公共艺术类，对处于街区重要路段位置、重点经营商区和具有大体量的建筑物，可对其外墙立面采取设置壁画、浮雕或抽象装置等艺术手法，形成具有主题性、叙事性和抽象表现性的公共艺术墙，构成街区环境中重要的视觉中心区域；

④ 绿化装饰类，是将建筑立面与环境绿化相结合，对墙体部分立面完整、没有窗洞、阳台建筑表面铺设有形态的金属丝网，并在靠近墙体的地面设置花池、花台，栽种藤蔓植物，利用植物攀爬生长的特性沿金属网的生长，形成建筑立面特殊的景观装饰形式，既美化环境又绿化了街区；

⑤ 材料装饰，利用外墙铺装材料的质地、色彩对建筑立面进行形式处理，以统一街区立面的景观效果。

（3）传统历史街区建筑立面改造的方法。传统历史街区建筑立面改造。是利用传统历史街区特有的建筑风貌和街区格局，进行符合当代城市商业发展需要的、适合城市生活要求的、具有特殊商业价值与人文意义的城市建设行为。虽然传统历史街区中有许多不符合现代商业步行街区要求的因素，如街道的尺度、建筑的体量、各种公共设施、配套条件等，但经过改造仍能发挥巨大的特殊作用。对于街区建筑立面改造应遵循保护性改造的原则思考针对的问题，传统街区建筑具有体量较小、建筑密度较大并相互连接、有不同程度的破损、高度较低多为 1～2 层、木结构居多、透空、架空立面较多的特征，但形式风格统一完整，因此，对其立面的改造更多的是修复和加固。局部可根据功能需要进行适度的改建，应本着修旧如旧的要求进行恢复性建设，避免破坏原街区的整体风貌。

2）店面形象及橱窗展示设计

店面及橱窗设计是商业步行街区立面改造中最为重要的主题，商业步行街区是因鳞次栉比的商场、店铺而形成，人们在街区中则是靠各个店铺的店面及橱窗辨识和引导购物消费的目的。因此，店面及橱窗的设计不仅具有功能，同时具有重要的景观作用，如图6-47所示。

图6-47　店面橱窗展示设计①

（1）门与店面的形象组成。店面如同脸面，是商店留给消费者第一印象的地方。它主要由门、门额、灯箱、招牌等功能物象构成。这些具有功能性的形象都是店面形象不可缺少的组成部分，因此，门、门额、灯箱、招牌的具体设计应符合商店经营内容的要求和店面形式的要求，不可分割对待，将各个细节内容的位置、形态、色彩、照明、灯饰等视觉因素相互关联，使之形成形式统一、形象完整的街道立面景观。

（2）橱窗展示与店面的形式组成。橱窗与店面是构成商店临街立面形象的主要因素，由于建筑的多样性与内部空间的变化造成橱窗与店面在建筑立面关系上的变化，有同处于一个水平高度的关系和处于不同水平高度的关系。因此，在设计时应根据商店经营需要和橱窗与店面的位置关系，考虑整体立面形象设计的连贯性和一致性。把握好橱窗展示与店面表达的形式关系。更好地营造利于商店经营和街区观景的景观效果。

4. 商业街公共景观艺术品与造景设计

公共艺术品与人工造景是营造步行街区人文氛围，反映社会文明程度，体现时代精神，表达区域独特文化现象的重要手段。公共艺术品与人工造景景观有别于其他应用功能景物（如建筑、道路、公共设施等），是具有独立视觉审美价值和独立形态特征的景观物象，是一个街区视觉景观形式的主调。由于商业步行街区在一个区域或一个城市所具有的特殊影响与作用，因此，商业步行街区的公共艺术品与人工造景从某个层面上，也代表了一个城市物质文明与精神文明发展的程度，反映出城市文化艺术发展的水平和大众审美素质。

1）公共艺术品设计

---

① 百度图片网. http://image. baidu. com/i? tn = baiduimage&ct = 201326592&cl = 2&lm =-1&pv = &word=%B3%F7%B4%B0%D5%B9%CA%BE%C9%E8%BC%C6%D0%A7%B9%FB%CD%BC&z=0#.

公共艺术品是由雕塑、浮雕、壁画和装置艺术等表达方式构成，并以三维空间形式表现的，采用耐久材料制作的，具有独立视觉表现意义的空间艺术，是城市环境中最常用的造景方式。在现代商业步行街区中艺术的渗入不仅仅体现在作品的表现上，同时也体现在环境中的艺术活动上，艺术家在特定的街区休闲区域中发生的艺术行为给人以切身的艺术感受，也是步行街中最受人们驻足青睐的人文景观。在表现类型上通常采用小品、群雕、组合装置、大型主题艺术墙、主题雕塑、艺术活动区等表现手法，针对街区环境的人文背景与场地条件的需要进行表现。在步行街区中公共艺术品设置应具有一定的必要性，如图6-48所示。

图6-48　商业街公共艺术品设计①

(1) 场地的特殊性。不是所有的街区环境都适合放置或接受不同形式的艺术品或开展艺术活动的，设置艺术品和发生艺术行为必须根据环境的需要与场地的特殊条件而决定，即在特殊环境下配置的特殊形象、开展特殊艺术活动、产生特殊效果，这是公共艺术品存在的理由和条件。公共艺术品和艺术行为在街区环境中不仅要关注作品本身的形式问题，同时应考虑观者视觉距离尺度、作品的尺度比例关系与活动所需空间关系，这是形成场地条件的关键因素，根据不同的环境条件，选择相应艺术表现方式，是街区人文景观设置的重要内容。

(2) 人文的象征性。在商业步行街中的艺术品应注重人文意义的表达，无论是运用传统的或现代的形式，都应根据本土地域的文化背景、社会生活习俗和时代特征进行创作，使街区环境中的公共艺术品具有公众可辨识的区域人文特征和文化意义。

(3) 表达的公众性。公共艺术品的表现无论从形式和内容上都应体现公众性，它不等同于纯艺术表现，这是公共艺术品表达的首要因素。艺术品放置在商业街区环境中其形式传达具有强制性观看的性质，进入街区的公众无法回避，不管接受与否，因此，作品形式与内容的表达应以大众化的普遍审美意识为基点，艺术表现多以叙事性、象征性、民俗性和趣味性题材为主，注重形式表达的多样化。

① 百度图片网. http://image. baidu. com/i? tn=baiduimage&ct=201326592&cl=2&lm=-1&fr=&pv=&ic=0&z=0&se=1&word=%C9%CC%D2%B5%BD%D6%B5%F1%CB%DC&s=0&sme=0&pn=0&ln=2000&tab=&width=&height=&face=&fb=#pn=90,中国经济网. http://www. ce. cn/life/clfs/xx-bb/200603/06/t20060306_6277680. shtml.

2）造景设计

造景设计是以街区环境为条件进行人工景观营造的设计活动，以街区的道路、空地、建筑立面、街道上空为景观表现的载体，形成多维度的，多样化的街区景象。从造景的种类区分，通常有水景、石景、植物景观、构筑物景观、悬吊式空中景观和灯饰照明景观等，这些景观形象将使步行街区产生丰富的视觉效果，从而吸引更多的游人进入商街游览购物。商业步行街的造景设计不仅有美化环境的作用，同时具有为街区环境营造驻足休息、漫步观赏的作用，优秀的造景设计是将应用功能与景观形式完美结合的结果，如图6-49所示。

图6-49　商业街造景设计①

（1）道路、空地上的造景设计。地上造景设计是商业步行街中主要的景观表现方式，以水景、石景、植物和构筑物景观为主。常见的是将几种不同造景手段结合运用，使街区的各个路段连贯成一个具有丰富可视性和功能性的景观系统。地上造景设计需要根据场地空间尺度关系与路段交通节点关系，从总体设计的角度思考水景形式（流水、静水、喷泉），石景的设置（山石、石墙、石梯），植物选种（乔木、灌木、花卉，草坪），构筑物景观的营造（观景亭台、休息亭台、廊道、花架），并结合游人行进、驻足、观看的行为习惯，在人流相对集中的区域形成休闲功能完善，观景效果良好，空间变化丰富的街景关系。

（2）街道上空。商业步行街道上空常常是动态的临时性造景设计表现的空间，常见的形式有喷泉、充气空飘、灯饰、彩旗、彩带和轻质材料造型悬挂等。街道上空的造景是一种临时性和装饰性的活动，起到增强街区氛围、丰富街区景观形象的作用。主要根据街区空间条件结合节庆活动所进行的场景式造景设计。

5. 商业街功能设施、设备的形式设计

在商业步行街中除独立的景观设计给街区带来审美形式功能外，伫立的公共设施、设备也是环境中重要的视觉物象，需要专门对其进行形式设计，使之在街区中发挥重要的景观作用。商街的功能性公共设施、设备种类较多，几乎涵盖了（除车行交通以外的）城市街区、道路的所有公共设施、设备内容。从不同的功能上概括，应分为公共设施类和公共

① 百度图片网. http://image.baidu.com/i?tn=baiduimage&ct=201326592&cl=2&lm=-1&fr=&fmq=&pv=&ic=0&z=0&se=1&showtab=0&fb=0&width=&height=&face=0&word=%B2%BD%D0%D0%BD%D6&s=0#.

设备类。

1）公共设施形式设计内容

通常意义上的公共设施景观是指服务于街区人群使用的建（构）筑物，它包括书报亭、电话亭、公共卫生间、售货亭、可移动式商业摊点、治安管理站、咨询站点等。这些具有明确功能性的设施，在街区环境中占有一定的视觉空间，如不经刻意的形象设计，会影响街区总体景观形式。因此，对其形态、色彩、材料的处理，是使之成为景观物象，更好地发挥功效作用的必要手段。

2）公共设备形式设计内容

公共设备在功能与体量上有别于公共设施，但性质是一致的，它的内容包括：路灯、休息椅、座、挂式公共电话点、垃圾桶、洗手台、消火栓、隔离栏、邮箱、路标指示、公共信息显示屏等。这些设备的形象尺度大多都较小，容易受到遮挡和在视觉上被忽略，因此，更应注重在形式设计上突出其形象特征，易于游人便捷地使用。

3）公共设施形式设计要点

（1）形象系统的识别。公共设施，设备的功能是既定的，但如何加强使用的便捷强化其作用，并具备美好的形式，则是设计需要解决的问题。在繁华热闹的街区中，满眼都是各种物象。公共设施常常淹没其中很难寻找。因此，运用形式的特征区别于环境中的其他形象，是更好地发挥其功效的最佳方式。但在形式设计时应对公共设施、设备的形象进行不同功能、不同体量的系统分类，并根据不同的系统建立视觉形象设计的识别关系，使公共设施、设备在商业步行街区中既能突出视觉形象，又不喧宾夺主形成干扰，同时有序地构成街区环境中，具有良好视觉效果的功能形象体系，成为另类景观。

（2）功能的最简化和安全性。公共设施、设备的形象设计内容中，包含了一定的功能意义，在街区环境中人们对于公共设施、设备的使用往往处于暂时状态，需求目的直接而明确，复杂的多用途功能是多余的，最佳的结果是尽快地满足使用达到目的。在针对使用功能设计的同时应注重快速操作过程中的安全问题，以及游人在行进过程中的擦碰问题，因此，边、角、外形的处理是形象设计的重要部位，避免造成对游人的伤害。

（3）形式与环境。在公共设施、设备的系统形式设计过程中应注重对象与环境的视觉关系，公共设施、设备无论从功能和景观的方面都应是环境中发挥辅助作用的配置条件，不是主体。不能将电话亭、垃圾箱等构成街区中主要的景观。因而，对于公共设施、设备的设计应根据街区环境的条件和整体形式需要，进行与环境协调、搭配的设计，应与其他景观物象的形式共同构成和谐的街景。

6.4.5 设计案例

以山东济南芙蓉街—百花洲历史文化街区保护规划为例。

6.4.5.1 规划背景

芙蓉街—百花洲街区位于济南老城中心区，南以泉城路、珍珠泉北墙为界，北临明湖路，东以县西巷、珍池街为界，西临贡院墙根街，现状占地总面积为 24 hm^2。片区南望千佛山、黑虎泉，北揽大明湖，西闻趵突泉，是济南市自然人文的焦点所在，如图 6-50 所示。

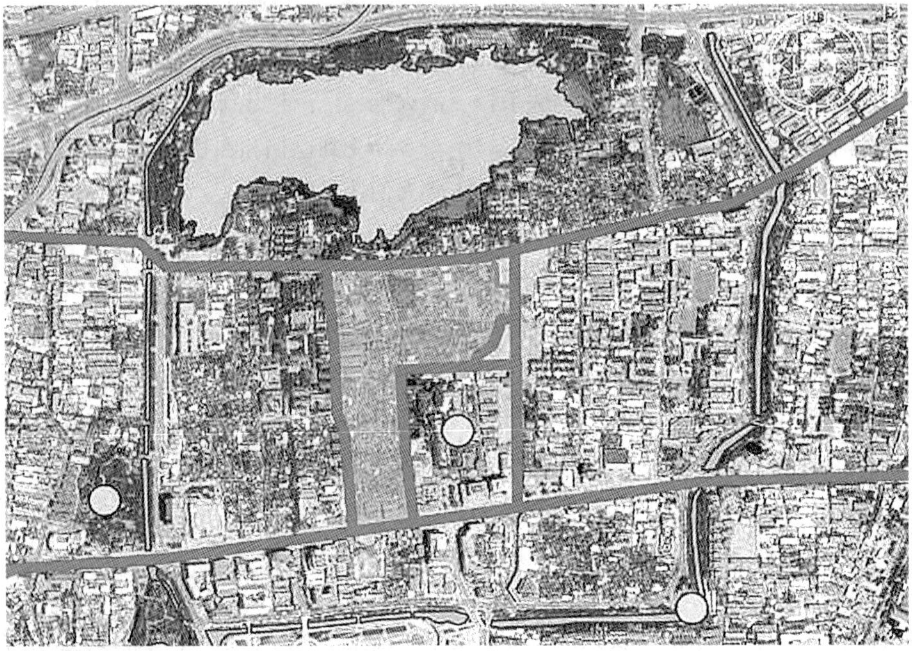

图 6-50 规划范围与区位图①

芙蓉街—百花洲街区在历史、人文、科学研究方面具有极高价值，是古城济南现存唯一的保留较完整的最具传统特色的地区，是济南古城乃至中国历史文化的巨大财富。可将其价值评估概括为：世界人居环境的优秀案例，中国山水文化的典型代表，反映传统礼文化的古城格局核心片区，古城非物质文化的重要载体，如图 6-51 所示。

6.4.5.2 规划定位

高起点高标准的定位拉动，以文化遗产价值评估为基础的整治更新，从大山水格局到局部地段的多层次规划设计，重点起步、有序开展的实施建议。

① 山东济南芙蓉街—百花洲历史文化街区保护规划设计案例. http://xm.zcs.blog.163.com/blog/static/1219142092009611413225 9/.

图 6-51　规划方案总平面图①

① 山东济南芙蓉街—百花洲历史文化街区保护规划设计案例. http://xm.zcs.blog.163.com/blog/static/1219142092009611413 2259/.

6.4.5.3 规划结构

该街区的功能规划的主要内容是商业功能规划，从城市与街区两个层面考虑。

1. 城市层面

根据现状商业设施分布及未来发展预测，对古城规划“两横四纵”的商业设施结构，如图 6-52 所示。两横为沿泉城路商业轴和沿明湖路休闲文化轴；四纵为县西巷特色商业街、芙蓉街传统商业街、省府文化轴和跨突泉北路商业轴。芙蓉街及后宰门街内商业业态仍然强调以小规模、丰富性为主的传统特色商业，并具有一定的展示功能。

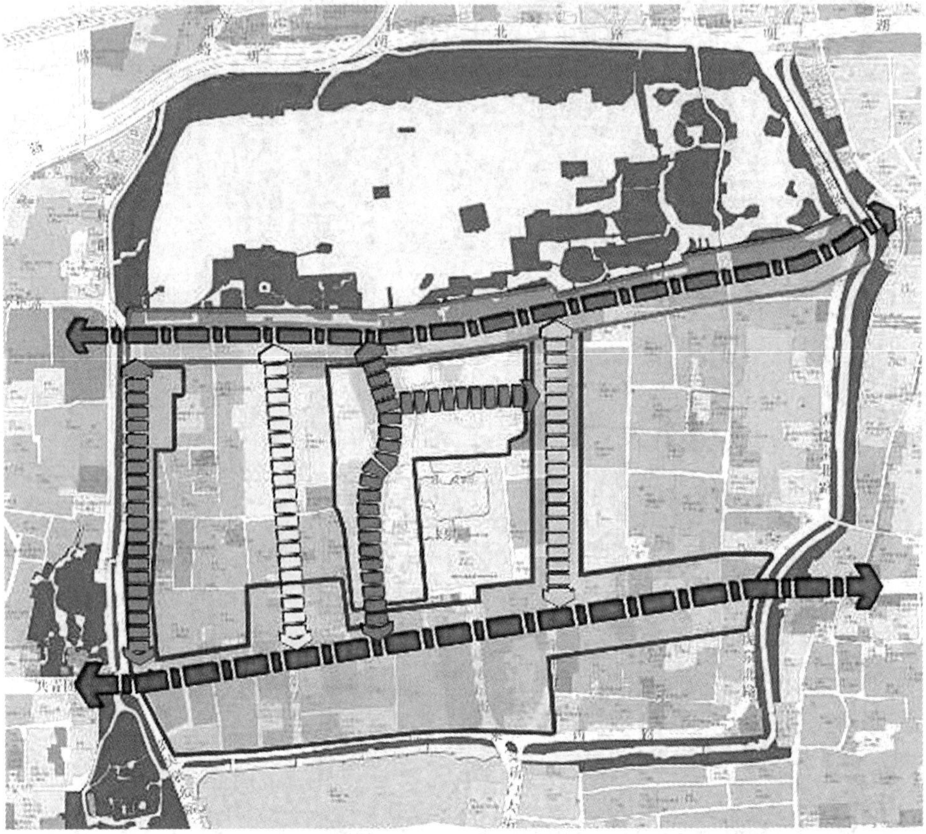

图 6-52　功能结构图——城市层面①

2. 街区层面

街区内主要打造四条特色意图街道，如图 6-53 所示。

① 山东济南芙蓉街—百花洲历史文化街区保护规划设计案例. http://xm.zcs.blog.163.com/blog/static/1219142092009611413225 9/.

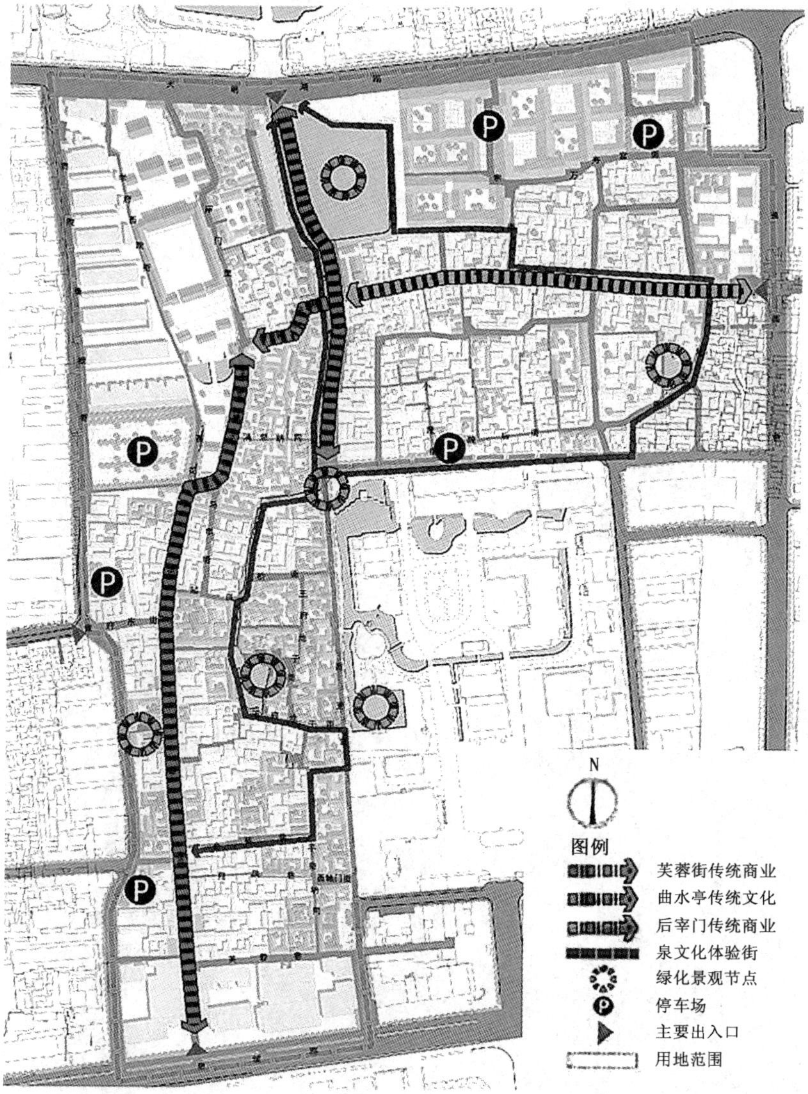

图 6-53　功能结构图——街区层面①

体现传统商业特色的芙蓉街：主要以小型的特色传统商业为主，在可能条件下鼓励功能用地的水平和竖向兼容和弹性。

体现传统文化特色的曲水亭街—辘轳把子街：以文庙为依托，发展主要文化性商业及书吧、酒吧、茶吧等文化休闲功能为主，严格限制餐饮，避免造成污染。

① 山东济南芙蓉街—百花洲历史文化街区保护规划设计案例. http://xm.zcs.blog.163.com/blog/static/1219142092009611413225 9/.

第7章 城市居住区环境景观设计

住宅作为人类生存的必要物质条件，是家庭的物质载体，也是人类生活最基本的物质消费资料，它可以满足人们生存、发展乃至享受多层次的需求。住宅建设作为城市建设的一个重要组成部分，不仅为居住者提供居住的空间和场所，还需要创造良好的居住环境，满足居住者的社会和心理需求，从这个意义而言，住宅也是精神生活的重要空间和场所，是一个精神意义上的家。正如诺伯格·舒尔茨（Christian Norberg Schulz）所说："住宅的意义是和平地生存在一个有保护感和归属感的场所。"因此，改善居住环境，创造心目中理想的家园始终是人类不懈的追求。

居住区提供着居民生活所必需的外部空间的物质环境和精神环境。其中精神环境的需要以物质环境作为支持。居住区应该提供人们进行各种户外活动的可能性，居民户外生活是否丰富，小区是否充满活力，居住环境能否提供与日常活动相适应的空间，是评价一个居住区环境质量高、低的标准。

进入21世纪，人类对居住环境提出新的要求。人类社会正由工业文明向生态文明转化，纵观今日世界，21世纪所面临的主题是：人类正在努力寻求一条与自然更为协调的"可持续发展"（Sustainable Development）之路，即生态化道路。这一新观念自20世纪80年代中期提出以来，已有近20年了。在此期间，1987年联合国世界环境发展委员会，在主席布伦特兰（Bruntland）的主持下，对可持续发展定义为"既满足当代人的需要，又不对满足后代人的需要的能力构成危害"。1993年国际建联和联合国教科文组织共同召开了"为可持续的未来进行设计"的世界大会，从而把可持续发展这一具有深远战略意义的观念，与城市规划、建筑设计、室内外环境设计紧密地联系起来。1996年6月的《伊斯坦布尔宣言》中又郑重地提出"当我们迈向21世纪的时候，我们憧憬着可持续的人类住区，期盼着我们共同的未来，使每个人能过上尊严、健康、安全、幸福和充满希望的美好生活"。宣言中明确提出迈向新世纪时建筑内外环境设计的目标即可持续的人居环境。并且进一步阐明人与环境的和谐和"以人为本"的宣言宗旨。

因此，21世纪应该是人与自然和谐发展的时代。人们在满足居住需求的同时，也在追求一个优美怡人的自然环境，因此也就越来越重视居住区环境的改善与发展。

为了提高人居环境质量，我国从1986年开始分别在56个城市组织了67个城市住宅小区建设试点，初步探讨了居住区环境与景观的建设。自此伴随着商品经济发展与住房改革的不断推进，城市居住区景观建设成为人们日益关注的焦点。同时其对于改善人居环境，维护城市内在空间品质都具有非常深远积极的意义。

7.1 居住区绿地及组成

居住区绿地景观设计是居住区规划设计的重要组成部分，它指结合居住区范围内的功能布局、建筑环境和用地条件，在居住区绿地中进行以绿化为主的环境设计过程。居住区绿化是改善生态环境质量和服务居民日常生活的基础，是居住区环境景观的基本构成元素。

7.1.1 居住区绿地

居住区绿地是居住区环境的主要组成部分，一般指在居住小区或居住区范围内，住宅建筑公建设施和道路用地以外布置绿化、园林建筑和园林小品，为居民提供游憩活动场地的用地。居住区绿地是接近居民生活并直接为居民服务的绿地，其中的公共绿地是居民进行日常户外活动的良好场所；居住区绿地形成住宅建筑间必需的通风采光和景观视觉空间，它以绿化为主，能有效地改善居住区的生态环境；通过绿化与建筑物的配合，使居住区的室外开放空间富于变化，形成居住区赏心悦目、富有特色的景观环境。居住区绿地包括居住区或居住小区用地范围内的公共绿地、住宅旁绿地、公共服务设施所属绿地和居住区道路绿地等。

居住区绿地是城市园林绿地系统中的重要组成部分。一般城市居住生活用地占城市总用地的50%左右，其中居住区绿地占居住区生活用地的25%～30%。居住区广泛分布在城市建成区中，因此，居住区绿地构成了城市绿地系统点、线、面网络中面上绿化的主要组成部分。

7.1.1.1 居住区绿地的功能

居住区绿地的生态功能、景观效果和服务功能对居住区环境起十分重要的作用，它主要有以下四方面的具体作用：

(1) 居住区绿地以植物为主体，在净化空气、减少尘埃、吸收噪音等方面起着重要作用。绿地能有效地改善居住区建筑环境的小气候，包括遮阳降温、防止西晒、调节气温、降低风速，在炎夏静风状态下，绿化能促进由辐射温差产生的微风环流的形成，等等。

(2) 居住区绿地是形成居住区建筑通风、日照、采光、防护隔离、视觉景观空间等的环境基础，富于生机的园林植物作为居住区绿地的主要构成材料，绿化美化居住区的环境，使居住建筑群更显生动活泼、和谐统一，绿化还可以遮盖不雅观的环境物。

(3) 居住区绿地优美的绿化环境和方便舒适的休息游嬉设施、交往场所，吸引居民在就近的绿地中休憩观赏和进行社交，满足居民在日常生活中对户外活动的要求，有利于人们的身心健康和邻里交往。

(4) 住区公共绿地在地震、火灾等非常时候，有疏散人流和隐蔽避难的作用。居住区绿地对城市和居住区的生态环境、景观风貌，对居住区的社区文化，对居民的生理、心理都有重要作用。人们日益重视居住区环境质量的提高和以绿化为主的环境建设，认识到优美的园林绿化是居住区最基本的环境要素。但由于种种原因，在某些居住区的绿化设计和建设施工中曾经或依然存在一些问题，有待进一步探讨和改进。如在建成区地价昂贵地段为增加开发强度取得经济效益而产生的高档高价的高层和小高层居住小区，与传统的多层低层居住区相比较，在居住区空间格局、绿地布局形式等许多方面均有较大的差异。高层、小高层住宅楼群间，虽然增加了公共绿地面积，却往往使居住区的人均绿地面积大大降低，增加了公共绿地的环境负担，并使居民使用不便，居民对绿地和住宅庭院群的归属感降低。目前，小汽车进入家庭的势头正旺，已出现了居住区内停车与绿地的矛盾，采用嵌草地砖的方式来弥补被侵占的绿地，事实上是非常不合理的方式。

在居住区绿化景观和环境艺术设计中，过分强调绿化和环境艺术的视觉美化作用，喜欢"大手笔"、"大尺度"布景，无视绿地的环境生态功能和服务居民功能，无视绿化景观与建筑有机结合互为映衬的关系。常出现以环境艺术小品和广场铺地代替绿化，或采用冷季型草坪、整形模纹花灌木和成片布置应时草本花卉等建设投资大、养护管理要求高的绿化方式，来代替乔、灌、草相结合的植物艺术配植。还存在随意引入外地树种求新求异，最好移植大树以使绿化"立竿见影"的倾向；在植物配植上，存在园林植物种类构成单调、生态结构不合理、物种多样性较低和人工植物群落稳定性差等。环境艺术小品只注重装饰性，而对如何与传统历史文化、居民需要相结合缺乏必要的探究，如滥用欧式廊柱、西洋水景、雕塑、花钵等，并且美其名曰"欧陆风情"等不一而足。

7.1.1.2 居住区绿地规划设计的理念

居住区的规划设计和建设，包括居住区的绿化，经过数十年的实践和探索，我们至少在理论和研究层面上基本统一在以下的理念中：居住区要创造舒适的人居环境，人居环境要可持续发展；在规划设计中，从居住区的空间、环境、文化、效益等四个方面着手，以新颖多样的居住区建筑形式和布局、人性化的居住区环境和优美的园林绿化景观来创造人、住宅与自然环境、社会环境协调共生的居住区。如近些年来时尚的花园式、园林式住宅区和绿色生态住宅区等各种有特色的居住区，都是上述规划建设理念的体现。

对于居住区绿地的规划设计和建设，要求在普遍绿化的基础上，充实艺术文化内涵和生态园林的科学内容，使鳞次栉比的居住区建筑掩映于山水花园中，把居民的日常生活与园林游赏结合起来，使居住区绿地与建筑艺术、园林艺术、生态环境和社区文化有机联系。具体包括以下几个方面：

(1) 园林设计工作者参与居住区总体规划，改变以往由建筑设计师和城市规划师在建筑、道路及绿地布局确定之后，再进行居住区绿地的具体规划设计的工作方式。这样就有利于合理布局居住区绿地和完善其功能，最大限度地提高绿地率，充分利用规划建设用地内外的自然地形地貌、绿化基础等有利的生态、景观条件。

(2) 注重对居住区绿地质量的提高，要求充分体现绿地在构成居住区绿色开放空间、美化景观、改善小区生态环境质量和提供居民日常户外活动场所等方面的功能。

(3) 在规划构思时，注重绿地与周围环境的联系，组织统一协调又丰富多样的绿化空间；同时，将园林景观与社区文化日常生活有机结合，营造良好的居住区生态环境和高雅的社区人文景观；园林绿化主题常与居住区名称或营销品牌相协调配合，如在亚热带海滨城市中的许多居住区，大多突出了滨海风情景观的营造。

具体设计中，在合理布置园林建筑小品、园路和铺装等硬质景观要素的基础上，常有着各种水景，包括叠泉、跌水、喷泉、水池和浅滩溪流，甚至游泳池等，使绿地环境动静相生，园林气氛清新活泼。在植物配植方面，注重园林植物群落的生物多样性和群落稳定性、生态功能的形成应用的园林植物种类日趋丰富多样，有的城市还提倡在一定面积的小区绿地中，要求园林植物种类达到相应的种类数量；园林植物群落在结构上乔、灌、草合理搭配，在外貌上表现丰富的季相变化，至少做到三季有花，还广泛采用藤本植物进行垂直绿化；绿化还进一步配合现代居住建筑的造型、色彩和风格以及现代居住区整体环境气氛，在绿地中合理布置缀花草坪、装饰模纹花坛花带，使绿化景观富于时代特色。

在绿色建筑理念的影响下，居住区绿化由绿地向建筑物立体拓展，结合绿色建筑的建筑设计，突破建筑物对绿化的空间界限，将绿化结合到建筑物的形体上，并向建筑内部渗透。在建筑物质顶部营造屋顶花园，已得到广泛采用，屋顶花园为居民提供了尽可能多的绿色活动休憩空间；使绿色入户的生态阳台已逐渐被住户接受；高层住宅建筑的架空层、构架、挑台绿化将形成丰富多样的立体绿化景观。这些依附在建筑上的立体绿化，在绿化材料和栽培基质的选择，设计手法和养护管理措施等方面，都向绿化规划设计者提出了新的要求。

7.1.2 居住区绿地组成

按照功能和所处的环境，居住区绿地分为居住区公共绿地、居住区公建设施专用绿地、区道路绿地及居住区宅旁宅间绿地和庭园绿地，如图 7-1 所示。

7.1.2.1 居住区公共绿地

居住区公共绿地指居住区内居民公共使用的绿地，这类绿地常与居住区或居住小区的公共活动中心和商业服务中心结合布局。公共绿地的功能主要是给居民提供日常户外游憩活动空间，让居民开展包括儿童游戏、健身锻炼、散步游览和文化娱乐等活动。在规划建设中，结合环境条件和功能要求，布置园林水体、园林建筑、园林小品、铺地广场和照明灯具等，以园林植物景观为主体，创造居住区自然优美的园林环境。公共绿地还能起到防灾避灾的作用。

1. 居住区公园

居住区公园是为全居住区服务的居住区公共绿地，规划用地面积较大，一般在 1 hm^2

以上，相当于城市小型公园。公园内的设施比较丰富，有体育活动场地、各年龄组休息活动设施、画廊、阅览室、茶室等。公园常与居住区服务中心结合布置，以方便居民活动和更有效地美化居住区形象。居住区公园一般服务半径为 80～100 m，居民步行到居住区公园的时间不多于 10 min 左右的路程。

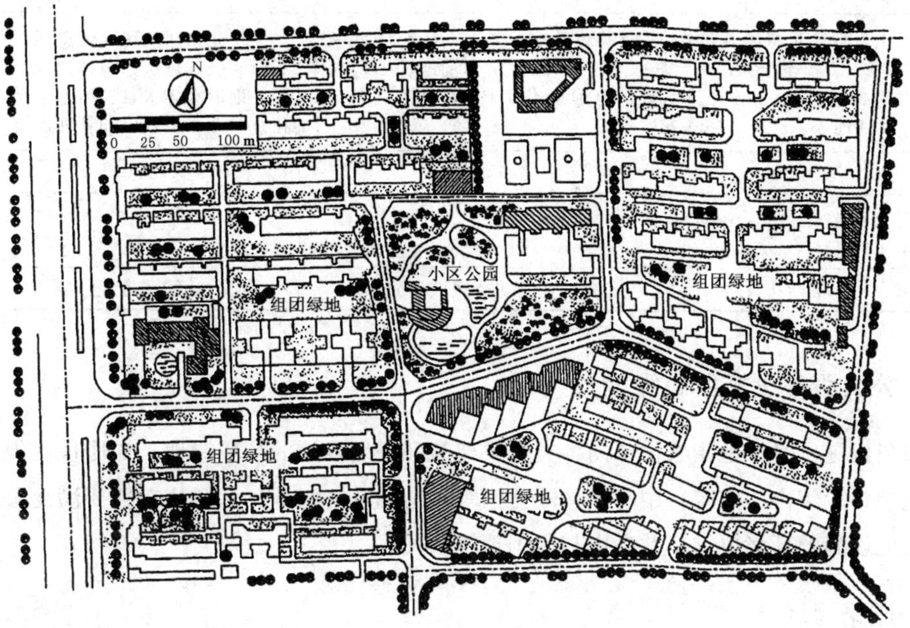

图 7-1 某小区居住区绿地布局形式和组成

2. 居住小区公园

居住小区公园又称居住小区中心游园，亦包括小区级儿童公园，一般通称居住小区公园。居住小区公园就近服务居住小区内的居民，设置一定的健身活动设施和社交游憩场地，一般面积为 4 000 m^2 以上，在居住小区中位置适中，服务半径为 400～500 m。

3. 组团绿地

组团绿地又称居住生活单元组团绿地，包括组团儿童游戏场，是最接近居民的居住区公共绿地，它结合住宅组团布局，以住宅组团内的居民为服务对象。在规划设计中，特别要设置老年人和儿童休息活动场所，一般面积为 1 000～2 000 m^2，离住宅人口最大步行距离在 100 m 左右。

居住区内除上述三种公共绿地外，根据居住区所处的自然地形条件和规划布局，还在居住区服务中心、河滨地带及人流比较集中的地段布局街心花园、河滨绿地、集散绿阴广场等不同形式的居住区公共绿地。

根据居住区规划结构形式和所处的周围环境，将居住区上述几类公共绿地进行三级或二级布局，形成居住区的公共绿地体系。二级布局体系有居住区公园—居住小区公园，居住区公园—组团绿地；三级布局体系有居住区公园—居住小区公园—组团绿地。各类居住区公园绿地的特征，见表 7-1。

表 7-1　　各类居住区公共绿地特征一览表

分　级	住宅组团级	小区级	居住区级
类　型	组团绿地	小区公园	居住区公园
使用对象	住宅组团居民特别是儿童和老人	居住小区居民	居住区居民和部分一般市民
设施内容	简易儿童游戏设施、坐凳椅、树木、草地、花卉、铺地	儿童游戏设施、老年人活动休息场地设施、园林小品建筑和铺地、小型水体水景、地形变化、树木草地花卉、出入口	少年儿童活动场、休息活动场所和服务建筑、园林建筑小品、地形水体水景、树木草地花卉、专用出入口和管理建筑
用地/m^2	＞1 000	＞4 000	＞10 000
居民步行到达距离/min	2～4	5～8	8～15
内部布局要求	灵活布置	有一定的功能区域划分	有明确的功能和景观区域划分

7.1.2.2　公共服务设施所属绿地

公共服务设施所属绿地指居住区内各类公共建筑和公用设施的环境绿地，如居住区俱乐部、影剧院、少年宫、医院、中小学、幼儿园等用地的环境绿地。其绿化布置要满足公共建筑和公用设施的环境要求，并考虑与周围环境的关系。

7.1.2.3　道路绿地

道路绿地指居住区主要道路（居住区主干道）两侧或中央的道路绿化带用地。一般居住区内道路路幅较小、道路红线范围内不单独设绿化带，道路的绿化结合在道路两侧的居住区其他绿地中，如居住区宅旁绿地、组团绿地。

7.1.2.4　宅旁绿地和居住庭园绿地

宅旁绿地和居住庭园绿地指居住建筑四周的绿地。

7.2　居住区绿地的设置及指标

7.2.1　居住区绿地的特点

居住区绿地不同于一般性的公共绿地，由于居住区绿地的类型与性质决定了其内容和表现形式上具有如下鲜明特点：

(1) 居住区绿地中需要有一定的游憩空间，需要为居民尤其是老人和儿童设置一定的活动面积，有居民散步、游览的道路，可活动的铺装场地、游戏场和简易、安全的活动设施，适当安排不同年龄和不同文化层次居民的服务内容。

（2）居住区绿地的植物配置应根据居住环境的功能要求，按乔木、灌木、地被、草坪等的生态习性合理配置，要考虑植物之间组合，平、立面的构图、色彩、季相和形态，并注意意境，要与住宅建筑、道路、建筑小品等有机结合，相得益彰。配置方式应丰富多样，既要符合发挥绿化功能的要求，又要符合为居民创造富有生活气息的绿色环境的要求。居住区绿地不仅要有足够的绿地面积，还应有足够的绿色量，在单位面积上拥有最佳的叶面积指数、绿色体积量，充分发挥植物生态效益，便于居民游憩活动，避免过多使用绿化效应相对较小的大草坪，或以单调树种排列的树种。

（3）充分利用有限的绿地面积和空间进行垂直绿化，在可能条件下进行屋顶绿化，增加绿化的空间层次和绿色量，有利于改善和提高居住区小气候环境。

（4）居住区绿地规模有限，功能要求不同于城市公园，设置的建筑小品体量不宜过大，否则与建筑环境的空间尺寸不相称，其设置的数量也不宜过多。而且居住区绿地分块特征突出，整体性不强；分块绿地面积小，设计的创造性难度比较大。

7.2.2 居住区绿地的设置及指标

7.2.2.1 居住区绿地的设置

居住区内绿地，应包括公共绿地、宅旁绿地、配套公建所属绿地和道路绿地，其中包括了满足当地植树绿化覆土要求、方便居民出入的地下或半地下建筑的屋顶绿地。

居住区内的公共绿地设置应根据居住区不同的规划布局形式设置相应的中心绿地，以及老年人、儿童活动场地和其他的块状、带状公共绿地等，并应符合下列规定：

（1）中心绿地的设置应符合相关规定，见表7-2，表内“设置内容”可视具体条件选用。

表7-2　各级中心绿地设置规定

中心绿地名称	设置内容	要求	最小规模/hm^2
居住区公园	花木草坪，花坛水面，凉亭雕，小卖茶座，老幼设施，停车场地和铺装地面	园内布局应有明确的功能划分	1.0
小游园	花木草坪，花坛水面，雕塑，儿童设施和铺装地面	园内布局应有一定的功能划分	0.4
组团绿地	花木草坪，桌椅，简易儿童设施等	灵活布局	0.04

（2）便于居民休憩、散步和交往之用，宜采用开敞式，以绿篱或其他通透式院墙栏杆作分隔。

（3）组团绿地的设置应满足有不少于1/3的绿地面积在标准的建筑日照阴影线范围之外的要求，并便于设置儿童游戏设施和适于成人游憩活动。其中院落式组团绿地的设置还应同时满足其他的各项要求，见表7-3。

表 7-3　　院落式组团绿地设置规定

封闭型绿地		开敞型绿地	
南侧多层楼	南侧高层楼	南侧多层楼	南侧高层楼
$L \geqslant 1.5L_2$	$L \geqslant 1.5L_2$	$L \geqslant 1.5L_2$	$L \geqslant 1.5L_2$
$L \geqslant 30$ m	$L \geqslant 50$ m	$L \geqslant 30$ m	$L \geqslant 50$ m
$S_1 \geqslant 800$ m^2	$S_1 \geqslant 1\,800$ m^2	$S_1 \geqslant 500$ m^2	$S_1 \geqslant 1\,200$ m^2
$S_1 \geqslant 1\,000$ m^2	$S_1 \geqslant 2\,000$ m^2	$S_1 \geqslant 600$ m^2	$S_1 \geqslant 1\,400$ m^2

注：(1) L——南北两楼正面间距（m）；
L_2——当地住宅的标准日照间距（m）；
S_1——北侧为多层楼的组团绿地面积（m^2）；
S_2——北侧为高层楼的组团绿地面积（m^2）。
(2) 开敞型院落式组团绿地应符合相关规定，如图 7-2 所示。

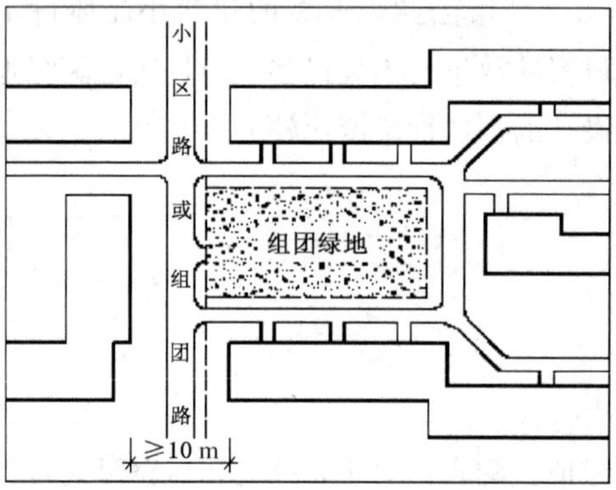

图 7-2　开敞型院落式组团绿地示意图

（4）其他块状带状公共绿地应同时满足宽度不小于 8m、面积不小于 400 m^2 以及相应的日照要求。

（5）公共绿地的位置和规模，应根据规划用地周围的城市级公共绿地的布局综合确定。

7.2.2.2　居住区绿地的指标

居住区绿地的定额指标，指国家有关条文规范中规定的在居住区规划布局和建设中必须达到的绿地面积的最低标准。通常有居住区绿地率、绿化覆盖率、平均每人公共绿地、平均每人非公共绿地等定额指标，见表 7-4。

表 7-4　　主要居住区绿地定额指标

指标类型	内　容	计算公式
居住区人均公共绿地指标/（m^2/人）	包括居住区公园、小游园、组团绿地、广场花坛等，按居住区内每居民所占的面积计算	居住区人均公共绿地面积＝居住区公共绿地面积/居住区总人口
居住区人均非公共绿地指标/（m^2/人）	包括宅旁绿地、公共建筑所属绿地、河边绿地，以及设在居住区内的苗圃、花圃、果园等非日常生活使用的绿地。按每人所占的面积表示	居住区人均非公共绿地面积＝（居住区各种绿地总面积－公共绿地面积）/居住区总人口
居住区绿地率/%	指居住区用地中的绿地占居住区总面积的百分比	绿地率＝居住区内绿地面积/居住区总用地面积

影响居住区绿地定额指标的因素有如下几方面：形成居住区必需的户外开放空间，使居住建筑的室内外空间环境能满足人们生理和心理方面对空间及环境卫生的要求和必需的住宅建筑间绿地空间量；达到有效地改善居住区的小气候环境，满足居民日常户外活动要求，形成居住区优美的绿化景观。

根据城市气候生态方面的研究，占城市建成区用地约50%左右的城市居住生活用地中，居住区绿地的规划面积应占居住区总用地的30%以上，使居民人均有5～8 m^2 的居住区绿地，居住区内的绿化覆盖率达到50%以上时，居住区小气候才能得到全面有效的改善，而与郊区自然乡村气候环境相接近，从而形成舒畅自然的居住区室外空间环境。

欧美国家经济发达，人口密度低，居住区的人均居住区绿地指标较高。据20世纪60年代统计，一般建成区中居住区居民人均绿地达22～28 m^2，在高密度市区可降低到人均10～16 m^2，英国人均18～34 m^2，澳大利亚人均20 m^2，居住区绿地面积达到或超过居住区用地的50%，并且在居住区内有规划建设较完善的公共绿地系统。

我国由于人口密度高，土地资源紧缺，城市居住区人均用地指标（包括居住区人均绿地指标）比较低。根据我国实际情况，在有效地改善居住生活环境和满足居民居住生活必需的空间环境要求的原则下，国家制定了适于我国国情的居住区绿地定额指标。

1993年我国制定的国家标准《城市居住区规划设计规范》(GB 50180—1993）及其他相关行业标准中，规定新建居住区绿地率不应低于30%，旧居住区改造不宜低于25%，低层住宅区（2～3层为主）的绿地率为30%～40%，多层住宅区（4～7层）的绿地率为40%～50%，高层住宅区（以8层以上为主）的绿地率为60%。

关于居住区公共绿地的具体指标有：居住区公共绿地面积应占居住区总用地面积的7.5%～15%，居住小区公共绿地应占居住小区用地的2%～5%，组团公共绿地应占组团用地的3%～8%，并要求至少一边与相应级别的道路相邻。人均指标中，根据居住人口规模，组团公共绿地不少于0.5 m^2/人，小区公共绿地（含组团绿地）不少于1 m^2/人，居住区公共绿地（含小区公共绿地与组团绿地）不少于1.5 m^2/人。不同类型的公共绿地，居住区公园不小于1.0 hm^2，居住小区公园不小于0.4 hm^2，组团公共绿地不小于0.4 hm^2，旧居住区改造可视具体情况降低，但不应低于相应指标的50%。在这些公共绿地中，绿化用地面积（含水面）不宜小于70%，其他块状、带状公共绿地应同时满足宽度不小于8 m，面积不小于400 m^2。

近年，我国正在开展“绿色生态住宅小区建设”活动，在“绿色生态住宅小区”中，要求绿地率达到35%以上，公共绿地中绿化用地面积不应小于70%，并要求大力发展居住区建筑环境垂直绿化。

我国以往新建或改建的居住区对绿化用地考虑不够，很多居住区的绿地标准是偏低的，有待今后进一步提高。

美国纽约市在地域制条例中专门对居住区建筑外围绿化空间做了规定，见表7-5，如图7-3所示。

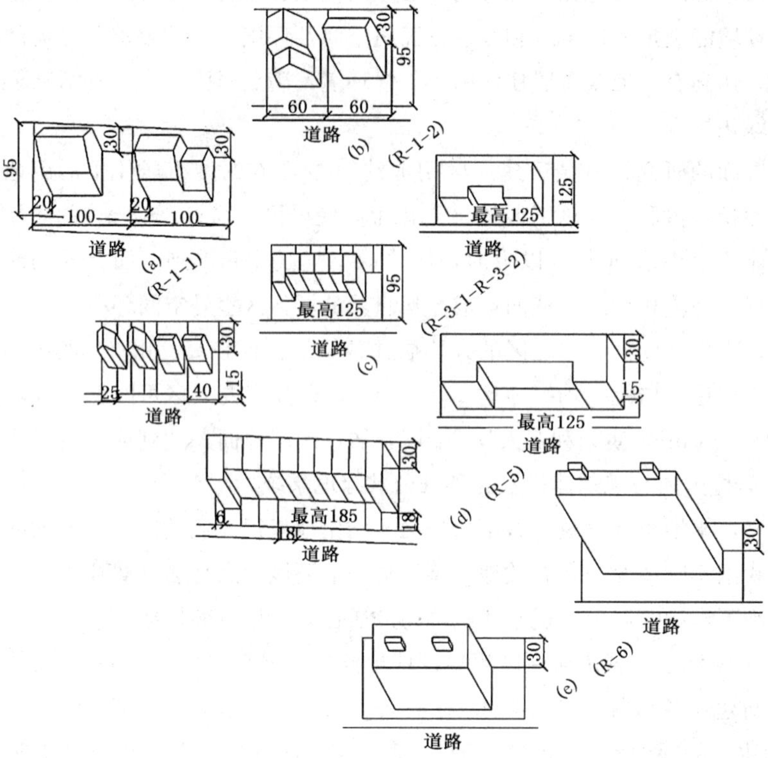

图7-3　居住房屋四周最小绿化空间（美国纽约市）

表 7-5　　　　美国纽约市地域制条例中居住建筑外围绿化空间（择录）

居住建筑	形态	最小住宅地规模/m^2	最高容积率/%	最小容地率/%	单位面积住房/hm^2	前面壁面线后退宽度/m	侧面壁面线后退宽度/m	侧面壁面线后退宽度合计/m	侧面壁面线后退小宽度/m
R-H	独立	883.7	30.5	0.5	150.0	1.6	6.1	10.7	4.6
2-1-2	独立	530.1	18.3	0.5	150.0	2.8	6.1	6.1	2.4
R-2	独立	353.4	12.2	0.5	150.0	4.6	4.6	4.0	1.5
R-3-1	独立	353.4	12.2	0.5	150.0	47.0	4.6	4.0	1.5
R-3-2	各种	158.1	5.5	0.5	150.0	47.0	4.6	—	—
R-4	各种	—	—	0.75	80.0	64.0	5.5	—	—
R-5	各种	—	—	1.25	40.0	102.0	5.5×	—	—
R-6	各种	—	—	2.00～2.43	30.0～33.5	161.8～178.2	—	9.2×	—
R-7	各种	—	—	2.88～3.44	18.0～22.0	217.7～232.0	—	9.2×	—
R-8	各种	—	—	4.88～6.02	8.0～10.7	333～392.0	—	9.2×	—
R-9	各种	—	—	6.54～7.52	4.2～6.2	420.0～430.1	—	9.2×	—
R-10	各种	—	—	10.00	—	588.0～705.0	—	—	—

注：×后庭的最小宽度。

7.3 居住区环境景观的综合营造

7.3.1 居住区绿地景观设计的影响因素

凯普斯（Gyorgy Kepes）指出："每一个现象，一个实体，一个有机形式，一种感觉，一种思想，我们的集体生活——它的形态和特征都应归功于内外相反两力斗争的意向；一个物质实体是自身结构和外部环境之间斗争的产物。"

影响居住环境的因素是多方面的，涉及土地、资金、设计、技术、管理、回收等，但总体来说可概括为两大类：自然生态因素和社会文化因素。自然生态环境可简单地视为外在环境，社会文化环境可视为内在环境。人类的居住形式正是在这两类因素的相互作用和影响下，展现出自身的丰富多彩。

7.3.1.1 自然因素的限定

自然环境是由气候、地貌、水文、土壤、植物和动物界有机结合成的综合体，这种"综合体"是自然地理的概念，不包含人文因素。人类的生存依赖于自然，同时自然又威胁着人类的生存。人与自然的这种矛盾反映在居住上就是，自然因素限定着居住的存在、形成和发展方向。

1. 土地资源与居住密度

土地是城市形成和发展的前提和基础，是人类赖以生存的必要物质条件，是人类生存系统中最可宝贵的资源。作为具有稀缺性和不可再生性的一种物质资源，土地一直是人们普遍保护和重视的对象，它对居住密度具有很大的影响和制约作用。

农耕经济是我国古代传统的经济形式，土地对广大农民来说再重要不过。人们对土地具有凝重的情结，认为只有"天地厚蕴"，才有"万物化生"；"得地则生，失地则死"（《荀子・天论》）。因此，节地保土、提高土地使用效率成为聚居环境创造中最重要的原则。聚落的营建应尽量节约土地，不占良田好土，并且根据土地资源状况合理安排生活居住用地和生产用地。这种思想造成许多聚落内部建筑密度大，街巷狭小。例如，我国南方江浙一带，人多地少，土地价值高，聚落内部建筑密集，小巷幽深，土地利用率极高。

在我国现代城乡住宅的建设中，土地资源对居住密度仍具有较大的影响，特别是在土地紧张、人口密集的大城市和对土地依赖程度高的地区，这种影响表现得尤为显著。城市中人多地少，土地资源缺乏，要求居住用地的开发必须提高密度以满足更多人对居住的需求。此外，随着城市土地使用制度的改革以及土地有偿使用政策的实施，土地资源的经济价值充分体现，并以地价形式反映出来，这就要求房地产开发者必须关心他们用巨额代价所取得的土地使用权能够产生多大的效益，土地资源与居住密度的联系也更为紧密。在对土地依赖性大的地区以及欠发达地区，土地作为人们生活中的重要资源而备受珍惜。

我国土地人均占有标准，仅为世界平均水平的 1/3，我国确定的土地基本国策是："十分珍惜和合理利用每寸土地，切实保护耕地。"因此，20 世纪 80 年代以来，在我国居住区的建设中，低层居住区会适当提高居住密度，提高土地使用效率，同时大量兴建多层住宅居住区以及高层住宅居住区。目的就在于节约每一寸土地。而在这种寸土寸金的条件下，势必制约了环境的发展。但正是因此，才需要探讨在现实发展的因素下如何利用有限的空间，营造更为有效、绿色的生态居住环境。

2. 气候与整体布局

与土地资源的作用方式不同，气候的影响在居住区整体布局上表现得尤为具体而明显。如果说人对土地资源的价值取向总是趋于认同的正值，并继而从维护自身生存利益出发而自觉或被迫节约用地的话，那么对气候的价值则需一分为二地加以判断、利用和营造，从而获得利于生存的良好居住环境。从大范围讲，我国由于地处北半球，季风性气候占主导地位；夏季有东、南沿海方向的季风；北部又受到西伯利亚冬季寒流的侵袭。居住环境整体布局多为朝南，许多村镇往往选址于背山面水之所：背后靠山，有利于抵挡北来的寒风；面朝流水，利于迎接夏季掠过水面的凉风；坐北朝南，则可获得良好的日照条件。此外，我国南方与北方住宅布局也各有特色。南方湿热，北方干爽，因此，南方对住宅的通风要求比较高，北方则更为重视住宅的采光日照，整体布局受日照间距的制约比较大。从而构成南方住宅密集，北方相对宽松，南方开敞，北方封闭的差别。在此基础上居住区环境设计也应注意其微气候的营建与处理。

7.3.1.2 人文因素的深层作用

人作为居住行为的执行者，是居住环境的本源。因此，只有居住生活方式的深层介入，以人的生理、心理、行为、情感等方面需求为依据研究居住环境，强调人的行为参与和意识认同，才能从根本上把握居住环境设计的真谛。

1. 环境、行为和心理

1）人・环境・行为

环境是怎样又是在何种程度上影响人及人的行为？对于这个问题有两种观点。第一，是由物质环境决定的，即物质环境决定人类思想，持有这种思想的就是"物质环境决定论"。霍华德（E. Howard）的田园城市、勒・柯布西耶（Le Corbusier）的城市理论及佩里（C. Perry）的邻里单元理论都是这种观念的产物；第二，环境心理学的观点：人与环境处在相互作用的生态系统之中，即人适应环境以满足自己的需要，如果无法满足就会着手改变环境，并根据环境所反馈的信息来调整自己的行为，从而最大限度地达到自己的目的，如图 7-4 所示，本书持第二种观点。

2）人的行为、心理及与环境的关系

这一领域主要研究人类所共有的，体现环境与行为相互作用的现象，包括环境知觉、环境认知以及空间行为三类。

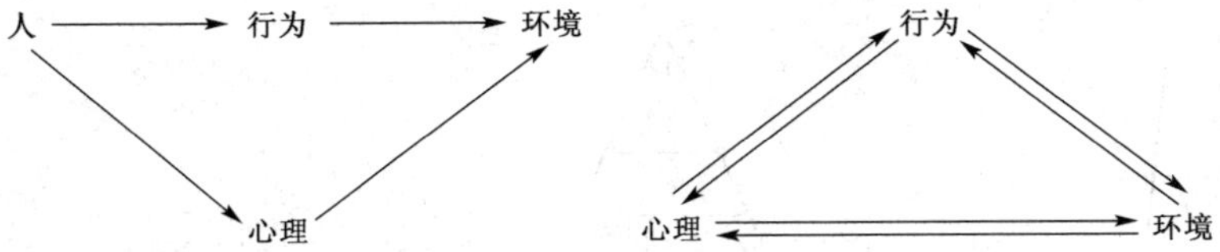

图 7-4 行为心理关系图示

空间行为：研究人在空间中的活动，包括人的生理因素、使用空间方式及人的行为模式。空间行为着重研究的是人怎样用空间作为社会交往的手段，领域性、私密性、人际距离和个人空间、拥挤感是其中的五个基本概念，它们反映出人使用空间时的心理需求。

环境知觉：研究不同的人在感知不同环境时的规律，如空间的宽敞感、亲切感、舒适感等。

环境认知：研究的是人对于特定空间的表现识别和理解环境的规律。针对居住区建设千篇一律、难以识别的情况，研究人们的认知规律，有助于设计者了解居住空间环境存在的问题，使居住区景观环境更符合使用者的心理需求。

2. 多层次的心理需求

居住空间环境规划设计的最终目的是为居住者提供一个良好的环境，使人能更好地实现他们的各种个人与社会活动。因此，适应和满足人的需求是居住环境设计的基本要求。

1）需求层次理论

美国社会学家马斯洛（A. Maslow）在《动机与个性》一书中提出“需求等级”学说，把人的需要由低级到高级分成五个层次，分别为生理、安全、爱与归属、尊重以及自我实现的需要。需求层次理论提出，人的需求的产生是一个从低级的生理需要到高级的自我实现需要的发展过程，只有当低一层次的需要得到满足后才可能产生对高一层次需要的需求，在整个人类社会中，各层次需求呈金字塔形，如图 7-5 所示。还应指出，各类需求的关系并非完全固定不变，可因时、因地，因不同的外在环境（如经济发展水平、文化素质、政治体制等）出现不同的需求结构，其中总有一个占优势地位，如图 7-6 所示。

2）多层次的环境需求

从人的需求角度来看环境，可视其满足人的需求的程度分为三个层次：

（1）生活必需的环境。人类生活的基本要求需要一个满足其功能使用要求的物质环境作为基础。在居住环境中，住宅是人们生活的核心，而日常生活所要求的方方面面都应维系在居住环境内部和邻近地区，这就对居住区的实质环境——生活必需功能的配置提出了要求。因此，良好的市政基础设施以及超市、医务所、幼儿园、学校、停车场地、垃圾站等配套公共服务设施已成为居住生活中必备的环境硬件，是创造良好居住环境的物质基础。

（2）生活舒适的环境。随着人类生活质量的提高，人们的生活环境观念已经从以往“住得宽敞”向“住得舒适”转变。所谓住得舒适，已不仅仅指居住的配套公共服务设施

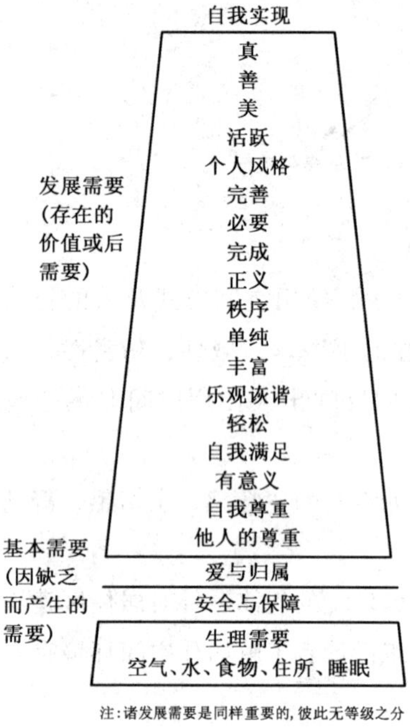

图 7-5 马斯洛需要层次理论图解

图 7-6 不同类型的需求结构

齐全；就居住环境本身而言，还要提供较多令人产生愉悦感的高质量综合感官信息（包括视觉、听觉和嗅觉在内的综合感受），即优美、和谐、令人流连忘返的居住外部环境，即温暖的阳光，和煦的微风，赏心悦目的花卉、草坪，遮荫大树，安静的步行小径，宜人的游戏、休息场地以及活动广场等。

(3) 有生活品位的环境。现代人类在满足舒适的生活环境之余，也着意追求一个有生活品位和归属意愿的家园。这是在物质环境基础上引发出的精神文化需求。这个层次的环境是将分散的物质元素升华为信息连贯的艺术整体，引发产生的一种意境，以符合一定文化内涵和特定精神的需求；它不仅产生愉悦感、舒适感，还将通过人的联想产生特定的情感体验——留念、生情、品赏、意恋，陶冶人的情操。这一层次的居住环境往往具有独特的场所特征，如山川、河湖、海景、松涛等自然特色或特定的人文色彩，居于其间，可以尽情品味生活的乐趣。

此外，除一般人的需求外，还应考虑儿童、青少年、老年人和残疾人或经济地位、生活方式不同的使用者对环境所具有的特殊需求。在现实环境中，随着时代文化的变迁，生活方式的改变，各环境层次的需求常常是共存、交织的，在整体发展进程中具有渐近性。

7.3.2 居住区绿地设计原则

居住区绿地的规划设计需要依据自身的特点，扬长避短，因势利导地运用有创造力的设计手法来对居住区绿地进行规划。为达到这一目的，需要遵循以下原则。

7.3.2.1 创造整体性的环境

居住区绿地被建筑和道路分块，整体性不强。

但是，环境景观设计是一种强调环境整体效果的艺术，一个完整的环境设计不仅可以充分体现构成环境的各种要素的性质，还可以形成统一而完美的整体效果。没有对整体性效果的控制与把握，再美的形态和形式都只能是一些支离破碎或自相矛盾的局部。因此对居住区绿地中的各区块要积极运用各景观要素以创造它们之间的关联，适当调整道路体系，以合理地融入到大环境中。铺地式样的重复、绿化种植的围合、主题素材的韵律、实体空间的延续、竖向空间的整体界定等都可以达到整体性的效果。

7.3.2.2 创造多元性的空间

居住区兼容的功能多，有人行步道的交通空间，有休闲娱乐的交流空间，有健身、游戏的场地空间，有自然绿化的生态空间，有文化、艺术的景观空间以及消防、停车的功能性空间，因此居住区绿地设计必须是一个多元的环境设计。当然在某些方面，这些空间是可以复合的，以突出整体性的要求。

7.3.2.3 创造有心理归属感的景观

相对于人的行为方式，人的心理需求并不需要具体的空间，但是它需要有空间的心理感受。居住区是人类活动的主要场所，是人类安身立命的场所，因此其环境最主要体现出心理的归属。这种归属体现在环境中，最集中的表现就是居住区的景观风貌。人文和艺术作为人类文明思想的积淀，在景观创造中要有所体现，通过情调、品位的价值认同是心理归属感的关键，同时产生一种自豪感。

7.3.2.4 创造以建筑为主体的环境

居住区绿地环境是由建筑群体围合下的空间，因此空间的尺度、比例、形状、边界和建筑主体密切关联，同时绿地设计和建筑一二层住宅的居家生活也有很紧密的关系，在日照、阳光西晒、私密空间的遮蔽、安全保护、住宅的进出口等方面都需要在绿地环境中体现建筑的主体中心地位。另外绿地设计的形式、风格、材料色彩等方面在风貌上也需要和建筑主体相对应。在重要的住区建筑中，景观鉴赏意义上的对景、框景、室内外环境的空间相互渗透等都需要绿地环境对建筑主体的烘托。

7.3.2.5 创造以自然生态为基调的环境

在城市生活中，建筑和道路在硬质环境方面构筑了城市主体，相应地需要在城市中不断强化和增加绿地软质环境，在绿地设计的细节中，应突出环境的自然生态属性，城市生活才得以平衡。由此在居住区绿地规划中更应该贯彻人和自然的和谐原则，有较多的地面道路和消防登高场地的条件下，环境基调，以满足城市居民亲自然、亲水的要求。

7.3.2.6 景观小品是居住区环境中不可缺少的部分

在居住区绿地环境中，不能忽视景观小品的设置，如花架、景亭、雕塑、水景、灯具、桌椅、凳、阶梯扶手、花盆等。这些小品色彩相对丰富，形态多姿，给居住生活带来了便利，又增加了情趣，可以说在主题和氛围上起着画龙点睛的作用。

7.3.2.7 景观环境设计要以空间塑造为核心

居住区绿地的空间看似由建筑来围合，但这只是一个大空间、大环境，生活其中的居民在日常交往中还得需要尺度更小的空间感受，在这种小空间中，主题、景观、色彩、材料等在细节上都得到最细致的反映。给人的感觉是最集中和直接的，因此景观环境设计要以空间塑造为核心。当然小空间的产生并不能完全依附于其周边的住宅建筑单体，树木的围合、竖向高差导致的空间界定、材料的心理空间的边界界定等都可以创造小尺度的空间。

7.3.2.8 利用先进的设备产品完善绿地环境

在绿地的景观环境设计中，水景的设备、浇灌系统的设备、日常晚间照明的设备、特殊亮化工程的设备以及背景音乐的设备等都会对完善绿地环境产生一定的作用。这些设备中有相当部分需要埋设于地下，是隐蔽工程，这就需要采用先进的设备产品及其完善的工艺来完善和丰富绿地环境。在安装上，要尽量避免对原有理想景观的破坏，让手井、安装盒、水管及水龙头、雨水井等露出地面的设备要有较好的遮蔽和处理。当然设备产品的工艺越先进，其处理手段也越丰富和容易隐蔽。

7.3.3 居住区环境景观综合营造

7.3.3.1 总体环境

(1) 环境景观规划必须符合城市总体规划、分区规划及详细规划的要求。要从场地的基本条件、地形地貌、土质水文、气候条件、动植物生长状况和市政配套设施等方面分析设计的可行性和经济性。

(2) 依据住区的规模和建筑形态，从平面和空间两个方面入手，通过合理的用地配置，适宜的景观层次安排，必备的设施配套，达到公共空间与私密空间的优化，达到住区整体意境及风格塑造的和谐。

(3) 通过借景、组景、分景、添景多种手法，使住区内外环境协调。滨临城市河道的住区宜充分利用自然水资源，设置亲水景观；临近公园或其他类型景观资源的住区，应有意识地留设景观视线通廊，促成内外景观的交融；毗邻历史古迹保护区的住区应尊重历史景观，让珍贵的历史文脉溶于当今的景观设计元素中，使其具有鲜明的个性，并为保护区的开发建设创造更高的经济价值。

(4) 环境景观结构布局。

住区的环境景观结构布局，见表 7-6。

表 7-6　　住区环境景观结构布局

住区分类	景观空间密度	景观布局	地形及竖向处理
高层住区	高	采用立体景观和集中景观布局形式。高层住区的景观总体布局可适当图案化，既要满足居民在近处观赏的审美要求，又要注重居民在居室中向下俯瞰时的景观艺术效果	通过多层的地形塑造来增强绿视率
多层住区	中	采用相对集中、多层次的景观布局形式，保证集中景观空间合理的服务半径，尽可能满足不同年龄结构，不同心理取向的居民群体景观需要，具体布局手法可根据住区规模及现状条件灵活多样，不拘一格，以营造出有自身特色的景观空间	因地制宜，结合住区规模及现状条件适度地形处理
低层住区	低	采用较分散的景观布局，使住区景观尽可能接近每户居民，景观的散点布局可结合庭院塑造尺度适人的半围合景观	地形塑造的规模不宜过大，以不影响低层住户的景观视野又可满足其私密度要求为宜

7.3.3.2　光环境

(1) 住区休闲空间应争取良好的采光环境，有助于居民的户外活动；在气候炎热地区，需考虑足够的荫庇构筑物，以方便居民交往活动。

(2) 选择硬质、软质材料时需考虑对光的不同反射程度，并用以调节室外居住空间受光面与背光面的不同光线要求；住区小品设施设计时宜避免采用大面积的金属、玻璃等高反射性材料，减少住区光污染；户外活动场地布置时，其朝向需考虑减少眩光。

(3) 在满足基本照度要求的前提下，住区室外灯光设计应营造舒适、温和、安静、优雅的生活气氛，不宜盲目强调灯光亮度；光线充足的住区宜利用日光产生的光影变化来形成外部空间的独特景观。

7.3.3.3　通风环境

(1) 住区住宅建筑的排列应有利于自然通风，不宜形成过于封闭的围合空间，做到疏密有致，通透开敞；

(2) 为调节住区内部通风排浊效果，应尽可能扩大绿化种植面积，适当增加水面面积，有利于调节通风量的强弱；

(3) 户外活动场的设置应根据当地不同季节的主导风向，并有意识地通过建筑、植物、景观设计来疏导自然气流；

(4) 住区内的大气环境质量标准宜达到二级。

7.3.3.4　声环境

(1) 城市住区的白天噪声允许值宜≤45 dB，夜间噪声允许值宜≤40 dB。靠近噪声污染源的住区应通过设置隔音墙、人工筑坡、植物种植、水景造型、建筑屏障等进行防噪。

（2）住区环境设计中宜考虑用优美轻快的背景音乐来增强居住生活的情趣。

7.3.3.5 温、湿度环境

（1）温度环境：环境景观配置对住区温度会产生较大影响。北方地区冬季要从保暖的角度考虑硬质景观设计；南方地区夏季要从降温的角度考虑软质景观设计。

（2）湿度环境：通过景观水量调节和植物呼吸作用，使住区的相对湿度保持在30%～60%。

7.3.3.6 嗅觉环境

（1）住区内部应引进芬香类植物，排斥散发异味、臭味和引起过敏、感冒的植物；

（2）必须避免废异物对环境造成的不良影响，应在住区内设置垃圾收集装置，推广垃圾无毒处理方式，防止垃圾及卫生设备气味的排放。

7.3.3.7 视觉环境

（1）以视觉控制环境景观是一个重要而有效的设计方法，如对景、衬景、框景等设置景观视廊都会产生特殊的视觉效果，由此而提升环境的景观价值；

（2）要综合研究视觉景观的多种元素组合，达到色彩适人、质感亲切、比例恰当、尺度适宜、韵律优美的动态观赏和静态观赏效果。

7.3.3.8 人文环境

（1）应十分重视保护当地的文物古迹，并对保留建筑物妥善修缮，发挥其文化价值和景观价值；

（2）要重视对古树名树的保护，提倡就地保护，避免异地移植，也不提倡从居住区外大量移入名贵树种，造成树木存活率降低；

（3）保持地域原有的人文环境特征，发扬优秀的民间习俗，从中提炼代表性设计元素，创造出新的景观场景，引导新的居住模式。

7.3.3.9 建筑环境

（1）建筑设计应考虑建筑空间组合、建筑造型等与整体景观环境的整合，并通过建筑自身形体的高低组合变化和与住区内、外山水环境的结合，塑造具有个性特征和可识别性的住区整体景观；

（2）建筑外立面处理。

① 形体。住区建筑的立面设计提倡简洁的线条和现代风格，并反映出个性特点。

② 材质。鼓励建筑设计中选用美观经济的新材料，通过材质变化及对比来丰富外立面。建筑底层部分外墙处理宜细。外墙材料选择时需注重防水处理。

③ 色彩。居住建筑宜以淡雅、明快为主。在景观单调处，可通过建筑外墙面的色彩

变化或适宜的壁画来丰富外部环境。

④ 住宅建筑外立面设计应考虑室外设施的位置，保持住区景观的整体效果。

7.3.4 设计案例

以“艺景城”小区景观设计为例。

7.3.4.1 设计构思

“艺景城”小区景观设计，在构思上是以“西方皇家园林”为主，《再别，康桥》这首诗为辅，来营造一种高贵典雅的景观居住环境。“艺”通“忆”，既为“回忆景城”，也为“艺术的景城”，将诗人徐志摩在当时惜别康桥的英伦风情与现代的梁家园林融会于艺景城。

7.3.4.2 设计理念

该小区的设计理念是“相对的居室，绝对的豪宅”。景观设计在空间组织上采用皇家园林的设计手法，即整体上规模浩大、气势恢弘，细节上精致细腻、尽善尽美。设计中，小区总体布局上充分利用原有地形和原有优美的环境融合在一起；建筑上处处体现了艺术与审美特征，展现了建筑艺术特有的美学内涵，也淋漓尽致地体现了皇家园林的辉煌；建筑、山水、植物的有机结合，塑造出自然、休闲、舒适、私密、安全的高层次居住生活空间，营造出充满诗情画意和高尚文化艺术品位的意境，如图 7-7—图 7-9 所示。

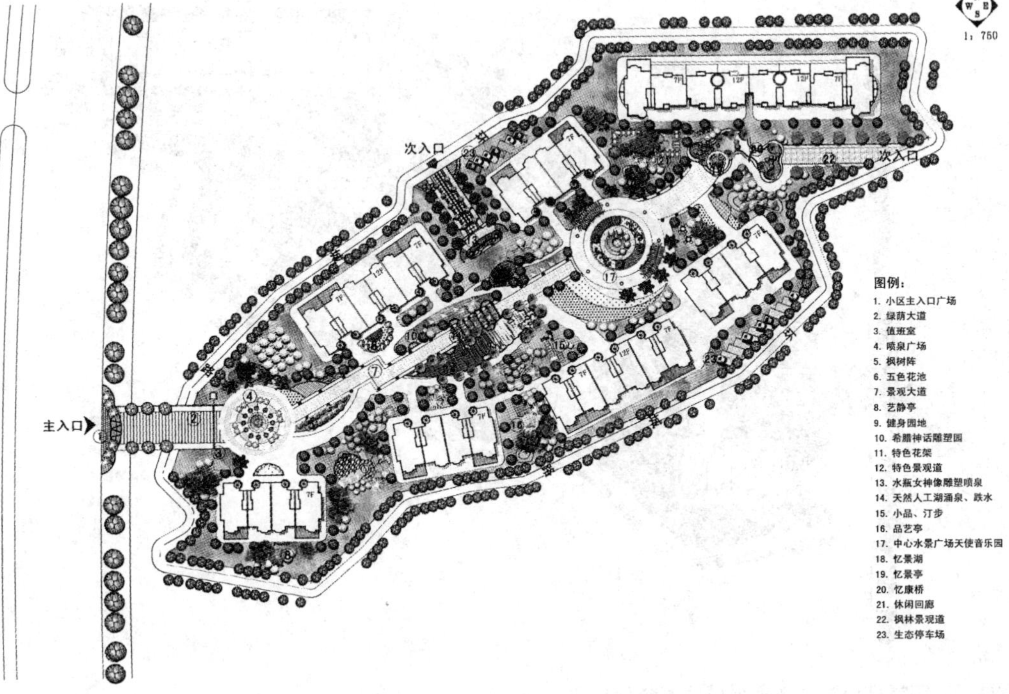

图7-7 艺景城小区环境景观设计总平面图

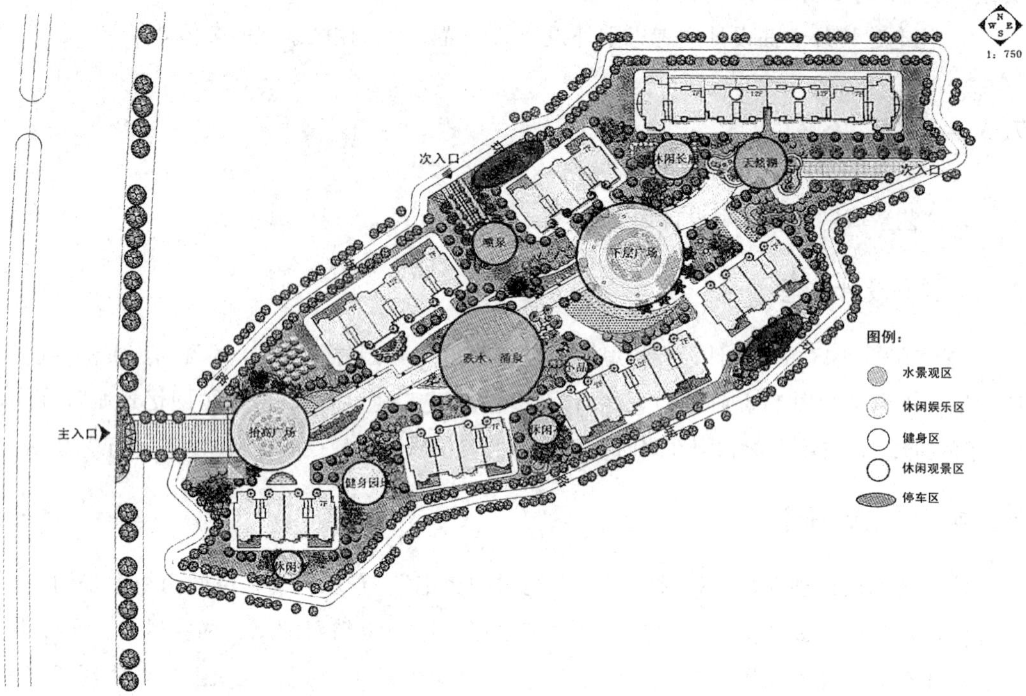

图7-8 艺景城小区环境景观设计功能分析图

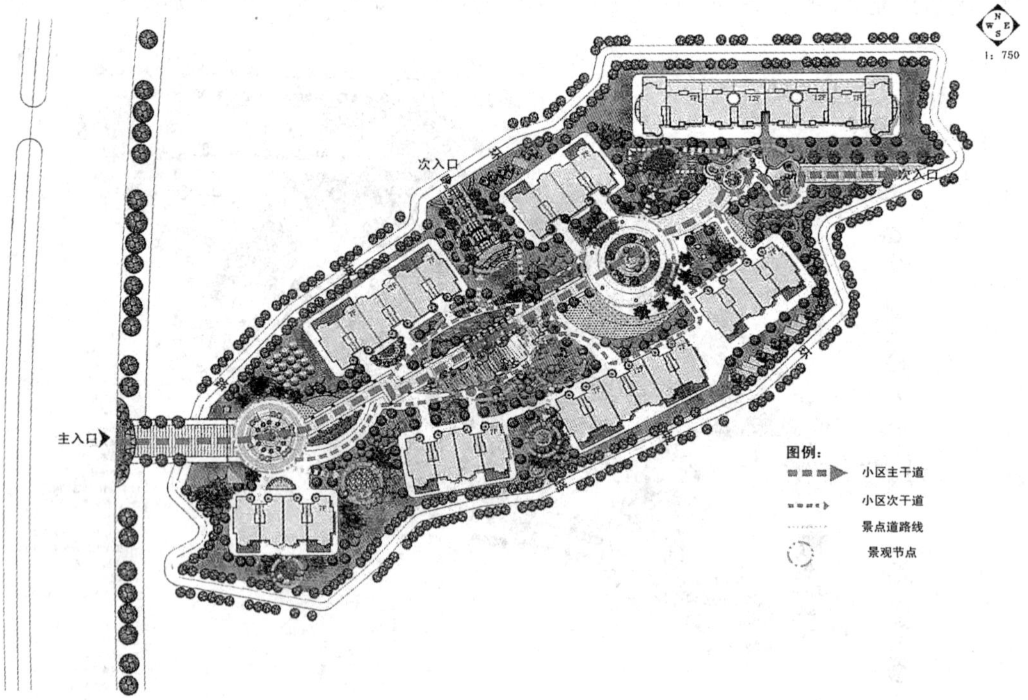

图7-9 艺景城小区环境景观设计道路分析图

7.3.4.3 设计成果

1. 小区建筑

小区的建筑采用了巴洛克的圆顶、法国的传统白尖塔的建筑风格，共有三种户型。第一种为塔型，高4层，每层居住三户，每户居住面积达100 m^2 以上，优点是居住面积大，采光效果好；第二种为圆顶型，高7层，分为3个单元，每个单元居住两户；第三种为连体长方形，造型简洁大方，为经济实用型住宅，高12层，分为6个单元，每个单元居住两户。

2. 植物配置

植物配置是小区规划设计的重要环节。该小区植物在不同季节表现的外貌，能给人以时令的启示，增强季节感，表现出园林景观中植物特有的艺术效果。如春季草坪、垂柳，夏季荷花映日，秋季红枫，冬季腊梅、雪松等。小区四周种植了姿态优美的乔木，成为小区的一道绿墙。植物旁分别设休息和健身器材，供人们休闲、健身，体现以人为本的理念。华丽的大型雕塑水景及精心修剪的园艺造型，赋予小区勃勃生机之感，彰显其浓郁的文化底蕴。小区景观方方面面、点点滴滴都流露出的典雅华贵，给居民提供雍容高贵的生活品质。

3. 小区环境结构

小区入口是一个喷泉广场，走进20 m是一个天然人工湖，这是该小区的主景之一。鉴于人们喜好依山傍水的生活习性，沿主干道设亲水平台、散步小径、汀步等，充分利用优美的水景，在滨水绿化带创造出休闲空间。整个小区的中心景点是个下沉广场——天使音乐园。人们在大型节日的时候可以在此集会、文娱表演等。广场中心为西方神话中的天使雕塑，两侧为几何形态的休憩绿地与欧式休闲廊架，彼此间有机叠加、交织连为一体，给人提供很好的娱乐休息空间。艺景湖的设计尽可能保留广场的大面积低凹地，由于周边线过于规则，设计将其稍做调整，在湖中加入大量的假山石，并栽种上睡莲，形成自然、流畅的景色。另外，湖畔设有一个小型看台，可以使居民看到一个大的欧式风格的水体景观。艺景湖既改善了小区的气候条件，又给人们提供了一个休息观赏的好去处，如图7-10、图7-11所示。

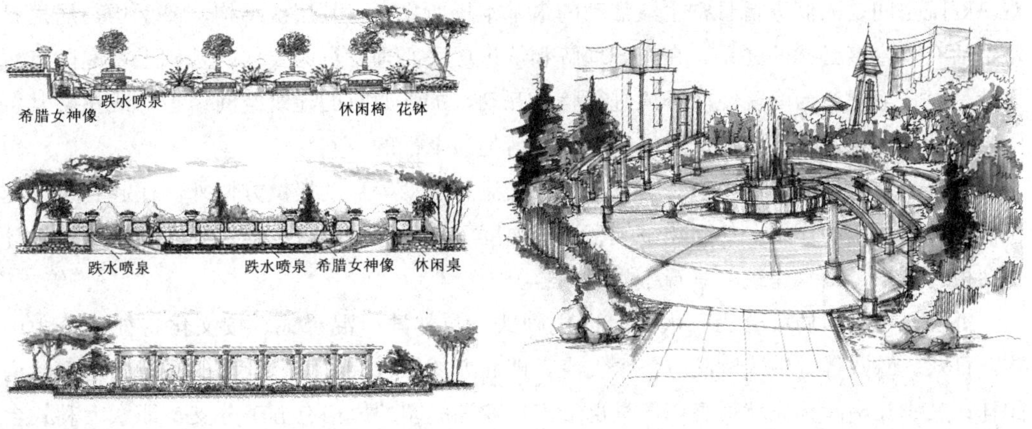

图7-10 艺景城小区中心广场效果图

图 7-11　艺景城小区局部景观效果图

7.4　庭院景观设计

庭院设计，主要指建筑群、建筑单体或者建筑内部的室外空间设计。在国外多是一些别墅的庭院设计；在国内主要指居住区内部的景观设计，或是一幢独栋居住建筑的庭园设计，使用者主要是居住区内的居民等。

作为私有的小庭院，需要庇护和隐秘，它既要培育亲情、接待亲朋好友；又要借助良好环境培养旺盛精力和陶冶赋予生活乐趣的情操，小庭园面积不可能很大，要在有限的空间内展现无限生机，让周围环抱的植物、山水只需少量的管理，却能一年四季为主人带来无限乐趣，这就是小庭园设计工作的出发点和归宿。

7.4.1　庭院景观的特点和分类

庭院景观绿化是居住区绿化建设的重要组成部分，也是与建筑结合最为紧密的一类景观。庭院空间是人们进行日常生活活动的最基本场所之一，其层次结构、要素均与居民日常生活有着直接必然的联系，在充分理解和认识居民心理、行为要求的基础上，庭院景观设计是对住宅建筑与庭院空间环境进行整合互动，加强原有的建筑空间情趣，或扭转其沉闷与单调的气氛，有意识地创造出具有独特情趣与个性的空间。

庭院景观设计除了为人们观赏、休息、交流、运动等活动提供方便外，还起到改善建筑群体内部环境的作用，如净化空气、调节温度、吸附灰尘、减少噪声等。庭院景观设计包括植物造景、山水建筑、景观小品等内容。

庭院风格按布局可分为三大类，即规则式、自然式、混合式。按文化特征可分为中式、日式、欧式等。中式庭院有三个支流，即北方的四合院庭院、江南的写意山水、岭南园林；其中江南园林成就最高，数量也最多。欧洲庭园的风格有五个分支，即意大利式台地园、法式水景园、荷兰式规则园、英式自然园、英式主题园。

7.4.2 庭院景观设计原则

7.4.2.1 简单原则

由于庭院面积较小，所以应以简单原则为主，切忌多而杂乱，保持庭院构成要素简单，互相联系起来成为统一而简洁的整体，组织好庭院的构思和要素，设计清晰、主题明确、色彩平和、材料简洁、铺装统一，如图 7-12 所示。

图 7-12 简单清新的庭院设计①

7.4.2.2 功能原则

形式要服从功能对庭院设计而言是至关重要的，一个不能满足园主使用需要的庭院，肯定是不理想的庭院。园主对庭院的要求不同，因此不同的庭院功能也不同，例如，有儿童的家庭要求把庭院作为儿童的活动场地时，在庭院的设计中要首先考虑满足儿童娱乐的空间和特色，如图 7-13 所示。

图 7-13 充满童趣的小庭院②

7.4.2.3 统一原则

庭院的任何硬质要素都要与住宅建筑协调；庭院植物要素关键是协调色彩，有时应考

---

① 沈阳装修网. http://www. syzxtd. com/thtml/5a99dccd2062a8490120b5bd6ccc0386. htm,园林学习网. http://bbs. ylstudy. com/thread-17051-1-1. html.

② 和家. http://www. 51hejia. com/huayuanshenghuo/20091130/621818.

虑与园外植物的协调，同时不同分区中不同植物的相同形状要统一起来，如图 7-14 所示。

图 7-14　庭院景观的融合与统一①

7.4.2.4　平衡原则

平衡可以给小庭院创造平和稳定的空间效果，在小庭院中一般采取对称或者不对称的平衡方式来进行设计，例如高处设置一个露天桌椅，则低处可以设置二个露天桌椅，以达到视觉上的平稳，却又不会完全对称，显得呆板。但是，正方形庭院中四角对称的绿化布置又可以起到视觉上的规整感和平衡感，却又不失绿化的可观度，如图 7-15 所示。

图 7-15　庭院设计中的视觉平衡②

7.4.2.5　尺度宜人原则

尺度适当对庭院设计很重要，例如庭院中的花架、亭子等构筑物的大小要与庭院的面积相协调，道路的宽度也要考虑庭院的大小，铺装面积和块材要与庭院尺度匹配。

7.4.2.6　趣味性原则

庭院的设计目的，就是提供趣味和享受，而趣味的确定，在某种程度上依赖观赏者的

① 和家. http://www.51hejia.com/huayuanshenghuo/20091020/616116-5.

② 和家. http://www.51hejia.com/huayuanshenghuo/20091201/621993-3，和家. http://www.51hejia.com/huayuanshenghuo/20091111/620156-3.

视觉。没有焦点或使人感兴趣的要素，不管庭院多么平衡，也会显得毫无趣味。在很小的庭院中，格架屏障，仔细布置的景物，对某些角落的植物进行屏蔽都可营造神秘感，引起人们进行探究的欲望，并吸引人们去欣赏不同的景点，如图 7-16 所示。

图 7-16　庭院的趣味性设计①

7.4.2.7　经济的原则

设计的过程中应考虑投资，要想到现阶段设计的目标和长期的发展空间，要减少施工过程中不必要的浪费和减少长期使用的维护费用，尽可能减少业主的经济支出。

一些难以生长的苗木不仅要不断死亡，苗木种植过多，还可能增加长期养护负担。设计时要考虑增加一些低养护成本的植物，如花墙植物、地被植物、灌木状植物都是低养护植物，此外适当增加一些硬质铺装，也会降低长期维护费用。

7.4.3　庭院景观设计步骤

7.4.3.1　根据园主确定庭院设计基础

园主是庭院景观的直接使用者。首先确定谁是庭院的主人？他的职业和业余爱好是什么？他需要一个什么样的庭院？他对庭院有哪些要求和期望？在和园主沟通后才能确定庭院的功能及风格。例如，澳大利亚昆士兰布里斯班的艺术家花园，其园主是一位对设计有着浓厚兴趣的抽象艺术家，对新意念和新方法持开放态度，因此庭院主景是一个抽象艺术雕塑，这个庭院的特点主要是从视觉艺术出发进行设计，而没有较多的实用性，这种设计的特点是与园主的职业和爱好紧密相关的。

不管主人的参与愿望是否强烈，设计师既要用专业的水准引导客户科学消费，又要尽可能地给客户提供参与自己庭院创作的快乐。减少施工过程中不必要的浪费和长期使用的维护费用，尽可能减少业主的经济支出。

---

① 和家. http://www.51hejia.com/huayuanshenghuo/20091013/614813-2.

7.4.3.2 调查环境

小庭院面积有大有小，其形状差异甚大，至于环境，有的临山，有的临水，有的临街；有的周边有高大建筑，有的周边又是一片乔木或绿化带，庭园规划一定要先从了解环境、利用环境做起。

7.4.3.3 勘测场地和绘制平面图

要了解周边环境，要测量出尺寸，然后给出草图，或按比例做出初稿；有时不仅要有草图，还可能需要有空间感的效果图。

7.4.3.4 利用和设计地形及确定道路及铺装

有的庭院原来就是一块坡地，应充分利用它，以创造更接近自然的景观。有时，人们喜欢把一块平地做成起伏，以改变其死板。

道路像庭院内的血脉，它既是交通的需要，又是游园的路径，一切景观都要围绕着它来布置。别墅庭院中的园路主要应突出窄、幽、雅。窄是庭院园路的主要特点。

路面的铺装和组拼更是重要的，不同质感，以及规则与不规则的材料，不同的铺砌方式，运用别出心裁的设计将会创造出极为丰富的意境，并带来神奇的艺术效果。

7.4.3.5 植物配置

对于许多庭院来说，植物就是庭院，庭院必须有植物，庭院是种植的艺术，植物给庭院带来色彩、情趣和活力。特别是一些小庭院，植物的配置决定设计的成败。一般来讲，庭院里的植物种类不要太多，应以一两种植物作为主景植物，再选种一两种植物作为搭配。植物的选择要与整体庭院风格相配，植物的层次要清楚、形式简洁而美观。常绿植物比较适合北方地区，如图 7-17 所示。

图 7-17 庭院的植物配置①

① 和家. http://www.51hejia.com/huayuanshenghuo/20100402/629662-1.

别墅中经常用柔质的植物材料来软化生硬的几何式建筑形体，如基础栽植、墙角种植、墙壁绿化等形式。一般在庭院中需要阴凉或是需要界定庭院空间，或是在空间过渡或转折地方强调空间、视线开阔的别墅附近，要选干高枝粗、树冠开展的树种；在靠近建筑边界尤其是南向窗边则多选栽一些枝态轻盈、叶小而致密的树种。园林植物与山石相配，能表现出地势起伏、野趣横生的自然韵味，与水体相配则能形成倒影或遮蔽水源，造成深远的感觉。

7.4.3.6　庭院小品

在庭院景观中的小品是指假山、凉亭、花架、雕塑、桌凳等各种在庭院中可摆设的物品。一般这些小品体量都很小，但在庭院中能起到画龙点睛的效果。木材在别墅庭院中可以说是也起着重要的作用，如制作户外家具、花槽、花架、秋千椅、围栏等，无论用在庭院中的任何角落，它都会创造出一种温馨、舒适、自然、和谐的氛围，满足人们回归自然的迫切渴望。

7.4.4　设计案例

庭院面积较小，而且两面临街，容易受外界环境的影响。园主希望享受户外生活，但是由于工作的忙碌，园主没有非常多的时间去打理小庭院的景观。为了保持小庭院的私密性、休闲性以及发挥简单易打理的特点，设计师利用墨西哥风格的布置巧妙地展现了时尚风情，并且隔离出了两个截然不同的休闲空间，如图 7-18 所示。

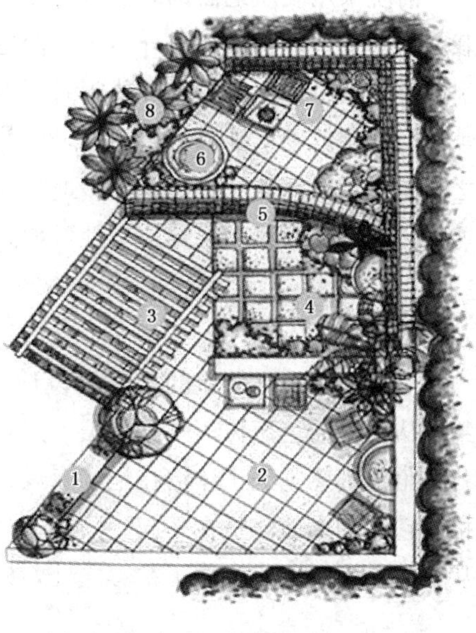

图 7-18　风情小庭院景观设计平面图①

1—花园入口；2—前院休闲区；3—白色棚架；4—墨西哥风格花园；5—前后院间木门；6—三层喷泉；7—休闲区；8—棕榈树

7.4.4.1　前院景观设计

该庭院面临的第一个挑战就是制造足够的私密性，又不会让人感觉是被围墙包围。设计师虽然使用了高墙围挡的做法，但灰泥墙圆角的设计和淡淡的黄色墙面，带来了令人愉快的背景，不会让人感到憋闷，也将花园中的植物、艺术、家具映衬得更加富有异国韵味。高大的树木和灌木将视线引向开阔的天空，从而进一步减少了围墙带来的拥堵感。而且花园中有四处水景，潺潺的水声成为花园的背景声音，将街道的喧闹阻隔在外，如图 7-19 所示。

---

① 和家. http://deco.51hejia.com/zq/%E5%BA%AD%E9%99%A2-%E5%BA%AD%E9%99%A2%E8%AE%BE%E8%AE%A1.html.

图 7-19　前院景观设计①

图 7-20　前后院过渡设计②

7.4.4.2　过渡景观设计

前院采用硬质地面铺装，平时无需维护草坪，只要在院子里摆上户外家具，点缀些盆栽就能享受户外生活。另外，一个白色的棚架自然衔接着住宅与院落，把活动空间从室内引到户外，也让园主在户外休闲时可以免受日光暴晒。

与前院的硬质铺装特色不同，后院则种植了大量植物，营造出热带气氛。前院和后院之间有一道高高的法式门，巧妙地将前院与后院划分成两个相对独立的区域，打开门，又能保持良好的通风和视觉连贯性，如图 7-20 所示。

7.4.4.3　后院景观设计

后院通过栽植茂盛的植物和设计三层喷泉让人感觉远离都市，享受惬意的地中海气氛。从高大的芭蕉树、鲜艳的美人蕉到墨西哥风格的艺术品和瓷砖瓦片，让人走在院子的各个角落都感觉到正沐浴在地中海风光之中。虽然院子被院门分隔成两部分，但相同的风格让它们和谐地连贯在一起。同时，角落中，瓦片做成的喷泉为花园带来宁静的流水声，从细节上为小庭院增添了精彩之处，如图 7-21 所示。

7.4.4.4　风情小庭院的植物配置

为了体现墨西哥风情以及渲染地中海气氛，小庭院在设计过程中，尤其重视植物的选择和搭配。花园中芭蕉、美人蕉、荷兰菊、鸢尾花、贴数、绿萝、兰羊茅、变色木等植物让后院里植物的高低错落、层次分明。黑心菊、松果菊、金山绣线菊、八仙花、欧洲荚、金叶接骨木、狼尾草等宿根花卉和小灌木等因为颜色和高度的优势也在小庭院植物的配置中有着广泛的使用。

---

①② 和家. http://deco. 51hejia. com/zq/%E5%BA%AD%E9%99%A2-%E5%BA%AD%E9%99%A2%E8%AE%BE%E8%AE%A1. html.

图 7-21　后院景观设计①

7.5　居住区景观设计的新趋势

景观设计在国际上已历经百年，而在我国起步、发展不过 20 年。鲜明的个性形象、良好的绿化环境、足够的活动场地，这是我国景观规划设计现阶段的初级要求，但与国际上先进地区与国家相比，仅仅满足这三方面也许还远远不够。

根据刘滨谊教授的"景观设计三元论"和俞孔坚教授的"天、地、人、神合一"的景观设计理念，现代城市居住区景观设计必然走向文化艺术型、自然生态型和人本主义方向。

人与自然是世界发展的永恒主题，从古到今，人类与自然的关系实际上经历了三个阶段："天人合一"阶段即前城市化和农耕文明阶段，以天为本；"天人对立"阶段，以工业文明为基础的城市化阶段，以人为本；新的"天人合一"阶段，以多极主体及城市自然生态为一体。在第二阶段，人类借助于工业文明，从原先自然的奴隶翻身而成为自然的主人，支配、主宰自然，将自然界当作一种与文明相对立的"野蛮"而屏弃于人类城市生活之外。目前，人类正期望借助生态理念和高新科技回归"天人合一"状态。

同时，任何社会里人与环境的关系都不可回避。人可以改变环境；反之，人的行为和经验也能被环境所改变。居住区景观设计作为创造人们生存环境的一个重要部分，更需要对迫切的人性化要求做出回应，这需要景观设计者来了解环境心理学的内容，了解人与环境的相互作用关系，了解居民的生理以及心理需要，通过一系列关系的设计来充分展示景观最吸引人的特征，从而引导人们对景观的感知，使居住区的景观设计适应大众行为心理

① 和家. http://deco.51hejia.com/zq/%E5%BA%AD%E9%99%A2-%E5%BA%AD%E9%99%A2%E8%AE%BE%E8%AE%A1.html.

的要求，并缓解愈演愈烈的现代城市环境问题。

7.5.1 居住区景观设计的生态化趋势

一般认为，生态园林景观是以生态学理论和景观生态学理论为基础的园林景观学说，其研究对象是按生态学原理和景观生态学原理为依据建立起来的自然环境或游憩境域，目的是为了改善城市的生态环境，以满足居民多方面的需求。

城市是人类现代文明的象征，是人类的经济、政治和文化中心所在。生态文明是现代文明的重要方面，生态化是现代化的重要标志。建设生态化城市景观，不仅是城市人居环境自身发展的要求，也是保护和改善全国生态环境的需要。

今天为了确保可持续发展，城市住宅区已经衍生出第四代绿色环保居住理念——“绿色生态环保住区”。这是根据自然环境，运用生态学、建筑学的基本原理及现代科学手段，合理安排组织住宅建筑与其他相关因素的关系，使住宅和环境成为一个有机体，把住区融入到大自然中，借地造势。绿色生态环保住区不只是强调绿化，必须以改善及提高人的生态环境、生活质量为环境设计的出发点和目标。只有综合运用当代建筑学、生态学及现代科技成果，将小区看成一个生态系统，通过设计小区内建筑内外空间中的多种物态因素，使物质、能源在小区生态系统内部有次序地循环转换，并与自然生态相平衡，获得一种高效、低耗、无污染的生态居住环境，这样才是真正的绿色生态环保住区。

7.5.1.1 居住区自然生态系统的可持续利用

自然生态系统生生不息，为维持和满足人类生存的各种需要提供各种条件和过程。城市住区绿地提供给居民的服务是全方位的，其功能体现在对自然系统自身健康的维护、对生物多样化和生命系统的维护、对人类的物质和精神的服务上，包括：空气和水的净化，废弃物的降解和去毒，土壤肥力的创造和再生，生物多样性的维持，保护人类不受紫外线的伤害，局部小气候调节，缓和极端气温；维持文化的多样性，建立城市住区形象和特色，唤起居民的认同感和归属感，提供休憩、美感和智慧启迪以提升人文精神，等等。强调人与自然过程的共生与合作关系，通过与生命所遵循的过程和格局的合作，可以显著减少设计的生态影响。

生态设计思想的融入，使环境设计将城市居住区环境的各构成要素视为一个整体生态系统；使环境设计从单纯的物质空间形态设计转向居住区整体生态环境的设计；使居住区从人工环境走向绿色的自然化环境。

1. 原有场地的自然条件

城市居住区的绿地设计应根植于其本身所在的地方。遍布大江南北的传统人居聚落，包含着世代人与土地的相互依存，其中的每一个景观元素反映了独特的空间关系和生态意义。当地人对于环境的理解是场所经验的有机衍生和积淀。所以，一个适宜于场所的生态化景观设计应该是“天地人神”合一的设计，它必须首先考虑当地人给予设计的原生启示。现代人类的需求千变万化，为场所而设计决不意味着对传统形式的单纯模仿。新的设计形式仍然应以场所的自然因素为依据，把地形、水、风、土壤、植被等结合在设计之中，从而维护场所的生态健康。

1）尊重原有地形

在开发利用过程中要尽量尊重原有场地的地形、地貌，保护好原有的生态系统，因为生态系统一经破坏就再难重建。充分利用原有自然条件，因地制宜，充分利用地形，以节约用地和投资，尽量利用劣地、坡地、洼地及水面作为绿化用地。

2）保留原有植被

树木生长需要一段长久的时间，这正是大树的宝贵价值所在。植被一旦被破坏，重新恢复需要很长时期的自然演替。城市居住区原有绿化成果非常珍贵，保护它们就是最大的节约。要特别注意对古树名木的保护和利用。古树周围多为居民乐于驻留的公共空间，它可反映出住区的地方历史积淀，赋予人亲切的场所感。中国向来都有资源保护方面的优秀传统，广州地区民居聚落就有把老榕树作为风水树、保护神来崇拜的风俗传统。

3）保护原生土壤

地球表面覆盖着一层薄薄的表层土，是经过漫长的生物化学过程形成的，最适于生物生存，尤其是植物和微生物养分的载体。在自然状态下，每经历 100～400 年的植被覆盖才得以形成 1 cm 厚的表土层，而且一经破坏难以复原。所以人类应尽量减少建筑用地，在不得不进行建设的地方，可以把表土收集起来，以后可用作屋顶花园等其他人工绿化。

2. 生物多样性原则

居住区绿地是为居民服务的地方，在植物种类上应达到一定的数量。调查发现不同地区的植物种类，因气候土壤的条件差异而有所不同，一般面积 10 hm^2 左右的住区中的木本植物种类数应能达到当地常用木本植物种数的 40%以上。

多样性维持了生态系统的健康和高效，因此与自然和谐的城市住区景观设计应给予尊重和维护，生态设计最深层的含意就是为生物多样性而设计。而保护生物多样性的根本是保持和维护乡土生物与生境的多样性。针对这一问题，生态设计应在三个层面上进行，即保持有效数量的乡土动植物种群；保护各种类型、各个阶段的生态系统；尊重各种生态过程。关于如何通过景观设计来保护生物多样性，是景观生态规划的一个最重要方面。

1）优先采用乡土植物

乡土植物是指当地固有的植物种类，而外来植物是指从外国或者外地引入的植物种类。人为地引种外来植物易造成以下负面影响：

（1）乡土植物原有分布与生长区域的减少甚至消失；

（2）外来植物与乡土植物之间渗透性杂交会扰乱当地稳定的基因系统；

（3）破坏当地固有的自然环境与景观；

（4）人工绿化不当，易与当地固有的人文风土氛围不协调。

乡土物种不但最适宜于在当地生长、管理和维护成本最少，而且乡土物种的消失已成为当代最主要的环境问题之一，成为时代对景观设计师提出的伦理要求。地球上每天都有物种在消失，乡土杂草比异国奇卉具有更为重要的生态价值；五星瓢虫和珍稀动物同样值得人们珍爱，勤于除草施肥、打药杀虫不应该成为住区绿地的主要管理方式。

2）多种植物造景的综合生物效能

从生态学原理出发，使生命系统和环境系统在居住区里有机地结合，既要保证植物系统的生机、突出植物的生态效益，又要满足居住区的环境功能和使用功能。根据生态学原理将喜阳、喜湿、耐阴、耐旱的乔灌木、地被、攀援、岩生、水生以及常绿、落叶等植物配置在一个环境中，形成以乔木为主体的具有不同结构功能和景观的人工植物群落，尽量扩大叶面积系数，缓和“热岛”和“冷岛”效应，使环境保持冬暖夏凉。在人工植物群落中，采用多种类的植物，以形成深浅不一的地下根系，吸收有害物质。根系分布的土壤，好气性细菌使有机物迅速无机化，有利净化土壤和增加肥力，吸收空气中的一氧化碳。尽量以生物治虫为主，少用化学药剂，使环境少受污染。如在植物群落中，适当多用女贞、槐树等蜜源植物，增加天敌数量，引入天敌昆虫、鸟雀、动物等来防治害虫。同时加强健康、药疗植物在居住区绿化中的比重。

3）自然的自组织能力

自然系统的丰富性和复杂性远远超出人为的设计能力，与其过多的人为限制，不如开启自然的自组织过程。与自然合作的生态设计需要充分利用自然系统的能动作用，来创造丰富的自然景观。在不同的生态系统或景观元素的边缘带有更活跃的能流和物流交换，具有丰富的物种和更高的生产力。边缘带能为人类提供最多的生态服务，森林边缘、水体边缘以及建筑物的边缘，往往是生物群落最丰富、生态效益最高的地段。然而，人类的建设活动往往不珍惜边缘带的存在，生硬的红线把本来地块之间柔和的边缘带无情地毁坏。如在城市住区绿地水系的建设中，常常看到的是水陆过渡带上生硬的水泥护衬和石块铺装；还有建筑物的基础四周通常是硬质铺装和单一的人工地被。尤其是小区内人工水景如缺少流动和更换，水质就容易恶化，若频繁换水又会造成水的浪费。对景观水体进行合理的生态设计是控制水质恶化的有效措施。堤岸设计如果不过于人工化，或投以化学物质来维护，而是保留一定边坡，由砂石垒成，种植一定量的湿生和水生植物，为鱼类和其他水生生物提供栖息地，就能并最终演化为一个物种丰富生机勃勃的水生生物群落，它具有较强的截污、净化功能。

3. 保护与节约自然资源

地球上的自然资源分为可再生资源和不可再生资源。要实现人类生存环境的可持续发展，必须对不可再生资源加以保护和节约使用；即使是可再生资源，也需要采用保本取息的使用方式，因为其再生能力也是有限的。

1）节约

节约指将不可再生资源作为自然遗产，不到万不得已，尽量不用。尤其是特殊自然景观元素或生态系统是千万年自然演替的结果，是生物、土地与人长期共存共生的结果，体现着独特的生境，以及人地和谐的文化景观。尽可能减少自然资源的使用，提高使用效率。景观设计中如果合理地利用自然的过程，如光、风、水等，则可以大大减少能源的使用。新技术的采用往往可以数以倍计地减少能源和资源的消耗。在城市居住区绿化中，即使是物种和植物配植方式的不同，如林地取代草坪，乡土树种取代外来园艺品种，就可大大节约能源、减少资源的耗费，包括节约灌溉用水、少用或不用化肥和除草剂，并且植物能够进行自身繁衍。

2）回收

在自然系统中，物质和能量的转换是一个相对稳定的循环系统，每一个健康的生态系统，都有一个完善的食物链。大自然里面万物都是“天生我才必有用”的。而在现代城市生态系统中，流动过程是单向的。人们的消费和生产都会产生垃圾和废物，同时造成了水、大气和土壤的污染。其实，在住区园林中对自然废料的回收再利用也是另一种节约资源的好方法。

在城市住区园林绿化的养护中，返还枝叶作为有机肥料、收集雨水补充地下水等都能最直接地变废为宝。另外，雨水的收集和再利用的过程应通过城市雨水生态设计与绿地系统相结合，成为城市的一种独特景观。园林水景要结合场地原有的水文特征来进行设计，尽量减少对原有的自然排水的扰动，尽量补充地下水，多采用透水性铺地、渗透管、渗透井等，提高渗透性。另外，溪流或水池的底部和岸边不要用水泥、防渗膜等不透水材料。根据当地地下水位和地质条件，利用居住区内部分绿地下的土层来贮存和净化雨水，同时利用景观水体的部分调蓄空间贮存雨水，既节省了雨水贮存费用，又可改善贮存雨水的水质。屋面雨水和路面雨水尽量先引入附近的低势绿地或浅沟截污、下渗净化。对超过绿地储存容量和下渗量而形成的地表降雨径流则利用地表坡度、边沟向景观水体汇集。

3）开发

自然资本的节约概念不是简单的一时一地的少消耗，设计过程必须对设计对象整个生命周期的能流物流过程，包括对资源的消耗、污染的产生以及栖息地的丧失进行预算，就是产品的生态代价。哪怕是园林景观中的一件户外家具，其整个流动过程都蕴含着物质、水、能量和土地的消耗。考察产品生命周期对环境的影响，可以评价产品设计和使用的生态性。理解产品的生产过程，能够弄清产品对物质和能量是节约或浪费，是有毒或是无害。有时一件物品可能在制造时较为昂贵，但如果用长期效益来计算，可能反而更节约了。材料及其制造业是造成能源短缺、资源枯竭、环境污染的主要责任者之一。生态环境材料是指同时具有满意的使用性能和优良的环境协调性，甚至能够改善环境的材料。环境协调性是指对资源和能源消耗尽可能少、对生态环境影响小、循环再利用率高。它要求从材料制造、使用、废弃直至再利用的整个周期中都必须具有与环境的协调共存性。生态环境材料并不仅特指新开发的新型材料，还包括那些直接具有净化和修复环境等功能的材料。生态环境材料的使用受科技的发展和经济条件的制约，但这是今后设计的发展方向，有条件的地区可适当应用。另外，各地可根据实际情况，合理地利用清洁能源。清洁能源指的是不会产生污染物的能源。

7.5.1.2 居住区景观物理因素综合运用

不同的地理气候或不同的季节，人们对建筑外部空间环境如日照、通风、温湿度、视听环境等都有着不一样的需求。成功的生态化住区景观，不仅拥有宜人的户外景色、住区小气候，还应该有带动整个住区环境自我调节和改善的能力。

景观物理学就是对住区外部环境的光环境、通风、温度、湿度、声环境、人体感觉等各种因素进行研究，并通过综合运用景观设计元素来优化住区的生态环境。

1. 地形条件

地形的自然起伏，可以舒缓建筑物僵硬感。在平原地区，有意识的、适当的地形设计将产生宜人视觉效果、塑造优美景观。地势平坦处的居住区因建筑整齐划一容易显得单调，死板，设计景观绿地丰富的竖向轮廓线可产生对比效果，使户外空间灵活有变化。同时，地形高低变化还能产生系列有益的景观物理环境，如山坡阳面应开敞而平缓，以适应较多的活动人群，或利用山势以形成山风气流，保障空气流畅。

2. 水体元素

水具有调节温湿度、吸尘降噪、净化空气、有效调节居住生态环境、改善住宅小区小气候的生态功能。成功的住宅小区的水景，应成为生命系统和环境系统之间的纽带，有利于发挥生态环境的效益，有利于保护水资源。水是气温稳定的首要因素，对改善小区的小气候有明显的成效，由于水的比热容大，水冻结时放出热量，冰融解时吸收热量，而蒸发更加吸收大量的热。有水的地方，小区气温相对低 0.5℃～0.7℃，变化幅度不大，仅2％～5％。据报道，在杭州西湖岸边、南京玄武湖岸边和上海黄浦江岸边，夏季气温比城市内陆区域均低 2℃～4℃。有水就容易生长各类植物，水景和绿色植物相伴，对吸尘降噪、净化空气有利。

另外，水的形态多姿多采，日光下，水体可造就奇妙的光环境，波光粼粼；背光时，水色则透明润泽。水的无规则散射在不同流速下又产生各种变化，缓流时（如涌泉、溪流）清澈透明，急流时（如喷泉、跌水、瀑布）洁白晶莹。

3. 植物配置

居住区绿地及种植植物的景观物理功能强大，花草树木可以遮阳、防尘、防风、隔音、降温及防灾（如地震灾害等）。

(1) 遮阳。在路旁，庭院以及房屋两侧植树，在炎热季节里可以遮阳，可以降低太阳辐射热。

(2) 防尘。地面因绿化覆盖，黄土不裸露，可以防止尘土飞扬。

(3) 解毒。绿色植物以它巨大的叶面积，浓密的枝干，阻滞、过滤、吸附空气中的降尘和飘尘，同时还能起到滞留、分散各种有毒气体的作用，从而使住宅小区空气得到净化。树林是净化大气的特殊“过滤器”。

(4) 防风。迎着冬季的主导风向，种植密集的乔木灌木林，能够防止寒风侵袭。

(5) 隔声。为减少工厂、交通噪声，在沿厂、沿街的一侧进行绿化。

(6) 降温。绿色植物通过呼吸作用，叶片蒸腾水分，便于土地的大量水分被释放到空气中，使空气中的湿度明显增加（比建筑物区湿度一般大 10％～20％），从而为人们居住、休闲创造了凉爽、舒适的气候环境。夏季可以降低空气温度，例如，草地上温度比沥青路上空气温度低 2℃～3℃。

（7）防灾。绿地的空间可作为城市救灾时备用地。

4. 灯光照明

夜间是住区人口最为集中的时段，精美的灯光设计可吸引更多的居民步出家门，进行住区休闲、交往活动，从而提高公共空间的晚间使用率。在保证基本照明要求的条件下，住区室外灯光设计应强调体现舒适、友好的气氛，而不在于盲目强化灯光亮度。与城市灯光照明的功能一样，住区夜间照明还有保障居民安全，降低社区犯罪率的辅助作用。

5. 建筑布局

建筑物的形体组合及空间布局同样可影响住区景观物理环境。另外，选用合适比热容的铺地贴墙材料及色彩清淡的建筑外立面处理，也可调节住区热辐射，起到一定的降温、保温的作用。

7.5.2 居住区景观设计的人性化趋势

著名建筑大师余畯南先生说："建筑是为人，空间是为人，环境是为人，人是万物的尺度。"景观设计的人性化是指为广大人民服务的、满足广大人民需求的环境景观设计理念。现代人的需求应该是多元而广泛的，它包括人类对艺术、文化、生态、社会等方面的需求。20 世纪 60 年代，维克多·巴巴纳克在其著作《为真实世界的设计》里提出了关于设计的三个人性化目标：

（1）设计应该为广大人民服务，而不是为少数富裕人类服务；

（2）设计不仅应该为健康人服务，同时还必须考虑为残疾人服务；

（3）设计应该认真考虑地球的有限资源使用问题，设计应该为保护我们居住的地球的有限资源服务。

因此，以人为本的"人"其范畴包括所有人类，以及人类的社会、阶层、地域、历史、文化，等等。也就是说景观设计只有在充分尊重自然、历史、文化和地域的基础上结合不同阶层人的生理和审美需求，才能体现设计以人为本理念的真正内涵。

21 世纪的网络时代，一方面使人类社会分工更趋细化，合作更为广泛，更能左右环境；另一方面也使人类更加孤独，足不出户可以尽收天下信息，人与人之间的直接交往就更加缺乏必要性，人与社会、与自然的距离愈加遥远了。趋向淡漠的社会情感，难以排解的生存压力，唤起了人们对过去生活的回忆。人们意识到人与人面对面交流的重要性，渴望回归自然，怀念里弄、胡同那种富有人情味的街坊生活。

《雅典宪章》曾指出城市的四大功能是生活、工作、游憩和交通。居住区面积约占城市用地的 30%以上。人的一生几乎有 1/2 至 2/3 的时间在居住中度过。因此，人类的绝大部分的需求与满足都体现在居住生活之中。马歇尔·布鲁耶说："建筑既不是一个学派，也不是一种风格，它是一种进展"，能给社会上各个层次、各种类型的居民提供生态、历史、文化、艺术等各种物质到精神享受的城市居住区环境景观成为时代发展的必然趋势。

人类有着复杂的心灵，人的心理囊括先天本能和后天的行为习惯，主宰着人的一切活动。因此，人类的行为模式也是很复杂的，居住小区中的活动也不例外。只有针对居民的类型和心理喜好，才能创造出丰富多变，满足住户要求的环境空间。行为是受情感引领的，但同时也在某一特定的环境中发生。环境虽然不能完全决定行为方式，但从某种意义上来说，环境可以影响人的心理，从而限制在该环境中可能发生的行为，而行为差异却又引导着不同环境的产生和设置。

7.5.2.1 人的空间需求

人类生存在世界上，所有的言行举止都可以归纳为三种最基本的心理需求，反映在人类对于空间环境的需求则主要有以下三种。

1. 刺激感

刺激感，即讨厌一成不变，渴望新鲜、有趣的休闲娱乐。人性是矛盾而微妙的，一潭死水会让人厌倦，惊险太多又会让人烦躁，适当的刺激才能充当生活的调剂。居住区景观是城市环境中最贴近生活的一部分，其规划设计应该遵循居民日常生活中对刺激感的空间需求，以平衡原则来设置景观中吸引目光的、新鲜有趣的视觉中心，同时注意避免凌乱堆砌，哗众取宠的过激手法，准确把握好打破平庸与过度惊吓之间的度。

2. 安全感

安全感，即回避不稳定因素，渴望相对安稳、有序的生活。其实，这就是人们在日常生活中对环境的稳定性、规律性、可预见性的体会。当一个空间拥有了周围环境、内在含义以及人们在当中的活动，它就成为了一个场所。而当一个特定的场所符合人们心目中的已有秩序或模式，就能给人以熟悉认同，从而产生安全感。因此，居住区环境景观设计应该遵循一定的格局，一种区别于城市其他公共空间的，符合居住生活尺度的特定模式。另外，场所对其中事物和时间变化的记载，也能有效抚慰人们的不安情绪。如小区中四季更替的绿化设施，就能以其明显的规律性给人一种有活力的安全感。

3. 归属感

归属感，即可识别性，对某特定场所有强烈的认同感。人类本能渴望识别可以让自己归属的专有场所，并在任何环境都想通过场所个性化来实现这一愿望。人们对于个性化的需求常常表现在空间的标识上，即个体的标识和公共的标识。如老城区里的传统居住社区，常常在社区的出入口设立一个门楼，形式各样，并且刻着“某某坊”或“某某里”等社区名字，具独一无二的识别性和文化意蕴，有历史归属感。

居住区空间环境应该促成人类对于刺激感、安全感、归属感这三大空间需求的满足。但是，设计师更应该把握好这三者综合运用的平衡配置。对于高节奏快速度的现代都市人来说，更倾向于居住环境能提供安逸的放松感觉，即对安全感的需求远远凌驾于其他事物。

当人类的三大空间需求得以满足之后，领域性就产生了。领域性其实是所有高等动物的天性，而人的领域性既有生物本能的一面，又有社会习惯的一面，其内在涵义丰富复杂。在居住区范围里，人的领域性主要表现为居民对自己领地的热爱和安全防卫。尤其在乡村聚落，村民对自己的村子、田地所表现的热爱与维护之情比起城市居民对自己小区的主人意识要强烈得多。这主要是两者的居住环境特点不同使然，受传统和自然力量影响较大的农村，村屋格局从内到外都整齐划一，层数少，间距密，村里的街道就是村民们的公共交往空间，居住环境完全控制在村民的全天候的自然监视之中，从而更易产生熟悉的认同感和安全感。这恰恰印证了纽曼的《可防卫空间》里的观点——能让居民照管的空间不容易发生犯罪现象；居民潜在的领域性和社区感可转化为保证一个安全的、有效的和管理良好的居住空间的责任心，使潜在的罪犯们觉察到这个空间是被它的居民所控制的。领域层次不仅有助于防卫，也是住宅私密性和邻里感所必需的。

在高密度的城市居住区里复制低密度而规整的村屋是不可能的，但是参考这种心理行为，保证居住区景观的均好性，加强住宅窗户、阳台对室外空间的监视能力，保持在居住小区开放空间中视线的流畅，人际交往的密切性，都有助于居住区安全感的形成。另外，在住区公共空间里布置方便使用的公用设施，让居民意识到这是大家共有的领地，也能有效加强社区归属感，并加深居民对住区景观的真正热爱，景观也因此能够得以保存。

7.5.2.2　人的交往需求

现代社会变化太快，城市人的生活压力巨大，人们从情感上渴求在与人的非功利性交往中得到放松；现代科技高度发达，人们希望从长期人机交互中解脱，回复“人与人”的交流；现代家庭人口呈递减趋势，人们需要与更多其他人的情感联系；现代人均寿命增加、城市人口老龄化，意味着人们在退休后将要靠人际交往来消磨更多闲暇时间。美国环境行为学家拉普卜特说过环境既反映交流，也调节它、引导它、控制它、促进它、阻碍它。社区交往可增进个人对周围社会环境的了解、唤起人们参与生活的激情。住区环境不仅为居民提供开放活动空间，也是人们相互交流的联系纽带。所以说，住区外部公共空间既像人生大舞台，又是人们的另一类学堂。通过人们有意识或无意识的社区活动，增强彼此联系，从而营造一种社区归属感，甚至减少犯罪率。因此，通过景观设计为居民提供足够多的交往机会，通过促进居民交往来构筑居住区环境的和谐品质，能真正建成富于内聚力的居住社区。

住宅区内良好的景观，一方面可就近为住户提供面积充足、设施齐备的场地，以吸引住户走出居室，加入公共活动，从而增进户间交往，创造和谐融洽的社区气氛；另一方面，通过对植物、围墙和小品设施的配置处理，不仅能够增进视觉舒适度，也可满足居民对于安全感和私密性的要求。了解人在住区的活动行为及习性是关系设计成败的先决条件。人们在住区中的活动可大致分为被动活动与主动活动，前者是一种功能性活动，如上下班途径等，受环境影响不大，很少发生交往事件；后者属于一种游憩活动，包括晨练、散步等，受环境影响较大，但是利于邻里交往。住区景观设计要利用居民活动尤其是主动活动，使更多的人不囿于电视、网络，而步出家门，与更多的人接触交往。住区居民一切室外活动的展开都是以步行和坐下休息这两种行动为基础，所以研究得从这最简单的行为入手。

人在行进中，为看清前路，会潜意识地将视线下沉 10°，故此时人的水平视域大于垂直视域，而垂直向下视域又大于向上视域。因此建筑底层外观、地面铺装及道路上发生的事件成为行进中的主要视景。同时，沿步行道路的景观设计应小尺度细致化，以适应慢行观赏，人在路上逗留时间越长，发生交往活动的机率也就越高。

有活力、聚人气的居住区室外环境，一般不仅因为其景色优美，更因为能提供便于饮食、聊天、棋牌、看人、聊天的逗留设施。这要求特定的方位、尺度和空间氛围。若住区的中心广场过大，并不受居民欢迎，因为身在其中反而不自在。人们更愿意坐在尺度亲切的小空间之中。而带小孩的成年人更希望在儿童游戏场附近能坐下聊天，一边看护小孩，一边认识邻居朋友。

7.5.2.3 人的行为习惯

人处于环境之中，会产生一定的心理需求，也会表现一定的行为习惯，二者共同作用于人的实质性言行举止。人的行为习惯是人的生物、社会、文化属性与特定环境长期交互作用的结果。在一定的时间地点里，特定的人群进行的一些活动模式，经过其社会文化的认同，久而久之就会变成习惯，甚至潜意识地体现在行为之中。人类普遍存在的行为习惯主要归纳如下：

1. 动作性行为习惯

(1) 抄近路。目标明确时，人们一般倾向于选择最短的路径，即大致成直线方向朝目的前进。但是，在漫步观景时，就不一定遵循这一规律。因此，在景观设计中要尽量满足人的这个习惯，对于交通要道，要采用三角形道路规划形式；而对于观景型步道，设计形式可自由灵活，且尽量营造丰富的沿路景观。

(2) 靠右侧行走。与我国交通规则直接相关，国内居民一般以右行为主。应用在环境设计里面，就应该根据这个特点，减少道路人车交叉。另外，人在陌生环境时，也常常会沿右边依靠标志符号摸索前进。空间环境的标识指示就应该利用边沿位置，正确引导居民行为趋向。

(3) 逆时针转向。相当部分的人群在转弯的时候选择逆时针方向。虽然这一行为暂时还没有得到明确的证实，但其现象是明显大量存在的。景观设计时在有可能的情况下，也应该考虑这个因素。

(4) 依靠性。人喜欢有所凭靠地从一个小空间去观察更大的空间，也常靠近一些物具，如柱子、树木等。依靠性的另一个表现即"边际效应"，如人们喜在广场四周的拱廊中行走，既可抵抗外部自然条件如日晒、风吹的干扰，又可以柱为框欣赏广场中人、事、物。因此，除主要步行路线以外，还应力求住区步行路线多样化和系统化，以延长路线或增加主动步行的可选性。同时，在景观环境的边沿地带设置利于逗留的半公共空间，其中更可利用一些烘托氛围的构件、小品甚至树木，以吸引居民停留聚集，让居民在同一时空里体验开、合、敞、闭的不同感受。

2. 体验性行为习惯

(1) 观察和被观察。人挤人，人看人，历来是我国民间风俗，它在某种层面上反映了人们对于信息交流、社会交往与认同的需求。同时，这也是加强空间共享的体验。观察和被观察无处不在，住区环境应能提供相应的舒适背景，以支持这种最浅层的静态交往。围观看热闹现象更加遍及四海，体现着人们对刺激感的需求。正是这种进退自由的围观，让儿童学会了不少社会和生活常识。

（2）静思。寻求安静是对繁忙都市生活的必要补充，也是人的主要行为习惯之一。凝神静思使人归复于自然的纯净空间，有助于人类身心健康。占据人生大部分时间的居住区，其环境景观设计要运用各种划分空间的手段，隔绝喧嚣，创造私密性强的静思空间，如赏花、观鱼、静坐等场景。

7.5.2.4　基于人类行为心理的居住区景观设计

以人为本的精神有着丰富的内涵，在居住区的生活空间内，对人的关怀则往往体现在近人的细致尺度上，绿地系统布置也要有利于居民交往，让人随时随地享受阳光、绿色与和谐的人际关系。

1. 满足使用要求的住区景观

基于人的活动规律，笔者对城市居住区景观环境设计提出尝试性的建议：

（1）加强环境景观的生气感，吸引公众参与和交往。吸引居民合理使用住区外部空间的主要因素有活动人数、活动模式、行为特点、空间特征和自然因素等。活动人数可以大概反映活动场所的活跃程度。根据霍尔的“人际距离”，当活动场所面积为 10 m^2/人左右，空间气氛转向活跃。多种活动模式的相互支持也能促进空间活力，如下棋、踢毽子、喝茶等活动能相互关联或引起围观，增加这类相应设施能起强化作用。此外，宽敞的住区外部空间，如广场可以在周围设置袋状场所和座椅、橱窗等设施，以吸引行人逗留，提供进退皆可的选择。另外，以绿化围合的灵活性空间比封闭空间更受欢迎，向阳的绿色环境也能吸引人气。

（2）兼顾私密性活动，形成私密性—公共性多层次空间。人们走出家门，进入外部空间并不一定都是进行公共活动。出于不同的需求，居民会选择不同的相应行为场所，进行私密性—公共性不同程度的活动。因此，住区环境设计应在注重公共活动的同时兼顾私密性活动；遵循外部空间中，私密性—半私密性—半公共性—公共性多层次空间客观存在的事实；在私密性场所中要保持视听联系渠道，在公共性场所中要设置过渡型空间；不同层次空间之间应有一定的界限，并留有进退的机动余地。

2. 模糊性空间的塑造

居住区不单具有居住的功能，同时也是人们思想与情感交流的地方。城市居住区常常功能分区明确，住宅、道路、绿化、服务设施，井井有条，互不交互。其实，人本身是复杂的，具有大量模糊性思维；人的居住生活也对应着一种含混复杂的内在机理，简单划一的物质空间缺乏生活情趣，容易造成精神压力和空虚孤独。模糊性空间的设计就是模拟真实的生活机理，创造多元化、多层次居住空间的新尝试。

传统民居饱含丰富的模糊性空间，从街巷到院落，居民生活和公共交往混合交互，使社区空间充满流动性、包容性和含蓄性，传达出浓郁的生活气息，耐人寻味，如图 7-22 所示。

图 7-22　传统民居的模糊性空间充满生活气息①

（1）空间界定不确定。界面是限制建筑空间的物质实体，在很大程度上决定着空间性质。如岭南传统民居中常见的骑楼，与街道之间的界面是柱子，其不明确性也模糊了空间特性，骑楼成为介乎室内外的水平过渡和伸展，成为私密空间和公共空间之间的具有流动性的半公共空间，如图 7-23 所示。

图 7-23　骑楼与街道之间的界面是柱子，其空间有不确定性②

（2）空间功能多元化。空间的使用功能由其中人的活动决定，当行为活动是发展变化的，空间功能就趋向多元。古老社区的街道上交通与生活混杂，私密与公共空间交融；骑楼里茶楼、买卖、纳凉、闲聊等诸多活动并存。功能的复杂性意味着其间联系的多样性，体现了空间的广泛适应性，具有浓郁的人情味，如图 7-24 所示。

① 黄石市城乡建设信息网. http://www. hsjgw. gov. cn/content/9c0dc6f532374a06b832cb627d376756. htm.

② 百度图片网. http://image. baidu. com/i? tn=baiduimage&ct=201326592&cl=2&lm=-1&fr=&pv=&ic=0&z=0&se=1&word=%C6%EF%C2%A5&s=0&sme=0&pn=0&ln=2000&tab=&width=&height=&face=&fb=#pn=0.

图 7-24　骑楼里丰富多彩的生活①

(3) 空间感受复杂性。人对于空间有不确定性界定模糊、功能复杂的空间感受也难以一言道尽。传统民居的院落对于住宅来说，是外部空间，对于街区来说，又是内部空间。院落成为内外之间联系过渡的空间，呈半公共半私密性，如图 7-25 所示。院落空间的功能具有广泛的适应性，如宴会、典礼、游戏、纳凉，等等。在院落之内，人感受到的是物质与非物质之间的模糊状态，空间似乎超越物质变成一种精神意象，但却是充满实在功能的空间。

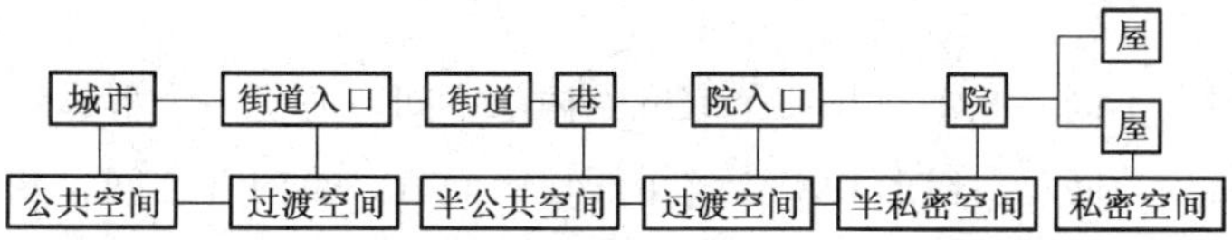

图 7-25　传统合院住宅的空间层次透露复杂的空间感受，具有典型的模糊性

在居住区环境中，模糊性空间主要可以从四个方面设计应用。

1) 住区道路

现代住区一般人车分流，以保证居住区的安全和宁静。但因此车道成为单纯的交通空间，缺乏了人的活力。模糊性空间设计强调将交通空间和生活空间作为一个整体来考虑。通过阻止无关车辆的进入，并对街道的线形、宽度、铺装和小品等进行精心处理以降低车速，达到人车共存，像传统住区街道一样，富有生气。以枝状或环状尽端式道路伸入小区或住宅组群内，结合人行道和自行车道路系统，住宅楼的入口、停车位等扩展出形态各异的院落空间，再以绿化、铺装划分空间并满足多种功能的居住区公共场所，可作为邻里交往、临时停车及老人、儿童的活动场地，道路空间在这里变成了多义、含混的模糊性空间，显得生机勃勃。

2) 住区廊道

廊道能促进人们生活交往，如住宅外的门廊、庭院的风雨廊、楼宇间的连廊等。廊道以柱为边界，使廊与外界之间相互渗透。廊空间既是交往空间，又是交通空间，还能划分不同领域。人们在此或攀谈、或游戏，能够生动地反映生活的丰富多彩，并由此引发人们积极的精神意境。

① 网易博客. http://gothictang.blog.163.com/blog/static/7250553620099991023114/.

3）首层架空

亚热带地区城市住区常有首层架空以便于通风对流。架空的地方可有多种用途，如停车场、居民休闲、公共设施配套及环境景观，为居民提供了更多交往的机会，如图 7-26 所示。

图 7-26　首层架空效果图①

4）组团院落

现代院落与传统民居的有很大不同，它不只是一个家庭的内部空间，而是一个群体的公共空间。但它们的模糊性特质异曲同工。院落相对于整个居住区而言，是内部空间；相对于组团来说，是外部空间，是住宅与外部空间之间的过渡空间。院落对于组团内的居民来说，具较强的领域感，从而促进居民的集体意识和对院落的热爱维护、邻里关系的和谐与一定的安全防范意识。院落功能含混多元，在里面，老人聊天下棋，儿童追逐嬉戏。院落空间有明确界定，但并不闭合，是人们透过窗外就能看到的最直接的景观元素。

① 搜房网. http://news.hn.soufun.com/2008-12-13/2282275.htm.

随着社会的进步，城市化进程的加快，交通业迅猛发展，道路绿化由最初的行道树种植形式，发展为道路整体绿化。道路绿化是指以道路为主体的相关部分空地上的绿化和美化。道路类型多种多样，从城市道路、公路、铁路，增加至高架路、高速公路、轻轨铁路等，也使道路绿地的规划类型多样。

第 8 章　道路交通景观设计

现代道路景观设计是一个城市以至某个区域的生产力发展水平、公民的审美意识、生活习俗、精神面貌、文化修养和道德水准的真实反映。现代道路绿化不仅是构成优美街景和城市景观，成为认识城市的重要标志，而且是一个区域的连续构图景观的组合，形成了区域的特有景观特色和地域特点。它在减少环境污染，保持生态平衡，防御风沙与火灾等方面都有重要作用，并有相应的社会效益与一定的经济效益，是保证人类社会可持续发展的物质文明和精神文明的重要组成部分。

8.1 城市道路交通景观设计

城市道路交通景观是城市对内外联系的纽带和窗口，近年来随着城市的发展和人们生活水平的提高，已越来越受到重视。城市道路交通景观设计是在城市道路设计的指导下，依据道路类型、性质功能与地理、建筑环境进行规划，安排布局道路绿地的类型、布置形式、种植设计等。设计前，先要做周密的调查，弄清与掌握道路的等级、性质、功能、周围环境，以及投资能力基本来源、施工、养护技术水平等，然后综合研究，将总体与局部结合起来，做出切实、经济、最佳的设计方案。道路绿地类型有分车绿带、行道树绿带、路侧绿带、基础绿带、交通绿岛、立体交叉绿岛、园林景观路（林荫路）、装饰绿地、开放式绿地（街头休息绿地）等，如图 8-1 所示。

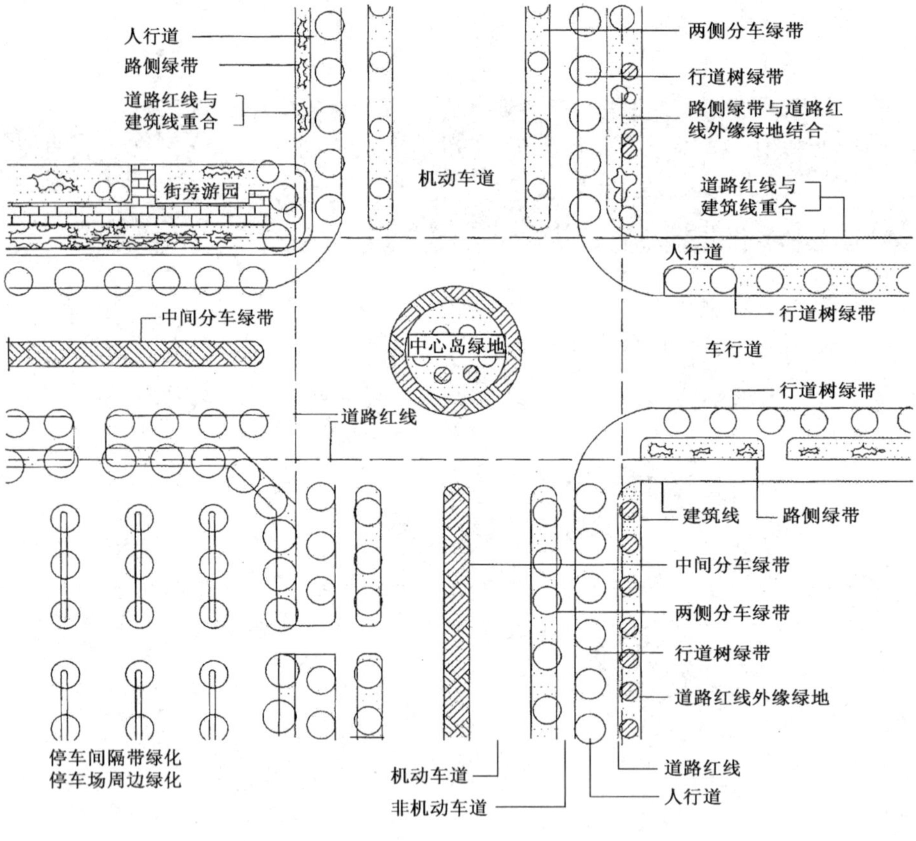

图 8-1　道路绿地类型示意图

8.1.1 城市道路的类型

城市道路是指城市建成区范围内的各种道路。城市道路是城市的骨架，交通的动脉，城市结构布局的决定因素。城市规模、性质、发展状况不同，其道路也有多种多样，根据道路在城市中的地位、交通特性和功能，有不同的分类和等级。按照《城市道路交通规划设计规范》（GB 50220—1995）的规定以及城市发展的需要，城市道路分为高速干道、快速干道、主干道、次干道、支路和专用道路六类。

8.1.1.1 高速干道

高速交通干道在特大城市、大城市设置。为城市各大区块之间提供远距离高速交通服务，联系距离 20～60 km，其行车速度在 80～120 km/h。行车全程均为立体交叉，其他车辆与行人不准使用。最少有四车道（双向），中间有 2～6 m 分车带，外侧有停车道。

8.1.1.2 快速干道

城市快速干道是城市的主要交通干道，它联结城市的各个子区，承担着大量的客运和货运交通。它的典型特征是横断面较宽，形式较为复杂，中央分隔，主辅路分隔，机动车、非机动车行车道分隔设施完备，有些将主通道设计成高架形式；距离大约 10～40 km，其行车速度在 70 km/h 以上。交通干扰小，一般采用全封闭的形式，禁止非机动车和行人进入。城市快速路在我国主要存在于大城市中，如北京的二环、三环、四环，上海的延安高架路等。

8.1.1.3 主干道

主干道是大、中城市道路系统的骨架，城市各用地分区之间的常规中速交通道路，并与城市的快速干道相交或相接。其路幅宽度在 30～60 m，设计行车速度为 30～60 km/h，道路上公交、无轨电车线路密集，公交站点、停车场繁多。沿线平面交叉口多，一般采用信号灯控制。这类道路在各城市都有，一般城市都有东西方向和南北方向的几条主干道。如北京东西方向的长安街、平安大街、两广大街等。

8.1.1.4 次干道

次干道是城市中辅助型的干道。路幅宽度一般为 20～30 m，计算行车速度为 30～40 km/h。次干道贯穿于主干道之间，共同形成城市主要道路网。

8.1.1.5 支路

居住小区或工业小区外围，是居民日常活动出入交通的通道，其路幅宽度为 12～16 m，混行车道宽度为 6～6.5 m。支路通常为双向两条机动车道，机动车道外侧为非机动车道，机动车道与非机动车道之间无物理分离设施。有些支路不能明确地规定出机动车道的通行空间，而是实行机动车在道路中间行驶，非机动车在道路两侧行驶的交通管理模式。因而，支路多为“一块板式”道路，并经常呈现混合交通局面。

8.1.1.6 专用道路

专用道路是城市交通规划考虑特殊要求的专用自行车道、专用公共汽车道、城市绿地系统和商业集中地区的步行林荫路等。

8.1.2 城市道路绿地布置形式

城市道路绿地断面布置形式是规划设计所用的主要模式，常用的有一板二带式，二板三带式，三板四带式，四板五带式及其他形式。

8.1.2.1 一板二带式

一板二带为一条车行道，二条绿带，这是道路绿化中最常用的一种形式。中间是车行道，在车行道两侧与人行道分割线上种植行道树。其优点是简单整齐，用地经济，管理方便。但当车行道过宽时行道树的遮荫效果较差，又不利于机动车辆与非机动车辆混合行驶时交通管理，如图 8-2 所示。

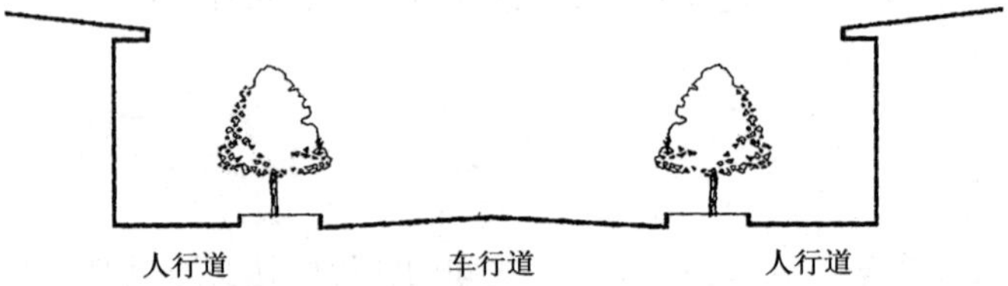

图 8-2 一板二带式道路绿地断面图[①]

8.1.2.2 二板三带式

二板三带为单向行驶的两条车行道和两条行道树，中间以一条分车绿带分隔。这种形式适于宽阔道路，绿带数量较大，生态效益较显著，多用于高速公路和入城道路。由于各种不同车辆，同向混合行驶，还不能完全解决互相干扰的矛盾，如图 8-3 所示。

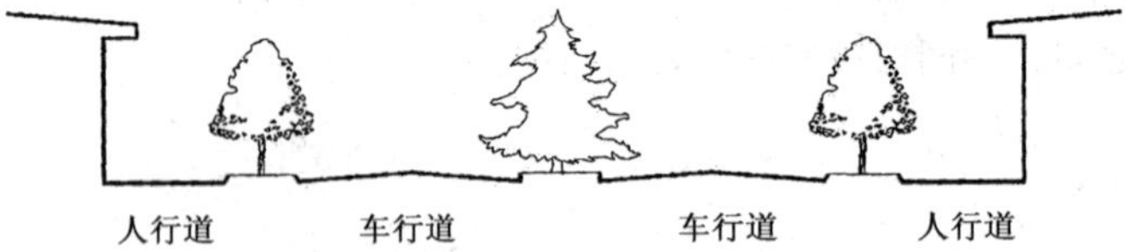

图 8-3 二板三带式道路绿地断面图[②]

8.1.2.3 三板四带式

利用两条分车绿带把车行道分成三块，中间为机动车道，两侧为非机动车道，连同车

①② 园林吧. http://www.yuanlin8.com/guihua/2171.html.

行道两侧的行道树共为四条绿带，故称三板四带式，如图 8-4 所示。此种形式占地面积大，却是城市道路绿化较理想的形式，其绿化量大，夏季庇荫效果较好，组织交通方便，安全可靠，解决了各种车辆混合行驶互相干扰的矛盾，尤其在非机动车辆多的情况下更为适宜。

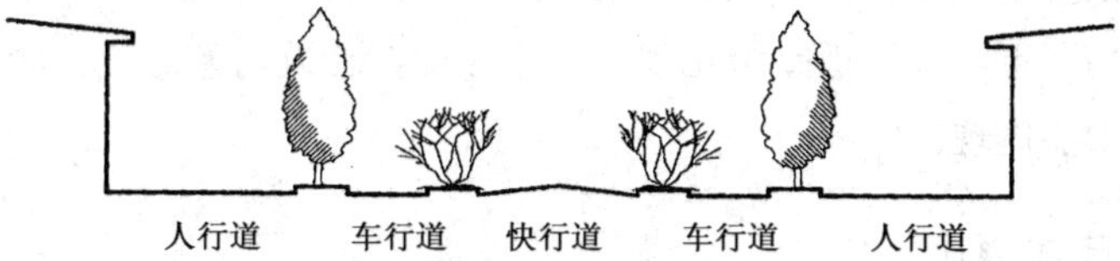

图 8-4　三板四带式道路绿地断面图①

8.1.2.4　四板五带式

利用三条分车绿带将车道分为四条，而规划为五条绿化带，使机动车与非机动车辆均形成上行、下行各行其道，互不干扰，保证了行车速度和交通安全。若城市交通较繁忙，而用地又比较紧张时，则可用栏杆分隔，以便节约用地，如图 8-5 所示。

图 8-5　四板五带式道路绿地断面图②

8.1.2.5　其他形式

按道路所处地理位置、环境条件特点，因地制宜地设置绿带，如山坡道、水道的绿化设计。

道路绿化断面形式虽多，究竟以哪种形式为好，必须从实际出发，因地制宜，不能片面追求形式，讲求气派。尤其在街道狭窄，交通量大，只允许在街道的一侧种植行道树时，就应当以行人的庇荫和树木生长对日照条件的要求来考虑，不能片面追求整齐对称，以减少车行道数目。

我国多数城市处于北回归线以北，在盛夏季节，南北走向街道东边，东西走向街道北边受到日晒持续时间最长，尤其是下午两点左右更是灼热炙人，因此行道树应种在路东和路北为宜。在高寒地区还要考虑到冬季获取阳光问题，所以不宜选用常绿乔木。而实际上城市街道不可能都是东西走向或南北走向，配置行道树的原则是要从庇荫和树木生长两方面考虑。如果街道上不能种植行道树时，只能采取特殊的绿化方式，如摆设盆栽植物、垂直绿化等。

①② 园林吧. http://www.yuanlin8.com/guihua/2171.html.

8.1.3 城市道路绿地设计

城市道路绿化是城市道路的重要组成部分，在城市绿化覆盖率中占较大比例。随着城市机动车辆的增加，交通污染日趋严重，利用道路绿化改善道路环境，已成当务之急。城市道路绿化也是城市景观风貌的重要体现。

8.1.3.1 城市道路绿地设计基本原则

城市道路绿化主要功能是庇荫、滤尘、减弱噪声、改善道路沿线的环境质量和美化城市。以乔木为主，乔木、灌木、地被植物相结合的道路绿化，防护效果最佳，地面覆盖最好，景观层次丰富，能更好地发挥其功能作用。

1. 确定道路绿地率

道路绿地率是指道路红线范围内各种绿带宽度之和占总宽度的百分比。在规划道路红线宽度时，应同时确定道路绿地率。我国建设部规定：园林景观路绿地率不得小于40％；红线宽度大于50 m的道路绿地率不得小于30％；红线宽度在40～50 m的道路绿地率不得小于25％；红线宽度小于40 m的道路绿地率不得小于20％。国外一些大城市绿化景观较好的道路，其绿地率为30％～40％。因此，根据实地情况，尽可能提高道路绿地率，使城市的绿化风貌与景观特色更好体现。

2. 合理布局道路绿地

种植乔木的分车绿带宽度不小于1.5 m；主干路上的分车绿带不宜小于2.5 m；行道树绿带宽度不小于1.5 m；主、次干路中间分车绿带和交通岛绿地布置成开放式绿地；路侧绿带尽可能与相邻的道路红线外侧其他绿地相结合；人行道毗邻商业建筑的路段，与行道树绿化道路两侧环境条件差异较大时，路侧绿带可集中布置在条件较好的一侧。

3. 体现道路景观特色

同一道路的绿化应有统一的景观风格，不同路段的绿化形式可变化；同一路段上的各类绿带，在植物配植上应相互配合并应协调空间层次、树形组合、色彩搭配和季相变化的关系；园林景观路应与街景结合，配植观赏价值高、有地方特色的植物；主干路应体现城市道路绿化景观的风貌；毗邻山、河、湖、海的道路，其绿化应结合自然环境突出景观特色。

4. 选择树种和地被植物

道路绿化应选择适应道路环境条件、生长稳定、观赏价值高和环境效益好的植物种类。寒冷积雪地区的城市，分车绿带、行道树绿带种植的乔木，应选择落叶树种。行道树应选择深根性、分枝点高、冠大荫浓、生长健壮、适应城市道路环境条件，且落果对行人不会造成危害的树种。花灌木应选择花繁叶茂、花期长、生长健壮和便于管理的树种。绿篱植物和观叶灌木应选用萌芽力强、枝繁叶密、耐修剪的树种。地被植物应选择茎叶茂密、生长势强、病虫害少和易管理的木本或草本观叶、观花植物。其中草坪地被植物尚应选择萌蘖力强、覆盖率高、耐修剪和绿色期长的种类。

8.1.3.2 城市道路绿地设计

城市道路绿地设计的具体内容包括行道树绿化设计，绿化带绿化设计，交叉路口、交通岛的绿化设计和路侧绿带绿化设计等部分。

1. 行道树绿化设计

行道树是有规律地在道路两侧种植浓荫乔木而成的绿带，是街道绿化最基本的组成部分，最普遍的形式。

1）行道树种植方式

行道树种植方式有多种，常用的有树带式、树池式两种。

（1）树带式：在人行道和车行道之间留出一条不加铺装的种植带，一般宽不小于1.5 m，植一行大乔木和树篱，如宽度适宜则可分别植两行或多行乔木与树篱。在交通、人流不大路段用这种方式。植带下铺设草皮，以维护清洁，但要留出铺装过道，以便人流通行或汽车停站。种植带的宽度视具体情况而定，我国一般以种植带宽 5 m 左右适宜，可种植乔灌木，同绿篱、草坪搭配。

（2）树池式：交通量较大，行人多而人行道又窄的路段，设计正方形、长方形或圆形空地，种植花草树木，形成池式绿地。正方形树池以 1.5 m×1.5 m 较合适，长方形树池以 1.2 m×1.5 m 为宜，圆形树池以直径不小于 1.5 m 为好。行道树的栽植点位于几何形的中心，一般池边缘高出人行道 8～10 cm，避免行人践踏。如果树池略低于路面，应加与路面同高的池墙，最好在上面加有透空的池盖，与路面同高，这样可增加人行道的宽度，又避免践踏，同时还可使雨水渗入池内。池墙可用铸铁或钢筋混凝土做成，设计应当简单大方、坚固且拼装方便。池盖可用金属或钢筋混凝土制造，由两扇合成，以便在松土和清除杂物时取出。

2）行道树的株距与定干高度

正确确定行道树的株行距利于充分发挥行道树的作用，合理使用苗木及管理。一般来说，株行距要根据树冠大小来决定。实际情况比较复杂，影响因素较多，如苗木规格、生长速度、交通和市容的需要等。我国各大城市行道树株距规格略有不同，逐渐趋向于大规格苗木，加大株距和定植株距，有 4 m，5 m，6 m，8 m 不等，见表 8-1。

表 8-1　　　　行道树的株距　　　　单位：m

树种类型	通常采用的株距			
	准备间移		不准备间移	
	市区	郊区	市区	郊区
快长树（冠幅 15 m 以下）	3～4	2～3	4～6	4～8
中慢长树（冠幅 15～20 m）	3～5	3～5	5～10	4～10
慢长树	2.5～3.5	2～3	5～7	3～7
窄冠树	—	—	3～5	3～4

行道树定干高度应根据其功能要求、交通状况、道路性质、宽度，以及行道树与车行道的距离、树木分枝角度而定。苗木胸径在12～15 cm为宜，分枝角度大者，干高就不得小于3.5 m，分枝角度较小者，也不能小于2 m，否则会影响交通。

3）街道的宽度、走向与绿化的关系

（1）街道宽度与绿化的关系：人行道的宽度一般不得小于1.5 m，而人行道在2.5 m以下时难种植乔灌木，只能考虑进行垂直绿化。随着街道、人行道的加宽，绿化的宽度也逐渐增加，种植方式亦可随之丰富，并有多种形式出现。

（2）街道走向与绿化的关系：行道树的种植不仅要求对行人、车辆起到遮阳的效果，而且对临街建筑防止强烈的西晒也很重要，全年内要求遮阳时期的长短与城市所在地区的纬度和气候有关。我国一般自4、5月至8、9月，约半年时间内都要求有良好的遮阳效果，低纬度的城市则更长些。一天内自上午8：00—10：00，下午1：30—4：30是防止东、西晒的主要时间。因此，我国中、北部地区东西向的街道，在人行道的南侧种树，遮阳效果良好，而南北向的街道两侧均应种树。在南方地区，无论是东西、南北向的街道，均应种树。

2. 绿化带的绿化设计

1）分车绿带的绿化设计

在分车带上进行绿化，称为分车绿带，也称为隔离绿带。在三块板的道路断面中分车绿带有两条，在两块板的道路上分车绿带只有一条，又称为中央或中间分车绿带。分车带的宽度，依行车道的性质和街道的宽度而定，高速公路的分车带的宽度可达5～20 m，一般也要4～5 m，最低宽度也不能小于1.5 m。

（1）分车带绿化方式。分车带绿地起到分隔组织交通与保障安全的作用，机动车道的中央分隔带在可能的情况下要进行防眩种植。机动车两侧分隔带如有可能应有防尘、防噪声种植。同时分车带中的高大种植对视线的影响会产生道路空间的分隔，而对街景产生很大的影响。因此，种植方式要和景观的要求统一协调。

分车带的种植有以落叶乔木为主的，有以常绿乔木为主的，有的搭配灌木、草地、花卉等，也有的分车带中只种低矮灌木配以草地、花卉等方式，这些都需要根据交通与景观来综合考虑。对分车带的种植，要针对不同用路者（快车道、慢车道、人行道）的视觉要求来考虑树种与种植方式。

分车带的绿化设计方式有三种，即封闭式、半开敞式、开敞式。无论采取哪一种种植方式，其目的都是为了最合理地处理好建筑、交通和绿化之间的关系，使街景统一而富于变化。但要注意变化不可太多，过多的变化，会使人感到凌乱繁琐而缺乏统一，容易分散司机的注意力，从交通安全和街景考虑，在多数情况下，分车绿带以不挡视线的开敞式种植较为合理。

（2）甬金高速公路中央分车绿带案例。甬金高速公路横贯浙江省中东部，是沟通宁波、绍兴、金华三市的重要干线公路，为甬台温、杭金衢和上三线三条高速公路在浙江省内的重要连接线，也是内陆赣、皖、湘各省货物从宁波港集疏运的重要通道。

甬金高速公路在植物的选择上严格遵循高速公路绿化标准要求。中央分车绿带方案选耐尾气污染、生长健壮、慢生、耐修剪的树种，具体用蜀桧、海桐球交替种植和书带草满铺的方法，既简捷大方又绿化效果明显，如图 8-6 所示。

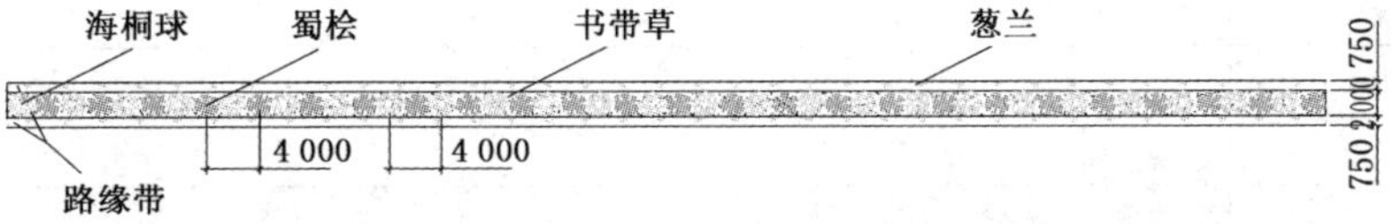

图 8-6　甬金高速公路中央分车绿带方案

2）人行道绿化带

从车行道边缘至建筑红线之间的绿化地段统称为人行道绿化带，这是道路绿化中的重要组成部分，人行道往往占很大的比例。

为了保证车辆在车行道上行驶时车中人的视线不被绿带遮挡，能够看到人行道上的行人和建筑，在人行道绿化带上种植树木必须保持一定的株距，以保持树木生长需要的营养面积。一般来说，人行道上绿化带对视线的影响，其株距不应小于树冠直径的 2 倍。但栽种雪松、柏树等易遮挡视线的常绿树，为使其不遮挡视线，其株距应为树冠冠幅的 4～5 倍。

人行道绿化带上种植乔木和灌木的行数由绿带宽度决定。在地上、地下管线影响不大时，宽度在 2.5 m 以上的绿化带，种植一行乔木和一行灌木，宽度大于 6 m 时，可考虑种植两行乔木，或将大、小乔木和灌木以复层方式种植。宽度在 10 m 以上的绿化带，其株行数可多些，树种可多样，甚至可以布置成花园林荫路。

人行道绿化带是街道景观的重要组成部分，对街道面貌、街景的四季变化均有显著的影响，人行道绿化带设计为街道整体设计的一部分，应进行综合考虑，与道路环境协调。

3. 植物种植和工程管线的关系

随着城市现代化，空架线路和地下管网各种管线不断增多，大多沿着道路走向而设置，与城市道路绿化产生许多矛盾，需要在种植设计时合理安排，为树木生长创造有利条件，见表 8-2、表 8-3，如图 8-7 所示。

表 8-2　　树木与架空线路的间距　　单位：m

架空线名称	树木枝条与架空线的水平距离	树木枝条与架空线的垂直距离
1 kV 以下电力线	1	1
1～20 kV 电力线	3	3
3.5～110 kV 电力线	4	4
154～220 kV 电力线	5	5
电信明线	2	2
电信架空线	0.5	0.5

表 8-3　　植物与地下管线及地下构筑物的距离　　单位：m

名　称	至中心最小距离	
	至乔木中心	至灌木中心
给水管、闸井	1.5	不限
污水管、雨水管、探井	1.0	不限
电力电缆、探井	1.5	—
热力管	2.0	1.0
弱电电缆沟、电力电讯杆	2.0	—
路灯电杆	2.0	—
消防龙头	1.2	1.2
煤气管、探井	1.5	1.5
乙炔煤气管	2.0	2.0
压缩空气管	2.0	1.0
石油管	1.5	1.0
天然瓦斯管	1.2	1.2
排水盲管	1.0	0.5
人防地下室外缘	1.5	1.0
地下公路外缘	1.5	1.0
地下铁路外缘	1.5	1.0

图 8-7　植物种植和工程管线的关系

4. 交叉路口、交通岛的绿地绿化设计

1）交叉路口

交叉路口位于两条或两条以上道路相交之处。这是交通的咽喉、隘口，种植设计需先调查其地形、环境特点，并了解“安全视距”及有关符号。安全视距是行车司机发觉对方来车、立即刹车恰好能停车的视距。为了保证行车安全，道路交叉口转弯处必须空出一定距离，使司机在这段距离内能看到对面或侧方开来的车辆，并有充分的刹车和停车时间，不致发生撞车事故。根据两条相交道路的两个最短视距，可在交叉口平面图上绘出一个三角形，称为视距三角形。在此三角形内不能有建筑物、构筑物、广告牌以及树木等遮挡司机视线的地面物。在视距三角形内布置植物时，其高度不得超过 0.70 m，宜选矮灌木，从生花草种植，如图 8-8 所示。

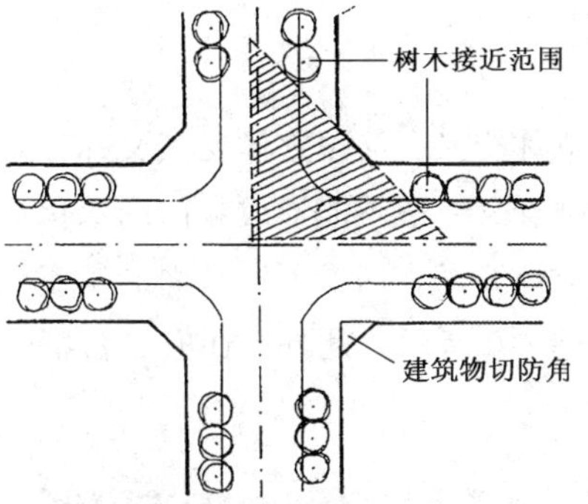

图 8-8　交叉路口三角形视距示意图①

2）中心岛

中心岛俗称转盘，设在道路交叉口处。主要为组织环形交通，使驶入交叉口的车辆，一律绕岛做逆时针单向行驶。一般设计为圆形，其直径的大小必须保证车辆能按一定速度以交织方式行驶，由于受到环道上交织能力的限制，中心岛多设在车辆流量大的主干道或具有大量非机动车通行、行人众多的交叉口。目前我国大中城市所采用的圆形中心岛直径一般为 40～60 m，一般城镇的中心岛直径也不能小于 20 m。

中心岛绿地要保持各路口之间的行车视线通透，不宜栽植过密乔木，而应布置成装饰绿地，方便绕行车辆的驾驶员准确快速识别各路口。不布置成供行人休息用的小游园或吸引游人的地面装饰物，而常以嵌花草皮花坛为主或以低矮的常绿灌木组成简单的图案花坛，切忌用常绿小乔木或大灌木，以免影响视线。中心岛虽然也能构成绿岛，但比较简单，与大型的交通广场或街心游园不同，且必须封闭，如图 8-9 所示。

3）导向岛

导向岛用以指引行车方向，约束车道，使车辆减速转弯，保证行车安全。绿化布置常以草坪、花坛为主。为强调主要车道，可选用圆锥形常绿树栽在指向主要干道的角端，加

① http://www.picsee.cn/Environment/Garden/0515310H009_5.html.

以强调；在次要道路的角端，可选用圆形树冠树种，以示区别。

图 8-9　中心岛示意图①

4）立体交叉

立体交叉主要分为两大类，即简单立体交叉和复杂立体交叉。简单立体交叉又称分立式立体交叉，纵横两条道路在交叉点相互不通，这种立体交叉一般不能形成专门的绿化地段，只作行道树的延续而已。复杂立体交叉又称互通式立体交叉，两个不同平面的车流可以通过匝道连通。平面形式以苜蓿叶式最为典型，如图 8-10 所示。此外，还有半苜蓿叶式和环道式等多种形式。又分丁字交叉和立体交叉两种。

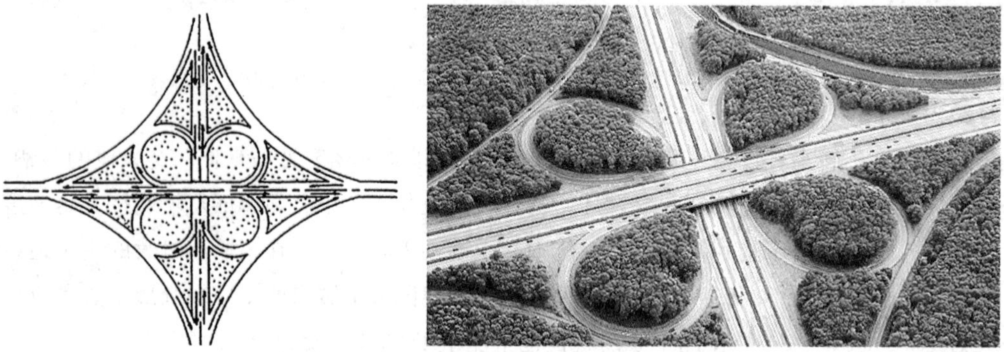

图 8-10　苜蓿叶式立体交叉示意图②

复杂的立体交叉一般由主、次干道和匝道组成，匝道供车辆左、右转弯，把车流导向主、次干道上。为了保证车辆安全和保持规定的转弯半径，匝道和主次干道之间往往形成几块面积较大的空地。在国外，有利用这些空地作为停车场的，一般多作为绿化用地，称为绿岛。此外，以立体交叉的外围到建筑红线的整个地段，除根据城镇规划安排市政设施外，都应该充分绿化起来，这些绿地可称为外围绿地。绿岛和外围绿地构成美丽而壮观的景象。

---

① 开封网. http://www.kf.cn/news/shownews1.php?id=15929.

② 景观中国. http://www.landscape.cn/review/City/2009/3402044595.html.

绿化布置要服从立体交叉的交通功能，使司机有足够的安全视距。立体交叉虽然避免了车流在同一平面上的十字交叉，但却避免不了汽车的顺行交叉（又称交织）。在匝道和主次干道汇集的地方也要发生车辆顺行交叉，因此，在这一段不宜种植遮挡视线的树木。如种植绿篱和灌木时，其高度不能超过司机视高，以使其能通视前方的车辆。在弯道外侧，最好种植成行的乔木以便诱导司机行车方向，同时使司机有一种安全感。

绿岛，是立体交叉中面积比较大的绿化地段，一般应种植开阔的草坪，草坪上点缀具较高观赏价值的常绿树和花灌木，也可以种植一些宿根花卉，构成一幅舒朗而壮观的图景。切忌种植过高的绿篱和大量的乔木，以免阴暗郁闭。如果绿岛面积较大，在不影响交通安全的前提下，可按街心花园的形式进行布置，设置园路、亭、水池、雕塑、花坛、座椅等。如合肥市五里墩立交桥的绿岛。立交桥的绿岛处在不同高度的主、次干道之间，往往有较大的坡度，绿岛坡降一般以不超过 5%为宜，陡坡位置须另做防护措施。此外，绿岛内还需装设喷灌设施，以便及时浇水、洗尘和降温。

立体交叉外围绿化树种的选择和种植方式，要和道路伸展方向绿化建筑物的不同性质结合起来，和周围的建筑物、道路、路灯、地下设施及地下各种管线密切配合，做到地上地下合理布置，才能取得较好的绿化效果，如图 8-11 所示。

图 8-11 美丽的立交桥①

5. 路侧绿带的绿化设计

路侧绿带根据其相邻用地性质、防护和景观要求进行规划设计其绿带可分为开放式绿地（街道休息绿地）、园林景观路（林阴路）、滨河绿带、步行街等。

1）开放式绿地绿化设计

开放式绿地，即街道休息绿地，俗称街道小游园。以植物为主可用树丛、树群、花坛、草坪等布置。乔灌木、常绿树或落叶树相互搭配，层次要有变化，内部可设小路和小场地，供人们入内休息。有条件的设一些建筑小品，如亭廊、花架、宣传廊、园灯、水池、喷泉、假山、座椅等，丰富景观内容，满足群众的需要。

街道小游园绿地大多地势平坦，或略有地形起伏，可设计为规则对称式、规则不对称

① 中国建筑与室内设计师网. http://www.china-designer.com/home/70853_2_241647.htm，昵图网. http://www.nipic.com/show/1/21/8b05831283a8a37f.html.

式、自然式、混合式等多种形式。规则对称式是有明显的中轴线，规则的几何图形，如正方形、长方形、多边形、圆形、椭圆形等。外观比较整齐，能与街道、建筑物协调，但也易受约束，处理不当就会呆板不活泼。规则不对称式是指形式整齐而不对称，给人的感觉是虽不对称，但有均衡的效果。自然式绿地没有明显的轴线，道路为曲线，植物以自然式种植为主，易于结合地形造成自然环境，活泼舒适，如果点缀一些山石、雕塑或建筑小品，更显得美观。混合式绿地则是指规则式与自然式相结合的一种形式，比较灵活，内容丰富。但空地面积大，能组织成几个空间，联系过渡要自然，总体格局应协调，不可杂乱、“小而全”。

2）林荫路（园林景观路）的绿化设计

林荫路（园林景观路）是道路绿化的重点，其绿化用地较多，具有较好的绿化条件，反映城市的绿化特点与绿化水平。植物配植要考虑空间层次色彩搭配，体现城市道路绿化特色。同一条道路的绿化应有统一的景观风格，道路全程过长时各路段的绿化在保持整体景观统一的前提下，可在形式上有所变化，使其能更好地结合各段环境特点，丰富景观。林荫路利用植物与车行道隔开，在其内部不同地段辟出各种不同休息场地，并有简单的园林设施，供行人和附近居民作短时间休息之用。目前在城镇绿地不足的情况下，可起到小游园的作用，如图 8-12 所示。

图 8-12　林荫路①

（1）林荫路设计原则：

① 车行道与林荫路绿带之间要有浓密的植篱和高大的乔木组成绿色屏障相隔，立面上以外高内低的形式为佳。

② 须留有出口。林荫路可在长 75～100 m 处分段设立出入口；人流量大的人行道也应留出入口；大型建筑的入口处也设出入口。各出入口布置应具有特色，作为艺术上的处理，以增强绿化效果。

③ 必须设置游步道。一般 8 m 宽的林荫路内，设一条游步道，在 8 m 以上时，以设两条以上为宜。

④ 设置小型儿童游戏场，布置休息座椅、花坛、喷泉、阅报栏、花架等建筑小品。

① 百度图片网. http://image.baidu.com/i?tn=baiduimage&ct=201326592&lm=-1&cl=2&word=%C1%D6%D2%F1%C2%B7#pn=0.

⑤ 要以丰富多彩的植物取胜。林荫路总面积中，道路广场不宜超过 25%，乔木占 30%～40%，灌木占 20%～25%，草地占 10%～20%，草本花卉占 2%～5%。南方天气炎热需要更多的浓荫，故常绿树占地面积可大些，北方则落叶树占地面积大些。

(2) 林荫路布置的三种类型：

① 设在街道中间的林荫路，即两边为上下的行车道，中间有一定宽度的绿化带，这种类型较为常见，如北京正义路林荫路、上海肇家浜林荫路等。主要供行人和附近居民作短暂休息用。此类型多在交通量不大的情况下采用，出入口不宜过多，如图 8-13 所示。

图 8-13　设在街道中间的林荫路①

② 设在街道一侧的林荫路，减少了行人与车行路的交叉，在交通比较频繁的街道上多采用此种类型，同时也往往因地形而定。如傍山、一侧滨河或有起伏的地形时，可利用借景将山、林、河、湖组织在内，创造更加安静的休息环境，如上海的外滩绿地。

③ 设在街道两侧的林荫路与人行道相连，可以使附近居民不用穿越道路就可达林荫路内，既安静，又使用方便。此类林荫路占地过大，目前使用较少。如北京阜外大街花园林荫路。

3) 滨河路绿地绿化设计

滨河路绿地是城市中临河流、湖沼、海岸等水体的道路绿地。滨河路毗邻自然环境，其绿化应区别一般道路绿化，与自然环境相结合，展示出自然风貌。其侧面临水，空间开阔，环境优美，是城镇居民休息游憩的地方，加以绿化，可吸引大量游人，特别是夏日和傍晚，其作用不亚于风景区和公园绿地。

一般滨河路的一侧是城市建筑，在建筑和水体之间设置道路绿带。如果水面不十分宽，对岸又无风景时，滨河路可以布置得较为简单，除车行道和人行道之外，临水一侧可修筑游步道，树木种植成行，驳岸地段可设置栏杆，树间设安全座椅，供游人休息。若水面宽阔，沿岸风光绮丽，对岸风景点较多，沿水边就应设置较宽阔的绿化地带，布置游步道、草地、花坛、座椅等园林设施。游步道应尽量靠近水边，以满足人们近水边行走的需

---

① 百度图片网. http://image. baidu. com/i?tn=baiduimage&ct=201326592&lm=-1&cl=2&word=%C1%D6%D2%F1%C2%B7#pn=0.

要。在可以观看风景的地方设计小型广场或凸出岸边的平台，以供人们凭栏远眺或摄影。在水位较低的地方，可以因地势高低，设计成两层平台，以踏步联系。在水位较稳定的地方，驳岸应尽可能砌筑得低一些，满足人们的亲水感。

在具有天然坡岸的地方，可以采用自然式布置游步道和树木，凡未铺装的地面都应种植灌木或铺栽草皮。如有顽石布置于岸边，更显自然。如果水面开阔，适于开展游泳、划船等活动时，在夏天和节假日会吸引大量游人。这种地方应设计成滨河公园。

4）步行街道绿地绿化设计

在市中心地区的重要公共建筑、商业与文化生活服务设施集中的地段，设置专供人行而禁止一切车辆通行的道路称步行街道，如沈阳的太原街、大连的天津街等。另外，还有一些街道只允许部分公共汽车短时间或定时通过，形成过渡性步行街和不完全步行街，如北京的王府井大街、前门大街，上海的南京路，沈阳的中街等。

步行街两侧均集中商业和服务性行业建筑，步行街不仅是人们购物的活动场所，也是人们交往、娱乐的空间。其设计过程就是创造一个以人为本，一切为“人”服务的城市空间过程。步行街的设计在空间尺度和环境气氛上要亲切、和谐，人们在这里可感受到自我、完全放松和“随意”。可通过控制街道的宽度和两侧建筑物高度，以及将空间划分为几部分、采取骑楼的形式、采取建筑物逐层后退的形式等，来改变空间的尺度和创造亲切宜人的街道环境。

绿地种植要精心规划设计，与环境、建筑谐调一致，使功能性和艺术性呈现出较好的效果。为了创造一个舒适的环境供行人休息活动，步行街可铺设装饰性花纹地面，增加街景的趣味性。还可布置装饰性小品和供群众休息用的座椅、凉亭、电话间等。植物种植要特别注意植物形态、色彩，要和街道环境相结合，树形要整齐，乔木要冠大荫浓、挺拔雄伟，花灌木无刺、无异味。

8.2 公路环境景观设计

城市郊区的道路以及城乡之间的交通道路称为公路。公路绿地景观设计是指公路沿线及互通式立交区、服务区等公路用地范围内的绿化。随着我国交通业的迅猛发展，公路线路里程与行车质量得到很快提高，在公路上出行的人越来越多，出行人在享受安全舒适乘车的同时，还希望能欣赏到赏心悦目的沿途景观。因此，公路绿化不仅要缓解因修建公路给原先带来的各种影响，还应尽可能地结合防护工程进行绿化设计，保护自然环境，改善景观。

公路类型根据公路的性质和作用分为三类，即国道、省道和县、乡道。但最近几年，高速公路已逐渐成为连接大、中、小城市的主要交通通道，因此，公路绿地类型主要可分为一般公路绿地景观设计和高速公路绿地景观设计。

8.2.1 一般公路环境景观设计

一般公路在此主要是指市郊、县、乡公路。公路是联系城镇乡村及风景区、旅游胜地等的交通网。为保证车辆行驶安全，在公路的两侧进行合理的绿化，可防止沙化和水土流失对道路的破坏，并增加城市的景观性，改善生态环境条件。

公路绿化与城市绿化有间接联系，具有引导的作用。公路绿化与街道绿化有着共同之处，也有自己的特点；公路距居民区较远，常常穿过农田、山林，一般不具有城市内复杂的地上、地下管网和建筑物的影响，人为损伤也较少，便于绿化与管理。

8.2.1.1 公路绿化设计原则

公路绿化设计的原则如下：

(1) 应根据公路等级、路面宽度，决定绿化带宽度及树木种植位置。路面宽度在 9 m 以下（包括 9 m）时，公路植树不宜在路肩上，要种在边沟以外，距外缘 0.5 m 处。路面宽度在 9 m 以上时，可种在路肩上，距边沟内缘不小于 0.5 m 处，以免树木生长的地下部分破坏路基。

(2) 在遇到桥梁、涵洞等构筑物时，5 m 以内不得种树，以防影响桥涵。

(3) 树种多样，富于变化。公路线很长时则可相间距 2～3 km 换一树种，以加强景色变化，防止病虫害蔓延。调换树种起始位置，以结合路段环境。要注意乔灌木树种结合，常绿树与落叶树相结合，但是，必须适地适树，以乡土树种为主。

(4) 应与农田防护林、护渠林、护堤林及郊区的卫生防护相结合。要少占耕地，一林多用，观赏树种外，还可选种经济林木，如核桃、乌桕、柿树、花楸、枣等。

8.2.1.2 长兴县迎宾大道绿化设计案例

长兴县迎宾大道共分两条路线：进 104 国道线的路线从桩号 K0＋0.000 到 K1＋500，全长 1.5 km，中央分隔带为宽 2 m，两侧绿化宽 5 m。另一条进 318 国道的路线是从 K0＋262 至 K1＋316，全长 1.54 km，中央分隔带宽 12 m，两侧绿化宽 7 m。

1. 设计理念

运用自然流畅的手法体现长兴县迎宾大道的公路生态环境。本着实用、经济、美观的原则绿化迎宾大道，将设计、施工与管理有效地结合在一起，把握尺度，舒畅安全，着眼整体，粗犷简洁，线形流畅，块面有聚，具季相景观，达到良好的视觉效果。采用本土树种，进行粗放管理。

2. 设计方案展示

设计方案如图 8-14、图 8-15 所示。

图 8-14　长兴县迎宾大道绿化设计方案一

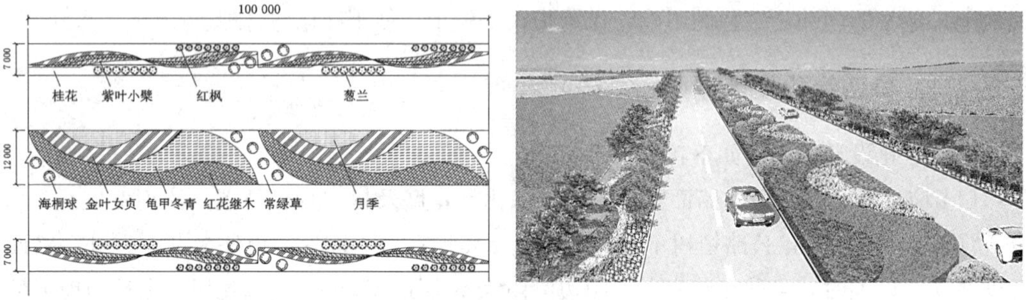

图 8-15　长兴县迎宾大道绿化设计方案二

8.2.2　高速公路环境景观设计

高速公路是有中央分隔带和四个以上车道、立体交叉、完备的安全防护设施，专供快速行驶的现代公路。其车速为 80～120 km/h，它的几何线形设计要求较高，采用高级路面，工程比较复杂。高速公路绿地一般范围限于公路用地范围内进行绿化，要在正常用地以外占用土地时，所占用土地应计入公路用地。高速公路绿地规划设计的目的在于通过绿化缓解因高速公路施工、运营给沿线地区带来的各种影响，保护自然环境，改善生活环境，并通过绿化提高交通安全和舒适性。高速公路设计必须适应地区特征、自然环境，合理确定绿化地点、范围和树种，高速公路绿地规划设计内容为高速公路沿线、互通式立交区、服务区等公路范围内的绿化。

8.2.2.1　高速公路绿地规划与设计的基本原则

(1) 高速公路绿化以“安全驾驶、美化、环境保护”为宗旨，管理方便为原则，据此确定绿化栽植的形式与规模。

(2) 高速公路景观应将高速公路沿线、桥梁、隧道、互通式立交、沿线设施等人工构筑物同高速公路通过地带的自然景观与人文景观相互融合构成景观。

(3) 高速公路景观设计尽可能做到点、线、面兼顾，整体统一，使高速公路与沿线景观相协调。道路绿化与沿线的防护林、天然林相结合，注意绿化的整体性和节奏感。

(4) 根据高速公路沿线区域环境特征或行政区划，将高速公路分为若干景观设计路段。各路段充分利用各种人工构筑物和绿化来补偿、改善高速公路沿线景观，并充分结合工程和自然景观，与不同路段的地域景观协调一致，形成其特有的风格。

（5）高速公路绿化应满足交通要求，保证行车安全，使司机视线畅通，通过绿化栽植以改善视觉环境，增进行车安全。方式有诱导栽植、过渡栽植、防眩栽植、遮蔽栽植、标示栽植、隔离栽植。

（6）高速公路绿化应乔、灌、草结合，注意植物的合理配植，力求全部绿地以绿色植被覆盖。绿化应结合当地区域特征，分段栽植不同树种，不同配植方式，做到景观协调，富于变化，减少司机的视觉疲劳。但应避免不同树种、不同高度、不同树形与色彩频繁替换而产生视觉景观的混乱，造成行车安全事故。

（7）高速公路的互通式立交区、服务区应作景观绿化设计。与当地城市绿化风格及建筑风格协调一致。在功能绿化设计的基础上综合考虑绿化美学要求，力求设计精致，有较高的艺术水平。

（8）高速公路绿化植物应选择满足绿化功能，具较强的抗污染能力，净化空气，苗期生长快、根系发达，稳定边坡能力强，易繁殖、移植和管理，抗病虫害能力强，具有良好的景观效果，能与附近的植被和景观协调的植物。

8.2.2.2 高速公路绿地规划设计

1. 高速公路沿线绿地规划设计

高速公路的沿线绿地主要包括分车带绿化、边坡绿化、路旁防护地带绿化和特殊地带绿化等。

1）分车带绿化

分车带宽度为 4.5 m 以上，其内可种植花灌木、草皮、绿篱和矮的整形常绿树，并通过不同标准段的树种替换，消除司机的视觉疲劳及旅客心理的单调感；较宽的隔离带还可以种植一些自然树丛，但不宜种成行乔木，以免影响高速行进中司机的视力，如图 8-16 所示。

图 8-16　高速公路分车带绿化①

① 百度图片网. http://image. baidu. com/i?tn=baiduimage&ct=201326592&cl=2&lm=-1&fr=&fmq=&pv=&ic=0&z=0&se=1&showtab=0&fb=0&width=&height=&face=0&word=%B8%DF%CB%D9%B9%AB%C2%B7&s=0#pn=0.

为了保证安全，高速公路一般不许行人穿过，分车带内必须装设喷灌或滴灌设施，采用自动或遥控装置。

2）边坡绿化

高速公路要求有 3.5 m 以上的路肩，以供出故障的车停放。路肩上不宜栽种树木，可在其外侧边坡上和安全地带上种植树木、花卉和绿篱，大的乔木距路面要有足够的距离，不使树影投射到车道上。

高速公路边坡较陡，绿化以固土护坡、防止雨水冲刷为主要目的，在护坡上种植草坪或耐瘠薄、耐旱、生长旺盛的灌木，如紫穗槐、胡枝子等植物来固土护坡，如图 8-17 所示。

图 8-17　高速公路边坡绿化①

3）防护带绿化

为了防止高速公路在穿越市区、学校、医院、疗养院、住宅区附近时的噪音和废气等污染，在高速公路两侧要留出 20～30 m 的安全防护地带，种植防污染林带。高速公路在通过风大的道路沿线或多雪地带时，最好在道路两侧栽植防风防护林带。防护林带种植草坪、宿根花卉、灌木和乔木，其林型由高到低，既起防护作用，又不妨碍行车视线。

4）特殊路段的绿化设计

高速公路的平面线形有一定要求，一般直线距离不应大于 24 km；当直线路段较长，沿线景观、地形缺少变化，难以判断所经地点时，应栽植有别于沿途植被的树木，形成明显标志和绿化特色，减少僵直、呆板和单调之感，提醒及警示司机，预告设施位置。

在小半径竖曲线顶部且平面线形左转弯的曲线路段上，应在平曲线外侧以行道树的方式栽植乔木或灌木，形成诱导栽植。长而缓的曲线线形能改变行车方向，自然地诱导视线，给人以舒适的感觉，所以，应有目的地在弯道外侧种植高大的行道树，以树木为诱导体，使前方路段给人以神秘莫测、通幽之感，弯道内侧绿化应以低矮花灌木为主，以保证司机视线通畅。

设计较好的竖向起伏路段，线形从心理和视觉上应给人以平顺连续，无高低凹凸中断之感，两侧绿化最好是同一树种，同一间距，以保证绿化景观平缓连续。

在隧道洞口外两端光线明暗急剧变化段栽植高大乔木，起到平缓过渡的作用。

---

① 中国(重庆)城区镇建设网. http://www.sscsw.com/aaa/ylqy/006.htm,荆楚网视. http://www.cnhubei.com/200503/ca774077.htm.

2. 服务管理区绿地规划设计

在高速公路上，一般每 50 km 左右需设一服务管理区，供司机和乘客作短暂停留，满足车辆维修加油的需要。服务管理区设计有减速道、加速道、停车场、加油站、汽车修理及管理站、餐馆、宾馆、旅店、停车场及一些娱乐设施等。服务区的建筑大多造型新颖，具有现代感。其绿化以满足各组成部分功能，结合地形、地区特点，以改善环境，协调环境，创造景点为绿地设计目的。

1）服务管理区绿化种植设计

（1）中心大草坪喷泉区：较大的服务管理区可设置以组织交通、观赏景点的草坪、喷泉区。以开敞草坪或喷泉为主景，适当点缀宿根花卉及地被植物如铺地柏等，形成组合图案景观，达到美化效果。

（2）停车场地：可种植冠大荫浓的乔木，布置成绿化停车场，以免车辆受到暴晒。场地内用花坛和树坛划分不同的车辆停放区。

（3）餐馆、宾馆、商店区：植物布置应与建筑的造型、色彩相协调，满足建筑物通风、遮阳等需求，用乔、灌、草的合理搭配，烘托建筑物，使建筑物与周围环境协调。

（4）加油站、管理站、游泳馆区：为有开阔的视线和避免植物对加油站的设施和水面清洁的破坏，周围以草坪为主，适当种植乔木和花灌木，形成丰富的景观。

（5）防护绿地及预留地区：在最边缘区，种植一排乔木，以界定服务区范围，并起防护作用，在预留地区种植当地有特色的果树林或经济林，形成富有特色的绿化区域。

2）宁杭高速太湖服务区案例

太湖服务区位于太湖西岸，紧邻太湖万顷湖光山色，是江苏省被赋予“环保、景观、旅游、生态”的重要高速干线——宁杭高速公路苏浙省界的第一个服务区，也是该公路上最大的服务区，如图 8-18 所示。

图 8-18　宁杭高速太湖服务区鸟瞰图①

太湖服务区分东西两部分，分布在高速公路的两侧，综合服务楼设置在面积最大的东

① 北京市首都公路发展集团有限公司. http://www.bchd.com.cn/detailPage.php?id=1504.

区，加油站和小型停车场布置在面积较小的西区，两侧通过跨线桥联接。商店、餐饮、住宿、娱乐、休息、停车、大型公厕、维修、加油等功能区布置在东侧区域。

（1）道路与停车场。太湖服务区的主楼远离高速公路，并与停车场分开布置，停车场又分大车停车场与小车停车场，各自独立，均被树林植被围绕，小车停车场设在服务楼的较近处，大车停车场相对较远。这样的布置，使外部的喧哗基本不影响内部的宁静与闲适，青山、太湖碧水、观景平台、弧形屋面，一派秀丽风光，充分体现了以人为本的设计原则。

（2）加油站。加油站布置在服务区的出口处，并用植物环绕区域，相对独立。

（3）主服务楼与其他辅助用房。江苏地区夏季炎热，日照时间长，春秋季雨水多，故服务大楼前采用大出檐雨棚，方便旅客上、下车及出、入服务楼，并有流畅的汽车路线与之相配。门厅是一个功能区交汇、分散的中心，合理的面积和布置相当重要。餐饮部分有快餐、室外茶饮品咖啡、小餐厅等，并配有相应的厨房。厕所置于服务楼大厅控制范围内，当人们进入大厅，经过琳琅满目的商店与娱乐休闲场所后，可方便地找到厕所，亦可由侧门入口直接进入。针对旅客的需求还开设了汽车用品、药品、食品、日常小百货、土特产品、生活必需品、书店、地图等专营小商店，既满足旅客需求，使得整个营业区充满商业气息与人气。

（4）路面硬化。服务区广场的地表材料分两种：行车地域为沥青路面，停车地域为钢筋混凝土路面，区域分明，各尽所长。服务楼前广场采用花岗岩火烧板铺地，围绕和顺应呈弧形平面的服务楼展开，分浅灰与深灰两种，素雅大方。

设计中始终贯彻中国古代园林的造景手法，其表现手法却是完全现代的，并且巧设对景与其呼应，使园内景点既汇为一统，又各具特色，互为景致，交相辉映。

（5）标志牌、路缘石。太湖服务区的标志牌采用纯铝板折弯制造加工，标志绘制采用反光材料，满足白天与夜晚的使用要求，造型简洁大方，富有时代感。道路两边的路缘石要求既方便泊车又不易损坏，故采用花岗岩加工，迎停车广场一侧为适应车轮挤压切出长斜面，斜面后是厚达 5 cm 的水平面，坚实可靠。

（6）景观设计。太湖服务区有太湖波澜壮阔的湖景为依托，景观设计的入手就在这样的基础上展开。首先，创造优良的区内环境，尽量断开高速公路的喧嚣对区内的影响；其次，充分利用好太湖这一重要因素。

太湖服务区依功能需要大致分为 5 个区域，即停车场区、服务楼区、辅房区、加油区、连接桥梁区。区域之间采用密集树林、灌木丛、草坪等在高度上和空间中分割、遮饰，或开放，或封闭，或围合，开阖有致，层次丰富。

服务区沿公路两侧布置了棕榈树丛，一方面给人在华中区内陆仿佛见到海边旖旎风光的视觉；另一方面有效地划分了区域与道路各自的边界，做到内外有别。

另外，在综合服务楼门口广场上的两个玻璃水幕墙。清澈的流水由高高矗立的玻璃幕墙顶端缓缓流下，形成薄薄的水帘，既映衬着周围的优美环境，又不阻碍视线的穿透，玲珑剔透。

3. 互通式立交区绿地规划设计

互通式立交区是高速公路上的重要节点，地理位置十分重要。其绿化应与当地城市绿化风格协调一致，结合地形、地区特点，满足交通安全对绿化的要求，以恢复生态环境，协调环境，创造景点为绿地设计目的，如图 8-19 所示。

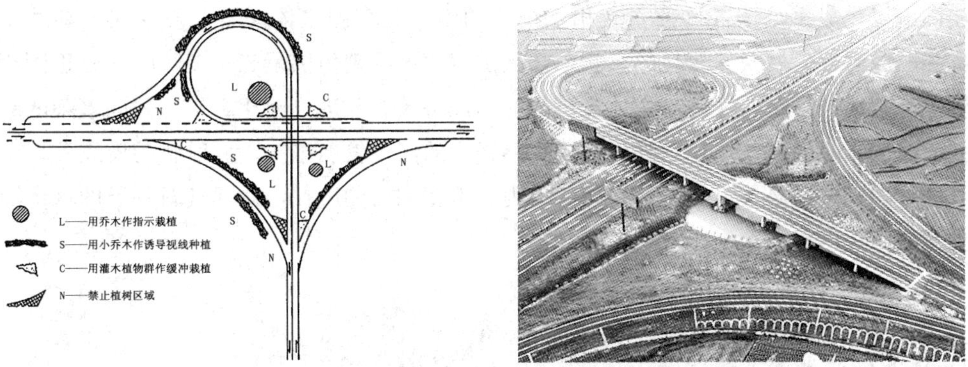

图 8-19 立交桥的栽植示意图①

1）互通式立交区绿地的规划设计要点

（1）建成与立交桥和谐、相互增辉、具有民族风格的高品位园林景点。

（2）立交桥绿化是高速公路绿化的重点和核心地段，绿化要达到画龙点睛、锦上添花的效果。如中心绿地可用大手笔的整形树和低矮花灌木做成一定绿化图案，图案应美观大方，简洁有序，使人印象深刻。

（3）绿化布局应满足立交桥功能需要，使司机有足够的安全视线，在顺行交叉处留定视距，栽种低于司机视线的树木、绿篱、草坪和草本花卉。

（4）在转弯的外侧栽植成行的乔木，以便诱导司机的行车方向，使司机有一种安全感。弯道内侧绿化应保证视线通畅，不宜种遮挡视线的乔灌木。

（5）在出入口配植不同的骨干树种，作为特征标志，便于汽车加减速及驶入驶出。如在匝道两侧绿地的角部，适当种植一些低矮的树丛、树球及三五株小乔木以增强出入口的导向性。

（6）小块绿地以疏林草地的形式群植一些常绿树和秋色叶树，以丰富季相变化，反映地方特色。

2）义乌互通式立交区案例

义乌互通式立交区位于义乌市侯儿村附近，距义乌市区约 6 km，是义乌市、市郊进出甬金高速公路的门户，也将义乌与宁波市直接相连，为义乌的发展带来新的条件。该互通的东侧、西南侧及东北侧为高山，地形较为复杂，因此在绿化设计中必要地加入了一些

① 百度图片网. http://image.baidu.com/i?tn=baiduimage&ct=201326592&cl=2&lm=-1&fr=&fmq=&pv=&ic=0&z=0&se=1&showtab=0&fb=0&width=&height=&face=0&word=%C1%A2%BD%BB%C7%C5&s=0#pn=60.

地形上的处理。

(1) 设计方案一。义乌互通是一个双喇叭组成的复杂互通，两边呈基本对称状。在立意构思上尽量应用巧妙的绿化手法减轻视觉上的复杂性，使行驶变得轻松愉快。绿化采用模纹的设计手法，统一基调。双喇叭分别以一刚一柔的绿化出现，东侧柔和的线条和优美的弧线与西侧独立与坚强的色块形成鲜明的对比，同时顺时针与逆时针的主体图案遥相呼应，使两侧绿化成为一个各自独立又相互统一的整体。东侧主体图案色彩明快、动感十足，犹如顺应时代发展快速旋转的火轮，而周围三块模纹则仿佛是三只美丽的凤凰正围绕着火轮翩翩起舞，寓意着义乌市主体经济与客体经济齐头并进、互相烘托、共同繁荣的新气象。而西侧喇叭的主体绿化则强调体现义乌强大的经济发展态势，放射状的模纹展现了义乌开放型的经济格局，寓意义乌发展的潜力、希望和后劲所在，体现日新月异的城市面貌，如图 8-20 所示。

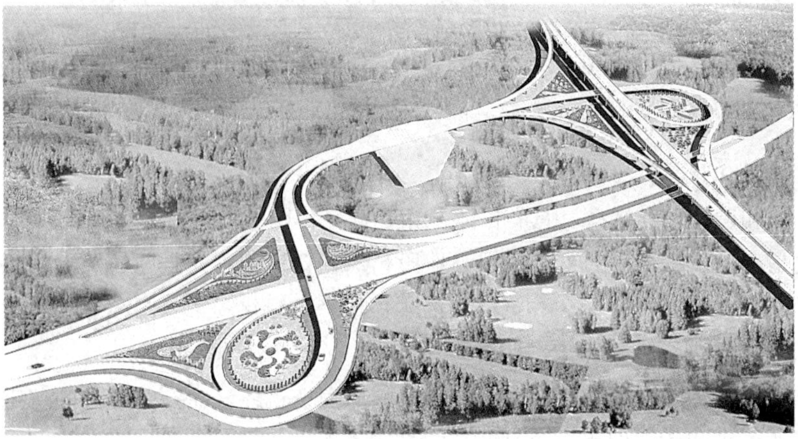

图 8-20　义乌互通式立交区设计方案一

在植物配置上，注重不同层次不同季节的植物搭配，植物种类较多而不杂，在整形模纹的基调下又另辟了一角以自然式植物配置来烘托主体，在规整中体现大自然的气息，引起视觉上的冲击。灌木与乔木相搭配，形成高低对比，引导横向与纵向两条风景线。灌木选用色彩鲜明、管理方便的品种，而乔木则选用树型美观、季相分明、观花观叶各有赏点的树种，与灌木互相衬托，形成不同的视觉空间。

(2) 设计方案二。方案二与方案一采取两种不同的方式，将方案一中双喇叭的刚柔相济变成江南秀美飘逸，整个互通区风格一致，以飘带状色带作基调，在动感的旋律中两个丰股鲜艳的主体图案脱颖而出。整副图案给人以暖暖的春意、浓浓的热情。象征着义乌市富饶的物产和生机勃勃的景象，图案色彩的热烈犹如义乌人民的热情，显示了义乌市万商云集、蒸蒸日上的经济建设，如图 8-21 所示。

在植物配置上，以规则式的绿化手法，力求图案简捷明快。因此在色带模纹的基础上以规则式的乔木搭配手法，使得整个互通区绿化清新脱俗。在树种的选择上应用各种植物不同季节、不同观赏点合理搭配，使春夏秋冬四季景象丰富多彩，季季有景可赏，让旅途中的人们能从中得到美的享受。

图 8-21　义乌互通式立交区设计方案二

8.3　轨道交通环境景观设计

8.3.1　铁路环境景观设计

铁路绿地规划设计是在保证火车安全行驶的前提下，在铁路两侧进行合理的绿化，可起到美化铁路绿化、减少噪声、保护铁路免受风、沙、雪、水侵袭的作用，并能起到保护路基的作用。铁路绿化设计应掌握以下原则：

(1) 在铁路两侧种植的乔木距铁路外轨不小于 10 m，灌木不小于 6 m。

(2) 在铁路上边坡采用草本或矮灌木护坡，防止雨水冲刷，不能种乔木，以保证行车安全。

(3) 铁路通过市区或居民区，在可能条件下应当留出较宽的防护林带种植乔灌木，林带宽度在 50 m 以上为宜，减少噪声对居民的干扰。

(4) 在公路与铁路平交时应留出 50 m 的安全视距，距公路中心 400 m 之内不可种植遮挡视线的乔灌木。以平交点为中心构成 100 m×800 m 的安全视阈，使汽车司机能及早发现过往的火车。

(5) 铁路转弯处内径在 150 m 内不能种乔木，可种植草坪和矮小的灌木。

(6) 在机车信号灯处 1 200 m 内不得种乔木，可种小灌木及草本花卉。

(7) 铁路绿化设计可参考高速公路线性的设计及交叉口的设计，如图 8-22 所示。

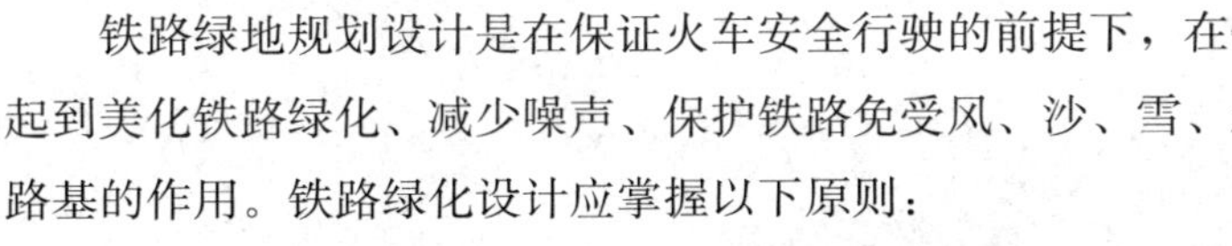

图 8-22　铁路绿化断面示意图

8.3.2 轻轨环境景观设计

城市轨道交通中的“轻轨”与“地铁”相对应，城市公交系统中的有轨电车、导轨胶轮列车与城市轨道交通轻轨列车在技术上完全不同，因此不属于轻轨系统。城市轨道交通中的轻轨指的是在轨距为 1 435 mm 国际标准双轨上运行的列车，列车运行利用自动化信号系统。

作为一个大型的人工构筑物，轻轨的建设对于城市景观会产生一定的负面影响。但是如能合理地布局轻轨周边的环境景观，使其融入到当地的景观特色，是有利于城市景观的立体化和多功能化发展的。

轻轨的沿线景观主要包括两种类型，即自然景观和人文景观。自然景观主要指周边的山体景观以及滨水景观，而人文景观则主要指街道景观、建筑景观、广场景观，如图 8-23 所示。

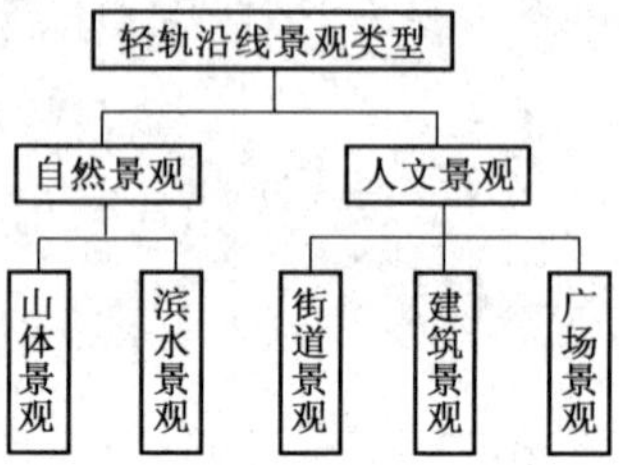

图 8-23 轻轨沿线景观类型[①]

由于每一个城市建设轻轨的位置不同，其沿线所经过的景观类型也差别较大，因此，在建设轻轨景观时应重点考虑轻轨所经地区。如果是城市街道，则沿线景观应符合周边的商业氛围以及周边建筑的风格，显示协调而富于变化的整体性。如果是经过山坡山地等，则应在附近山体上布置一定高度的绿化带，每经过一段距离稍显变化，显示沿线地带的自然风光。总而言之，随着轻轨的迅速发展，其环境景观设计也将越来越受到设计师们的关注和重视，如图8-24 所示。

图 8-24 轻轨沿线景观效果图[②]

---

① 高海燕. 重庆轻轨沿线景观设计难点探析——以重庆轻轨二号线较新线为例[J]. 重庆建筑，2005，10：34-39.

② 百度图片网. http://image. baidu. com/i?tn=baiduimage&ct=201326592&cl=2&lm=-1&fr=&fmq=&pv=&ic=0&z=0&se=1&showtab=0&fb=0&width=&height=&face=0&word=%C7%E1%B9%EC%D0%A7%B9%FB%CD%BC&s=0#.

第 9 章　城市景观照明设计

城市景观照明是城市景观的重要组成部分，它是由城市自然及人文因素共同构成的夜景综合形象，在一定程度上反映出城市的历史文化底蕴、社会经济状况、居民生活水平以及政府的城市建设能力。城市景观照明不仅可以美化城市，展现城市风采，增加城市魅力，提高城市知名度，而且还可以优化人们的夜间生活和投资环境，促进旅游业、商业、交通运输业、服务业和照明行业等部门的发展，并对减少交通事故和夜间犯罪，提高人们夜间活动的安全感，均具有重要的影响。

9.1 景观照明的内容与作用

城市景观照明是一项系统工程，它包括城市的建筑物、构筑物、街道、道路、桥梁、广场、公园、绿地、市内河道及水面、室外广告和城市附属设施，如公共汽车站、电话亭等照明。只有把这些景观构成元素的夜景照明相协调，有机地组合在一起，进行统一规划，才能形成一幅和谐优美的夜景画面。

9.1.1 景观照明的内容

景观照明是城市景观的重要组成部分，是自然和人文诸多元素共同构成的夜间综合体系。城市景观照明体系主要由城市景观体系和城市灯光景观体系构成。因此，城市景观照明不仅包括城市灯光要素，也包括了城市的基础景观。

9.1.1.1 城市景观

城市景观是城市灯光景观的基础，为灯光景观创作提供了表现空间、主题和景观依托。城市景观分析通过景观分类和景观元素分析来确定规划的景观集合。

城市景观按照形成景观的要素可以分为硬质景观（图 9-1）和软质景观（图 9-2）。在城市中，硬质景观往往占据绝对优势，形成硬质景观的这些构成元素将城市组成界面清晰、棱角分明的界面，给城市带来了节奏与张力，也带来了疲惫与紧张。硬质景观则由各类建筑、小品、构筑物、道路等硬质界面所形成。软质景观由湖泊、河流、公园、城市绿化、天空甚至动物景观所形成；软质景观具有舒缓作用，也为城市提供了生态系统的保障。

图 9-1　城市硬质景观产①

① 城市建设. http://www.zhujida.cn/users/daztCSJS.asp.

图 9-2　城市软质景观①

9.1.1.2　城市灯光

城市景观灯光是电源与受光体相组合的照明技术与城市环境相结合的综合技术，也是人类文明进步和城市现代化进程中的产物。城市灯光体系由空间体系、色彩体系、亮度体系和供电控制系统组成。

1. 空间体系

空间体系主要由视觉空间和观赏空间共同组成，如图 9-3 所示。

图 9-3　视觉轴线与视觉空间的融合②

视觉空间包含面视觉、视觉轴线、点视觉。城市风貌区、开敞空间、公共活动区等共同形成了面的景观区域；而标志性的建筑，重要的空间节点便是灯光设计的视觉点空间。有一定人流量、车流量的道路、河道、水景空间，勾画出了灯光的视觉轴线。

观赏空间是从人的角度来分析，从飞机上俯瞰城市或区域的观赏方式，在步行中漫步

① 百度图片网. http://image. baidu. com/i?ct=503316480&z=0&tn=baiduimagedetail&word=%CC%AB%D7% D3% CD% E5% B9% AB% D4% B0&in = 15181&cl = 2&lm =- 1&pn = 144&rn = 1&di = 31697894235&ln=2000&fr=&fmq=&ic=0&s=0&se=1&sme=0&tab=&width=&height=&face=.

② 昵图网. http://www.nipic.com/show/1/73/d94ed00ca60ec505.html.

观赏夜景的行进观赏以及在某个特定的地点对建筑或者环境的定点观赏等，都组合成了观赏空间。

2. 色彩体系

灯光景观的色彩系统要从城市整体、面的控制、单体建筑或构筑物的色彩调控方面来进行把握，以一个灯光景观序列作为相对完备的系统进行规划。包括主题的色彩表现、颜色分区、色相匹配、饱和度匹配、相容性关系等方面。在灯光景观序列中，总体的色彩要达到平衡，所对应的景观元素的立面材质和灯光颜色的表现互相融合，如图 9-4 所示。

图 9-4　城市灯光体现丰富的色彩体系①

3. 亮度体系

灯光景观的亮度系统中不但包括光源的亮度，而且包括不同光源的光形，如面光源、线光源、电光源及它们的组合。亮度是用来调节视觉空间的色彩强度，从总体的层面上进行空间、色彩、饱和度及色彩强度的综合调整。同时，通过亮度的变化，体现明暗上的层次和对比，如图 9-5 所示。

图 9-5　城市灯光的明暗对比②

---

① 素材世界. http://www.sssccc.net/source/146536.shtml.

② 百度图片网. http://image.baidu.com/i?tn=baiduimage&ct=201326592&cl=2&lm=-1&fr=&fmq=&pv=&ic=0&z=0&se=1&showtab=0&fb=0&width=&height=&face=0&word=%B3%C7%CA%D0%D2%B9%BE%B0&s=0#pn=30.

9.1.2 景观照明的作用

9.1.2.1 美化城市，触及心灵，提高幸福指数

每一个现代化的城市都应有白天的和夜晚的两张“面孔”。一座城市的夜景使人们融入了城市的夜，读懂了城市的美，观赏了城市的另一面。美丽的夜景，将人们带到了城市的另一个梦幻的世界。例如，天津的海河宛如一条玉带飘逸在津城，作为水体景观，如果没有了光的补充，特别是在夜晚，就会失去她的存在而黯然失色。景观照明的特点和魅力以及她对人的吸引可以证明其具有无限的视觉冲击力。人类本身从外界获取信息的90%来自视觉，为了拓展视觉能力，开发视觉冲击，人类已付出比其他感观的开发更多的努力，而且至今乐此不疲。因此，一个发光的城市就是一个国家的明眸，她会使自身的光线透过人们的眼睛，打动心灵，唤起记忆，产生联想，迸发激情，感受温馨，提高城市的幸福指数。足以证明照明已经从单一的满足视觉基本功能，融入了丰富的内涵。

在国际化都市，我们都会有一个共同的感受，那就是城市的夜晚在五彩缤纷的灯光装饰下显现出与白天迥然不同的景色，甚至比白天更加美丽。例如，香港的夜晚，伴随着夜幕的降临，放眼望去不再是无垠的黑暗，也不是点点的星火，而是火树银花的不夜之城。眺望维多利亚港湾两岸美丽的夜色和建筑群绚丽的灯光美景，常常使游人留恋忘返，自我陶醉，如图 9-6 所示。

图 9-6　香港夜景①

上海的外滩、黄浦江流光异彩，几千栋高楼大厦内透光，迷漫着海派文化气息。充满着温馨诱人的万家灯火，使人们摆脱了白天现代建筑硬质水泥与大面积玻璃幕墙的挤压感和憋闷感，如图 9-7 所示。重庆山城层峦起伏，点点灯火阑珊，使人美不胜收，如图 9-8 所示。

① 百度空间. http://hi.baidu.com/guokunhediao/album/item/a930afed24f43a7879f055f7.html#.

图 9-7　上海外滩景观①

图 9-8　重庆山城景观②

架在津城海河、津河上被灯光装扮得风姿各异的桥已经成为天津市的亮点，碧波涟漪映照着一座座桥梁的倒影，如彩虹，如珠链，如弯弓，如满月；或雄伟，或轻灵；或古风古韵，或现代气派；镶嵌在河面上，座座桥梁都孕育着美，饱含着力，跃动着快节奏的韵律，张扬着新时代的风采。徜徉津门五大道，灯光将有着“万国博览会”之称的古典复兴式、罗曼式、哥特式、巴洛克风格、新艺术派、折衷主义、摩登式这些小洋楼的建筑风格凸显在眼前，依稀可辨，又都带着天津味儿，光的语言，述说着建筑艺术的灵魂，让我们回味历史，感叹今朝的同时，沉浸在美的意境之中，如图 9-9 所示。

图 9-9　津门五大道景观③

景观照明的目的，是把照明元素组合成一个有机的整体，构成一幅优美壮观的灯光图画来表现城市的夜间形象。它通过“光”这一艺术的生命，将文化艺术、科学技术与

① 新浪乐居. http://citylife. house. sina. com. cn/detail. php?gid=17838.

② 腾讯·大渝网. http://cq. qq. com/zt/2008/syds/.

③ 人本网. http://www. rbw. org. cn/article. aspx?ty=uuo&i=uMM，中北生活网. http://www. zbz123. com/bbs/viewthread. php?tid=10791.

城市环境融为一体，使城市形象在夜晚得到艺术的再现，营造升华了城市特定的文化氛围，挖掘了城市的历史文化底蕴，展现了现代文化内涵。城市夜晚景观是白天景观的再创造以至升华，灯光美景就是一幅幅光绘画、光雕塑艺术作品。意境的塑造使白天忙碌劳作的人们，满足了精神层面的要求。人们从高尚优雅的光艺术、光文化氛围中，可得到强烈的艺术和文化欣赏的高层次的享受，身心会得以舒展。高层次有针对性的光艺术、光文化构思还会对人们起到激励思想情趣和审美的导向作用。在景观照明光环境氛围陶冶下，人们在精神上受到激励，享受生活，更加热爱生活，从而激发出旺盛的工作热情，最终激励社会的安定、和谐与进步。幸福指数的提高会在精神变动力的过程中起到不可低估的动力源作用。因此，城市景观照明灯光建设，是城市美化的重要方面，是展示城市形象的重要载体，也是体现城市经济社会发展程度和精神文明建设的重要标志。

9.1.2.2 以照明文化艺术力，展现城市个性特征

城市景观照明已从照得亮发展到照得美，以及具有艺术品味并融入光文化理念且要求安全、节能、环保的高度。如今人们已不仅仅停留在用灯光来美化城市，同时还开始以文化视野来营造和评估整个城市的灯光布局。依据自然的、人文的、历史的、经济的、现代的特定环境，实施艺术化、科技化照明手段，梳理构景元素，把握光与影，光与色的适度关系，用光语言、光绘画、光韵律、光雕刻进行艺术编辑，用成果表象把蕴含着的欲意表现出来，这就是城市景观照明的规律和宏观上的定位。用光的语言，解读建筑艺术的灵魂，述说建筑师的设计理念和艺术追求；用光的彩色赋予光环境情感意识；用光的节奏展现动静变化；用光的功能特性塑造形象、构建空间、强化明暗对比、突出重点、表现细节，构画一幅幅生动的画面，会使自然亲和、激情活力的现代生活情趣被揭示得淋漓尽致，会使城市个性、文化特色、艺术风格、人文景观展示得明明白白，会使人们的精神情操在潜移默化之中得到陶冶与升华，会成为城市独有的隐形资产和精神财富。

光艺术力体现大范围、宽视角、广尺度、多空间的特点，把富有深层文化内涵的创意设计思想融入景观艺术照明之中，并生发出艺术魔力。具有艺术力和感染力的“光影艺术”，能创造出震撼心灵的景观意象，使城市夜晚仿佛置身于超凡脱俗的“梦幻艺术世界”之中。照明文化艺术力是以艺术照明“物化”独特方式，把思想情感、意识形态、时代精神、价值观念、人文生态、历史渊源、社会民俗等渗透到城市景观照明建设的全过程。

一种文化是一个民族和国家一定的社会经济发展在观念形态上的反映，一种文化也是随着历史的发展而不断创新的。城市景观照明融入的光文化应该说便是这样一种文化形态。过去人们把“光”的问题只放在如何搞好照明设施的技术层次上，而没有从深层文化角度来探讨光的文化地位，因而使人们缺乏更深层次的认识。一段时间里，曾出现过只追求亮起来，或越亮越好的亮度攀比之现象。艺术品味、文化基因、地域特征等是在城市景

观照明的发展过程中，产生的积累和经验总结。

城市照明是否有自己的特色，关键在于把握好城市整体形象的基本特征，早已形成共识。每个城市的自然景观和人文景观是不同的，地理位置、自然条件、特定环境形成了一个城市的自然特色，构成了城市形象的基础，人为的建设活动又形成了城市形象的最活跃因素，其形象特征取决于城市的性质、规划布局和城市的主要功能。城市文化是客观存在的，但由于自然环境条件不同，千百年来的历史发展过程赋予了它们独特的城市面貌，因而自然而然地产生了其特有的文化特征和社会氛围。北京、上海、天津、重庆这四个直辖市都是我国的大城市，除了具有人多地广、交通发达、经济繁荣，在政治、经济生活中有重要地位等这些共性外，彼此间城市形象、文化特征决不雷同，各自以其鲜明的城市文化而独立存在。北京作为历史名城，千百年作为国家政治中心，城市环境和文化面貌充满着“首都”、“中心”内涵。上海由于具有独特的国际经济活动中心地位，必然弥漫着强烈而震撼的金融、商业文化氛围。地处大运河北端唯一依河傍海的城市天津，南北交融，东西荟萃，开放、多元和包容，构成了天津运河文化、海河文化及建筑、陆水文化的最大特色。这座环渤海湾地区的大型现代化港口城市，三江汇合、九河下梢、内外交流、海河沿岸六国租界古迹的商埠发展历史和建筑散点分布、中西合璧、水系环绕的历史文脉和历史文化，构成了自己的形象特征。天津的水文化、桥文化与“万国博览会”建筑文化共同构筑了光文化的内涵，是天津地域文化的基因。

9.1.2.3 导入新经济概念，回归光经济的本原

通过照明手段，用光与影、光与色将地域人文景观和自然景观进行装扮，表现其建筑、桥梁等载体的形态、地域特征、结构、特点及个性特征，表现的是真、善、美，展现的是神韵、精华和灵气，创造的是精神的附着物，拓展的是新思维概念。光影与社会互动，与百姓互动，与媒体互动，使景观照明理念产生无穷的价值。从物理生态引入人文生态与光生态，从传统的照明工程中跳出，不搞就工程论工程，从“光文化”理念导入，跳到人文生态与提高整个城市的幸福度的高度。逼出“光文化”的生产力，回归光经济的本原，导入人才经济、创意力经济、注意力经济新经济概念，这是城市景观照明的深层的落脚点。艺术、文化与经济三者在一体化过程中，存在一致性，它们之间交融、互动、渗透、协同。城市景观照明的经济效益也是非常可观的，可以认为是现代眼球经济。

城市景观照明传达着丰富的文化信息，它的文化含量远远大于它的科技含量，它的艺术附加值早已超过了它作为物质产品本身的价值。2008 年北京奥运会与残奥会期间首都北京的景观照明及奥运场馆内外的灯光，从主题、舞美等每个环节都让人难忘，贯穿其中的一个重要手段就是灯光。如梦如幻的画卷效果，不可思议的光影泼墨，体现了光与影，光与色，光与火以及巧妙的构思、创意及高科技手段运用的完美结合，吸引了全世界的注意力，成功之处在于导入了新经济概念（人才经济、创意力经济、注意力经济），为我们、为世界留下了宝贵的财富。

9.2 景观照明设计

9.2.1 景观照明设计需注意的问题

景观照明在国内的兴起时间还不算长，其设计中所需遵循的法律法规、标准规范尚不够完善，各地在工程实践中的参照依据也不一致。如何提高城市景观照明水平，已成为人们的共识。为了切实发挥景观照明在城市建设发展中的作用，需谨慎处理以下几个方面问题。

9.2.1.1 整体与局部、局部与个体的统一

城市中的每一个景观照明项目，都是城市整体照明的一部分，它既要体现所在局部区域的特色，又要符合城市照明总体规划的要求。局部区域中，每一个建筑（构筑）物或节点的照明，在表现出各自特点的同时还必须与所在区域景观照明的风格和形式相协调。因此，在景观照明设计过程中要从不同的空间尺度模式来确定景观照明项目的定位与风格，既考虑周边环境对该项目的影响，也要考虑该项目建成后对周边环境乃至城市整体夜景观的影响；既考虑目前建设的需要，还要有一定的前瞻性，满足将来的可持续性发展的需要。

9.2.1.2 艺术性与技术性的统一

景观照明要考虑灯光在不同距离、不同角度观赏的效果，要表现出各个项目在夜间的各自特色，同时不能破坏白天景观的效果，在安装的可靠性、维护的便捷性和运行的安全性上应作充分的考虑。我们经常见到这样一些败笔，有的在亭台楼阁或类似的建（构）筑物上面安装硕大的灯具和裸露的管线，将原有建筑的美感几乎破坏殆尽；有的照明灯具的投射角度和安装位置不合理，增加了安装的难度，不便维护，甚至对游客和行人的安全造成威胁；有的高空墙面上的支架锈蚀严重，幕墙玻璃外晃荡着管线，发烫的投光灯玻璃近在咫尺。这些现象完全可以在确保灯光艺术效果的同时，通过设计层面的精心设计来避免的。

9.2.1.3 照明效果与人文关怀的统一

景观照明是为了满足游人在夜间欣赏景观的需要，因此，必须强调以人为本，为人们既要提供幽雅、舒适的灯光环境，又要提供确保安全的光环境。在设计中，可以通过合理设定灯具位置、选用节光型灯具、增加遮光板和格栅等方法达到照明设计效果，而且避免光污染的产生和安全性方面的隐患。

9.2.1.4 技术性与经济性的统一

在设计上，景观照明工程应最大程度地采用符合绿色照明条件的技术、材料和产品，

多采用LED灯、T5管、太阳能灯、节能灯、陶瓷金卤灯等寿命长、能效高、稳定性好的新光源，从源头上达到节约能源的要求，并通过各种方法（如采用电子镇流器、电容补偿等方法）提高照明系统的效率。在灯光系统的布置、线路敷设和灯具安装上要充分考虑到人的安全、防火、防盗及检修方便，同时也要运用性价比原理，考虑投资的经济性。在开关灯控制上，要实施定期定时自动控制，设定平日、周末、节日等不同情景模式；有特殊情况，也可以灵活调整开关灯的时间和范围。通过对运行状况进行实时检测，及时发现和排除故障，降低维护的劳动强度，提高工作效率，从而具有很好的社会效益和经济效益。

9.2.2 景观照明的设计方法

日景与夜景的差别是很大的，其设计观念和出发点也是不同的。要设计出良好的景观照明环境，我们首先要了解日景和夜景照明的差别和特征，掌握夜间景观的照明规律，才能设计出与日光照射不同且独具魅力的夜景作品。

9.2.2.1 日景与夜景照明的景观特征差异

日景和夜景照明的主要差别是照明的光源不同：日景靠自然光即阳光和天空光照明，夜景靠人工光源即灯光照明。自然光的光谱齐全恒定，显色性好，能真实地显现景观的颜色。而不同人工光源的光谱成分差别很大，显色性也各不相同，需要根据夜景照明的需要进行选择。

在视觉上白天属于明视觉状态，夜晚则处于暗视觉状态，对于同一景观在相同的亮度下会出现完全不同的视觉效果。

白天，周围环境是明亮的，人们可以看到建筑环境的全部。晚上周围环境是黑暗的，人们看到的只是黑暗背景前面的被照亮的局部。

白天自然光的照射方向是自上而下，景观的光影和立体感表现为光在上，影在下，有阳面阴面之分，而且随着时间和天气的不同有规律地变化，这是人们不能控制的。夜晚，人工光源可以根据需要设置在任何位置，光和影没有固定的图式，当然也没有阳面阴面之分，而且灯具的品种、光色可根据景观照明的需要进行控制和调整，还可以通过光和色的层次来突出景观特征和细部造型，这是自然光无法比拟的。

夜景照明的光量（灯具的数量）、光的颜色及照明方向都可以根据景观的形态、色彩和材质等进行设计，与白天单一不变的自然光照明相比，灯光具有很强的主动性和控制性，加上夜幕的掩蔽作用，人们看到的只是最精彩的部分。因此，夜景不仅与日景不同，甚至可以具有更强的艺术表现力。

下面简单介绍几种典型的景观照明设计类型和设计方法。

9.2.2.2 建筑物的夜景照明方法

建筑夜景照明的方法主要有投光（泛光）照明法、轮廓灯照明法、内透光照明法和其他照明法等。

1. 投光（泛光）照明法

投光（泛光）照明法就是用投光灯直接照射建筑立面，是目前建筑夜景照明中最常用的一种基本照明方法。其照明效果不仅能显现建筑物的全貌，而且将建筑造型、立体感、饰面颜色和材料质感，乃至装饰细部处理都能有效地表现出来，如图 9-10 所示。

图 9-10　投光照明法①

完整性、趣味性和舒适性是泛光照明的原则。泛光照明要变现建筑物的整体形式，呈现其轮廓，强调出边角，具有透视感，并利用建筑物的表面装饰和结构创造出合适的阴影，突出趣味中心。同时，防止出现眩光，避免过分的阴影也是泛光照明中不可忽视的。照明设施（灯具、灯架和电器附件）尽量隐蔽，不影响白天景观，同时也要考虑到维护和调试的方便性。

2. 轮廓灯照明法

轮廓灯照明法主要是表现建筑的轮廓和线条。我国改革开放前的建筑夜景照明几乎都是使用这种照明方式。轮廓照明的做法是用点光源每隔 30～40 cm 连续安装形成光带，或用串灯、霓虹灯、美耐灯、导光管、通体发光光纤等线性灯饰器材直接勾勒建筑的轮廓。但单独使用这种照明方式时，建筑物的墙面会很暗，因此，一般做法是同时使用投光照明和轮廓灯照明，效果会较好，如图 9-11 所示。

图 9-11　轮廓灯照明法②

①② 沃能科技. http://www.whvonno.com/technology_view.aspx?id=53.

3. 内透光照明法

内透光照明法是利用室内光线向外透射形成夜景照明的方法，方法很多，归纳起来主要有三类：随机内透照明法，它不专门安装内透光照明设备，而是利用室内一般照明灯光，在晚上不关灯，让光线向外照射，目前国外大多数内透光夜景照明属于这一种；建筑化内透光照明法，将内透光照明设备与建筑结合为一体，在窗户上或室内靠窗或需要重点表现的部位，如玻璃幕墙、柱廊、透空结构或阳台灯部位专门设置内透光照明设备，形成透光发光面或发光体来表现建筑的夜景；演示性内透光照明法，在窗户上或室内利用内透光发光元素组成不同的图案，在电脑控制下进行灯光艺术表演，又称为动态演示式内透光照明法。

内透光照明法的最大优点是照明效果独特，照明设备不影响建筑立面景观，而且溢散光少，基本无眩光，节资节电，维修简便，如图 9-12 所示。

图 9-12　内透光照明法①

4. 其他照明法

1）建筑化夜景照明法

建筑化夜景照明法是将照明光源或灯具与建筑立面的墙、柱、檐、窗或墙角等部分的建筑结构融合为一体的夜景照明方法，如图 9-13 所示。建筑师和照明设计师在建筑方案的构思和设计时，就开始考虑如何用灯光来表现建筑的夜间形象，而不是只考虑日景情况。预计这种方法今后会成为建筑夜景照明的主流方式。

2）使用多元的空间立体照明法

多元的空间立体照明方法就是综合使用泛光照明、轮廓灯照明、内透光照明或其他照明方法表现照明对象的形象特征及其文化和艺术内涵，如图 9-14 所示。

3）剪影照明法

剪影照明法也称背光照明法，将被照物与后面的背景用灯光分开，使景物本身保持黑

① 沃能科技. http://www.whvonno.com/technology_view.aspx?id=53.

暗状态，形成剪影，如图 9-15 所示。

图 9-13　建筑化夜景照明法①

图 9-14　使用多元的空间立体照明方法②

图 9-15　剪影照明法③

4）层叠照明法

层叠照明法是在室外一组景物中，使用若干种特殊构造和用途的光源灯具，只照亮那些富有情趣的区域或表面，有意让其他部分或表面置于黑暗之中，营造一种微妙诱人，并富有层次感和深度感的照群方法，如图 9-16 所示。

---

①②③　沃能科技. http://www.whvonno.com/technology_view.aspx?id=53.

图 9-16　层叠照明法①

5）“月光”照明法

“月光”照明法是将月形的下射灯安装在高大树枝上或高大建筑或构筑物上，好比朦胧的月光照到地面并形成树的枝叶或其他景物的影子。这种方法源于明亮的满月照亮室外空间的幻象，成为目前欧美国家室外景观照明设计中最浪漫有趣的新观念，如图 9-17 所示。

图 9-17　“月光”照明法②

6）特种照明法

特种照明法是利用激光、光纤、异光管、发光二极管（LED）、大功率电脑灯、太空灯球、全息摄影，特别是智能控制技术等高科技，营造特殊夜景照明效果的特殊照明方法，如图9-18 所示。

①② 沃能科技. http://www.whvonno.com/technology_view.aspx?id=53.

图 9-18　特种照明法①

9.3　景观照明灯具的常用类型

9.3.1　路灯（高杆灯）

路灯的功能主要是满足城市街道的照明需要，并且反映出城市的特色，有造型的要求。路灯已不再局限于街道照明，而发展成为表现城市景观，体现城市形象的重要标志之一。路灯应具有良好的配光，发出的光要均匀地投射在道路上，如图 9-19 所示。在节假日，为了烘托气氛，常在灯杆、灯头上悬挂装饰性构件，如灯笼、串灯、彩灯等。

图 9-19　各种路灯造型②

① 沃能科技. http://www.whvonno.com/technology_view.aspx?id=53.

② 百度图片网. http://image.baidu.com/i?tn=baiduimage&ct=201326592&lm=-1&cl=2&word=%C2%B7%B5%C6#pn=0.

9.3.2 庭院灯与草坪灯

庭院灯用在庭园、公园、街头绿地、居住区或大型公共建筑物前，灯具功率不需很大，以创造幽静舒适的空间气氛，但造型上力求美观新颖，风格与周围建筑物、构筑物景观小品和空间性质相协调，如图 9-20 所示。

图 9-20　各种庭院灯造型①

草坪灯比较低矮，造型多样，放置在广场周边或草坪边缘作为装饰照明，创造夜间景色的气氛。草坪灯应该尽量避免眩光的产生，并避免产生均匀平淡的光照感觉，如图9-21所示。

图 9-21　各种草坪灯造型②

9.3.3 埋地灯与水底灯

埋地灯比草坪灯更矮，安装在广场、人行道及车辆通道、广场绿化带、水池喷泉等地平面中，主要起引导视线和提醒注意的作用。这种灯具一般为密封式设计，要求防水防尘，并避免水分在灯具内部凝结，如图 9-22 所示。

---

① 百度图片网. http://image. baidu. com/i?tn=baiduimage&ct=201326592&lm=-1&cl=2&word=%CD%A5%D4%BA%B5%C6#pn=0.

② 百度空间. http://hi. baidu. com/valse86/album/%B2%DD%C6%BA%B5%C6/index/0.

图 9-22　各种埋地灯造型①

水底灯安装在喷泉、水池、泳池、瀑布、河道水下，要求具有防水功能，并避免水分在灯具内部凝结，如图 9-23 所示。

图 9-23　各种水底灯造型②

9.3.4　泛光灯与光纤灯

泛光灯为大面积照明灯具，常用于广场雕塑、建筑立面、植物绿化的照明。一般使用金属卤化物灯或高压钠灯作为光源，是夜间景观照明中最常用的灯具，如图 9-24 所示。

图 9-24　各种泛光灯造型③

光纤照明是一种新型照明技术，可以使光柔性传输，安全可靠。在广场铺地中，用尾端发光光纤可以绘制各种图案，或模拟夜空能点点繁星；在水中可以用光纤勾勒水池或河

---

① 百度图片网. http://image. baidu. com/i?tn=baiduimage&ct=201326592&cl=2&lm=-1&pv=&word=%C2%F1%B5%D8%B5%C6&z=0#.

② 百度空间. http://hi. baidu. com/ermanlighting/album/item/6d10daf06172d194f3d3856a. html#，居无忧. http://tg. ju51. com/Shtml/Supply/6d839b195a5f4b5bab951bc1e5728c05/1bd4650f433f43138226adb67642b466. shtml.

③ 阿拉丁论坛. http://bbs. alighting. cn/showtopic. aspx?topicid=6521&page=end，索能光电. http://tianmaofa. cn. myitrade. com/offerdetail/257596. html.

岸的轮廓线，如图 9-25 所示。

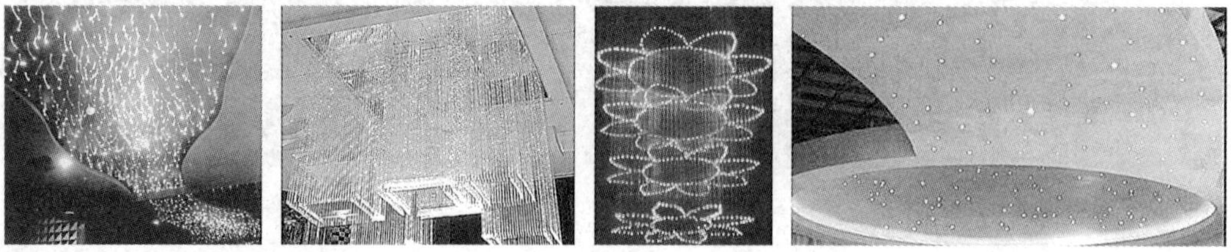

图 9-25　各种光纤照明效果①

9.3.5　LED 灯

LED 是发光二极管的缩写，其工作原理是利用场致发光把电能直接转化为光。LED 是以波长计算，控制系统采用全部数字电路，所呈现的颜色千变万化，是普通变色灯光无法比拟的。其寿命极长，理论计算为 5 万 h。作为一种革命性的绿色光源，LED 正在被越来越广泛地应用在各种灯具中，如图 9-26 所示。

图 9-26　各种 LED 灯照明效果②

① 百度图片网. http://image. baidu. com/i?tn=baiduimage&ct=201326592&cl=2&lm=-1&fr=&pv=&ic=0&z=0&se=1&word=%B9%E2%CF%CB%B5%C6&s=0&sme=0&pn=0&ln=2000&tab=&width=&height=&face=&fb=#pn=0.

② 百度图片网. http://image. baidu. com/i?tn=baiduimage&ct=201326592&cl=2&lm=-1&pv=&word=LED%B5%C6&z=0#pn=0.

现代景观设计除了对于人工环境景观的规划和设计，还包括了对于自然景观的生态化、科学化设计。风景名胜区、森林公园以及自然保护区是自然景观的典型代表。

第 10 章　风景名胜区、森林公园和自然保护区规划

由于它们在环境效益、生态效益、社会效益以及经济效益等方面的特殊作用和意义，对于风景名胜区、森林公园和自然保护区的规划尤其应得到重视。

10.1 风景名胜区规划

10.1.1 风景名胜区的定义及发展概况

10.1.1.1 定义

2006 年 9 月 6 日国务院第 149 次常务会议通过了《风景名胜区条例》，新条例自 2006 年 12 月 1 日起施行。同时，1985 年 6 月 7 日国务院发布的《风景名胜区管理暂行条例》废止。新条例中指出风景名胜区，是指具有观赏、文化或者科学价值，自然景观、人文景观比较集中，环境优美，可供人们游览或者进行科学、文化活动的区域，如图 10-1 所示。

(a) 美国黄石国家公园

(b) 德国吕讷堡灌木林自然公园

图 10-1 国外风景名胜区①

我国地大物博，从寒温带的黑龙江到赤道附近的南海诸岛，从白雪皑皑的世界屋脊到水系密布的东海之滨，自然景观变化万千，有高山雪域景观，有草原牧场景观，有激流峡谷景观，有海洋沙滩景观，也有优美的乡村田野景观……正是由于这些因素，中国兼备宏伟壮丽的大尺度景观与丰富多彩的小尺度景观以及丰富的自然风景资源。中国历史悠久、文化璀璨、人文景观丰富。在许多优美的自然风景空间中融入了许多优秀的人文景观，包含许多建筑、风物、历史遗迹等文化痕迹。构成了自然风景和历史文化景观的融合，形成一道独具中国特色的景观资源。

10.1.1.2 发展概述

中国自古以来崇尚山水，“师法自然”的优秀文化传统闻名于世界。“风景名胜”历史

① 169 亲子社区. http://www.baby169.net/space-6708-do-blog-id-70905.html，亲恩. http://bbs.qinen.net/read-htm-tid-217016.html.

悠久、形式多样，它们荟萃了华夏大地壮丽山河的精华，不仅是中华民族的瑰宝，也是全人类珍贵的自然与文化遗产。

我国从 1979 年开始实行风景名胜区的规划管理制度，此后于 1982 年以国务院公布第一批 24 个国家级重点风景名胜区为标志，我国正式建立了风景名胜区管理体系。截止到 2009 年底，已经建成国家级风景名胜区 208 处，省级风景名胜区 698 处，从空间上基本覆盖了全国风景资源最典型、最集中、价值最高的区域。其中，中国列入联合国教科文组织《世界遗产名录》的 38 处世界遗产地中涉及国家风景名胜区的有 22 处，它们分别是：八达岭—十三陵、鸣沙山—月牙泉、临潼骊山、承德避暑山庄外八庙、武当山、玉龙雪山、龙门石窟、都江堰—青城山、九寨沟、黄龙、武陵源、三江并流、石林、荔波樟江、重庆武隆、三清山、泰山、黄山、峨眉山—乐山大佛、武夷山、庐山、五台山风景名胜区等，可以说，中国风景名胜区已成为世界遗产事业的重要组成部分。风景名胜区已经成为兼备游憩健身、景观特色、生态防护、科教启智、发展旅游以及带动社会发展等功能的重要地域。

10.1.2 风景名胜区的类型及功能

10.1.2.1 风景名胜区的类型

风景名胜区的类型很多，实际应用比较多的分类方法有按照等级、规模、景观、结构、布局等特征划分，也可以按照设施和管理特征划分。

1. 按等级特征分类

主要是按照风景名胜区的观赏、文化、科学价值及其环境质量、规模大小、游览条件等，划分为三级。

(1) 市、县级风景名胜区。由市、县级人民政府审定公布，并报省级主管部门备案。

(2) 省级风景名胜区。由县级人民政府提出申请，省、自治区人民政府建设主管部门或者直辖市人民政府风景名胜区主管部门，会同其他有关部门组织论证，提出审查意见，报省、自治区、直辖市人民政府批准公布。

(3) 国家重点风景名胜区。由省、自治区、直辖市人民政府提出申请，国务院建设主管部门会同国务院环境保护主管部门、林业主管部门、文物主管部门等有关部门组织论证，提出审查意见，报国务院批准公布。

2. 按用地规模分类

主要是按照风景名胜区的规划范围和用地规模的大小，划分为四类。

(1) 小型风景名胜区：用地范围在 20 km^2 以下；

(2) 中型风景名胜区：用地范围在 20～100 km^2；

(3) 大型风景名胜区：用地范围在 100～500 km^2；

(4) 特大型风景名胜区：用地范围在 500 km^2 以上。此类风景名胜区多具有风景名胜区域的特征。

3. 按景观特征分类

按照风景名胜区的典型景观的属性特征，划分为十类。

(1) 山岳型风景区：以高、中、低山和各种山景为主体景观的风景区，如五岳和各种名山风景区。

(2) 峡谷型风景区：以各种峡谷风光为主体景观的风景区，如长江三峡、三江并流等风景区。

(3) 岩洞型风景区：以各种岩溶洞穴或熔岩洞景为主体景观的风景区，如贵州龙宫、本溪水洞等风景区。

(4) 江河型风景区：以各种江、河、溪、瀑等动态水景为主体景观的风景区，如楠溪江、黄果树、黄河壶口瀑布等风景区。

(5) 湖泊型风景区：以各种湖泊水库等水体水景为主体景观的风景区，如贵州红枫湖、青海湖等风景区。

(6) 海滨型风景区：以各种海滨海岛等海景为主体景观的风景区，如嵊泗列岛、三亚海滨等风景区。

(7) 森林型风景区：以各种森林及其生物景观为主体景观的风景区，如西双版纳、蜀南竹海、百里杜鹃等风景区。

(8) 草原型风景区：以各种草原草地沙漠风光及其生物景观为主体景观的风景区，如太阳岛、扎兰屯等风景区。

(9) 史迹型风景区：以历代园林景观、建筑和史迹景观为主体景观的风景区，如避暑山庄外八庙、八达岭、十三陵、中山陵等风景区。

(10) 综合型风景区：以各种自然和人文景观资源融合成综合性景观为其景观特点的风景区，如丽江、大理等风景名胜区。

4. 按结构特征分类

依据风景名胜区的内容配置所形成的功能结构特征划分为三种基本类型。

(1) 单一型风景名胜区：内容和功能比较简单，主要是由风景游览欣赏对象组成一个单一的风景游赏系统。

(2) 复合型风景名胜区：内容和功能比较丰富，不仅有风景游赏对象，而且还有相应的旅行游览接待服务设施组成的旅游设施系统。很多中小型风景名胜区就属于复合型风景名胜区。

(3) 综合型风景名胜区：内容和功能比较复杂，不仅有风景游赏对象、相应的旅行游览接待服务设施，而且还有相当规模的居民生产和社会管理内容组成的居民社会系统。很多大中型风景名胜区就属于综合型风景名胜区。

5. 按功能设施特征分类

(1) 观光型风景名胜区：有限度地配备必要的旅行、游览、饮食、购物等为观览欣赏服务的设施，如大多数城市郊区的风景名胜区。

(2) 游憩型风景名胜区：配备有较多的康体、浴场、高尔夫球等游憩娱乐设施，有一定的住宿床位，如三亚海滨风景区。

(3) 休假型风景名胜区：配备有较多的休养、疗养、避寒暑、度假、保健等设施，有相应规模的住宿床位，如北戴河风景区。

(4) 民俗型风景名胜区：保存有相当的乡土民居、遗迹遗风、劳作、节庆庙会、宗教礼仪等社会民俗民风特点与设施，如泸沽湖风景区。

(5) 生态型风景名胜区：配备有必要的保护检测、观察试验等科学教育设施，严格限制行、游、食、宿、购、娱、健等设施，如黄龙、九寨沟风景区。

(6) 综合型风景名胜区：各项功能设施较多，可以定性、定量、定地段综合配置，如大多数风景名胜区均有此类特征，见表 10-1。

表 10-1　　风景资源分类简表

大类	中类	小　类
自然风景资源	天景	日月星光；虹霞屋景；风雨阴晴；气候景象；自然声像；云雾景观；冰雪霜露；其他天景
	地景	大尺度山地；山景；奇峰；峡谷；洞府；石林石景；沙景沙漠；火山熔岩；蚀余景观；洲岛屿礁；海岸景观；海底地形；地质珍迹；其他地景
	水景	泉景；溪涧；江河；湖泊；潭池；瀑布跌水；沼泽滩涂；海湾海域；冰雪冰川；其他水景
	生景	森林；草地草原；古树名木；珍稀生物；植物生态群落；动物群栖息地；物候季相景观；其他生物景观
人文风景资源	园景	历史名园；现代公园；植物园；动物园；庭宅花园；专类游园；陵园墓园；其他园景
	建筑	风景建筑；民居宗祠；文娱建筑；商业服务建筑；宫殿衙署；宗教建筑；纪念建筑；工交建筑；工程构筑物；其他建筑
	胜迹	遗址遗迹；摩崖题刻；石窟；雕塑；纪念地；科技工程；游娱文体场地；其他胜迹
	风物	节假庆典；民族民俗；宗教礼仪；神化传说；民间工艺；地方人物；地方物产；其他风物

10.1.2.2　风景名胜区的功能

风景名胜区一般具有独特的地质地貌构造，优良的自然环境，优秀的历史文化积淀，具有游憩、审美、教育、科研、国土形象、生态保护、历史文化保护、带动区域发展等功能。风景资源能引起审美与欣赏活动，可以作为风景游览对象和风景开发利用的事物与因素的总称。风景资源是构成自然景观环境的基本要素，是风景区产生环境效益、社会效益、经济效益的物质基础。对提升保护城市的景观生态环境和可持续发展具有重要的战略意义。根据现代的社会需求和定位特征，可以将风景名胜区的功能概括为以下五个方面。

1. 生态功能

风景名胜区具有保护自然资源、改善生态环境、防害减灾、造福社会的生态防护功能。

2. 游憩功能

风景名胜区有提供游憩地、陶冶身心、促进人与自然和谐发展的游憩健身功能。

3. 景观功能

风景名胜区有树立国家和地区形象、美化大地景观、创造健康优美的生存空间的景观形象功能。

4. 科教功能

风景名胜区有展现历代科技文化、纪念先人、增强德智育人的寓教于游的功能。

5. 经济功能

风景名胜区有一、二、三产业的潜能，有推动旅游产业经济，带动地区经济全面发展的功能。

10.1.3 风景名胜区规划

风景名胜区规划布局，是一个战略统筹过程，要求在适当的位置，全面系统地规划对象的各组成要素、组成部分功能，使其共同发挥应有的作用，创造最优美的整体环境。风景区规划布局是各组成要素的分区、结构、地域的整体的生态规律，影响着风景区有序发展及外围环境的协调关系。

10.1.3.1 风景名胜区规划的原则

1. 风景名胜区规划遵循的基本原则

我国风景名胜区历经数千年发展，独具历史文化特色和丰富的自然资源，是我国风景名胜区事业良好发展的基本条件。同时，我国经济高速增长，需求扩展，需协调人与自然的发展关系；此外，社会文化生活方式不断发展，海内外交流频繁，有关文化继承和创新的研究日益深入。这些基本国情都是我国风景名胜区规划与发展的决定性因素。风景名胜区规划是整个风景名胜区保护、建设、管理、发展的基本依据和手段，是在一定空间和时间范围内对各种规划要素的系统分析和统筹安排。这种综合与协调职能，涉及所在地的资源、环境、历史、现状、经济社会发展态势等广泛领域，要求深入调查研究，把握主要矛盾和对策，充分考虑风景、社会、经济三方面的综合效益，因地制宜地突出本风景名胜区的特色。

风景名胜区规划布局基本原则：

（1）依据风景资源特征、环境条件、历史文化、现状特点以及国民经济和社会发展趋势，统筹兼顾，综合安排。

（2）严格保护自然环境与文化遗产，保护原有景观特征和地方特色，维护生物多样性和生态环境良性循环，防止污染和其他公害，充实科学教育审美特征，加强地被和植物景观培育。

（3）充分发挥风景资源的综合潜力，展现风景游览欣赏主体，配置必要的服务设施与措施，改善风景名胜区运营管理机能，防止人工化、城市化、商业化倾向，促使风景名胜区有度、有序、有节律地可持续发展。

（4）合理平衡风景环境、社会、经济三方面的综合效益，平衡风景名胜区自身健康发展与社会需求之间的关系，创造风景优美、设施方便、社会文明、生态环境良好、自然景观和游赏魅力独特、人与自然协调发展的风景游憩环境区域。

（5）保障遵从游览规则的游人安全系统。

（6）严格遵循规划布局的生态原则。

① 应分析人的数量、活动方式与停留时间，分析设施的类型、规模、标准，分析用地的开发强度，提出限制性规定和控制性指标；

② 保持和维护原有生物种群、结构及其功能特征，保护典型而有示范性的自然综合体。

2. 风景名胜区规划与其他相关规划的关系

我国风景名胜区用地规模差异很大，面积跨度也很大。因此，常与国土规划、区域规划、城市总体规划、土地利用规划等密切相关。在风景资源定性、用地规模和人口规模定量，在旅游设施的定性、定质方面，在经营管理方面，都相互影响，因而，风景名胜区规划必须与上述规划相协调。

10.1.3.2　风景名胜区的基础资料与现状分析

1. 基础资料

编制风景名胜区规划应当具备相关的自然与资源、人文与经济、旅游设施与基础工程、土地利用、建设与环境等方面的历史与现状基础资料，是科学、合理制定风景名胜区规划的基本保证。

由于风景名胜区的规模和条件等差异性较大，地域性特点明显，因而，基础资料的覆盖面、简繁程度、可比性的选择十分重要。基础资料的收集包括文字资料、图纸资料和声像资料等。

2. 现状分析

风景名胜区规划要实现因地制宜地突出本风景名胜区的特点，现状分析是首要的环节。由于每个风景名胜区的自然环境很少雷同，社会生活需求和技术经济条件常有变化，因而在基础资料收集和现状分析的过程中，应当充分重视并提取出可以构成本风景名胜区特点与景观个性的要素，进而分析论证诸要素在风景名胜区规划和发展中的作用和地位。

风景名胜区现状分析的主要内容包括：

（1）自然和历史人文特点；

（2）各种资源的类型、特征、分布及其多重性分析；

（3）资源开发利用的方向、潜力、条件和利弊；

（4）土地利用结构、布局和矛盾的分析；

（5）风景名胜区的生态、环境、社会与区域因素等。

通过现状分析，要明确提出风景名胜区发展的优势和潜力、矛盾与制约因素、规划对策与规划重点三方面的内容。

3. 风景资源评价

（1）风景资源评价的内容。风景资源评价的基本内容包括风景资源调查、风景资源筛选和分类、风景资源的评分与分级、风景资源的评价和结论四部分。

（2）风景资源评价的原则。由于风景资源类型和特点的多样性，为保证评价的客观和真实性，应遵循以下原则：一是风景资源的评价必须在真实资料的基础上，现场踏勘和资料分析相结合，实事求是地进行；二是风景资源的评价采取定量和定性相结合的方法，综合评价风景资源的特征；三是根据风景资源的类别及其组合特点，应选择适当的评价单元和评价指标，对独特或濒危的风景资源，宜作单独评价。

（3）风景资源分类评价。需要建立科学的风景资源分类系统。风景资源分类的具体原则：一是性状分类原则，强调区分风景资源的性质和状态；二是指标控制原则，特征指标一致的风景资源可以归结为同一类型；三是包容性原则，即类型之间有明显的排他性，少数情况有从属关系；四是约定俗成原则，对于已成习俗的传统分类类型予以保留。

在风景资源调查和分类基础上，划分景观单元并且作出评价。在某种程度上，风景资源的评价难有一个绝对的衡量标准和尺度。所以风景资源的评价标准只能是相对的。风景资源等级划分标准，主要根据风景资源的价值、构景作用和吸引力范围来确定。其中，一、二、三级风景资源标准可以借助国家多项法规进行制定，四级风景资源标准可以适应风景名胜区的结构和布局需要，特级风景资源可以适应国际习惯及世界遗产保护需求。因此，把风景资源划分为五级有着广泛的适应性、可比性和统一性。

（4）具体的风景资源分级标准原则：

① 风景资源评价分级为特级、一级、二级、三级、四级五个级别；

② 根据风景资源评价单元的特征及其不同层次的评价指标和吸引力范围，评出风景资源分级；

③ 特级风景资源具有珍贵、独特和世界遗产价值与意义，有世界奇迹般的吸引力；

④ 一级风景资源具有名贵、罕见、国家重点保护价值和国家代表性作用，在国内外闻名且有国际吸引力；

⑤ 二级风景资源具有重要、特殊、省级重点保护价值和地方代表性作用，在省内外闻名且有省际吸引力；

⑥ 三级风景资源具有一定价值和游览路线辅助作用，有市、县级保护价值和相关地区的吸引力；

⑦ 四级风景资源具有一定价值和构景作用，有本风景名胜区和当地的吸引力。

10.1.3.3 风景名胜区的范围、性质和发展目标

1. 风景名胜区的范围

确定风景名胜区规划的范围，在人均资源日趋紧缺和资源利用多重性的形势下，显得

十分迫切和需要。由于规划确定的风景名胜区范围，是风景名胜区管理机构的管辖范围，因此在划定规划范围时，应遵循以下原则：

(1) 风景资源特征及其生态环境的完整性。对风景资源特征、风景资源价值、生态环境等，应保障其完整性和可持续发展性，不能因划定边界而影响其特征、价值和生态环境。

(2) 历史文化和社会的连续性。在一些历史悠久和社会因素丰富的风景名胜区划界中，要维护其历史特征，保持其社会延续性，使历史社会文化遗产及其环境得以保护利用。

(3) 地域单元的相对独立性。在对待地域单元矛盾时，强调其相对独立性，无论自然区、人文区、行政区等何种地域单元形式，在划界时要考虑其相对独立性及其带来的主要形态关系。

(4) 保护、利用、管理的必要性与可行性。在对风景名胜区保护、利用和管理的必要性时，分析所在地的环境因素对风景资源保护的需求、经济条件对开发利用的影响、社会背景对风景名胜区管理的要求，以便综合考虑风景名胜区与其社会辐射范围的供求关系，提出风景名胜区保护、利用和管理的必要范围。

2. 风景名胜区的性质

确定风景名胜区的性质是规划阶段的重要原则。风景名胜区的性质，必须依据风景名胜区的典型景观特征、游览欣赏特点、资源类型、区位因素，以及发展对策和功能选择确定。如泰山风景名胜区的性质为五岳之首，景观雄伟，历史悠久，文化丰富，形象崇高，是中华民族历史上精神文化的缩影，是国家级重点风景名胜区，是具有科学、美学和历史文化价值的世界遗产；武夷山风景名胜区的性质为以丹霞地貌为特色，自然山水为主景，历史文化名山为内涵，观光和休闲相结合的国家重点风景名胜区。

3. 风景名胜区的发展目标

依据风景名胜区的性质和社会需求，提出适合本风景名胜区的自我健全目标和社会作用，具体包括以下方面的内容：

(1) 贯彻严格保护、统一管理、合理开发、持续发展的原则；

(2) 充分考虑历史、当代、未来三个阶段的关系，科学预测风景名胜区发展的各种需求；

(3) 因地制宜地处理人与自然的和谐关系；

(4) 使资源保护和综合利用、功能安排和项目配置、人口规模和建设目标等各项主要目标，与国家和地区的社会经济技术发展水平、趋势及步调相适应。如九寨沟风景名胜区的发展目标为：通过对九寨沟自然环境的科学、严格的保护培育，游赏路线的合理安排，游览设施的合理建设，居民的合理调控，达到保护、开发利用、管理三个环节的良性循环。力争把九寨沟创建成为风景质量、保护水平、管理水平、游赏组织及游览设施水平均达到一流水准的世界著名的自然风景胜地。

10.1.3.4 风景名胜区的分区与布局

1. 风景名胜区的分区

风景名胜区的规划分区，是为了使众多的规划对象有适当的区划关系，以便针对规划对象的属性和特征分区，进行合理的规划和设计，实施恰当的建设强度和管理制度。在规划分区时，突出各个分区的特点，控制各个分区的规模，并提出相应的规划措施。还要解决各个分区间的间隔、过渡与联络关系，同时维护原有的自然单元、人文单元等的相对完整性。在各具意义的规划分区中，一般以景观区划分和功能区划分为主。

在规划景观区和游赏特征时，要进行景区划分；在确定保护培育特征时，要进行保护区划分；在确定调节控制功能时，要进行功能分区。

2. 风景名胜区的布局

风景名胜区的规划布局，是为了在规划界限内，将规划构思和规划对象通过不同的规划设计和形式，全面系统地安排在适当的位置，使规划对象的各个组成要素、各个组成部分均能发挥其应有作用，创造最佳环境条件，使风景名胜区成为有机组合整体。

在规划布局方案选择中，常采用的布局形式有集中型（块状）、线形（带状）、组团状（集团）、链珠形（串状）、放射形（枝状）、星座形（散点）等。

10.1.3.5 风景名胜区的容量

在旅游业快速发展的地区，游人容量已经成为风景名胜区规划设计与管理中的一个矛盾，因此风景名胜区规划必须进行游人容量分析、预测和规划。

容量布局是为一定的主题服务的，既可以使游人相对集中或分散，以创造良好的环境氛围，也可以使游人的活动时间适当延长或缩短。容量布局的基本目的是使游人合理、适当地分布在风景名胜区内，使游人各得其所，使风景尽展风采。

游人容量一般由以下三方面的因素所确定。

(1) 风景名胜区生态允许标准。

(2) 游人容量指标。有一次性游人容量、日游人容量和年游人容量三个层次。

(3) 游人容量指标计算。

① 面积法。面积法是针对游人可进入的、可游览的区域面积进行计算的。其中，主要景点规定指标为 50～100 m^2/人（景点面积）；一般景点规定指标为 100～400 m^2/人（景点面积）；浴场海域规定指标为 5～10 m^2/人（海拔 0～2 m 以内）。面积法可按式(10-1)计算：

$$C=\frac{A}{a}\cdot D \tag{10-1}$$

式中 C——日环境容量（人次）；

A——可游览面积（m^2）；

a——每位游人应占有的合理面积（m^2/人）；

D——周转率，其值为景点开放时间/游完景点所需时间。

② 卡口法。卡口法适用于溶洞类及通往景区、景点必经并对游客量具有限制因素的卡口要道。卡口法以实测卡口处单位时间内通过的合理游人数量。以“人次/单位时间”计算。卡口法可按式（10-2）计算：

$$C = D \cdot A \tag{10-2}$$

式中 C—— 日环境容量(人次)；

D—— 日游客批数(人)，其值为 t_1/t_3；

A—— 每批游客人数(人)。

t_1 为每天游览时间(min)，$t_1 = H - t_2$，t_2 为游完全程所需时间(min)，t_3 为两批游客相距时间(min)，H 为每天开放时间(min)。

③ 游线法。游线法是指针对游人仅能沿山路步行游览观赏风景的地段，它以每个游人所占平均道路面积计算，规定指标为 5～10 m^2/人。游线法可按式（10-3）计算：

$$C = \frac{M}{m} \cdot D \tag{10-3}$$

式中 C——日环境容量（人次）；

M——游步道全长（m）；

m——每位游客占用合理游步道长度（m）；

D——周转率，其值为游道全天开放时间/游完游道所需时间。

10.1.3.6 风景名胜区的保护培育规划

1. 保育规划的内容

风景名胜区的基本任务和作用之一是保护培育国土、树立国家和地区形象，加强生态保护。因而，在绝大多数风景名胜区规划中，把保护培育规划作为一项重要的专项规划。风景名胜区的保护培育规划，是对需要保育的对象和因素实施系统控制和具体安排，使被保护的对象与因素能长期得到保护，或在保护培育中能使其价值得到增强提升。

风景名胜区的保护培育规划包括三个方面的基本内容：

首先是查清保育资源，明确保育的具体对象和因素。其中，各类风景资源是首要对象，还有相关的生态和环境因素、旅游开发、建设条件等。在此基础上，要依据保育对象的特点和级别，划定保育范围，确定保育原则。如生物的再生性就需要保护其对象本体及其生存条件，水体的流动性和循环性就需要保护其汇水区域和流域因素。要依据保育原则制定保育措施，并建立保育体系。保育措施的制定要因时因境、因地制宜，要有针对性和可操作性。

2. 分类保护

（1）生态保护区。在风景名胜区的规划范围内，对有科学研究价值或者其他保存价值的生物种群及其环境，划出一定的范围和空间，作为生态保护区。在生态保护区内，可以配置必要的研究和安全防护性设施，严禁机动交通及其设施进入。

(2) 自然景观保护区。在风景名胜区的规划范围内，对需要严格限制开发行为的特殊天然风景资源和景观，应划出一定的范围和空间作为自然景观保护区。在自然景观保护区内，应配置必要的步行游览设施和安全防护设施，严禁机动交通及其设施进入。

(3) 史迹保护区。在风景名胜区的规划范围内，在各级文物和有价值的历史史迹遗址周围，划出一定的范围和空间作为史迹保护区。在史迹保护区内，配置必要的步行游览设施和安全防护设施，严禁任何不利于保护的因素进入。

(4) 风景恢复区。对风景名胜区内需要重点恢复、培育、涵养、保持的对象和地区，如森林和植被、水源和水土、浅海和水域生物、珍稀濒危生物、岩溶发育条件等，划出一定的范围和空间作为风景恢复区。在风景恢复区内，采用必要的技术措施与设施，严禁对风景恢复不利的各项活动。

(5) 风景游览区。对风景名胜区的景物、景点、景区等各级风景结构单元和风景游赏集中区域，划出一定区域作为风景游览区。在风景游览区内，可以进行适度的资源利用行为，适度安排各种游览欣赏项目，分级调控游人规模、机动交通和其他旅游设施的配置。

(6) 发展控制区。在风景名胜区范围内，对上述五类保育区以外的用地、水面和其他用地，划为发展控制区。在发展控制区内，可以准许原有土地利用方式和形态，可以安排与风景名胜区性质和容量相一致的各项旅游设施及基础工程，可以安排有序的生产、经营管理等设施，适当控制各项设施的规模和内容。

3. 分级保护

在保护培育规划中，还有分级保护方法。依据保护对象的价值和级别特征，综合土地利用方式，将保护区分为特级保护区、一级保护区、二级保护区、三级保护区、四级保护区等。

10.1.4 设计案例

东湖风景名胜区位于武汉市城区交通网络的内环线与中环线之间，面积广达 73.24 km^2，是武汉市最大的风景旅游地，每年接待游客 200 多万，是武汉旅游业发展的龙头；东湖风景名胜区内拥有我国最大的“城中湖”——东湖，辽阔的水面和众多秀丽的山丘，其湖光山色是武汉市滨江滨湖城市特色的真实写照，在武汉“山水园林城市”的建设中具有不可替代的重要作用；其丰富且适宜性广泛的旅游资源和优越的开发条件，是武汉市由旅游过境城市向旅游目的地转变的物质基础；1999 年东湖风景名胜区被国家授予“全国文明风景旅游区示范点”称号，因而它又是武汉市精神文明建设的基础和窗口。

目前东湖风景名胜区旅游开发尚处于初级阶段，为了满足社会的需求，充分发挥东湖风景名胜区的作用，并保证东湖风景名胜区的永续利用，必须对东湖风景名胜区旅游发展进行进一步的规划开发。东湖旅游的发展将不仅为提高武汉市民的生活质量创造条件，而且将对武汉市乃至湖北省旅游业的发展、武汉市环境的改善、城市功能的提升起到十分重要的作用。

10.1.4.1 规划指导思想与主题形象定位

1. 规划指导思想

本规划以武汉市旅游发展总体规划和东湖风景名胜区总体规划为依据，在保护东湖风景旅游资源的前提下，依托武汉都市旅游热点、热线的辐射效应，顺应以回归自然为主题的生态旅游和文化旅游这一国际旅游市场发展趋势，保持并充分发挥本区以湖光山色为主的自然景观特色和以楚文化为核心的人文旅游资源优势，突出湖北千湖之省、水乡风情、绿色生态休闲旅游主题，加快景区开发力度，创造条件逐步把东湖建设成武汉市国际旅游精品的重要组成部分和湖北省著名的生态与文化旅游胜地。

2. 主题形象定位

主题形象是旅游区的生命，是形成竞争优势和垄断最有力的工具，旅游作为一项大众化、审美化的经济文化参与活动，区域旅游主题形象便成了关系其旅游业繁荣的关键心理指标。纵观世界及中国旅游业莫不如此，大凡万众神往、游人如织的旅游胜地，无不具有鲜明独特的形象。根据东湖旅游资源的独特价值及区域环境条件，其主题旅游形象确定为"江城明珠、人间瑶池"——都市生态与文化休闲旅游者的乐园，如图 10-2 所示。

图 10-2 东湖风光①

其旅游形象表现为：山清湖秀景色丽，楚风汉韵花园美。美丽的景区与漂亮的市区连为一体，相互映衬，使旅游者能全方位、多视角地体验到江城明珠——东湖山水大观的魅力。

10.1.4.2 总体布局与功能分区

1. 总体布局原则

(1) 地域特色原则。在功能分区、项目创意、标志性建筑设计上充分体现本地域资源特色，将优势资源开发为特色产品，发展独具特色的生态休闲旅游业。

(2) 重点突出原则。优先建设重点景区、景点，重点开发优势资源和特色产品，静景

---

① 东湖. http://www.whdonghu.com/news/ztgh/102016706.html.

展示与动景参与相结合，依据资源空间分布规律和表现形式，形成以自然山水和楚文化开发为主轴线，听涛、磨山和落雁三位一体的黄金旅游区格局。

(3) 空间连续性原则。力求同一主题的旅游项目在空间上形成连续的不间断区域，以突出规模效应和群体组合优势。

(4) 协调发展原则。一方面，优化配置旅游产业内部六要素（即食、住、行、游、购、娱），六大要素能协调有序发展；另一方面，东湖旅游市场开拓应以华中旅游圈的市场背景为依托，各景区功能定位、项目布局应尽量考虑与武汉市配套，且避免在武汉大旅游区内的项目重复设置。

2. 总体功能分区

东湖风景名胜区总体布局是：形成以东湖自然山水和楚文化旅游开发为主轴，以生态旅游、山野情趣旅游、康复健身旅游和水上活动开发并驾齐驱的黄金旅游区格局，总体上可划分为五个游览区，如图 10-3、图 10-4 所示。

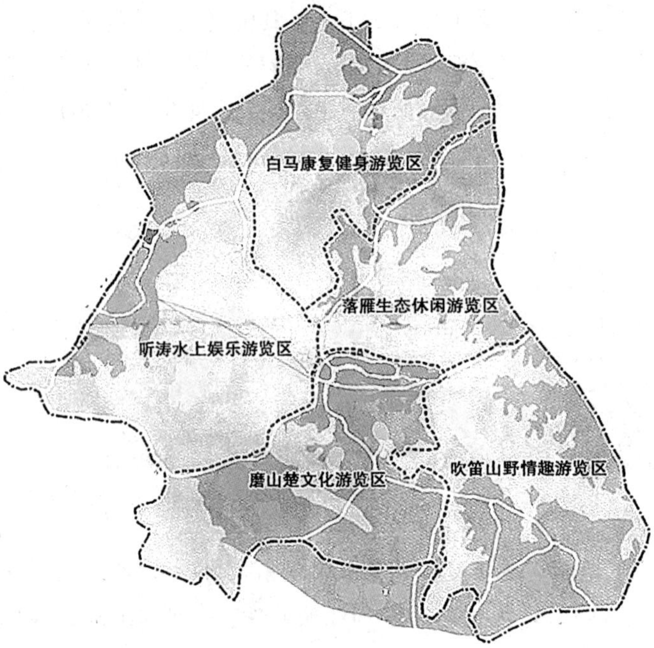

图 10-3　东湖风景名胜区功能分区图①

1) 听涛水上娱乐游览区

该区以湖面宽广和屈子文化为特色，开发建设时间较早，已形成初具规模的城市公园格局。区内汤菱湖、郭郑湖为东湖最大水面，且沿岸建有屈原纪念馆、行吟阁、碧潭观鱼、寓言园等景点。主要开展名人文化旅游，现代水上娱乐活动，康体休闲活动及体育竞技运动。

① 东湖. http://www.whdonghu.com/news/ztgh/102016706.html.

(a) 听涛水上娱乐游览区

(b) 磨山楚文化游览区

(c) 落雁生态休闲游览区

(d) 吹笛山野情趣游览区

图 10-4 东湖风景名胜区分区风景区①

2）磨山楚文化游览区

该区拥有众多楚文化人文景观，是东湖风景名胜区中楚文化旅游基础设施最好的一个区，并拥有梅园、盆景园等十三个植物专类园。主要开展楚文化旅游，植物观赏游，科普教育与园艺研究旅游。

3）落雁生态休闲游览区

该区以原滋原味原风情的生态休闲和民俗风情为特色。主要开展楚天民俗风情展示，楚地渔家乐、农家乐，生态休闲度假。

4）吹笛山野情趣游览区

该区以山林野趣和田园风光为特色。主要开展青少年夏令营活动，游乐与度假旅游。

5）白马康复健身游览区

该区以开展康复旅游、健身休养为特色。主要开展康复休养，健身保健。

10.1.4.3 环境保护目标及类型分区

1. 风景区旅游环境保护总目标

东湖作为国家级的风景名胜区，其旅游环境保护的总目标是：以国家对风景区环境质量要求为最低标准（水质达到地表水Ⅲ类标准，大气质量达到1级标准，噪声达到0类或1类标准），对景区内生态环境及景观特色环境各组成要素进行保护，构建一种自然和谐、洁静优美、舒适宜人、生物多样性强、景观特色鲜明的旅游环境，实现景区生态环境的良性循环和旅游业的可持续发展，如图10-5所示。

2. 环境保护类型分区及目标

由于东湖风景名胜区面积大，各区域旅游资源赋存量及旅游开发潜力不尽相同，环境保护的侧重点不一样，因而按照区域内旅游资源特点及其对旅游开发的重要程度，将其分

① 东湖. http://www.whdonghu.com/news/ztgh/102016706.html.

为四种不同的保护类型区，其分布范围及保护目标如下：

图 10-5　东湖风景名胜区全景图①

1）区内全方位特殊保护区

区内全方位特殊保护区指 1982 年国务院审定东湖为国家级风景名胜区时规定的风景区“规划建设范围”内，已开发旅游和近期内将开发旅游的区域。包括风景区内 33 km^2 的水面和磨山、听涛、落雁三大景区。这些区域都是东湖旅游最重要的部分，景点分布较密，旅游活动适宜范围广，旅游开发潜力大，已拥有或将会有较大的客流量，人与环境的交互作用强。

保护区环境保护的具体目标是：湖泊水体的水质达到国家地表水Ⅲ类质量标准以上，水体透明性好，无令人不快的漂浮物、沉积物；湖岸及水中岛屿岸线稳定，除必要的道路、景点及服务设施外，全部地面被绿色植被覆盖，并且植被类型布局合理，能组成赏心悦目的植物景观；鸟类及其他动物栖息地不被人为干扰；人文景观与自然景观的协调，而且文化内涵健康、特色鲜明具有艺术性，最终取得自然和谐、洁净优美、舒适宜人、耐人

① 东湖. http://www.whdonghu.com/news/ztgh/102016706.html.

寻思的整体环境效果。

2）区内全方位常规保护区

区内全方位常规保护区指1982年国务院有关文件所规定的武汉东湖风景名胜区“规划建设范围”内旅游景点分布相对较少，从目前条件看旅游开发可能性相对较小的区域。包括白马景区和吹笛景区。

其环境保护的主要目标是：构建良性循环的陆地生态环境系统，防止各类污染，特别是来自农田灌溉系统的化肥、农药残留物污染及来自医院的废水和废弃物的污染，保护环境质量，为未来可能的旅游开发作好准备。

3）外围局部重点保护区

外围局部重点保护区指1982年国务院有关文件所规定的东湖风景名胜区“保护范围”部分，包括水果湖地区、洪山地区、珞珈山地区、南旺山及喻家山南地区，面积13.77 km^2，这些地区在地域上都与武汉东湖风景名胜区土地相连，且拥有一批省、市级文物保护单位和优美的自然景观，旅游开发潜力大，是东湖风景名胜区旅游开发的外延部分。对于这些地区的文物及其生存环境将给予重点保护。

其保护的目标是实现国家文物保护法所规定的保护目标，使文物及其所存在的环境原物长存，保持良性循环的状态。

4）外围常规保护区

外围常规保护区指1985年武汉市人民政府关于“东湖风景名胜区管理范围的批复”文件中所规定的由东湖风景区管理局管理，但又不在东湖风景名胜区范围内的部分，包括原洪山区、东湖、和平、北洋桥、联合、龚家岭、先锋、东风、滨湖、建强等行政村一部分土地。这些行政村都有一部分土地在东湖风景名胜区内，属于本保护区的部分虽不在风景区范围内，却都与东湖风景名胜区土地相连，而且多沿东湖风景名胜区边界的主要干道分布，无疑这些地区的生态环境的优劣必将给景区生态环境及游客的感观效果带来影响，因而为了更好地保护风景区内的环境，并给游客们带来更多的愉悦感，东湖风景名胜区管理局有必要也有能力对其进行保护。

保护的对象是自然生态系统和人文生态环境，其保护的目标是防止人为对环境的污染，特别是农药、化肥对农田生态系统及水体的污染，人畜粪便及居民生活垃圾所造成的污染。构建良好的自然和人文生态环境，并保护生态环境的良性循环。

10.2 森林公园规划

10.2.1 森林公园的定义及发展概况

10.2.1.1 森林公园的定义

1993年，原林业部颁布的《森林公园管理办法》第二条规定：“本办法所称森林公园，是指森林景观优美、自然景观和人文景物集中，具有一定规模，可供人们游览、休息或进行科学、文化、教育活动的场所。”1996年国家颁布的《森林公园总体设计规范》，提出森林公园是“以良好的森林景观和生态环境为主体，融合自然景观与人文景观，利用森林的多种功能，以开展森林旅游为宗旨，为人们提供具有一定规模的游览、度假、休憩、保健疗养、科学教育、文化娱乐的场所”。以上这两个定义强调了森林公园的景观特征和主要功能。

1999年发布的国家标准《中国森林公园风景资源质量等级评定》，指出森林公园是“具有一定规模和质量的森林风景资源和环境条件，可以开展森林旅游，并按法定程序申报批准的森林地域”。该定义明确了森林公园必须具备以下基本条件：

(1) 具有一定面积和界线的区域范围；

(2) 以森林景观资源为背景或依托，是这一区域的特点；

(3) 该区域须具有游憩价值，有一定数量和质量的自然景观或人文景观，区域内可为人们提供游憩、健身、科学研究和文化教育等活动；

(4) 必须经由法定程序申报和批准。其中，国家级森林公园必须经中国森林风景资源评价委员会审议，国家林业局批准。

10.2.1.2 森林公园的发展概况

森林作为重要的自然资源，在保护国土生态环境方面具有不可替代的作用。同时，陶冶情操、修身养性的森林游憩需求日益增长。

目前，美国森林面积的47%左右用于木材生产，19%用于狩猎，6%用于生态保护，用于游憩的森林面积达到27%左右。日本把国土面积的15%划为森林公园。我国台湾省从1982年开始，建立了玉山、阳明山、太鲁阁和雪霸等5处以保育生态及自然景观为主的国家森林公园，总面积30多万 hm^2，约占台湾陆地面积的8.4%。

20世纪80年代初，为了保护森林生态环境，满足人们日益增长的森林游憩需求，我国开始建立森林公园体系。自1982年9月建立第一个森林公园——湖南省张家界国家森林公园开始，我国森林公园的建设保持快速增长的良好态势。截至2009年底，全国共建立森林公园2 458处（含白山市国家级森林旅游区），总规划面积达1 652.5万 hm^2。其中，国家级森林公园达730处，国家级森林旅游区1处，规划面积1 151.9万 hm^2。广东、山东、浙江、河南、山西、江西、四川、福建8省森林公园数量超过100处。近年来，我国森林旅游业得到快速发展，森林公园已成为城乡居民休闲、度假、游憩的重要场所。

10.2.2 森林公园的类型

森林公园通常选择风景优美、面积较大的郊区林地改造而成；也可选择虽远离城市但交通便捷、森林资源丰富、景观质量较高的天然林，在科学保护、适度开发的前提下建立森林公园；在城市边缘建立森林公园，因面积大、森林的群落与结构相对复杂、郁闭度高、调节市区气候、改善城市绿地生态环境更为显著，还可组织居民开展游憩活动，促进旅游文化产业发展，提高人们对自然的理解和认识，进行科普教育等。

我国地域辽阔，地形地貌复杂，不同的气候地貌和水资源组合条件，孕育了极为丰富的森林生态景观系统和动植物资源类型。在森林公园的总体规划阶段，为了明确开发方向、选准优势开发项目和重点保护优势旅游资源，应该对公园的旅游资源和环境条件等进行系统深入的研究与评价，理清公园所属类型，找出它在同一区域内的众多森林公园中最具特色之处。

森林公园的分类，按景观特色、地貌形态、主要旅游功能、旅游半径、经营规模、管理级别等进行不同的划分。

10.2.2.1 按景观特色分类

(1) 森林风景型森林公园。以其绚丽优美的森林风景取胜，山水风景一般，没有或少有文物古迹，如陕西朱雀、天华山、红河谷，黑龙江牡丹峰、乌龙、云南西双版纳等森林公园。

(2) 山水风景型森林公园。以奇山秀水为主的自然风光诱人，森林风景和人文景物一般，如湖南张家界、浙江千岛湖、广西桂林、重庆小三峡等森林公园。

(3) 人文景物型森林公园。以其古老独特的人文景物闻名于世，森林风景和山水风景一般，如陕西延安、楼观台、五华宫、天台山，山东泰山，山西五台山、云岗，浙江天童、普陀山等森林公园。

(4) 综合景观型森林公园。景观类型多样，森林风景、自然风光和人文景物都比较突出，旅游吸引力强，如陕西太白、终南山，河南篙山，辽宁本溪、大孤山，江苏虞山等森林公园。

10.2.2.2 按地貌形态分类

(1) 山岳型森林公园。以奇峰怪石等山体景观为主的森林公园，如湖南张家界、山东泰山、安徽黄山国家森林公园等。

(2) 江湖型森林公园，以江河、湖泊等水体景观为主的森林公园，如浙江千岛湖、河南南湾国家森林公园等。

(3) 海岸-岛屿型森林公园。以海岸、岛屿风光为主的森林公园，如山东鲁东南海滨、福建平潭海岛、河北秦皇岛海滨国家森林公园等。

(4) 沙漠型森林公园。以沙地、沙漠景观为主的森林公园，如甘肃阳关沙漠、陕西定边沙地国家森林公园等。

(5) 火山型森林公园。以火山遗迹为主的森林公园，如黑龙江火山口、内蒙古阿尔山国家森林公园等。

(6) 冰川型森林公园。以冰川景观为特色的森林公园，如四川海螺沟国家森林公园等。

(7) 洞穴型森林公园。以溶洞或岩洞型景观为特色的森林公园，如江西灵岩洞、浙江双龙洞国家森林公园等。

(8) 草原型森林公园。以草原景观为主的森林公园，如河北木兰围场、内蒙古黄岗梁国家森林公园等。

(9) 瀑布型森林公园。以瀑布风光为特色的森林公园，如福建旗山国家森林公园等。

(10) 温泉型森林公园。以温泉为特色的森林公园，如广西龙胜温泉、海南蓝洋温泉国家森林公园等。

10.2.2.3 按主要旅游功能分类

(1) 游览观光型森林公园。以风光游览、景物观赏为主要功能的森林公园，全国绝大多数森林公园属此类型。

(2) 休闲度假型森林公园。地处城郊、海滨、湖库附近，以休闲娱乐、消夏避暑、周末度假为主要功能的森林公园，如陕西朱雀、终南山，河北海滨，福建福州等森林公园。

(3) 游憩娱乐型森林公园。地处城市市区、环城或近郊，以郊野游憩、娱乐健身为主要功能的森林公园，如江西枫树山、陕西延安、黑龙江牡丹峰等森林公园。

(4) 疗养保健型森林公园。以温泉、海滨疗养和森林保健为主要功能的森林公园，如陕西太白、楼观台，山东刘公岛、威海海滨等森林公园。

(5) 探险狩猎型森林公园。以探险寻秘、森林狩猎为主要功能的森林公园，如黑龙江乌龙、伊春五营、内蒙古察尔森等森林公园。

(6) 科普教育型森林公园。以科学考察、教学实习、科普旅游为主要功能的森林公园，如北京鹫峰，黑龙江帽儿山，广西良凤江，山东药乡，湖北九峰山，浙江午潮山，陕西太白、楼观台、天华山、玉华宫等森林公园。

10.2.2.4 按旅游半径分类

(1) 城市型森林公园。位于大中城市市区或城周的森林公园，如陕西延安、江西枫树山、上海共青公园、江苏徐州环城等森林公园。

(2) 近郊型森林公园。位于大中城市近郊区，距市中心多在 20 km 以内的森林公园，如内蒙古红山（距赤峰市 31 km）、江苏上方山（距苏州市 4 km）、河北海滨（距秦皇岛市 101 km）、黑龙江牡丹峰（距牡丹江市 15 km）等森林公园。

(3) 郊野型森林公园。位于大中城市远郊县（区），距市区多在 20～50 km 的森林公园，如陕西终南山、洋峪、太兴山、黄巢堡、天台山，北京百望山，河南开封，湖北九峰山等森林公园。

(4) 山野型森林公园。地处深山老林，远离大中城市，以野、幽、秀、奇为特色的森林公园，如陕西紫柏山和华山、山东泰山、安徽黄山、山西五台山、河南嵩山、湖北神农架、云南西双版纳等地处名山大川和原始森林、次生林区的森林公园。

10.2.2.5 按经营规模分类

(1) 特大型森林公园。经营面积超过 600 km^2 的森林公园，如浙江千岛湖（面积 948 km^2）等森林公园。

(2) 大型森林公园。经营面积 200～600 km^2 的森林公园，如黑龙江乌龙（面积 280 km^2）等森林公园。

(3) 中型森林公园。经营面积 60～200 km^2 的森林公园，如河南嵩山、安徽黄山、吉林净月潭、黑龙江牡丹峰、辽宁本溪、内蒙古察尔森、山东泰山、浙江富春江等森林公园。

(4) 小型森林公园。经营面积 2～60 km^2 的森林公园，如陕西延安、王顺山、湖南张家界、浙江普陀山、雁荡山、江苏虞山等森林公园。我国东部沿海和南方各省森林公园大多属此类型。

(5) 微型森林公园。经营面积在 2 km^2 以下的森林公园，如陕西乾陵、辽宁首山、浙江溪口、江西枫树山等森林公园。

10.2.2.6 按管理级别分类

(1) 国家级森林公园。森林景观特别优美，人文景物比较集中，观赏、科学、文化价值高，地理位置特殊，具有一定的区域代表性，旅游服务设施齐全，有较高的知名度，并经国家林业局（原林业部）批准的为国家级森林公园。全国现有国家级森林公园 269 处。

(2) 省级森林公园。森林景观优美，人文景物相对集中，观赏、科学、文化价值较高，在本行政区内具有代表性，具备必要的旅游服务设施，有一定的知名度，并经省级林业行政主管部门批准的为省级森林公园。

(3) 市、县级森林公园。森林景观有特色，景点景物有一定的观赏、科学、文化价值，在当地有一定的知名度，并经市、县级林业行政主管部门批准的为市、县级森林公园。

10.2.3 森林公园风景资源评价

森林风景资源是森林公园吸引游客的最重要因素，也是开展森林游憩活动的物质基础和客观所在。森林风景资源是指森林资源及其环境要素中凡能对旅游者产生吸引力，可以为旅游业所开发利用，并可产生相应的社会效益、经济效益的各种物质和因素。

为了客观、全面、正确地反映森林公园的景观资源状况及其开发利用价值，合理确定开发利用时序，需要对森林公园进行全面详实的风景资源调查和评价。

10.2.3.1 森林公园风景资源的类型

根据森林风景资源的景观特征和赋存环境，可以划分为五个主要类型，如图 10-6

所示。

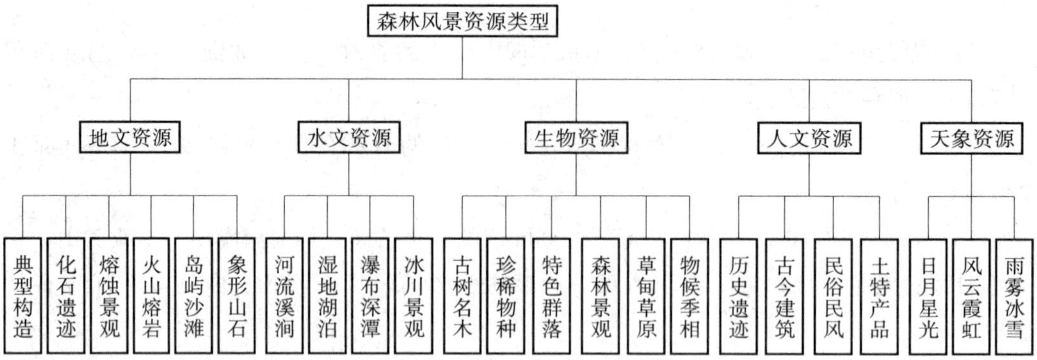

图 10-6　森林风景资源分类图

1. 地文资源

地文资源包括典型地质构造、标准地层剖面、生物化石点、自然灾变遗迹、名山、火山熔岩景观、蚀余景观、奇特与像形山石、沙（砾石）地、沙（砾石）滩、岛屿、洞穴及其他地文景观。

2. 水文资源

水文资源包括风景河段、漂流河段、湖泊、瀑布、泉、冰川及其他水文景观。

3. 生物资源

生物资源包括各种自然或人工栽植的森林、草原、草甸、古树名木、奇花异草等植物景观；野生或人工培育的动物及其他生物资源及景观。

4. 人文资源

人文资源包括历史古迹、古今建筑、社会风情、地方产品及其他人文景观。

5. 天象资源

天象资源包括雪景、雨景、云海、朝晖、夕阳、佛光、蜃景、极光、雾凇及其他天象景观。

10.2.3.2　森林公园风景资源的质量评价

1. 森林公园风景资源质量评价原则

(1) 以对森林公园风景资源的详细调查为基础，按风景资源的特性和相关程度进行分类、分级。

(2) 通过评价，进行森林公园风景资源质量的综合性评定。

(3) 应能反映森林公园风景资源质量和环境，重点分析以森林为主体的风景资源的相对地位和开发森林旅游的可行性。

2. 森林公园风景资源质量评价方法

风景资源质量主要取决于三个方面：风景资源的基本质量、资源组合状况、特色附加分，如图 10-7 所示。其中，风景资源的基本质量按照资源类型分别选取评价因子进行加权评分获得分数。

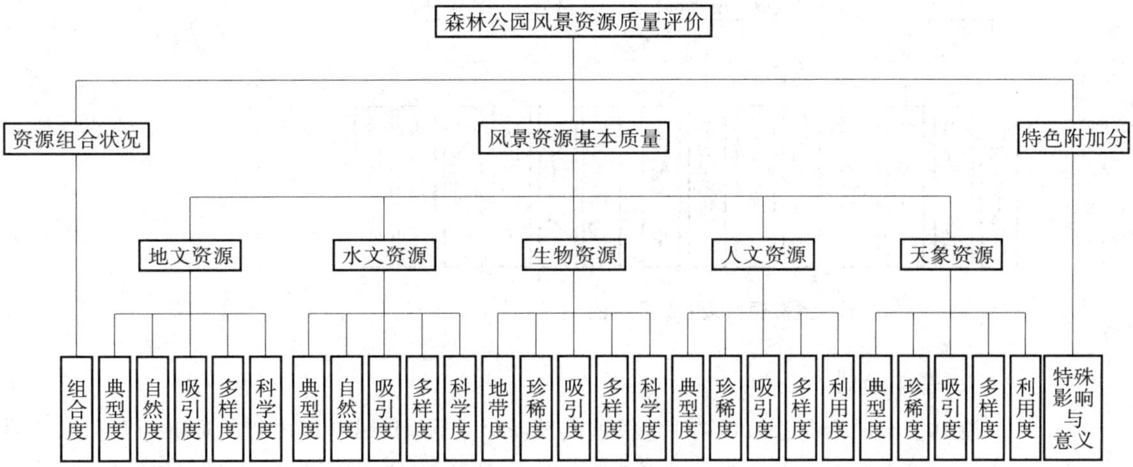

图 10-7 森林公园风景资源质量评价体系图

森林公园风景资源质量评价可按式（10-4）计算：

$$M=B+Z+T \tag{10-4}$$

式中 M—— 森林公园风景资源质量评价分值；

B—— 风景资源基本质量评分值；

Z—— 风景资源组合状况评分值；

T—— 特色附加分。

风景资源的评价因子包括：

(1) 典型度，指风景资源在景观、环境等方面的典型程度。

(2) 自然度，指风景资源主体及所处生态环境的保全程度。

(3) 多样度，指风景资源的类别、形态、特征等方面的多样化程度。

(4) 科学度，指风景资源在科普教育、科学研究等方面的价值。

(5) 利用度，指风景资源开展旅游活动的难易程度和生态环境的承受能力。

(6) 吸引度，指风景资源对旅游者的吸引程度。

(7) 地带度，指生物资源水平地带性和垂直地带性分布的典型特征程度。

(8) 珍稀度，指风景资源含有国家重点保护动植物、文物各级别的类别、数量等方面的独特程度。

(9) 组合度，指各风景资源类型之间的联系、补充、烘托等相互关系程度。

10.2.3.3 森林公园风景资源的等级评定

森林公园风景资源质量的等级评定，如图 10-8 所示。

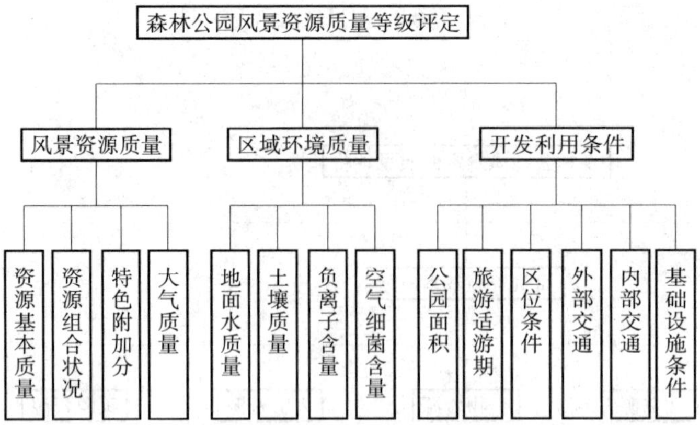

图 10-8　森林公园风景资源质量等级评定图

1. 基本公式

森林公园风景资源的等级评定根据风景资源质量、区域环境质量、旅游开发利用条件三个方面来确定。其中，风景资源质量总分 30 分，区域环境质量和旅游开发利用条件各占 10 分，满分为 50 分。可按式（10-5）计算：

$$N = M + H + L \tag{10-5}$$

式中　N——森林公园风景资源质量等级评定分值；

M——森林风景资源质量评价分值；

H——森林公园区域环境质量评价分值；

L——森林公园旅游开发利用条件评价分值。

2. 森林公园区域环境质量

森林公园区域环境质量评价的主要指标包括大气质量、地表水质量、土壤质量、负离子含量、空气细菌含量。其评价分值（H）计算由各项指标评分值累加获得。

3. 森林公园旅游开发利用条件

森林公园旅游开发利用条件评价指标包括公园面积、旅游适游期、区位条件、外部交通、内部交通、基础设施条件。其评价分值（L）由各项指标评分值累加获得。

4. 森林公园风景资源等级评定

按照评价的总得分，森林公园风景资源质量等级划分为三级。

一级为 40～50 分，符合一级的森林公园风景资源，多为资源价值和旅游价值高，难以人工再造，应加强保护，制定保全、保存和发展的具体措施。

二级为 30～39 分，符合二级的森林公园风景资源，其资源价值和旅游价值较高，应当在保证其可持续发展的前提下，进行科学、合理的开发利用。

三级为 20～29 分，符合三级的森林公园风景资源，在开展风景旅游活动的同时进行风景资源质量和生态环境质量的改造、改善和提高。

三级以下的森林公园风景资源，应首先进行资源的质量和环境的改善。

10.2.4 森林公园总体设计

10.2.4.1 规划的准则

1. 规划依据

(1)《森林公园总体设计规范》;

(2) 森林公园建设立项报告;

(3) 森林公园风景资源调查成果;

(4) 森林公园建设可行性研究报告;

(5) 公园所在地中、远期发展规划,包括环境发展、城镇建设、交通运输、邮政、通信、供电供水和其他特殊发展规划;

(6) 部、省关于森林公园总体规划的规定、规程、规范和标准;

(7) 当地关于材料预算价格、人工费用及利税的文件和资料;

(8) 其他相关资料。

2. 规划原则

(1) 可持续发展原则。森林公园规划设计中,必须重视生态环境的研究和保护。以保护为主,开发、建设与保护相结合。

(2) 主体原则。森林公园总体规划要突出以森林为主体的原则。自然、淡雅、简朴、野趣是森林公园的生命所在,因此在森林公园的开发中,对森林的培育与建筑景观点的建设要有鲜明的侧重。

(3) 个性原则。建设有特色的森林公园,关键是要利用好本地区资源,发挥资源的优势,在充分保护好现有资源的基础上,从景观的共性中找出个性,加以渲染、烘托,从而达到主题鲜明、主景突出。开发森林旅游更应该以自然为本,因地制宜地用好现有的资源,讲究乡土气息,追求自然野趣,突出重点,把握特色。加强特色建设,增强森林公园的活力,有助于森林公园持续稳定地发展。

(4) 经济原则。森林公园总体规划的经济原则,主要体现在因地制宜、量力而行、因财实施。

10.2.4.2 环境容量

对于森林公园而言,确定其环境容量的根本目的在于确定森林公园的合理游憩承载力,即在一定时期和条件下,森林公园的最佳环境容量,能对风景资源提供最佳保护,并同时使尽量多的游人得到最大的满足。在确定最佳环境容量时,必须综合比较自然环境容量(生态环境容量、自然资源容量)、人工环境容量(空间环境容量、设施容量)、社会环境容量(人文环境容量、经济资源容量、心理环境容量、管理水平承载力)。

按照《森林公园总体设计规范》,森林公园环境容量的测算可采用面积法、卡口法、游路法三种。应根据森林公园的具体情况,因地制宜地选用或综合运用。

在环境容量的基础上，游客容量的计算也应结合旅游季节特点，按景点、景区、公园换算日、年游人容量。

在现行《森林公园总体设计规范》中，没有对游人人均合理占地指标做出规定，但可以参考现行《风景名胜区总体规划规范》中的相关指标进行。

10.2.4.3 总体规划

1. 公园的性质与范围

根据拟建森林公园的自然条件，特别是地理位置、主景性质、旅游系统位置等确定公园基本性质和规划范围。

2. 森林公园的功能分区

总体布局和区划是规划设计的核心。区划是依据景观特色，将主要分布一个或几个代表性景观类型的区域划为一个分区，该分区在地理位置上要集中连片，结合该分区的功能性质进行区划。注意景观特色和功能性质要同时考虑，各功能区由于主要功能不同，其规划的重点也不一样。森林公园是一个整体系统，相互间存在着联系和影响，这就涉及到布局问题。同时区与区之间的过渡应自然切入，即空间上的超、转、切、合要浑然有序。

森林公园大致划分为下列几个区：

(1) 群众活动区，可利用林中水面设浴场、游船船埠，布置帐篷和野炊的休息草地，应有简单的炉灶、桌椅以及饮用水源、垃圾箱、厕所等，并与城市有方便的交通联系，面积占公园总面积的15%～30%；

(2) 安静休息区，游人较少的大片森林和水面，可在林间和草地上散步、休息、采摘等，面积占20%～70%；

(3) 森林储备区，保留一部分森林作为森林公园发展用地，面积视游人数量和建设投资而定，可占地40%～50%。

3. 功能区开发顺序与建设期确定

功能区的开发顺序对于森林公园的总体规划具有非常重要的意义。实际的开发建设需要一个较长的时间跨度，所以建设必须按一定次序进行，就森林公园的一般特性而言，通常采取的是先保护后开发的策略。自然资源是森林公园的根本所在，开发应该是从一些自然条件较好、景观特征明显、交通等各项设施通达方便的区域，逐渐向纵深方向发展，以确保森林公园的原始自然资源在受到最小限度干扰的情况下，能够得到适度有效的开发。

4. 主要景点、景物及服务设施建设

主景是一个森林公园最主要的景观点，即具有鲜明特色，个性明显，具有典型特征，能够代表所在森林公园的景观特色的景点。是公园景观资源的典型形象。主景往往包含两个方面的内容：一是主景点，即代表性景观的物质主体；二是主观景点，即观赏代表性景物的主要场所。在森林公园中，主景点一般来说是自然景观，主观景点则是人文景观。

在景观区的适当位置规划建设以游客为服务对象的旅游服务基地，内设旅游车出租、商店、旅馆、食品店、停车场、寄存处和导游服务等设施，这是旅游活动的必备条件，也可以满足游人生活和游览的需要。旅游服务基地的规划规模视具体情况而定，以不破坏自然风景景观为前提。

5. 总投资

总投资主要依据规划的项目及有关指标进行概算。概算内容包括景点建设、游乐设施、职工办公及宿舍、给排水、绿地环保工程、公路旅游、通信设施、防火等。概算项目包括总概算、分项年度投资、固定资产投资。按规定建设分年度投资应按复利式计算投资利息，总投资概算中除交代概算依据外，一般需列出总投资中分期投资数与比例、项目统计的投资额与比例以及资金来源和资金平衡表等。

6. 分项规划

分项规划属于总体阶段的工作，是对总体的深化。要在做出区划和布局工作后继续进行，主要包括环境保护、公园绿地、森林经营、旅游服务、附属工程规划等。

7. 森林保护规划

森林公园总体规划中保护规划是一个较为突出的重点，主要涉及公园保护等级的划分、自然资源保护、人文资源保护、植被生态保护、环境质量保护、地质环境保护、少数民族与建设人才保护等。

各类资源保护规划的制定，应充分参考和依据相关的法规如《森林法》、《野生动物保护法》、《文物法》、《环境保护法》、《矿产资源法》、《海洋环境保护法》和《水土保持条例》、《森林防火条例》、《森林病虫害防治条例》、《野生植物资源保护条例》、《城市规划条例》。国际法有《世界遗产公约》、《威尼斯宪章》、《世界自然资源保护大纲》等。各类资源保护规划应制定切实可行的保护措施，进行综合性保护规划，保护规划子系统作为总体规划系统的一部分，以充分体现森林公园规划中保护与利用并重的原则。

10.2.4.4 森林景观规划

1. 自然景观规划

形成景观的主体如山岳、森林、河川、湖泊、滩湾、瀑布、泉眼、溶洞等景区常见的地物，规划时要取其特点、领悟神态、升华意境，在规划中要因地制宜，依景造势，尊重自然之形，顺其自然之美，应源于自然而又高于自然。自然景观又可分为森林景观、地貌景观、水域景观、动物景观及天景景观等。

1）森林景观

森林景观是森林公园的基本景观要素，主要有森林植被景观和森林生态景观，包括珍稀植物、古树名木、奇花异草、植物群落、林相季相等。森林生态景观的开发应选择生态环境良好、群落稳定、植物品种丰富、层次结构复杂、垂直景观错落有致、树龄大、浓荫覆盖、色彩绚丽的森林景观供人游赏。在森林景观开发实践中，当植被景观不够丰富时，则采用人工造林更新手段进行改造。森林景观也常以风景林、古树名木及专类园等形式进行开发。

2）地貌景观

地貌景观是大地景观的骨架，以山岳景观为主，包括峰峦、丘陵、峡谷、悬崖、峭壁、岩石、洞穴及地质构造和地层剖面、生物化石等景点。在审美感受上主要表现有雄、险、奇、秀、幽、旷等形象特征。景观开发应根据原有的风景特征给予加强、中和或装饰。如以雄险著称的地貌景观，在景观点设计和游路布置时，尽量以能够强化雄险特征的手法来开发设计。观景点尽量设在悬崖边，道路则尽量从峭壁半空中穿行，以突出其险峻。

3）水域景观

自然风景中，水是最活跃的要素之一，所谓“山得水而活，水得山而媚”，丰富多变的水景使森林公园更富动态和美感。水体景观是自然风景的重要要素，包括江河、湖泊、岛屿、海滨、池沼、泉水、温泉、瀑布、水潭、溪涧等。森林公园的水景主要有溪涧、瀑布、泉水等。

4）动物景观

动物景观是森林公园中最富有野趣和生机的景观。野生动物可以使自然景观增色，所谓“蝉噪林愈静，鸟鸣山更幽”。世界有动物 150 多万种，在陆地上主要生活在森林中。在自然状态下可见到的动物景观有昆虫类、鱼类、两栖爬行类、鸟类等。动物景观的设计一般采用保护观赏为主，也常采用挂巢（鸟类）、定期投食（鸟类、猴类、松鼠、鱼类）等方法，供游人观赏。

5）天景景观

天景包括气象和天象景观，是由天文、气象现象构成的自然形象和光彩景观。它们多是定点、定时出现在天空的景象，人们通过视觉、体验、想象而获得审美享受。森林公园中最常见的天景是日出和晚霞。日出象征万物复苏，朝气蓬勃，令人振奋；晚霞则万紫千红，光彩夺目，令人陶醉。山间常有云雾缭绕，笼罩山野，伴随着轻风细雨来去，常给人以佛国仙山、远离凡尘的感受。天象景观的开发主要是选择观景点：如看日出、晚霞选在山巅，有远山近岭丛树作为陪衬，前、中、近景层次丰富；或选在水边，有大水面与阳光相辉映，霞彩绚丽斑斓。观雾景则应选择特定季节或雨过天晴之时为好。

2. 人工景观规划

以自然景观为主，并点缀人工景观设施补景，人工景物有瞭望台、观景台、园门、凉亭、廊架、景桥、安全护栏、导游牌、森林浴设施等，多是具有功能价值的建筑或景观小品，其主要作用是为森林旅游提供观景、休息、躲避风雨、餐饮、交通等服务，同时也要求有较高的景观价值。在规划设计中，一般应遵循宜少不宜多、宜小不宜大、宜藏不宜露的原则，使其能够与自然景物协调、亲和，融于自然之中。

人工景观常设置在缺少自然景观的区域或地段，可丰富景观内容。人工景物采用的多种文化和艺术表现形式，增加景观的文化意趣，是对自然景观的艺术化的补充。人工景物在空间类型、体量、造型、色彩、主题意境上与自然景观具有不同内容，常根据自然景观环境要求来设置，以人工的理性对比自然的随意性，形成衬托效果，可进一步强化自然景观的自然美效果。人工景物如观景亭、台、楼、阁、榭等常选择在观赏自然景观的最佳位置上，并以人工手段对观赏视角视线进行合理引导，展示优美的景色，提高和美化自然景观意境。同时，人工景物还具有休息、避雨、遮阳等作用，也是观赏自然景观的好位置。

设计时应对人工景物建设地点及周围的地形、山石、河溪、植被等自然景观要素加以细致的分析研究，并充分利用这些要素，使人工景物与自然景观及环境相互依存、相互衬托，成为一个融合的统一体，让人工景物设施成为人文景观的寄寓之所和自然景观的有力烘托。

3. 景观序列规划

景观序列是自然或人文景观在时间、空间以及景观环境上按一定次序的有序排列。景观序列有两层意义：一是客观景物有秩序的展开，具有时空运动的特点，是景观空间环境的实体组合；二是指人的游赏心理，随景观的时空变化做出瞬时性和历时性的反应。这种感受既来源于客观景物的影响，又超越景物而得到情感的升华，是景观意象感受的意趣组合。景观序列包含风景序列和境界与意境序列。一处优美的景观序列就如一首动人的乐曲一样，是由前导、发展、高潮、结尾等几部分构成的，也就是起景、前景、主景、后景、结景等景观的依次展开。景观序列由此构成有主有次的景观结构，产生有起有落、有高亢有低回的赏景意趣，形成一个富有韵律与节奏的景观游览线路。起景的功能是为赏景“收心定情”，达到“心灵净化”，发展的作用是以风景铺垫来进行神情向往，序列最终将主景推出，达到赏景高潮，实现“寄托情怀”的赏景意境。要实现这个目标，景观序列设计主要是通过垂直空间序列、平直空间序列、生态空间序列、境界层次序列等方法的灵活运用来获得。

10.2.4.5 森林旅游规划

1. 旅游线路组织

对于较大的森林公园，如张家界森林公园可规划出适合不同层次游客的风景精华旅游线。一日游至多日游方案，对一个面积不大的森林公园则可根据其具体情况组织半日游，一日游基本方案组合成多日游方案，亦可将其组织到国内、国际旅游热线之中。在组织旅游线路时，应充分考虑旅游者的心理需求和经济承受能力。一日游从起景—入景—高潮—平静应精心安排，在空间上应有动有静。如果一日游全天处于“动”区会使游客产生疲倦，整天处于“静”区则会产生厌倦之感。因而旅游线路组织与规划应精心、周密，同时还应考虑一般游客的经济承受能力，尤以多日游方案来说，要考虑住宿、饮食和其他娱乐活动的安排，高、中、低档兼备。

2. 旅游项目

森林公园中应开展以直接或间接利用森林资源或在森林环境中进行的活动为主。森林野营、野餐、森林浴、采集动植物标本等活动，林中骑马、钓鱼、森林自然美欣赏等活动最能体现森林环境特点，登山、骑山地车、游泳、划船、滑水、漂流等活动也能与森林气氛相协调，还可结合山地条件开展射箭、狩猎等活动，有条件的地区还可在冬季开展滑冰、滑雪、坐雪橇等活动。

(1) 野营：野营是主要森林游憩方式之一。开展野营活动需要建立适宜的野营区，野营区需经过开发建设，进行妥善管理，能提供给游人富有吸引力的露天过夜场地，并具备一定的卫生设施和安全措施。建立野营区的主要目的在于为游人提供服务和保护，同时也保护森林游憩资源。

① 野营区的选址：野营区的选址应考虑地形、坡向与坡位、植被、交通、景观、安全及其他因素。

a. 地形：小于10%的坡度，避开低洼地、河谷、山洪水道以防水淹，也不宜选在险或多石的高坡下以及山谷地，以避免发生山岩落石或斜坡崩塌的危险；

b. 坡向与坡位：应选择在阳坡的中坡位或平坦山腰，最好是东、南坡，尤其是东坡，清早晨光照耀便于营地干燥，下午浓荫覆地减轻了夏季午后的暑热；

c. 植被：最为适宜的是郁闭度为60%～80%的针阔混交林；

d. 交通：既要有便捷的交通，又要有一定的隐蔽性，避免成为游人的必经之地；

e. 景观：靠近主游览区，附近应有富有吸引力的自然景观；

f. 安全：无山火、洪水、雪崩、泥石流、野生动物侵害隐患的区域，必要时可挖掘防护沟；

g. 其他：靠近水源，水量充足，水质良好；排水良好；选择渗水性强的沙质土壤或沙砾地，尽量避免在黏土和腐殖质土壤上设营；通风良好但要避开山口、风口。

② 野营区的规划：为了给野营者提供舒适的游憩条件，提高养护管理的效益，保护森林自然景观，必须对营区内的野营单元、道路、给排水、卫生服务设施等进行合理的规划设计。

野营单元：野营单元是营区的基本组成单位，是指为一行野营者提供宿营条件而开发的一块地方。一个野营单元的最大设计容量一般是5人。为方便食宿，每个野营单元必须有一个火炉、一张桌子、若干凳子，一块可以架设1～2个帐篷的空地。一般情况下不在每个单元内提供上、下水服务，而在规定的地点集中使用。每单元占地面积一般为4 m×5 m，周围有一个缓冲地带以减少各单元间相互干扰，提供私密性空间。缓冲带是为保护土壤和植被免遭破坏而设置的林带，其宽度在集中型营地为3～5 m，在半分散营地为5～10 m。野营单元的容量以每公顷不超过20个单元为宜。野营单元的数量应根据游人量的情况以及经营管理的便利性决定。

③ 其他设施规划配置主要有：

a. 卫浴设备：包括封闭式化粪池或化粪设施、洗手台、自助洗衣干衣设备、浴室设备、卫生间。服务半径厕所最远170 m，最适100 m；浴室最远200 m，最适140 m；给水最远100 m，最适50 m。

b. 供水系统：包括水塔、供水点、饮用水、生活用水等设施。

c. 污水、污物处理系统：设污物处理站，位置应适当隐蔽。

d. 道路系统：野营区内道路系统包括对外道路、区内主要道路、服务道路、步道小径等。

e. 保安系统：各营区应有巡逻员或用围篱、屏障以限制外界干扰。可设救护设备、电力、电信系统。

(2) 野餐：野餐是森林游憩活动中参加人数最多的消遣方式之一。森林环境是理想的野餐场所。森林公园的野餐区应该选择在风景视线、视角较好的地方并与其他游憩区有方便的联系，但与水面距离应保持 40 m 以上，以免游人对该地区的自然环境造成环境污染。

野餐区可以适应多种游人以多种形式使用。美国林务局规定的使用密度为每个野餐单位占地面积每公顷 25～40 个野餐单位，最适密度为每个野餐单位占地面积每公顷 40 个野餐单位，据研究，这是在正常情况下耐践踏、磨损的草坪草类能生长的最大限度。野餐区的供水与野营区相同，采用集中式，服务半径以 50 m 为宜。

(3) 森林浴：森林可以改善气候条件。森林中负离子含量高，有些植物挥发的特有气味及杀菌素，具有明显的卫生保健作用。森林浴使人体通过皮肤与新鲜森林空气直接接触，与森林环境相适应，自身生理功能得到调节，增进身体健康。

森林浴主要有动态和静态两种方式。林中漫步也是一种积极的行浴方式，因此，浴场应有环形密林小路贯穿其中，但又不穿越、干扰其他森林浴组团，以保持各组团活动的相对独立性和私密性。要做到这一点，除了组团间保持适当的距离之外，用花灌木组成屏障划分空间也是一种重要手段。静态行浴主要是在林中浓荫下设置躺椅、吊床或气垫床等，以供行浴者使用。为了保持一定的森林浴效果，可以通过出租这些设施来控制环境容量，避免环境的过度使用与破坏，尤其是各种地被植物。各组团间至少相距 15 m，这样每公顷最大容量为 40 组，若以每组平均 3 人算，则每公顷森林最大容量为 120 人。森林浴场要具备为游人提供饮料、茶水和方便食品及出租游憩设备的服务设施，以及洗手间、垃圾箱等卫生设施。

(4) 日光浴：使人体皮肤直接暴露在日光下，按照一定顺序和时间进行系统照晒，叫做日光浴。日光浴使人体色素沉着，促进人体对钙、磷的吸收利用，增进食欲，加强新陈代谢和体内各种酶的生理活性，增强免疫力。森林公园可以利用自身的条件开发这项活动。日光浴场宜选择在比较静谧的地方，尽量避免其他游人的过往，减少外界干扰。疏林缓坡草地（坡度小于 10%）是理想的场地，可满足各种浴法，而且空气流通、清新，湿度适宜。空气中尘埃少，日光被吸收反射的机会少，因而光线较强，宜日光浴。

(5) 水域游憩活动：水在森林游憩中起着主要的作用，可以为游憩活动增添情趣，丰富活动内容。森林公园可根据自然环境、经济条件开发适当的水域游憩活动。水域活动形式多样，广阔的水面可以开展游泳、划船、舢板、滑水等，在北方冬季还可以滑冰。此外，垂钓也是很受欢迎的活动。在适宜的条件下还可开发漂流等活动。

(6) 鸟类的保护与观赏：鸟类及其他野生动物的观赏也是森林游憩活动的重要内容。保护地观赏鸟类首先要了解其生态习性及适宜的栖居环境。在森林公园中益鸟的保护和招引主要有以下几种：保护鸟类的巢、卵和幼雏；悬挂人工巢箱，为鸟类提供优良的栖居条件；利用鸟语招引鸟类；冬季保护，适度喂养，设置饮水池、饮水器；合理地采伐森林，保护鸟类栖居的生存环境；大量种植鸟类喜食的植物种类。

10.2.4.6 森林公园道路规划

1. 森林公园道路网规划设计原则

森林公园道路网建设要满足规划要求，兼顾发展，留有余地，应符合下列原则：

(1) 道路布设要统筹兼顾森林旅游、护林防火、生态环境保护以及森林公园职工、林区农民生产、生活的需要；

(2) 道路可采用多种形式形成网络，并与外部道路衔接，内部沟通，有水运条件的可利用水上交通；

(3) 充分利用现有道路，做到技术上可行、经济上合理，除了大的旅游点之间需用公路连接外，其他景点多修步行道，尽量少动土石方，尽量不占用景观用地，保护好自然植被；

(4) 道路应避开滑坡、塌方、泥石流等地质不良地段，确保游人安全；

(5) 道路所经之处，尽可能做到有景可观、步移景异，使游客领略神、奇、秀、野的自然风光；

(6) 按森林公园的规模、各功能分区、环境容量、运营量、服务性质和管理的需要，确定道路的等级和特色要求。

2. 森林公园道路类型和等级的确定

森林公园的交通运输包括三种：对外交通、入内交通和内部交通。外部道路主要靠交通部门，车行道路分为干线和支线，是森林公园道路网的骨干，解决游客运输和物资供应运输。根据预测的年游客量，换算的年交通量、年运量、环境容量和道路网功能及现状，分类确定等级。道路规划要遵守坡度、宽度、转弯半径等方面的规范。

(1) 干线：森林公园与国家或地方公路之间的连接道路。

(2) 支线：森林公园通往经营区、各功能分区、景区的道路。考虑客运、货运、护林防火需要，按林区二级公路或交通部山岭重丘四级公路标准规划。若路面为水泥混凝土，应注意其纵坡坡度不得大于10%。

(3) 步行道：森林公园连接景点、景物，供游人步行游览的道路，包括步行小径与登山石级。步行道顺山形地势，因景而异，曲直自然，一般按1～3 m进行规划设计，险要处设护栏，保证游客安全，陡峭处安装扶手，方便游人攀登。

(4) 特殊交通设施：为了满足不同层次游客的需求，尤其是便于年老体弱者的游览，在不破坏景观的前提下，可考虑设置升降梯、索道、缆车道等特殊交通设施。

10.2.4.7 森林经营规划

目前我国建立的森林公园有的是国有（集体）林场，是由20世纪50—60年代大面积营造的人工速生丰产林或先锋绿地树种组成的林地，有的是在苗圃地基础上改造而成的，有的是自然演替的次生林，因此，森林景观单调，质量不高。这就要求在进行科学规划的基础上，进行合理的抚育、间伐和林分改造，丰富森林植被、群落结构与外貌，形成清新宜人的森林环境。对于一个以国有林场为依托的森林公园应贯彻以园为主、多种经营、谋求自身发展、自我完善的道路，积极规划除旅游以外的多种经营活动。

1. 森林服务系统规划

旅游服务设施规划主要包括公园内外交通、旅游纪念品生产与供应、旅游住宿、购物以及宣传、广告等。生产经营、行政管理设施规划主要指公园管理人员的办公区、生活区、仓库等。规模大小、投资多少应根据实际情况而定。在森林公园的适当地段规划建设以游客为服务对象的旅游服务基地，内设旅游车出租、商店、旅馆、食品店、停车场、寄存处和导游服务等设施，可以满足游人生活和游览的需要。旅游服务基地的规划规模视具体情况而定，以不破坏自然风景景观为前提。

2. 森林基础设施规划

森林基础设施规划包括供电、供热、排水、供水、邮电通信，要因需而设，主要依据公园的实际需求以及各单项的规程、规范、标准等进行规划。

10.2.4.8 分区规划

分区规划是规划设计的第二个步骤，主要是各区的功能、结构、层次与效益以及规划的主要项目，各项目的规格、风格、大小、数量、开发的先后顺序，它所确定的项目是以后详细设计的主要依据。

一般来说，森林公园的分区规划应包括以下几个项目。由于每个森林公园的自身特点、地域情况和发展需求都不同，可根据《森林公园整体规划设计规范》（LY/T 2005—2012）因地制宜地进行。

1. 游览休息区规划

游览休息区主要功能是供人们游览、休息、赏景，是森林公园的核心区域。应广布全园，设在风景优美或地形起伏、临水观景的地方。

2. 森林狩猎区规划

森林狩猎区域内集中建设狩猎场。

3. 野营区规划

野营区内主要开展野营、露宿、野炊等活动。

4. 生态保护区规划

生态保护区是以保持水土、涵养水源、维护森林生态环境为主。如在生态系统脆弱地段采取保护措施，限制或禁止游人进入，以利于其生态恢复。

5. 游乐区规划

游乐区是对于距城市 50 km 以内的近郊森林公园，为添补景观不足的情况而建的。在条件允许的情况下，需建设大型游乐及体育活动项目时，应单独划分区域。

6. 生产经营区规划

生产经营区是在较大型的森林公园中，除开放为游憩用地以外，其他用于木材生产和服务与森林旅游需求的种植业、养殖业、加工业等用地。

7. 接待服务区规划

接待服务区内集中建设宾馆、饭店、购物、娱乐、医疗等接待项目及其配套设施。

8. 行政管理区规划

行政管理区内集中建设行政管理设施，主要有办公室、工作室，要方便内外各项活动。

9. 居民生活区规划

居民生活区是森林公园职工及森林公园境内居民集中建设住宅及其配套设施的区域。

10.2.5 设计案例

以北京奥林匹克森林公园为例。

10.2.5.1 公园背景

北京奥林匹克森林公园位于北京奥林匹克公园的北部，占地约 680 hm^2，作为奥林匹克公园的重要组成部分、北京市最大的公共公园，其长期目标是建设一个可持续多功能公园。因此，森林公园的景观规划与景观设计备受社会各方瞩目。目标将其规划成为一个以自然山水、植被为主的，可持续发展的生态地带，成为北京市中心地区与外围边缘组团之间的绿色屏障，对进一步改善城市的环境和气候具有举足轻重的生态战略意义。

10.2.5.2 公园的功能定位

奥林匹克森林公园是奥林匹克公园的有机组成部分，是奥运中心区重要的景观背景。其规划设计既要保证奥运赛时活动的需求，又要符合建设一个多功能生态区域长期目标的需要。奥运会后，这片公园将向公众开放，成为市民百姓的休闲乐土，为北京留下一份珍贵的奥运遗产——公园对改善北京生态环境、完善北部城市功能、提升城市品质并加快北京向国际化大都市迈进的步伐起到重要作用，是现代意义上的自然与文化遗产。

综上所述，将公园的功能定位为“城市的绿肺和生态屏障、奥运会的中国山水休闲后花园、市民的健康大森林和休憩大自然”，如图 10-9、图 10-10 所示。

图 10-9　北京奥林匹克森林公园全景图①

① 北京奥林匹克森林公园规划案例. http://www.lvhua.com/chinese/info/A00000023650-1.html.

图 10-10　北京奥林匹克森林公园全景效果图①

10.2.5.3　公园设计方案

北京奥林匹克森林公园总体规划在满足奥运会场馆功能基础上，给予北京城中轴线新的延伸——北部森林公园，将使这条举世无双的城市轴线完美地消融在自然山林之中。

延续总体规划的理念，本设计方案名为“通往自然的轴线”——磅礴大气的森林自然生态系统使代表城市历史、承载古老文明的中轴线完美地消融在自然山林之中，以丰富的生态系统、壮丽的自然景观终结这条城市轴线，如图 10-11 所示。

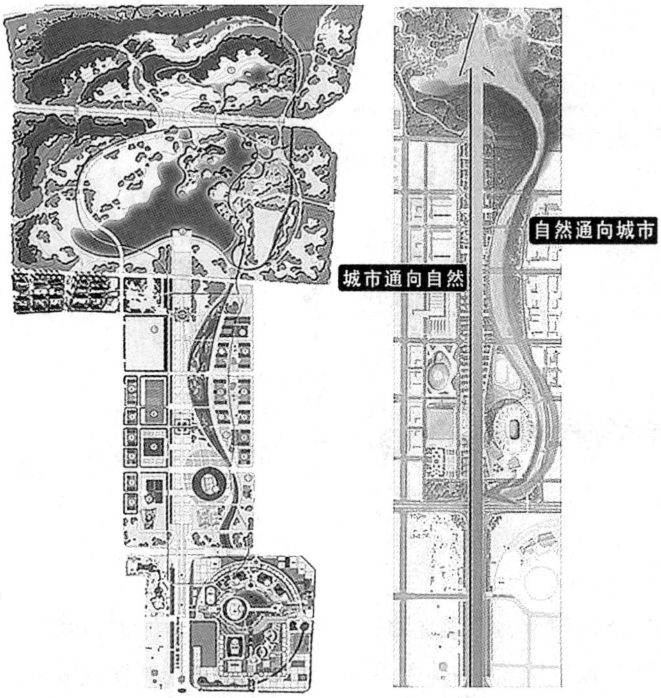

图 10-11　轴线示意图②

①②　北京奥林匹克森林公园规划案例. http://www.lvhua.com/chinese/info/A00000023650-1.html.

10.2.5.4 规划分区

森林公园由于现状五环路的存在而自然地形成了南区与北区两个部分，因此，根据这两个部分与城市的关系及周边用地性质、建设时间的不同，将两者分别规划成以生态保护与恢复功能为主的北部生态种源地以及以休闲娱乐功能为主的南部公园区。

以自然密林为主的北部公园将成为生态种源地，以生态保护和生态恢复功能为主，尽量保留现状自然地貌、植被，形成微地形起伏及小型溪涧景观。公园减少设施，限制游人数量，为动植物的生长、繁育创造良好环境。

南部定位为生态森林公园，以大型自然山水景观的构建为主，山环水抱，创造自然、诗意、大气的空间意境，兼顾群众休闲娱乐功能，可设置各种服务设施和景观景点，为市民百姓提供良好的生态休闲环境。重要景观区有入口门区、主山景区、主湖景区、现状森林区（原洼里公园、碧玉公园）、景观湿地区等。构筑完善的功能结构体系，充实各项为人们服务的内容，如图 10-12 所示。

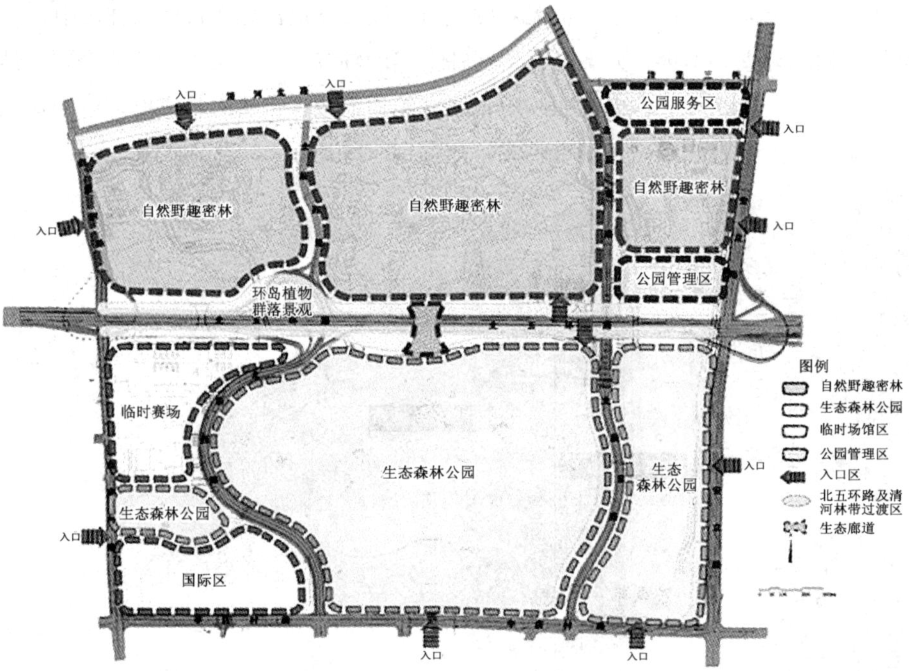

图 10-12　森林公园功能分区图①

1. 主山景区

主山景区力求创造出极富自然情趣的生态山水环境，为中心区营造出优美如画的背景，使北京中轴线渐渐消融在自然山水之中。龙湖与中心区曲线形的水系与几何直线的城市格局对比映衬，在自然的形态中，完形了“奥运中国龙”的存在，“曲水架构主轴，游

① 北京奥林匹克森林公园规划案例. http://www.lvhua.com/chinese/info/A00000023650-1.html.

龙若隐，气韵生动；环山主脉蜿蜒，风水流转，气象万千”。森林公园的山水形胜又为森林生物多样性的营造创造了良好的生境条件，如图 10-13 所示。

图 10-13　主山效果图①

2. 主湖景区

奥林匹克公园龙形水系的龙头部位即为森林公园的主湖景区。此景区位于森林公园南半部居中的位置，与主山景区共同构筑森林公园中最为壮美的自然山水景观画卷。规划以中国传统园林文化中对仙境的追求模式为蓝本，营造蓬瀛仙山灵岛的氛围。

主湖作为奥林匹克公园最大的集中汇水面，面积达 24 hm^2，是森林公园灵动之所在。对于开阔的主湖湖面，经过综合现状分析和统筹考虑，确定主山主峰高度为 48 m（相对于湖区常水位），海拔 86.5 m。这个高度使得自龙湖南岸北望主山可以保持约 1∶12 的视高比，同时主山向西南延伸形成诸多次级山脉，并且根据渐次视域规律在中轴线两侧设置诸多岛山飞屿，从而形成均衡而丰富的山水格局，如图 10-14 所示。

图 10-14　主山俯视主湖效果图②

①② 北京奥林匹克森林公园规划案例. http://www.lvhua.com/chinese/info/A00000023650-1.html.

3. 现状森林区

原洼里公园区拥有较好的植被、地形和水体基础。在设计的过程中充分利用这些条件，保留尽可能多的树木，同时设置相应的各类服务设施。

4. 景观湿地区

景观湿地也是公园的重要景观之一，如图 10-15 所示。通过在景观湿地内种植各类湿地植物，一方面营造一个舒适、优美而又生态的自然环境，同时使人们在游览过程中实地接触各类湿地植物，了解其生长特性以及生态功能，以达到教育展示作用。功能上可分为 3 大区域：温室教育示范区、湿地生物展示区及游览区，其中湿地生物展示区根据湿地植物的自身属性分为沼泽区、浅水植物区、沉水植物区以及混合种植区。

(a) 温室教育示范区　　(b) 湿地生物展示区及游览区

图 10-15　景观湿地区①

10.2.5.5　规划特色

绿色规划是全园规划的主要基调。作为“通向自然的轴线”整体理念的重要组成部分，作为北京市中轴线北向的终结，作为一处城市森林公园，奥林匹克森林公园的设计理念以建设美轮美奂的自然生态系统为终极目标，切实体现可持续发展战略，体现“绿色奥运”的宗旨。因此，将生态与绿色的理念作为基本原则全面贯彻于森林公园规划设计的方方面面，对包括竖向、水系、堤岸、种植、灌溉、道路断面、声环境、照明、生态建筑、绿色能源、景观湿地、高效生态水处理系统、绿色垃圾处理系统、厕所污水处理系统、市政工程系统等方方面面与营造自然生态系统有关的内容进行了系统综合的规划设计，并为保障五环南北两侧的生物系统联系、提供物种传播路径、维护生物多样性而设计了中国第一座城市内上跨高速公路的大型生态廊道，如图 10-16 所示。

① 北京奥林匹克森林公园规划案例. http://www.lvhua.com/chinese/info/A00000023650-1.html.

图 10-16 生态廊道鸟瞰图①

10.3 自然保护区规划

10.3.1 自然保护区的定义及发展概况

10.3.1.1 自然保护区的定义

自然保护区，是指对有代表性的自然生态系统、珍稀濒危野生动植物物种的天然集中分布区、有特殊意义的自然遗迹等保护对象所在的陆地、陆地水体或者海域，依法划出一定面积予以特殊保护和管理的区域。

10.3.1.2 自然保护区的发展概况

我国古代即有禁猎区、园林。这些是自然保护区的雏形，但直到解放前还没有一个真正的科学意义上的自然保护区。

我国 1956 年建立第一个自然保护区——广东鼎湖山自然保护区；1957 年建立福建省建瓯县万木林自然保护区；1958 年在云南西双版纳建立了小勐养、勐仑、勐腊三个自然保护区；1960 年建立了吉林长白山自然保护区；1960 年还建立了黑龙江伊春丰林自然保护区；1961 年建立了广西花环自然保护区。到 1965 年为止，我国共建立自然保护区 19 处，面积共 64.887 4 万 hm^2。

“文革”十年动乱，自然保护区的建设处于停顿状态，1973 年我国召开第一次环境保护工作会议，自然保护区才有所发展，但到 1978 年底，全国共有自然保护区 34 个，面积共 1 265 万 hm^2，只占国土面积的 0.13%。

1978 年党的十一届三中全会以后，我国的自然保护区走上了蓬勃发展的道路，到

① 北京奥林匹克森林公园规划案例. http://www.lvhua.com/chinese/info/A00000023650-1.html.

1997年底，我国共有自然保护区926个，总面积7 967.9万 hm^2（陆地面积7 336万 hm^2、海域面积361.9万 hm^2）占国土面积的8.02%。目前我国自然保护区占国土面积的比例已经超过世界平均水平，接近发达国家的平均水平。到1999年，我国已建立自然保护区1 146个，其中国家级155个，省级404个，市级138个，县级449个，全国自然保护区面积总计8 815.2万 hm^2，占陆地国土面积的8.8%。到2003年底，我国已建成各类自然保护区近2 000个，其中国家级226个。各类自然保护区总面积达1.45亿 hm^2，占国土面积的14.44%左右。到2005年底，我国自然保护区数量已达到2 349个（不含港澳台地区），总面积为14 994.90万 hm^2，约占我国陆地领土面积的14.99%。

截至2009年底，全国（不含香港、澳门特别行政区和台湾地区）已建立各种类型、不同级别的自然保护区2 541个，保护区总面积约14 700万 hm^2，陆地自然保护区面积约占国土面积的14.7%。其中，国家级自然保护区319个，面积9 267万 hm^2，分别占全国自然保护区总数和总面积的12.6%和62.7%。有28处自然保护区加入联合国教科文组织“人与生物圈保护区网络”，有20多处自然保护区成为世界自然遗产地组成部分。

设立自然保护区，需要符合以下的标准：

（1）典型的自然地理区域、有代表性的自然生态系统区域以及已经遭受破坏但经保护能够恢复的同类自然生态系统区域；

（2）珍稀、濒危野生动植物物种的天然集中分布区域；

（3）具有特殊保护价值的海域、海岸、岛屿、湿地、内陆水域、森林、草原和荒漠；

（4）具有重大科学文化价值的地质构造、著名溶洞、化石分布区、冰川、火山、温泉等自然遗迹。

符合上述标准、需要予以特殊保护的自然区域，经国务院或者省、自治区、直辖市人民政府批准，可设立自然保护区。

10.3.2 自然保护区的类型与等级

10.3.2.1 自然保护区的主要类型

按照主要保护对象，我国的自然保护区可以划分为三个类别九个类型，见表10-2。

表10-2　　　我国自然保护区类型划分表

类别	类　型	举　例
自然生态系统类	森林生态系统类型	湖北神农架国家自然保护区
	草原与草甸生态系统类型	内蒙古锡林郭勒草原国家自然保护区
	荒漠生态系统类型	宁夏灵武国家自然保护区
	内陆湿地和水域生态系统类型	江西都阳湖国家自然保护区
	海洋和海岸生态系统类型	海南文昌国家自然保护区

续表

类别	类　　型	举　　例
野生生物类	野生动物类型	辽宁盘锦兴隆台国家自然保护区
	野生植物类型	广西防城国家自然保护区
自然遗迹类	地质遗迹类型	黑龙江五大连池自然保护区
	古生物遗迹类型	湖北郧县自然保护区

1. 自然生态系统自然保护区

自然生态系统类自然保护区，是指以具有一定代表性、典型性和完整性的生物群落和非生物环境共同组成的生态系统作为主要保护对象的一类自然保护区，分为五个类型。

(1) 森林生态系统类型自然保护区，是指以森林植被及其生境所形成的自然生态系统作为主要保护对象的自然保护区，代表着各种森林植被类型，如湖北神农架国家自然保护区。

(2) 草原与草甸生态系统类型自然保护区，是指以草原植被及其生境所形成的自然生态系统作为主要保护对象的自然保护区，如内蒙古锡林郭勒草原国家自然保护区。

(3) 荒漠生态系统类型自然保护区，是指以荒漠生物和非生物环境共同形成的自然生态系统作为主要保护对象的自然保护区，如宁夏灵武国家自然保护区。

(4) 内陆湿地和水域生态系统类型自然保护区，是指以水生和陆栖生物及共生境共同形成的湿地和水域生态系统作为主要保护对象的自然保护区，如江西鄱阳湖国家自然保护区。

(5) 海洋和海岸生态系统类型自然保护区，是指以海洋、海岸生物与其生境共同形成的海洋和海岸生态系统作为主要保护对象的自然保护区，如海南文昌国家自然保护区。

2. 野生生物类自然保护区

野生生物类自然保护区，是指以野生生物物种，尤其是珍稀濒危物种种群及其自然生境为主要保护对象的一类自然保护区，分为两个类型。

(1) 野生动物类型自然保护区，是指以野生动物物种，特别是珍稀濒危动物和重要经济动物种群及其自然生境作为主要保护对象的自然保护区，如四川卧龙自然保护区。

(2) 野生植物类型自然保护区，是指以野生植物物种，特别是珍稀濒危植物和重要经济植物种群及其自然生境作为主要保护对象的自然保护区。

3. 自然遗迹类自然保护区

自然遗迹类自然保护区，是指以特殊意义的地质遗迹和古生物遗迹等作为主要保护对象的一类自然保护区，分为两个类型。

(1) 地质遗迹类型自然保护区，是指以特殊地质构造、地质剖面、奇特地质景观、珍稀矿物、奇泉、瀑布、地质灾害遗迹等作为主要保护对象的自然保护区，如黑龙江五大连池自然保护区。

(2) 古生物遗迹类型自然保护区，是指以古人类、古生物化石产地和活动遗迹作为主要保护对象的自然保护区，如湖北郧县自然保护区。

10.3.2.2 自然保护区的等级

我国的自然保护区分为国家级、省（自治区、直辖市）级、市（自治州）级和县（自治县、旗、县级市）级共四级。其中，国家级自然保护区是指在全国或全球具有极高的科学、文化和经济价值，并经国务院批准建立的自然保护区。

国家级自然生态系统类自然保护区必须具备下列条件：

(1) 其生态系统在全球或在国内所属生物气候带中具有高度的代表性和典型性；

(2) 其生态系统中具有在全球稀有、在国内仅有的生物群或生境类型；

(3) 其生态系统被认为在国内所属生物气候带中具有高度丰富的生物多样性；

(4) 其生态系统尚未遭到人为破坏或破坏很轻，保持着良好的自然性；

(5) 其生态系统完整或基本完整，保护区拥有足以维持这种完整性所需的面积，包括具备 1 000 hm^2 以上面积的核心区和相应面积的缓冲区。

国家级野生生物类自然保护区必须具备下列条件：

(1) 国家重点保护野生动、植物的集中分布区、主要栖息地和繁殖地；或国内或所属生物地理界中著名的野生生物物种多样性的集中分布区；或国家特别重要的野生经济动、植物的主要产地；或国家特别重要的驯化栽培物种其野生亲缘种的主要产地。

(2) 生境维持在良好的自然状态，几乎未受到人为破坏。

(3) 保护区面积要求足以维持其保护物种种群的生存和正常繁衍，并要求具备相应面积的缓冲区。

国家级自然遗迹类自然保护区必须具备下列条件：

(1) 其遗迹在国内外同类自然遗迹中具有典型性和代表性；

(2) 其遗迹在国际上稀有，在国内仅有；

(3) 其遗迹保持良好的自然性，受人为影响很小；

(4) 其遗迹保存完整，遗迹周围具有相当面积的缓冲区。

国家级自然保护区的建立，由自然保护区所在的省、自治区、直辖市人民政府或者国务院有关自然保护行政主管部门提出申请，经国家级自然保护区评审委员会评审后，由国务院环境保护行政主管部门进行协调并提出审批建议，报国务院批准。

地方级自然保护区的建立，由自然保护区所在县、自治县、市、自治州人民政府或者省、自治区、直辖市人民政府有关自然保护区行政主管部门提出申请，经地方级自然保护区评审委员会评审后，由省、自治区、直辖市人民政府环境保护行政主管部门进行协调并提出审批建议，报省、自治区、直辖市人民政府批准，并报国务院环境保护行政主管部门和国务院有关自然保护区行政主管部门备案。

跨两个以上行政区域的自然保护区的建立，由有关行政区域的人民政府协商一致后提出申请，并按照前两款规定的程序审批。

建立海上自然保护区，须经国务院批准。

10.3.3 自然保护区规划

10.3.3.1 自然保护区规划的基本理论与原则

在20世纪初，为了防止物种灭绝和生物多样性消失，维护自然生态系统的完整，人们开始建立自然保护区，以避免人类对自然的过度干扰。20世纪70年代，Diamond等学者根据岛屿生物地理学的“平衡理论”，提出了一套自然保护区规划原则，并在实践中得到了广泛应用。同时，也引起了后续的一系列争论，其中著名的是“SLOSS”辩论。20世纪80年代以来，种群生态学蓬勃发展起来，种群生存力分析方法对于自然保护区规划的理论和实践具有重要作用。

1. 基于“平衡理论”的规划原则

根据岛屿生物地理学的“平衡理论”，岛屿物种的迁入速率随隔离距离增加而降低，绝灭速率随面积减小而增加，岛屿物种数是物种迁入速率与物种绝灭速率平衡的结果。相同面积的岛屿，距离物种源的距离越大，拥有的物种数越少。小岛不但物种较少，而且物种的绝灭速率也高。隔离岛屿（不存在物种迁入的岛屿）上的每个物种都有绝灭的可能。如果物种在岛屿之间能迁移和定居，尽管某个岛屿上的某一物种会暂时绝灭，但很快会从其他岛屿迁入。这样整个群岛物种的绝灭概率很低，物种可以长期存活。

根据平衡理论可以推演出，岛屿或大陆上某一区域的物种数量与面积之间存在数量关系，Diamond等学者认为，可按式（10-6）的数学形式来表达这样的种与面积关系：

$$S = KA^Z \qquad (10\text{-}6)$$

式中 S—— 表示物种数；

A—— 表示面积；

K，Z—— 均为常数。

“平衡理论”及其推演出来的种-面积关系，在岛屿生物地理学中占有重要地位，并在实践中得到应用。总体上看来，平衡理论作为一个基础性理论框架，其具体形式尚须根据实际地域、数据和条件，选择合适的模型和相应的统计标准。

从生态学角度看，自然保护区类似于岛屿，其周围被人类创造的人工环境包围，保护区内的物种受到不同程度隔离。Diamond等学者根据“平衡理论”和种-面积关系，以保护自然保护区的最大物种多样性为目标，提出自然保护区的规划原则如下：

(1) 保护区的面积越大越好。当大保护区的物种迁入速率和绝灭速率平衡时，拥有的物种更多，而且大保护区的物种绝灭速率低。

(2) 尽量避免分成不相连的保护区。如果只能分成几个不相连的保护区，则最好相互靠近。大保护区物种存活概率高，且大保护区比几个小保护区（总面积之和等于该大保护区）拥有较多物种。

(3) 不相连的保护区之间，最好保持等距离排列，以方便每一个保护区的物种可以在保护区之间迁移和再定居。如果在不相连的保护区之间建立生态走廊，可以方便物种在保护区间扩散，从而增加物种存活机会。

(4) 保护区的形态以圆形为佳，以缩短保护区内物种的扩散距离。如果保护区太长，当局部发生种群绝灭时，物种从中间区域向边远区域扩散的速率较低，无法阻止类似于岛屿效应的局部绝灭。

2. 基于种群生存力的规划原则

上述"平衡理论"及其规划原则，首次对保护区的规划设计问题进行了比较系统的阐述，对于自然保护区的发展产生了重要影响。但是，它侧重于关注于保护区的大小、保护区的形态和排列方式，而对于如何确定保护区的面积、如何保证物种和生态系统在保护区的生存力等关键问题，却没有作出明确的理论解释。

从 20 世纪 80 年代以来，种群生存力分析对于自然保护区的规划理论产生了重要影响。种群生存力分析的基本方法是用分析和模拟技术估计物种以一定概率、存活一定时间的过程。分析得出的主要结论是最小可存活种群，相应的规划原则如下：

(1) 着重保护特有种、稀有种和最脆弱的物种；

(2) 保护整个功能群落；

(3) 保护整个生物多样性或物种的最大数量。

一般来说，最脆弱的物种通常是群落或生态系统中最大的捕食者或者最稀有的物种。在确定了最脆弱的物种以后，可以通过种群生存力分析，确定保证这些物种以较高概率存活的最小种群数量（最小可存活种群），再通过已知密度，估算维持最小种群数量所需的面积大小，这个面积是自然保护区规划中需要确定的最小面积。

10.3.3.2 自然保护区的结构与布局

1. 空间结构模式

按现行《中华人民共和国自然保护区条例》的规定，自然保护区可划分为核心区、缓冲区和实验区。

自然保护区内保存完好的天然状态的生态系统以及珍稀、濒危动植物的集中分布地，应当划为核心区。核心区外围可以划定一定面积的缓冲区，只准进入从事科学研究观测活动。缓冲区外围划为实验区，可以进入从事科学试验、教学实习、参观考察、旅游以及驯化、繁殖珍稀、濒危野生动植物等活动。在面积较大的自然保护区内部以及相邻保护区之间，可以设立生态走廊，以提高生态保护效果。

1984 年，联合国教科文组织提出将生物圈保护区的"核心区—缓冲区"模式变为"核心区—缓冲区—过渡区"模式。这种模式主张对核心区内的生态系统和物种进行严格保护，对缓冲区的限制则比核心区少，要求在缓冲区内开展的科研和培训等活动不影响核心区内的生态系统和物种。过渡区内允许开展各种实验性经济活动，这些经济活动应当是可持续的。该结构模式与我国目前提倡采用的核心区—缓冲区—实验区模式类似。

此外，还有一些其他的类型，如"核心区—缓冲区—过渡区 1/过渡区 2"型、"核心区—外围缓冲区—廊道”型、“多个核心区由一个共同的缓冲区包围”型，或者多个核心区分别有不同的缓冲区，最后通过共同的过渡区和廊道联系在一起的类型，等等。

2. 核心区的规划布局要求

核心区应是最具保护价值或在生态进化中起到关键作用的保护地区，须通过规划确保生态系统以及珍稀、濒危动植物的天然状态，总面积（国家级）不能小于 10 km^2，所占面积不得低于该自然保护区总面积的 1/3。界线划分不应人为割断自然生态的连续性，可尽量利用山脊、河流、道路等地形地物作为区划界线。

3. 缓冲区的规划布局要求

1）生态缓冲

将外来影响限制在核心区之外，加强对核心区内生物的保护，是缓冲区最基本的规划要求。实践证明：缓冲区能直接或者间接地阻隔人类对自然保护区的破坏；能遏制外来植物通过人类或者动物的活动进行传播和扩散；能降低有害野生动物对自然保护区周边地区农作物的破坏程度；还能起到过滤重金属、有毒物质的作用，防止其扩散到保护区内；能扩大野生动物的栖息地，缩小保护区内外野生动物生境方面的差距。此外，缓冲区还能为动物提供迁徙通道或者临时栖息地。

2）协调周边社区利益

在我国，规划和建设缓冲区需要特别重视社区参与。我国大多数自然保护区地处偏远的欠发达地区，缓冲区是周边居民、地方政府、自然保护区管理部门等各种利益关系容易发生冲突的地带。为了创造良好的大环境，提高生态保护效果，在确定缓冲区的位置和范围时，需要与当地社区充分沟通，听取意见，寻求理解，适当补偿居民因不能进入核心区而造成的损失，鼓励当地居民主动参与缓冲区的管理与保护，与地方的社会经济发展要求相协调。

3）突出重点

从生态保护的要求出发，明确被保护的生态系统的类型及重要物种，对保护对象的生物学特征、保护区所在地区的生物地理学特征、社会经济特征开展研究，确定缓冲区的具体形状、宽度和面积，根本目标是将不利于自然保护区的因素隔离在自然保护区之外。

4）因地制宜

根据生态保护要求、可利用的土地、建设成本等因素，确定最佳的缓冲区大小。如果现状土地利用矛盾较大，宜建立内部缓冲区，反之则建立外部缓冲区。

4. 区间走廊的规划布局

多个保护区如果连成网络，能促进自然保护区之间的合作。例如，巴西西部的 15 个核心区（由国家公园和自然保护区组成）借助缓冲区和过渡区而连接成为一个大的潘塔纳尔（Pantanal）生物圈保护区。

在自然保护区间建立走廊，能减少物种的绝灭概率，亚种群间的个体流能增加异质种群的平均存活时间，保护遗传多样性和阻止近交衰退。另一方面，建立生态走廊能够满足一些种群进行正常扩散和迁移的需要。

区间走廊的规划布局，除了考虑动物扩散和迁移运动的特点外，还须考虑走廊的边际效应，以及走廊本身成为一个成熟栖息地所需要的条件。关于走廊连接保护区的方式、走廊建成以后对于生物多样性的影响、走廊适宜的宽度、长度、形态、自然环境、生物群落等，这些问题还需要深入的理论研究和实践检验。

10.3.4 自然保护区规划编制的内容

10.3.4.1 基本概况

依据该自然保护区科学考察资料和现有信息进行的基本描述和分析评价，资料信息不够的应予补充完善。评价应重科学依据，使结论客观、公正，内容包括：

（1）区域自然生态、生物地理特征及人文社会环境状况；

（2）自然保护区的位置、边界、面积、土地权属及自然资源、生态环境、社会经济状况；

（3）自然保护区保护功能和主要保护对象的定位及评价；

（4）自然保护区生态服务功能、社会发展功能的定位及评价；

（5）自然保护区功能区的划分、适应性管理措施及评价；

（6）自然保护区管理进展及评价。

10.3.4.2 自然保护区保护目标

保护目标是建立该自然保护区根本目的的简明描述，是保护区永远的价值观表达与不变的追求。

10.3.4.3 影响保护目标的主要制约因素

（1）内部的自然因素：如土地沙化、生物多样性指数下降等；

（2）内部的人为因素：如过度开发、城市化倾向等；

（3）外部的自然因素：如区域生态系统劣变、孤岛效应等；

（4）外部的人为因素：如公路穿越、截留水源、偷猎等；

（5）政策、社会因素：如未受到足够重视、处境被动等；

（6）社区、经济因素：如社区对资源依赖性大或存在污染等；

（7）可获得资源因素：如管理运行经费少、人员缺乏培训等。

10.3.4.4 规划期目标

规划期目标是该自然保护区总体规划目标的具体描述，是保护目标的阶段性目标。

1. 规划期

一般可确定为10年，并应有明确的起止年限。

2. 确定规划目标的原则

确定规划目标要紧紧围绕自然保护区保护功能和主要保护对象的保护管理需要，坚持从严控制各类开发建设活动，坚持基础设施建设简约、实用并与当地景观相协调，坚持社区参与管理和促进社区可持续发展。

3. 规划目标的内容

(1) 自然生态、主要保护对象状态目标；

(2) 人类活动干扰控制目标；

(3) 工作条件、管护设施完善目标；

(4) 科研、社区工作目标。

10.3.4.5 总体规划的主要内容

(1) 管护基础设施建设规划；

(2) 工作条件、巡护工作规划；

(3) 人力资源、内部管理规划；

(4) 社区工作、宣教工作规划；

(5) 科研、监测工作规划；

(6) 生态修复规划（非必需时不得规划）；

(7) 资源合理开发利用规划；

(8) 保护区周边污染治理、生态保护建议。

10.3.4.6 重点项目建设规划

重点项目为实施主要规划内容和实现规划期目标提供支持，并将作为编报自然保护区能力建设项目可行性研究报告的依据。重点项目建设规划中基础设施如房产、道路等，应以在原有基础上完善为主，尽量简约、节能、多功能；条件装备应实用高效；软件建设应给予足够重视。

重点项目可分别列出项目名称、建设内容、工作或工程量、投资估算及来源、执行年度等，并列表汇总。

10.3.4.7 实施总体规划的保障措施

(1) 政策、法规需求；

(2) 资金（项目经费、运行经费）需求；

(3) 管理机构、人员编制；

(4) 部门协调、社区共管；

(5) 重点项目纳入国民经济和社会发展计划。

10.3.4.8 效益评价

效益评价是对规划期内主要规划事项实施完成后的环境、经济和社会效益的评估和分析，如所形成的管护能力、保护区的变化及对社区发展的影响等。

10.3.4.9 附录

包括自然保护区位置图、区划总图、建筑或构筑物分布图，等等。

地方自然保护区的规划编制内容可以参照上述内容要点，根据该保护区的等级、规模和特殊条件，作适当的调整。

10.3.5 设计案例

以北京百花山自然保护区设计为例。

10.3.5.1 基本概况

北京百花山自然保护区位于北京市门头沟区清水镇境内，保护区距门头沟区政府 60 km，距市区 80 km。地理坐标为东经 $115^{\circ}25'$—$115^{\circ}42'$，北纬 $39^{\circ}48'$—$40^{\circ}05'$；南与北京市房山交界，北与河北省怀来、涿鹿两县相邻，西与河北省涞水、涿鹿两县相接，东至门头沟区马栏老龙窝为界。辖区内包括百花山、白草畔、张家铺、草子峪、龙王台岭、双涧子、黄安坨、艾峪、小龙门、灵山、椴木沟、马栏林场等。保护区总面积为 21 743.1 hm^2，其中核心区面积 6 836 hm^2，占保护区总面积的 31.44%；缓冲区面积 4 880.64 hm^2，占保护区总面积的 22.45%；实验区面积 10 026.46 hm^2，占保护区总面积的 46.11%。百花山自然保护区是北京市面积最大的保护区，如图 10-17 所示。

图 10-17 北京百花山自然保护区风景①

① 北京百花山自然保护区规划案例. http://www.handlers.cn/htm/2009-11-25/499600.htm.

10.3.5.2 保护区保护功能和主要保护对象的定位与评价

1. 保护价值评价

百花山自然保护区属于暖温带森林生态系统，生物多样性丰富，自然景观保护完整，具有暖温带森林生态系统的典型性、多样性、完整性和自然性等特点；在保护区内，有珍稀濒危动物褐马鸡等多种物种；保护区地处京西，是阻隔西部风沙和维护首都生态安全的重要生态屏障。

2. 保护对象

1）典型的暖温带森林生态系统及其生物多样性

保护区地处温带，暖温带落叶阔叶林是该区的地带性植被。暖温带森林生态系统在该区具有显著的典型性与代表性，保护区植被类型多样、垂直带谱明显，同时其物种多样性在北京属首位，与华北地区的同类型国家级保护区比较也列前茅。

2）多功能生态林

保护区的森林具有阻隔风沙、涵养水源、保持水土、调节气候、维护首都的国土和生态安全具有举足轻重的作用。保护区的华北落叶松林、落叶阔叶林、针阔混交林等森林类型，林分质量高、覆盖率大，是价值极高的多功能生态林。

3）珍稀、特有物种及其栖息地

保护区有国家Ⅰ级重点保护动物褐马鸡、黑鹳、金雕和金钱豹 4 种，另有 10 种国家Ⅱ级重点保护动物；有国家Ⅱ级重点保护植物 2 种，有百花山花楸、百花山柴胡、百花山葡萄、百花山鹅观草、百花山苔草 5 种保护区特有植物，保护区还有兰科植物 17 种。对其有效保护必将扩大其种群规模，对我国物种基因库的扩大与保存有重要意义。

4）典型的自然景观

保护区内的百花山和东灵山分布有垂直带谱明显的森林植被，其森林外貌多彩、群落格局错落有致；保护区内还分布有华北罕有的高山草甸和云杉古树群。

3. 保护区类型

根据保护对象，依据《自然保护区类型与级别划分原则》（GB/T 4529—1993），该保护区属“自然生态系统类别”中的“森林生态系统类型”自然保护区。

10.3.5.3 保护目标

北京百花山自然保护区是以保护暖温带落叶阔叶林生态系统为主的自然保护区，特殊的地理位置和典型的山地森林生态系统，使其成为华北石质山地重要的生物多样性最为丰富的地区之一，也是北京自然保护区网络系统的关键环节地带。该区具有独特的自然景观和人文景观，特别是该区的国家Ⅰ级重点保护野生动物褐马鸡，是褐马鸡在我国分布的最东界，极具科研和保护价值。保护褐马鸡及其他珍稀野生动植物及其栖息地，扩大种群和恢复植被，使区域性生态系统具有规模性、完整性、稳定性，从而促进生态环境的改善，维持生态系统的良性循环，同时提高保护区的自养能力，促进社区和当地经济发展。

具体保护目标如下：

(1) 保护暖温带落叶阔叶林生态系统的完整性，并保持其生态演替过程的自然性；

(2) 通过对褐马鸡等珍稀野生动植物种栖息地的保护，不断扩大这些物种的种群数量；

(3) 保持植被类型的多样性，并通过减免干扰因子，使核心区和缓冲区内处于演替中间阶段的植被类型趋于稳定的顶极群落；

(4) 通过森林生态系统的保护，使百花山保护区最大程度地发挥其生态服务功能；

(5) 使保护区具备自养能力，并与社区形成利益共同体，带动社区发展，促进地方经济发展，提高地方知名度。

10.3.5.4 规划期限

北京百花山自然保护区总体规划期限为10年，即2004—2013年。规划期分2期，近期为2004—2008年，远期为2009—2013年。

10.3.5.5 保护区的功能区区划

1. 区划原则

(1) 生态完整性原则。使保护对象有适宜的生长、栖息环境和条件，对于保护的动物种群，要有面积适宜的领地。尽量隔离或减轻不良因素的干扰和影响，核心区外围有较好的缓冲条件。

(2) 地域连续性原则。功能区边界原则上以自然地形、地势等自然界线为主，结合行政、权属界线，具有延续性和连续性。

(3) 物种的有效保护原则。对于被保护物种要进行全面有效保护，在功能区区划时，将其尽量全部划入核心区。

(4) 降低边缘效应和片断化原则。对于因各种因素导致的保护区分散问题，采用生境走廊（保护带）进行连接，以降低边缘效应和片断化造成的生物多样性下降与种群灭绝。

(5) 方便管理的原则。即有利于保护管理，方便各项措施的落实，方便各项活动的组织与控制，方便保护区多功能、多效益的发挥。

(6) 多功能性原则。即有利于促进保护区向保护生物多样性、开展科学研究和生态旅游、促进区域经济发展等多功能和多目标的综合自然体系方向发展。

2. 区划结果

按照区划原则，在实地考察、广泛调研和科学分析的基础上，根据保护对象的时间、空间分布格局以及道路、生态旅游点、居民点及其生产生活需要等情况，以暖温带森林生态系统和野生动物及其栖息地为重点，综合划定核心区、缓冲区和实验区。保护区的界限是东经115°25′—115°43′，北纬39°49′—40°05′。保护区总面积21 743.1 hm^2，共分3块，为了保护区内的物种流和有效保护的目的，同时为了保护区的整体性和连通性，3块用保护带连接。

北部区域的西、北部与河北省涞水县、涿鹿县、怀来县交界，南起小龙门林场边界—

小龙门村后山—双塘涧北坡—齐家庄北坡—大西峪北坡—上清水后山，东沿清水至燕家台路西梁—东龙门涧西梁—斋堂镇与清水镇界，面积为 14 044.6 hm^2。

南部区域的西、南、东面沿北京与河北省区域界线及北京门头沟与房山区边界及杨家沟西坡，北面沿西达摩村南坡—田寺村东山—莲花青（黄安坨）南坡—八亩堰东、南、西坡—黄塔西坡—龙王口—塔河后山—河北省边界，面积为 7 291 hm^2。

马栏林场区域是原马栏林场的范围，面积为 407.5 hm^2。

各功能区划分见表 10-3，如图 10-18 所示。

表 10-3　　　　北京百花山自然保护区各功能区面积

分　区	面积/hm^2	占保护区面积比例/%
核心区	6 836.00	31.44
缓冲区	4 880.64	22.45
实验区	10 026.46	46.11
总面积	21 743.10	100.00

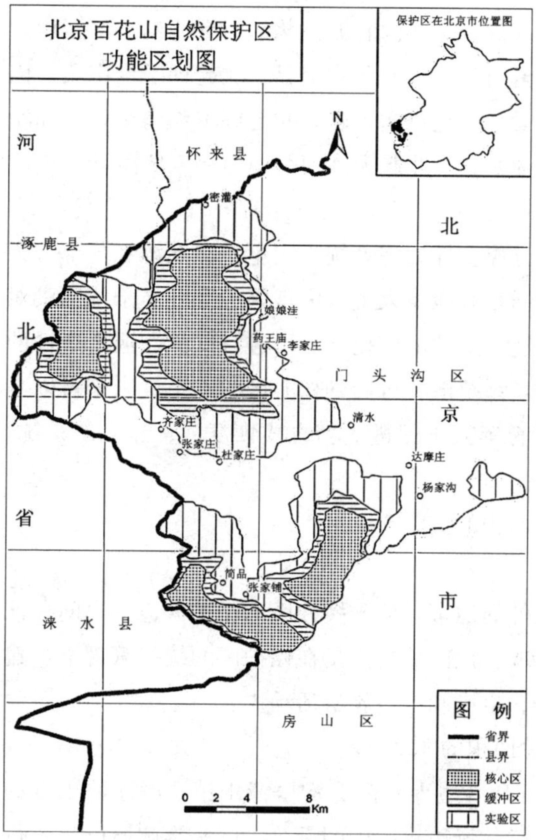

图 10-18　北京百花山自然保护区功能区划图①

① 北京百花山自然保护区规划案例. http://www.handlers.cn/htm/2009-11-25/499600.htm.

1）核心区

核心区是保护区的核心，是原生性森林生态系统、高山草甸和珍稀特有物种保存最为完好的区域。其主要任务是保护和恢复，以保持森林生态系统尽量不受人为干扰，能够自然生长和发展下去，以保持生物多样性。对该区域的基本措施是严禁任何破坏性的人为活动，在不破坏森林生态系统的前提下，可进行观察和监测，不能采用任何实验处理的方法，避免对自然生态系统产生破坏。

核心区面积 6 836.00 hm^2 占保护区总面积的 31.44%，根据保护对象与保护有效性的原则，将核心区分为 4 块，见表 10-4。

表 10-4　　核心区划分表

核心区	面积/hm^2	主要保护对象
百花山	1 225.00	古云杉、紫椴等野生植物，野生动物，森林生态系统
白草畔	1 095.00	天然落叶松林，褐马鸡等野生动植物，森林生态系统
梨园岭	3 319.00	褐马鸡、金钱豹等野生动物，野生植物，森林生态系统
小龙门	1 197.00	褐马鸡、核桃楸等野生动植物，森林生态系统

百花山部分，东起田寺石塘东梁，西至八亩堰鳌芋沟北坡，北起田寺北沟，南至房山区交界梁。白草畔部分，东起流动耩梁，西至门头沟与河北省交界，北起梯子沟南梁，南与房山区交界。梨园岭部分，东起龙门涧西梁，西至草帽子岩，北至椴木沟南梁，至郑峪沟。小龙门部分，西至西大义尖，东至大地沟东梁，北起大沙河，南至郭家坑南梁。

2）缓冲区

缓冲区位于核心区的周围，该区由一部分原生性生态系统、次生生态系统和少部分人工生态系统组成。缓冲区的功能是，一方面防止和减少人类、灾害因子等外界干扰因素对核心区造成破坏；另一方面在导致生态系统逆行演替的前提下，可进行试验性或生产性的科学研究工作；第三方面是如果其保护完好，系统演替进展到核心区的水平，未来可以考虑划为核心区。缓冲区的管理措施是采取封育等人工促进更新方式恢复、重建生态系统，使其向具有原生生态系统功能的方向发展。

缓冲区面积 4 880.64 hm^2，占保护区总面积的 22.45%。

3）实验区

实验区是保护区内除核心区和缓冲区以外的地带，位于缓冲区和保护区边界之间。该区主要是由次生生态系统和人工生态系统组成。该区的功能是在保护区的统一管理下，建立人工生态系统和特色自然景观，开展科研、生产和生态旅游活动。

实验区面积 10 026.46 hm^2，占保护区总面积的 46.11%。

保护带面积共计 7 700 hm^2，是京、冀行政区边界和门头沟区清水镇达摩庄路围合的集体林地区域，位于保护区南北 2 大块与马栏林场边界的中间部分。门头沟政府已正式行文将此区域作为百花山自然保护区的保护带，以连接百花山和东灵山为一体。保护带不计入保护区总面积，参照实验区的管理措施进行管护，由保护区和当地社区共同管理。

参考文献

[1] Christopher Tunnard. Modem gardens for modem houses[C]//Marc Treib ed. Modern Landscape Architecture: A Critical Review. Massachusetts: MIT Press,1994:160.

[2] Erwin T L. An evolutionary basis for conservation strategies[J]. Science, 1991,253: 750-752.

[3] Faludi A. A decision-centered view of environmental planning[M]. [s. l.]: Pergamon Press,1987.

[4] Forman R T T, Godron M. Landscape Ecology[M]. New York:John Wiley, 1986.

[5] Forman R T T. Land Mosaics: The Ecology of Landscapes and Regions[M]. [s. l.]: Cambridge University Press,1995:274.

[6] Gunn C A. Vacationscape, Design Tourist Regions [M]. 2nd Ed.. New York: Van Nostrand Reinhold,1988:3.

[7] Gustafson E J. Quantifying landscape spatial pattern: what is the state of the art[M]. [s. l.]: Ecoystems, 1998:143-156.

[8] James C Rose. Freedom in the garden[C]// Marc Treib ed. Modem Landscape Architecture: A Critical Review. Massachusetts: MIT Press,1994:37.

[9] Marc Treib. Must Landscape Mean? —Approaches to Significance in Recent Landscape Architecture[J]. Landscape Journal,1995,14:46-62.

[10] Miller E, Pardal S. The Classic McHarg, An Interview[R]. [s. l.]: Landscape Architecture CESUR U. T. L,1992.

[11] Steinitz C. GIS:A personal historical perspective [J]. GIS Europe Part Ⅰ,1993,6:19-22; Part Ⅱ, 1993,7:42-45; Part Ⅲ, 1993,9:38-40.

[12] Steinitz C. A framework for theory applicable to the education of landscape architects (and other design professionals)[J]. Landscape Journal. 1990,9(2):136-143.

[13] Tomlinson Roger F. An Overview:The Future of GIS[R]. [s. l.]: ESRI. COM,2003.

[14] Warntz W. The topology of a social-economic terrain and spatial flows [C]// In: (Thomas, M. D. s), Papers of The Regional Science Association. Philadelphia: University of Washington, 1966:47-61.

[15] Wilson E. The Diversity of Life[M]. Cambridge, MA:The Belknap Press of Harvard University Press,1992:317.

[16] Yu K-J. Making landscape and environmental planning defensible: the approach of security pattern. Globalscape; Key Note speech[C]//International Landscape Planning Conference Preceedings. Slovenia,[s. n.],2002:119-129.
[17] Yu K-J. Security patterns and surface model in landscape planning[J]. Landscape and Urban Planning,1996,36(5):1-17.
[18] Yu K-J. Security Patterns in Landscape Planning: With a Case In South China[D]. [s. l.]: Harvard University,1995.
[19] 包亚明.现代性与空间的生产[M].上海:上海教育出版社,2003.
[20] 崔莉.旅游景观设计[M].北京:旅游教育出版社,2008.
[21] 冯炜,李开然.现代景观设计教程[M].杭州:中国美术学院出版社,2002.
[22] 弗朗西斯科·阿森西奥·切沃.城市公园[M].龚恺等译.南京:江苏科学技术出版社,2002.
[23] 郝赤彪.景观设计原理[M].北京:中国电力出版社,2009.
[24] 胡长龙.园林规划设计[M].北京:中国农业出版社,2002.
[25] 李道增.环境行为学概论[M].北京:清华大学出版社,1999.
[26] 李铮生.城市园林绿地规划与设计[M].北京:中国建筑工业出版社,2007.
[27] 李仲信.城市绿地系统规划与景观设计[M].济南:山东大学出版社,2009.
[28] 林乐建.造园[M].台北:地景出版社,1995.
[29] 林玉莲,胡正凡.环境心理学[M].北京:中国建筑工业出版社,2006.
[30] 刘滨谊.现代景观规划设计[M].2版.南京:东南大学出版社,2005.
[31] 刘骏,蒲蔚然.城市绿地系统规划与设计[M].北京:中国建筑工业出版社,2005.
[32] 吕在利,曲娟,张彤.景观设计[M].北京:中国轻工业出版社,2008.
[33] 马克辛,李科.现代园林景观设计[M].北京:高等教育出版社,2008.
[34] 孟刚,李岚,李瑞冬,等.城市公园设计[M].上海:同济大学出版社,2003.
[35] 杨至德.风景园林设计原理[M].武汉:华中科技大学出版社,2009.
[36] 俞国良.环境心理学[M].北京:人民教育出版社,2000.
[37] 俞孔坚,李迪华.景观设计:专业学科与教育[M].北京:中国建筑工业出版社,2003.
[38] 张夫也,王茂林,秦莉萍,等.景观设计[M].长沙:中南大学出版社,2007.
[39] 张美利,黄文暄.景观设计[M].合肥:合肥工业大学出版社,2007.
[40] 张晓燕.景观设计理念与应用[M].北京:中国水利水电出版社,2007.
[41] 赵良.景观设计[M].武汉:华中科技大学出版社,2009.
[42] 郑阳.景观艺术设计基本理论、原理与方法[M].北京:化学工业出版社,2009.
[43] 中国建筑装饰协会.景观设计师培训考试教材[M].北京:中国建筑工业出版社,2009.
[44] 查玉国.商业步行街室外空间人性化设计初探[D].泰安:山东农业大学,2009.
[45] 陈卓.当代我国商业步行街的策划与设计——以益阳资水会龙商业步行街为例[D].南京:东南大学,2007.

[46] 江俊浩. 城市公园系统研究——以成都市为例[D]. 成都:西南交通大学,2008.
[47] 李南. 当代城市大型广场设计——反思与再研究[D]. 杭州:浙江大学,2003.
[48] 刘海滨. 认知理论对现代城市商业步行街景观设计特色建构的作用研究[D]. 无锡:江南大学,2007.
[49] 刘欢昱子. 园林景观照明初探[D]. 北京:北京林业大学,2007.
[50] 申洁. 城市商业步行街公共设施研究[D]. 武汉:华中科技大学,2006.
[51] 唐铮铮. 城市夜景观设计研究[D]. 长沙:湖南大学,2006.
[52] 吴疆. 当代城市商业步行街人性场所的综合研究[D]. 天津:天津大学,2007.
[53] 禤冬杰. 现代城市居住区景观设计趋势与设计策略研究——以广州市为例[D]. 广州:中山大学,2007.
[54] 余婷. 建筑符号学理论下的商业步行街设计[D]. 合肥:合肥工业大学,2009.
[55] 张斌. 现代哲学、美学影响下的西方景观设计解读[D]. 武汉:华中农业大学,2003.
[56] 蔡建芬,王峥,刘松. 宁杭高速公路太湖服务区设计[J]. 公路,2005,3:156-157.
[57] 曹南燕. 风景名胜区与世界遗产申报管理[J]. 建设科技. 2010,6:61.
[58] 傅刚,费青. 波普艺术和建筑[J]. 世界建筑,2001,9:83-85.
[59] 高海燕. 重庆轻轨沿线景观设计难点探析——以重庆轻轨二号线较新线为例[J]. 重庆建筑,2005,10:34-39.
[60] 何秉云. 城市景观照明的地位、作用及前景[J]. 照明技术与设计,2009,2:25.
[61] 冷御寒. 景观设计的艺术和技术[J]. 工业建筑,2004,34(12):98-99.
[62] 李卫芳. 探索韵律之美——阿塞娜·塔哈的雕塑及景观[J]. 中国园林,2004,7:12-16.
[63] 林箐. 欧美现代园林发展概述[J]. 建筑师,1998,6:103.
[64] 刘滨谊. 景观规划设计三元论[J]. 新建筑,2005,9:15
[65] 刘巍. 空间的雕塑——艺术家野口勇的景观设计作品解读[J]. 世界建筑,2004,4:76-79.
[66] 刘学军. 关于景观建筑学的基本要点分析[J]. 南方建筑,2003,4:1-3.
[67] 王新峰,张峰. 浅析居住区庭院景观设计[J]. 科技信息:学术版,2008,29:592.
[68] 俞孔坚. 景观生态战略点识别方法与理论地理学的表面模型[J]. 地理学报,1998,53:11-20.
[69] 俞孔坚. 生物保护的景观生态安全格局[J]. 生态学报,1999,19(11):8-15.
[70] 俞孔坚. 追求场所性:景观设计的几个途径及比较研究[J]. 建筑学报,2002,2:43-48.
[71] 2009 年自然保护区建设与管理情况[OL]. [2010-06-04]. http://sts. mep. gov. cn/zrbhq/zrbhqgzjb/201006/t20100604_190513. htm
[72] 2010 年全国森林公园工作座谈会[OL]. [2010-04-27]. http://www. greentimes. com/green/econo/slly/cyzx/content/2010-04/27/content_89441. htm
[73] 百度图片网[OL]. http://image. baidu. com/

[74] 北京奥林匹克森林公园规划案例[OL]. [2008-07-09].
http://www.lvhua.com/chinese/info/A00000023650-1.html
[75] 北京百花山自然保护区规划案例[OL]. [2009-11-25]
http://www.handlers.cn/htm/2009-11-25/499600.htm
[76] 北京北林地平线景观规划设计院[OL].
http://www.horizonlandscape.cn/projects_5.html
[77] 杭州市规划局[OL]. http://www.hzplanning.gov.cn
[78] 和家[OL]. http://www.51hejia.com/
[79] 旅行者的社区[OL]. http://www.uutuu.com
[80] 昵图网[OL]. http://www.nipic.com
[81] 山东济南芙蓉街-百花洲历史文化街区保护规划设计案例[OL].
http://xm.zcs.blog.163.com/blog/static/1219142092009611413225 9/
[82] 上海百年掠影[OL]. http://blog.163.com/qdgxj@126/blog/static/4717304420097911187313/
[83] 上海世博局. 上海世博后滩公园设计案例[OL]. [2010].
http://www.turenscape.com/project/project.php? id=443.
[84] 上海市规划和国土资源管理局. 上海外滩滨水区设计案例[OL]. [2008-5].
http://www.shghj.gov.cn/News_Show.aspx? id=10170
[85] 庭院景观设计案例[OL]. http://www.51hejia.com/
[86] 武汉东湖风景名胜区规划案例[OL]. [2007].
http://www.whdonghu.com/news/ztgh/102016706.html
[87] 叶峰. 景观照明设计需注意的若干问题[OL].
http://www.r-light.com/lunwen/jingguanzm/jingguanzm_17a.htm
[88] 园林空间[OL]. http://yuanlinkj.lvhua.com/blog/blogdetail.asp? id=3225
[89] 园林学习网[OL]. http://www.ylstudy.com/
[90] 中国定鼎园林网[OL]. http://www.ddove.com/
[91] 中国风景园林网[OL]. http://www.chla.com.cn/
[92] 中国森林公园[OL]. http://www.chinafpark.net/
[93] 中国园林网[OL]. http://design.yuanlin.com/
[94] 中国自然保护区网[OL]. http://www.nre.cn/
[95] 中华室内设计网[OL]. http://www.a963.com/
[96] 筑龙网[OL]. http://www.zhulong.com/